中文版

Photoshop 2024
完全自学教程

李金明 李金蓉　编著

U03777773

人民邮电出版社

北　京

图书在版编目（ＣＩＰ）数据

中文版Photoshop 2024完全自学教程 / 李金明，李
金蓉编著. -- 北京 : 人民邮电出版社，2024.6
ISBN 978-7-115-63834-2

Ⅰ．①中… Ⅱ．①李… ②李… Ⅲ．①图像处理软件
－教材 Ⅳ．①TP391.413

中国国家版本馆CIP数据核字(2024)第087407号

内 容 提 要

本书是经典的 Photoshop 自学教程，历经多个版本的更新迭代，累计印刷超 1 000 000 册。全书共 21 章（16~21 章以电子书的形式提供），从 Photoshop 2024 的下载和安装方法讲起，以循序渐进的方式讲解 Photoshop 2024 全部功能，并通过"实战+PS 技术讲堂"的形式深度解密图像合成、特效制作、调色、照片编辑、人像修图、矢量绘图、抠图等专业技术。书中配备了大量应用型实战案例，涵盖平面广告设计、UI 设计、网店装修、摄影后期、视频编辑、动画制作、商业插画设计等领域，实战数量多达 290 多个，并全部录制了教学视频。此外，书后还配备了详尽的索引，可以检索 Photoshop 中的每一个工具、面板和命令。

本书赠送丰富的资源和学习资料，包括实战素材和效果文件、教师专享 PPT 教学课件，以及《Photoshop 2024 滤镜》《外挂滤镜使用手册》《UI 设计配色方案》《网店装修设计配色方案》《常用颜色色谱表》《CMYK 色卡》《色彩设计》《图形设计》《创意法则》等电子文档。

本书适合 Photoshop 初学者，以及从事设计和创意工作的人员学习，同时也适合高等院校相关专业的学生和各类培训班的学员学习与参考。

◆ 编　　著　李金明　李金蓉
　　责任编辑　张丹丹
　　责任印制　陈　犇

◆ 人民邮电出版社出版发行　　北京市丰台区成寿寺路 11 号
　　邮编　100164　电子邮件　315@ptpress.com.cn
　　网址　https://www.ptpress.com.cn
　　涿州市般润文化传播有限公司印刷

◆ 开本：880×1092　1/16
　　印张：27.5　　　　　　　　2024 年 6 月第 1 版
　　字数：880 千字　　　　　　2025 年 3 月河北第 9 次印刷

定价：119.80 元

读者服务热线：(010)81055410　印装质量热线：(010)81055316
反盗版热线：(010)81055315

前言

未来已经到来，人工智能如同一场风暴席卷了全球，其势头之猛烈，令人震惊不已。在这样一个时代，不适应变革的个体将会面临失业和被社会边缘化的风险。因此，对于职场人士和即将毕业的学生而言，提高自身学习能力，不断地更新知识储备，成为适应未来挑战的人才，是至关重要的。

人工智能也深刻地改变了Photoshop的修图方式。随着深度学习、神经网络技术及智能算法的应用，如今的Photoshop已能准确识别图像中的不同元素，自动去除照片中的瑕疵，还原图像的颜色和细节，并能依照用户的指令生成全新的图像。这一切改变使得图像编辑变得更加简便、高效，用户也能专注于创造性的工作，而将烦琐的细节交由人工智能处理。

掌握新技能，与Photoshop一同进化，是我们面对未来最为积极的选择。使用魔法打败魔法，运用创新技术应对变革，融入这个飞速发展的潮流之中，才能为自己的职业发展和生活创造更加美好的未来。

编者

2024年1月

本书学习项目

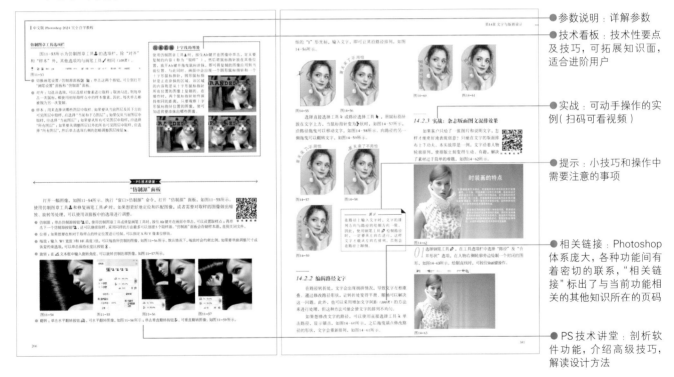

- 参数说明：详解参数
- 技术看板：技术性要点及技巧，可拓展知识面，适合进阶用户
- 实战：可动手操作的实例（扫码可看视频）
- 提示：小技巧和操作中需要注意的事项
- 相关链接：Photoshop体系庞大，各种功能间有着密切的联系，"相关链接"标出了与当前功能相关的其他知识所在的页码
- PS技术讲堂：剖析软件功能，介绍高级技巧，解读设计方法

教学课件

将本书用作教材的老师，请扫描右侧二维码获取教学课件。

视频、资源及后续服务

用手机或平板电脑扫描书中实战右侧的二维码，可观看实战视频。扫描右侧二维码，根据提示操作，可以领取素材、资源和学习资料，还可与答疑老师交流，针对学习中遇到的问题在线提问。

下载本书学习资源和教学课件，请扫描上方二维码。

400页

158页

310页

52页

302页

77页

332页

359页

406页

67页

45页

电子文档29页

374页

395页

403页

307页

415页

397页

38页

145页

198页

63页

Fashion

194页

电子文档94页

160页

NEW PLAID

时尚 / 别致 / 简约
FASHION/CHIC/SIMPLE

328页

AHERN

电子文档107页

背包 / 商场同款

手提包 / 商场同款

电子文档80页

382页

背包 / 商场同款

背包 / 商场同款

电子文档97页

317页

9787632282362315>

9787632282362315>

背包 / 商场同款

手提包 / 商场同款

226页

258页

20 满200可用

50 满300可用

2件7.5折专区
PLAID ELEMENT

363页

250页

150页

352页

411页

24页

目录

注：带有■标记的是Photoshop的快速学习方案，适合时间不充裕的读者短期速成。

1

附加章节（电子文档）

扫描封底二维码，可以得到"附加章节"电子书的下载方式。

中文版

Photoshop 2024

完全自学教程

第1章
Photoshop 操作基础

New Function | 生成式填充 • 移除工具 • 上下文任务栏 • Camera Raw 16.0 | ☞ **Photoshop 2024（版本 25.0）** ✍

本章简介

Photoshop 是设计、广告、出版、影视等行业的标志性软件之一。它的诞生推动了电子图像技术的发展，并逐渐成为创意产业不可或缺的重要工具。本章介绍 Photoshop 的入门知识，即操作基础。

学习目标

熟悉 Photoshop 的工作界面；学会使用工具、面板和命令；掌握文件的创建和保存方法；能够熟练运用工具和命令缩放视图、查看图像；在编辑出现失误或对效果不满意时，能够撤销操作及恢复图像。

学习重点

实战：重新配置"工具"面板
实战：重新配置面板
用好快捷键，工作更高效
文件存储及文件格式选择技巧
用 Bridge 浏览特殊格式的文件
缩放及移动画面（抓手工具）
热成像效果（"历史记录"面板）

1.1 初识 Photoshop

Adobe 与 Photoshop—— 一个卓越的公司和一款神奇的软件，它们之间有着怎样的故事？

1.1.1 Photoshop 传奇故事

1946年2月14日，世界上第一台通用型电子计算机（ENIAC）在美国宾夕法尼亚大学诞生。众所周知，计算机的出现具有划时代的意义，而显示器中的计算结果又促成了另一个伟大发明——电子图像，它对社会也产生了前所未有的影响。在这样的背景下，Photoshop应运而生。

1987年秋，美国密歇根大学计算机系博士生托马斯·诺尔（Thomas Knoll）为解决论文写作过程中遇到的麻烦，编写了一个可以在黑白显示器上显示灰度图像的程序，他将其命名为Display并拿给哥哥约翰·诺尔（John Knoll）看。约翰当时在电影制造商乔治·卢卡斯（George Lucas）那里工作（制作《星球大战》《深渊》等电影的特效），他鼓励弟弟改进程序，使它更加实用。他还给了弟弟一台苹果计算机，这样Display就能显示彩色图像了。之后，兄弟俩通过修改Display代码，相继开发出羽化、色彩调整、颜色校正、画笔、支持滤镜插件和多种文件格式等功能，这就是Photoshop最初的蓝本。图1-1所示为早期Photoshop启动画面及工具面板和诺尔兄弟。

Photoshop 0.63 启动画面及工具面板

托马斯·诺尔　　　　约翰·诺尔
图1-1

约翰是一个很有商业头脑的人，他认为Photoshop蕴含着商机，于是开始寻找投资者。当时市面上已经有很多成熟的绘画和图像编辑软件，如SuperMac公司的PixelPaint和Letraset

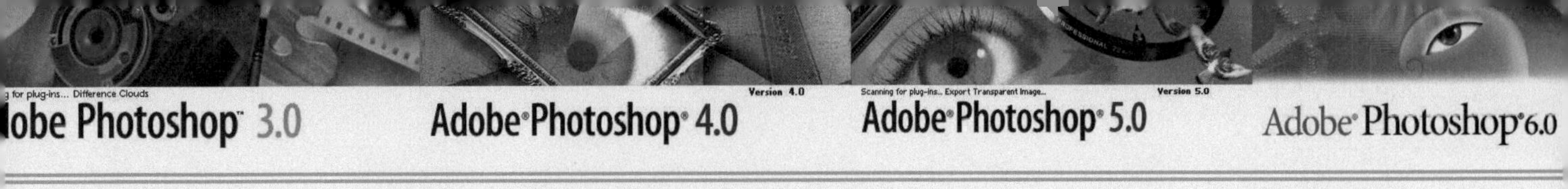

公司的ImageStudio等，名不见经传的Photoshop要想占有一席之地，难度非常大。事实也是如此，约翰联系了很多公司，都没有回应。最终，一家小型扫描仪公司（Barneyscan）同意在其出售的扫描仪中将Photoshop作为赠品送给用户，这才让Photoshop得以面世（与Barneyscan XP扫描仪捆绑发行，版本为0.87）。与Barneyscan的合作无法让Photoshop以独立软件的身份在市场上获得认可，于是兄弟俩继续为Photoshop寻找新东家。

　　1988年8月，Adobe公司业务拓展和战略规划部主管在Macword Expo博览会上看到了Photoshop并开始关注它。9月的一天，约翰·诺尔受邀到Adobe公司做Photoshop功能演示，Adobe创始人约翰·沃诺克（John Warnock）对这款软件也很感兴趣，在他的协调下，Adobe公司获得了Photoshop的授权许可（1995年，Adobe公司以3450万美元的价格买下了Photoshop的所有权）。

　　1990年2月，Adobe推出Photoshop 1.0，当时它只能在苹果计算机上运行，销售状况并不理想（每月只有几百套）。Adobe公司曾一度将其当作Illustrator的子产品，以及用于PostScript的促销，那段时间，Photoshop颇受冷遇。1991年2月，这一情况出现逆转，Photoshop 2.0的面世引发了桌面印刷的革命。以此为契机，Adobe公司开发出Windows版本——Photoshop 2.5，从此以后，Photoshop逐步走向巅峰。

1.1.2　了不起的 Adobe 公司

　　1982年12月，约翰·沃诺克和查克·格施克（如图1-2所示），两位看起来更像艺术家的科学家，离开施乐公司帕洛·阿尔托研究中心（PARC），在圣何塞市（硅谷）创立了Adobe公司。他们

约翰·沃诺克　　查克·格施克

图1-2

开发的PostScript语言解决了个人计算机与打印设备之间的通信问题，使文件在任何类型的机器上打印都能获得清晰、一致的文字和图像。在当时这是震撼业界的发明。史蒂夫·乔布斯曾为此专程到Adobe公司考察，并与其签订了第一份合同。他还说服两位创始人放弃做一家硬件公司的想法，专做软件研发。二人后来回忆：“如果没有史蒂夫当时的高瞻远瞩和冒险精神，Adobe就没有今天。”

　　专注于软件领域后，Adobe公司先后开发出Illustrator（1987年）、Acrobat（1993年）、PDF（便携文档格式，1993年）、InDesign（1999年）等革新性的技术和软件。此外，Adobe还通过收购其他公司，将Premiere、PageMaker、After Effects、Flash、Dreamweaver、Fireworks、FreeHand等软件纳入囊中，成为横跨各种媒介和显示设备的软件帝国。

1990
1990年2月，Adobe推出了Photoshop 1.0。当时的Photoshop只能在苹果计算机上运行，功能上也只有“工具”面板和少量滤镜。

1991
1991年2月，Adobe推出了Photoshop 2.0。新版本增加了路径功能，支持栅格化Illustrator文件，支持CMYK模式，最小分配内存也由原来的2MB增加到4MB。该版本的发行引发了桌面印刷的革命。此后，Adobe公司还开发了一个Windows版本——Photoshop 2.5。

1995
1995年发布了Photoshop 3.0，增加了图层功能。

1996
1996年，Photoshop 4.0中增加了动作、调整图层、标明版权的水印图像等功能。

1998
1998年，Photoshop 5.0中增加了“历史记录”面板、图层样式、撤销功能、直排文字等。从5.02版本开始推出中文版Photoshop。在之后的Photoshop 5.5中，首次捆绑了ImageReady（Web功能）。

2000
2000年9月推出的Photoshop 6.0版本中增加了Web工具、矢量绘图工具，并增强了图层管理功能。

2002
2002年3月发布了Photoshop 7.0，增强了数字图像的编辑功能。

2003
2003年9月，Adobe公司将Photoshop与其他几个软件集成为Adobe Creative Suite套装，这一版本称为Photoshop CS，功能上增加了镜头模糊、镜头校正及智能调节不同区域亮度的数码照片编修功能。

2005
2005年推出了Photoshop CS2，增加了消失点滤镜、Bridge、智能对象、污点修复画笔工具和红眼工具等功能。

2007
2007年推出了Photoshop CS3，增加了智能滤镜、视频编辑功能和3D功能等，软件界面也进行了重新设计。

2008
2008年9月发布了Photoshop CS4，增加了旋转画布、绘制3D模型和GPU显卡加速等功能。

2010
2010年4月发布了Photoshop CS5，增加了混合器画笔工具、毛刷笔尖、操控变形和镜头校正等功能。

2012
2012年4月发布了Photoshop CS6，增加了内容识别工具、自适应广角和场景模糊等滤镜，增强和改进了3D、矢量工具和图层等功能，并启用了全新的黑色界面。

2013
2013年6月，Adobe公司推出了Photoshop CC。CC是指Creative Cloud，即云服务下的新软件平台，使用者可以把自己的工作结果存储在云端，随时随地在不同的平台上工作。云端存储也解决了数据丢失和同步的问题。

2014—2018
2014—2018年，Adobe加快了Photoshop CC的升级频次，先后推出2014、2015、2016、2017、2018、2019版，增加了Typekit字体、搜索字体、路径模糊、旋转模糊、人脸识别液化、匹配字体、内容识别裁剪、替代字形、全面搜索、OpenType SVG字体等功能。

2019—2022
2019年10月，Adobe发布了Photoshop 2020和Photoshop Elements 2020（简化版的Photoshop），其后几年间陆续发布2021～2023版Photoshop。

2023
2023年10月，Adobe发布了融入人工智能技术的Photoshop 2024。

1.1.3 下载和安装 Photoshop 2024（试用版）

下载和安装Photoshop 2024（试用版）非常简单，首先进入Adobe公司中国官网，单击"登录"链接并输入姓名、电子邮件地址、密码等信息，注册一个Adobe ID，如图1-3～图1-5所示。

图1-3　　　　　　　　　　　图1-4　　　　　　　　　　　图1-5

完成注册后，用账号和密码登录Adobe官网，然后单击"下载免费试用版"链接，如图1-6所示，进入下一页面，单击Photoshop图标，如图1-7所示，下载Creative Cloud桌面程序，之后使用该程序安装Photoshop 2024（试用版）即可。需要说明的是，从安装之日起有7天的试用时间，过期需要购买才能继续使用。

图1-6　　　　　　　　　　图1-7

技术看板 **Photoshop 2024安装需求**

安装和运行Photoshop 2024的最低要求：Windows 10 64位系统或macOS Big Sur（版本 11.0）；支持64位的多核英特尔或AMD处理器；配备 DirectX 12 的 GPU（Windows），或支持 Metal 的 GPU（macOS），1.5GB显存；内存不能低于8GB，最好在16GB以上；20GB硬盘空间。

1.2 Photoshop 2024 工作界面

Photoshop 的用户界面非常友好，初学者也可以轻松上手操作。Adobe 公司的软件界面都具有相似性，用户一旦掌握了Photoshop，学习其他 Adobe 软件时也能够快速适应。

1.2.1 主页

双击计算机桌面上的 Ps 图标，打开Photoshop 2024。首先会显示主页，如图1-8所示。在开始编辑图像之前，用户需要进行一些准备工作，而主页提供了方便。例如，如果想继续编辑之前的文件，可以在主页中打开它；如果想新建一个空白文件，可以在主页中进行操作；此外，想要查询某个Photoshop功能或搜索Adobe Stock网站上的设计资源，也可以在主页上一站式完成。

图1-8

"学习"选项卡中包含了自学资源，如图1-9所示。单击"动手教程"，可以打开"发现"面板和示例素材，按照面板中的提示完成练习，可以学习Photoshop中的某些功能，如图1-10所示。单击"学习"选项卡中的视频，可在线观看Adobe网站上的Photoshop实例视频。

图1-9

图1-10

1.2.2 界面概览

按Esc键关闭主页（单击工具选项栏左端的 ⌂ 按钮可重新显示它），或者在主页中打开或新建文件以后，可正式进入Photoshop的工作界面，如图1-11所示。默认的界面为黑色。在这种背景下，界面比较炫酷，图像辨识度更高，色彩感也强。

计算机操作系统和较为常用的应用程序都支持界面亮度调节，Photoshop也不例外。通过执行"编辑>首选项>界面"命令，可以打开"首选项"对话框修改界面亮度，如图1-12所示。此外，也可以通过按Alt+Shift+F2（由深到浅）和Alt+Shift+F1（由浅到深）快捷键来进行切换。为了让图示更清晰，本书采用浅色界面，这也是早期Photoshop的界面颜色。这种浅色的中性灰（187页）不会对色彩造成干扰，不会影响用户的判断能力。

图1-11

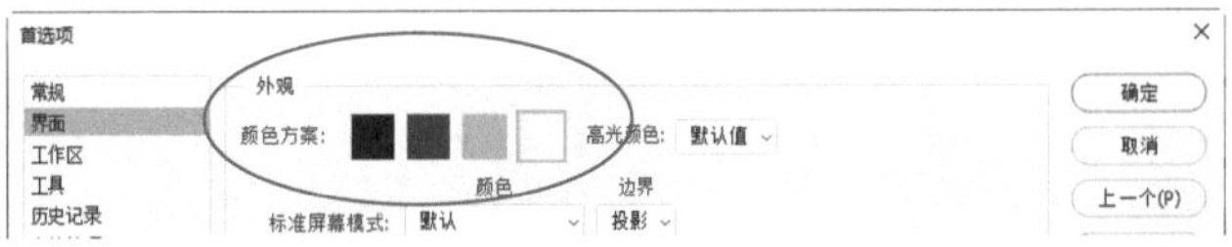

图1-12

1.2.3 文档窗口

文档窗口是用来查看和编辑图像的区域，其操作方法与IE浏览器的窗口基本相同。用户可以将窗口以选项卡的形式停放，也可拖曳出来使之成为浮动窗口，如图1-13和图1-14所示。浮动窗口可以移动位置和调整大小，用起来更为灵活。

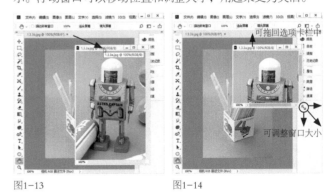

图1-13　　　　图1-14

> **提示**
>
> 打开多幅图像时，如果选项卡栏无法显示全部文件，可打开"窗口"菜单或单击选项卡栏右端的 ≫ 按钮，打开下拉列表，可以找到并显示所需文件。也可按Ctrl+Tab快捷键来切换文档窗口。

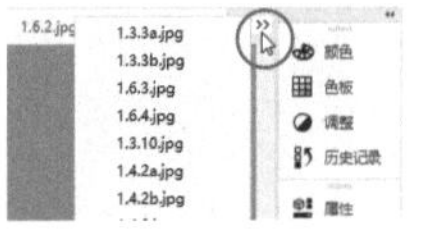

技术看板 标题栏中隐含的信息

文档窗口的顶部是标题栏，其中会显示文件名、颜色模式（218页）和位深（218页）等信息。当文件包含多个图层（26页）时，还会显示当前图层的名称。除此之外，如果图像已编辑但尚未保存，会显示★符号；如果配置文件（电子文档73页）丢失或不正确，则显示#符号。

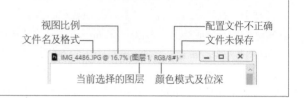

1.2.4 工具

"工欲善其事，必先利其器"。Photoshop中有7类"利器"被收纳在"工具"面板中，如图1-15和图1-16所示。需要使用某个工具时，单击它即可，如图1-17所示。右下角有三角形图标的是工具组，在其上方按住鼠标左键，可以显示组中的其他工具，如图1-18所示；将鼠标指针移动到一个工具上后，释放鼠标左键可以选择该工具，如图1-19所示。如果想了解工具的名称、快捷键和基本用途，可将鼠标指针悬停在工具上方，如图1-20所示。

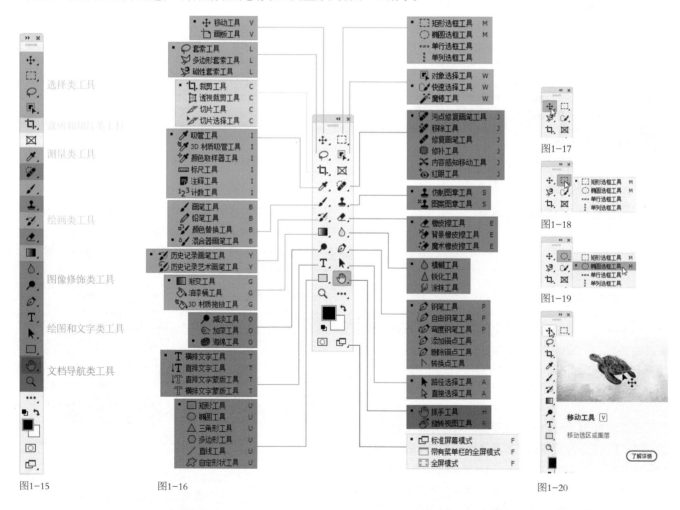

图1-15　　　　　　　图1-16　　　　　　　　　　　　　　　　　　　　　　　　图1-20

单击"工具"面板顶部的 ◀◀（或 ▶▶）按钮，可将其切换为单排（或双排）显示。将鼠标指针移动到其顶部并进行拖曳，可以将"工具"面板拖放到其他位置。Photoshop中工具的使用方法有两种：单击和拖曳鼠标，具体操作技巧将在后面介绍每个工具时进行说明。目前阶段，只需要掌握如何选取和配置工具即可。

1.2.5 实战：重新配置"工具"面板

如果在"工具"面板中找不到所需工具，可以单击面板右下方的 ••• 按钮，如图1-21所示，打开下拉菜单进行选择，如图1-22所示。

扫码看视频

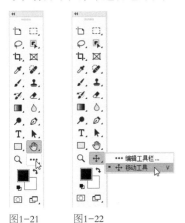

图1-21　　图1-22

执行其中的"编辑工具栏"命令，可以打开"自定义工具栏"对话框。在该对话框中，用户可以按照自己的使用习惯重新配置工具。需要说明的是，Photoshop中很多操作可以通过不同的方法完成。例如，执行"编辑>工具栏"命令，也能打开"自定义工具栏"对话框。本书会详细介绍Photoshop中的各种操作命令，同时也会提供执行命令的各种快捷方式，以方便用户随着经验的积累而逐步掌握其中的技巧。

01 "自定义工具栏"对话框右侧的"附加工具"列表中是被隐藏的工具，将其拖曳到左侧列表，如图1-23和图1-24所示，它就会出现在"工具"面板中。同理，如果想隐藏某个工具，将其拖曳到右侧的列表即可。

图1-23　　　　　　　　图1-24

02 窗格代表了各个工具组，拖曳其中的工具，可以重新配置工具组，如图1-25~图1-27所示。将工具拖曳到窗格外，可创建新的工具组，如图1-28所示。

图1-25　　　　　　　　图1-26

图1-27　　图1-28

"自定义工具栏"对话框按钮

● 存储预设/载入预设：单击"存储预设"按钮，可将当前设置存储起来；单击"载入预设"按钮，可打开以前存储的设置文件。

● 恢复默认值：恢复为默认的工具。

● 清除工具：将所有工具移动到"附加工具"列表中。

● ••• / ▣ / ▢ / ▢：各按钮依次为切换显示最后一个工具栏槽位中的附加工具、显示/隐藏前景色和背景色图标、显示/隐藏快速蒙版模式按钮、显示/隐藏屏幕模式按钮。

1.2.6 实战：工具选项栏

Photoshop中的每个工具都有特定的选项栏，用户可通过修改选项让工具符合使用需要。例如，想在画面中填充渐变，首先选择渐变工具 ，之后在工具选项栏中选取渐变颜色，设置渐变类型，并调整参数，如图1-29所示。

扫码看视频

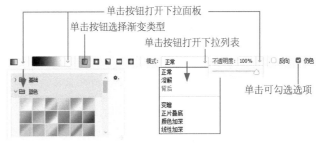

图1-29

工具选项栏很重要，如果参数设置不当，工具将无法发挥作用。本书会详细讲解工具的参数和选项。虽然精通Photoshop无须熟记所有参数，但关键参数怎样设置才能发挥作用，还是应该心中有数。

01 工具选项栏中的按钮通过单击的方法使用。例如，单击 ▣ 按钮，表示选择线性渐变；单击 ⌄ 按钮，可以打开下拉面板或下拉列表。

02 在复选框 □ 上单击，可以勾选选项 ☑。再次单击，则取消勾选。

03 包含参数的选项可以通过4种方法操作。第1种方法是在数值上双击，将其选中，如图1-30所示，输入参数并按Enter键确认，如图1-31所示；第2种方法是在文本框内单击，出现闪烁的I形光标时，如图1-32所示，向前或向后滚动鼠标的滚

轮，可动态调整数值；第3种方法是单击 ∨ 按钮，打开下拉面板后，拖曳滑块来进行调整，如图1-33所示；第4种方法是将鼠标指针放在选项的名称上，如图1-34所示，向左或向右拖曳，这样可以快速调整数值。

图1-30　　　　图1-31　　　　图1-32

图1-33　　　　图1-34

出来。拖曳面板名称，可调整其先后顺序，如图1-36所示。拖曳至其他面板组，出现蓝色提示线时释放鼠标，可以重新配置面板组，如图1-37和图1-38所示。

图1-35

图1-36　　　　图1-37　　　　图1-38

技术看板　工具预设

Photoshop中有很多功能可以帮助用户提高效率，工具预设便是其中之一。例如，在作品中添加文字时，如果黑体用得较多，可以选择横排文字工具 T 并选取黑体，设置好文字大小等参数之后，单击"工具预设"面板中的 🖿 按钮保存为预设。以后无论何时，都可通过"工具预设"面板选取此预设，这样就无须调整参数了。

选取黑体之后，保存为预设

"工具预设"面板和工具选项栏中都能选取所存储的工具预设

如果创建了较多的工具预设，查找时就会比较麻烦。这里介绍一个技巧，先在"工具"面板中选择所需工具，之后在"工具预设"面板中勾选"仅限当前工具"选项，这样就能屏蔽其他工具。但有一点要注意，使用一个工具预设后，工具选项栏中会一直保存其参数。也就是说，以后在"工具"面板中选择这一工具时，会自动套用这些参数。如果给操作带来不便，可单击"工具预设"面板右上角的 ☰ 按钮，打开面板菜单，执行"复位工具"命令，将预设清除。执行"复位所有工具"命令，可清除所有工具的预设。

02 拖曳面板的底边和左侧边界，可以将面板组拉长、拉宽，如图1-39所示。

03 如果不希望面板占用过多空间，可以单击面板组的 ⏩ 按钮，将面板组折叠起来，如图1-40所示。在此状态下，单击面板图标可以展开（或折叠）面板，如图1-41所示。如果通过图标无法准确辨识面板，可拖曳其左边界，将组拉宽，让面板名称显示出来，如图1-42所示。

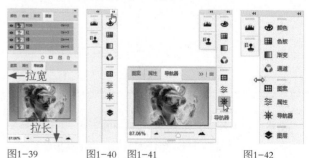

图1-39　　　图1-40　　　图1-41　　　　图1-42

1.2.7 实战：重新配置面板

面板有点像汽车的控制台，集合了各种功能模块。面板还提供了命令的快捷方式。例如，单击"图层"面板中的 🖿 按钮或执行"图层>新建"命令，都可以新建一个图层。但是，通过面板操作会更加简便。用户可以根据自己的需要配置面板，让Photoshop用起来更加得心应手。

扫码看视频

01 先执行"窗口>工作区>绘画"命令，将面板复位，再学习面板的调整方法。复位后，所有面板都停靠到文档窗口右侧，并分成了不同的组，如图1-35所示。每个组里只显示一个面板，通过单击面板名称的方法，可以让隐藏的面板显示出来。

04 单击 ⏪ 按钮，将面板组全部展开。可以看到，面板的右上角有 ☰ 按钮，单击它可以打开面板菜单，如图1-43所示。在面板的选项卡上单击鼠标右键，可以打开快捷菜单，如图1-44所示。执行"关闭"命令，可关闭当前面板；执行"关闭选项卡组"命令，可关闭当前面板组。

图1-43　　　　　图1-44

> **提示**
>
> 在"窗口"菜单中可以打开所有面板（"窗口"菜单中被勾选的面板是当前Photoshop窗口中显示的面板）。

1.2.8 实战：使用浮动面板

01 将鼠标指针放在面板的名称上，向外拖曳，如图1-45所示，可将其从组中拖出，这样它就成为浮动面板，如图1-46所示。浮动面板可以摆放在任意位置，也可拖曳其左、下、右侧边框调整大小，如图1-47所示。

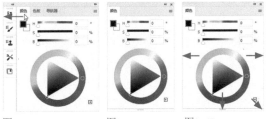

图1-45　　　　图1-46　　　　图1-47

02 将其他面板拖曳到浮动面板的选项卡上，释放鼠标左键，可将它们组成一个面板组。如果拖曳到浮动面板下方，出现蓝色提示线时，如图1-48所示，释放鼠标左键，可将它们连接在一起，如图1-49所示。

03 连接面板后，拖曳面板名称可以进行移动。在名称上双击，面板会自动折叠起来，如图1-50所示。如果要关闭浮动面板，单击其右上角的 ✖ 按钮即可。

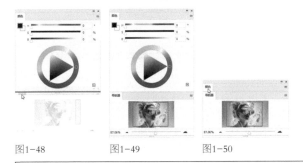

图1-48　　　　图1-49　　　　图1-50

> **提示**
>
> 如果想将面板组固定住，即不能从停放区域拖曳出来，可以执行"窗口>工作区>锁定工作区"命令。

1.2.9 菜单和快捷菜单

菜单包含了Photoshop中的全部命令。单击一个菜单时，它会展开显示，分隔线会将不同用途的命令分隔开来。单击有黑色三角标记的命令时，会打开子菜单，如图1-51所示。

图1-51

单击菜单中的一个命令，即可执行该命令。如果某个命令为灰色，则表示在当前状态下无法使用。例如，未创建选区时，"选择"菜单中的多数命令都无法使用。

在文档窗口空白处、图像区域或面板上单击鼠标右键，可以打开快捷菜单，如图1-52和图1-53所示。快捷菜单中包含与当前操作相关的命令，提供了执行命令的快捷方法。

图1-52　　　　　　　　　图1-53

1.2.10 状态栏

状态栏位于文档窗口底部，不是特别常用，初学者大概了解一下就可以。有经验的用户可以通过它了解一些信息，具体是哪些，可单击状态栏右侧的 ▶ 按钮，打开下拉列表进行选择，如图1-54所示。（"文档大小""暂存盘大小""效率"与内存等有关，见随书电子文档67、68页）

图1-54

● 文本框：文本框中显示了视图比例（19页）。也可在此输入百分比值并按Enter键来调整视图比例。

● 文档配置文件：图像使用的颜色配置文件。

● 文档尺寸：图像的长度和宽度。

● 测量比例：文档中使用的测量比例。

● 计时：完成上一次操作所用时间。

● 当前工具：当前所用工具的名称。

● 32 位曝光：编辑32 位/通道高动态范围图像（197页）时，可调整图像预览，以便在计算机显示器上查看其选项。

● 存储进度：保存文件时显示存储进度。

● 智能对象：文件中包含的智能对象（89页）及状态。

● 图层计数：文件中包含的图层数量。

提示

在状态栏中按住鼠标左键，可以显示通道和分辨率。按住Ctrl键并按住鼠标左键，可以显示图像的拼贴宽度等信息。

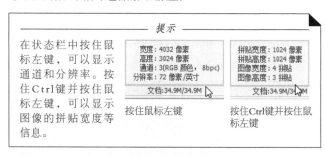

按住鼠标左键　　按住Ctrl键并按住鼠标左键

1.2.11 实战：使用对话框

在菜单中，如果一个命令右侧有...状符号，表示执行时会弹出对话框。对话框一般包含可设置的参数和选项，也有一种是由于操作不当而出现的警告对话框。

扫码看视频

01 按Ctrl+O快捷键，打开"打开"对话框，选择本实战的素材（素材名与章节的名称一致，即1.2.11），如图1-55所示。执行"图像>调整>色相/饱和度"命令，打开"色相/饱和度"对话框。可以看到，对话框中提供了文本框、滑块、"预览"选项和 ⌄ 按钮，如图1-56所示。

图1-55　　　　　　　图1-56

02 单击 ⌄ 按钮可以打开下拉列表，其中包含了预设的选项，可以调整图像，如图1-57和图1-58所示。

图1-57　　　　　　　图1-58

03 拖曳滑块，可以手动调整参数，如图1-59和图1-60所示，在文本框中单击，之后输入数值（按Tab键可切换到下一选项），可精确设置参数。如果需要多次尝试才能确定最终数值，可以双击文本框，将数值选中，之后按↑键或↓键，以1为单位增大或减小数值（按住Shift键操作，会以10为单位进行调整）。

图1-59　　　　　　　图1-60

04 调整参数时，文档窗口中会实时显示图像的变化情况。如果想查看原图和修改效果，以便进行对比，可以通过"预览"选项来切换（勾选或取消勾选）。更便捷的方法是按P键切换。需要注意的是，快捷键在英文输入法状态下才有效。另外，当数值处于选取状态时，按P键不起作用，此时可先按Tab键切换到非数值选项，再按P键。

05 修改参数后，如果想恢复为默认值，可以按住Alt键（保持按住），此时"取消"按钮会变为"复位"按钮，如图1-61所示，单击"复位"按钮即可，如图1-62所示。

图1-61　　　　　　　图1-62

提示

参数复位技巧非常有用。例如，调整颜色时，如果对效果不满意，通过该方法可将参数恢复到初始状态，之后重新调整就非常方便。如果不用这一技巧，则需手动复位参数，或者单击"取消"按钮放弃修改，再重新打开对话框。

1.3 工作区与快捷键

如果想提高工作效率，可以将常用的面板打开并摆放到顺手的位置，关闭不常用的面板以节省空间。通过重新配置工作区来定制适合自己的界面布局，Photoshop用起来会更加高效。除此之外，还可以利用快捷键流畅地操作Photoshop。

1.3.1 切换工作区

进行照片处理、绘画、Web设计、动画制作等工作时，可以在"窗口>工作区"子菜单中选取预设的工作区，如图1-63所示。例如，使用"摄影"工作区时，只显示与图像修饰和调色有关的面板，如图1-64所示，省得用户手动调整。如果移动或关闭了某些面板，还可用"窗口>工作区>复位某工作区"命令进行恢复。

图1-63　　　　图1-64

1.3.2 实战：自定义工作区

Photoshop界面中只有菜单是固定的，文档窗口、面板、工具选项栏都可以移动和关闭。重新配置面板和快捷键后，可以执行"窗口>工作区>新建工作区"命令，将其保存下来，如图1-65所示。这样以后不管是自己还是其他人修改了工作区，都可以在"窗口>工作区"子菜单中找到自己的工作区，将其复原，如图1-66所示。

图1-65

图1-66

扫码看视频

> **提示**
>
> 执行"窗口>工作区>删除工作区"命令，可以删除自定义的工作区。执行"基本功能（默认）"命令，可以恢复为最基本的默认工作区。

1.3.3 实战：自定义命令

Photoshop中的命令非常多，但有些不常用。例如，影楼美工基本用不上"3D"菜单中的命令，其他工作也有类似情况。对于不使用的命令，可以执行"编辑>菜单"命令，打开"键盘快捷键和菜单"对话框，通过设置将命令隐藏，让菜单简洁、清晰，查找命令时也更加方便。对于常用命令，可为其刷上颜色，使其易于识别，如图1-67和图1-68所示。这些都是提高工作效率的小技巧。

扫码看视频

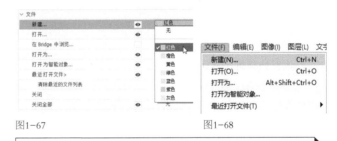

图1-67　　　　　　　　　　图1-68

> **提示**
>
> 需要使用被隐藏的命令时，可以按住Ctrl键单击菜单名称，这样它就能显示出来了。

1.3.4 实战：自定义快捷键

执行"编辑>键盘快捷键"或"窗口>工作区>键盘快捷键和菜单"命令，打开"键盘快捷键和菜单"对话框可以修改快捷键，如图1-69所示。自定义快捷键可以使其适应自己的工作习惯和需求，也能提升工作流程。

扫码看视频

图1-69

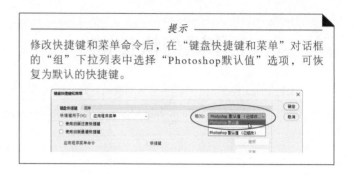

提示

修改快捷键和菜单命令后，在"键盘快捷键和菜单"对话框的"组"下拉列表中选择"Photoshop默认值"选项，可恢复为默认的快捷键。

· PS技术讲堂 ·

用好快捷键，工作更高效

在Photoshop中，用户通过按快捷键便可执行菜单命令、选取工具，以及打开面板。与通过菜单或"工具"面板选择命令或工具相比，使用快捷键能更加迅速地进行操作，节省时间，并能减轻重复点击鼠标造成的手部疲劳感。熟练地使用快捷键也是专业设计师的必备技能。通过快捷键流畅地操作软件，可以展现出专业的工作能力，增强自己的职场竞争力。

命令快捷键（Windows）

命令的快捷键在其右侧，如图1-70所示。例如，"选择>全部"命令的快捷键是Ctrl+A。使用时，先按住Ctrl键不放，之后按一下A键即可。如果快捷键由3个按键组成，则首先按住前面两个键，之后按最后的键。例如，"选择>反选"命令的快捷键是Shift+Ctrl+I，操作时，按住Shift键和Ctrl键不放，之后按一下 I 键。有些命令的右侧只有单个字母，这与快捷键的操作方法不太一样，需要先按住Alt键不放，再按主菜单右侧的字母键以打开主菜单，之后按一下命令右侧的字母键，才能执行命令。例如，按住Alt键不放，再按一下L键，之后按一下D键，可执行"复制图层"命令，如图1-71所示。

图1-70 　　　　图1-71

工具快捷键（Windows）

工具类快捷键分两种情况。一种只用于单个工具，如移动工具✛的快捷键是V，如图1-72所示，只要按一下V键，便可选取该工具。

另一种用于工具组。例如，套索工具组中有3个工具，它们的快捷键都是L，如图1-73所示。当按L键时，选择的是该组当前显示的工具，要想选择被隐藏的工具，需配合Shift键操作，即按住Shift键不放，再按几次L键，便可在这3个工具中切换。也就是说，工具组中隐藏的工具需要通过Shift+工具快捷键来进行选取。

单个字母作为快捷键主要分配给工具，组合按键则分配给命令，这样的配置方式非常合理，因为工具的使用频率高于命令。而面板只有少数有快捷键，这是由于宽屏显示器能放下足够多的面板。此外，面板也可折叠和组合，将屏幕空间让出来。

图1-72 　　　　图1-73

提示

首先切换到英文输入法状态，之后才能使用快捷键。

macOS快捷键

由于Windows系统和macOS系统的键盘按键有些区别，快捷键的用法有所不同。本书给出的是Windows快捷键，macOS用户在使用时需要进行转换，很简单，将Alt键转换为Opt键，Ctrl键转换为Cmd键即可。例如，书中给出的快捷键是Alt+Ctrl+Z，macOS用户可以使用Opt+Cmd+Z快捷键来操作。

1.4 文件操作

在 Photoshop 中新建一个空白文件，就像是铺上了一张干净的画布，等待着我们挥洒创意的笔触。编辑一个现有的文件，则像是创作一件艺术品，用户是创造者，文件是材料，Photoshop 是工作室，提供了工具和创作空间。

1.4.1 实战：新建空白文件

"行有行规"。平面设计、UI设计、网页设计和视频编辑等领域，对文件的要求也各不相同。新手要想记住相应的规范是很困难的。不过幸运的是，Photoshop为常见的设计项目提供了预设，它就像是一位贴心的助手，直接为用户解决了文件尺寸、分辨率和颜色模式等方面的问题，省去了我们查找相应规范的麻烦，也能避免或减少出错。

01 单击主页上的"新文件"按钮，如图1-74所示，或执行"文件>新建"命令（快捷键为Ctrl+N），打开"新建文档"对话框。最上方的选项卡表示预设分类。例如，想做一个A4大小的海报，可以单击 "打印"选项卡，在其下方选择A4预设，如图1-75所示，之后单击"创建"按钮即可。

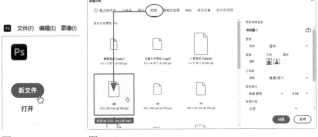

图1-74　　　　图1-75

02 如果想按照自己需要的尺寸、分辨率和颜色模式创建文件，可以在右侧的选项中进行设置。单击 按钮，如图1-76所示，在文本框中输入名称，如图1-77所示，可将自定义的文件保存为一个预设，如图1-78所示。以后需要创建相同的文件时，可以在"已保存"选项卡中选择它。

图1-76　　　　图1-77　　　　图1-78

> **提示**
>
> "最近使用项"选项卡中包含了最近在Photoshop中使用的文件预设，单击可快速创建相同尺寸的文件。

"新建文档"对话框选项

● 未标题-1：可输入文件名。创建文件后，文件名会在文档窗口的标题栏中显示；保存文件时，会自动显示在存储文件的对话框内。

● 宽度/高度：即文件的宽度和高度。在右侧的选项中可以选择宽高的单位。其中"像素""英寸""厘米""毫米"较为常用。

● 方向：单击 / 按钮，可以将文档的页面方向设置为纵向或横向。

● 画板：在文档中创建画板（电子文档28页）。

● 分辨率（82页）：可输入文件的分辨率，以设定图像细节的丰富程度。在右侧的选项中可以选择分辨率的单位，包括"像素/英寸"（最常用）和"像素/厘米"。

● 颜色模式：可以选择文件的颜色模式（218页）和位深（218页），以定义颜色的丰富程度。

● 背景内容：可以为"背景"图层（27页）选择颜色。如果想创建透明背景，可以选择"透明"选项。

● 高级选项：单击 按钮，可以显示两个隐藏的选项，其中"颜色配置文件"选项可以为文件指定颜色配置文件；"像素长宽比"选项可以指定一帧中单个像素的宽度与高度的比例。需要注意的是，计算机显示器上的图像是由方形像素组成的，除非用于视频，否则都应选择"方形像素"选项。

1.4.2 打开计算机中的文件

如果想在Photoshop中编辑图像、矢量图形、PDF文件、GIF动画和视频，可以在Photoshop的窗口内双击，或执行"文件>打开"命令（快捷键为Ctrl+O），在"打开"对话框中找到文件所在的文件夹，如图1-79所示，之后双击文件，将其打开。如果想同时打开多个文件，可按住Ctrl键分别单击它们，将其一同选中，如图1-80所示，再单击"打开"按钮或按Enter键。

图1-79

图1-80

技术看板 缩小查找范围

如果文件类型较多，查找起来就比较费时间。有一个技巧可以改善这种状况，即在"文件类型"下拉列表中指定一种文件格式，将其他格式的文件屏蔽。用这种方法操作一次之后，如果需要显示其他格式的文件，可以选择"所有格式"选项。

只显示JPEG格式的文件   显示所有文件

1.4.3 文件出错怎样打开

  计算机操作系统有两种主要类型，一种是Windows系统，它在个人用户中使用较为广泛；另一种是macOS系统，因其能提供更准确的色彩，主要用于专业机构，如设计公司、影楼和印刷厂。当将文件在这两个系统中交换时，如果格式出错（如可能错误地将JPEG文件标记为PSD格式，或者文件没有正确的扩展名，即.jpg、.eps、.tiff等），会导致文件无法打开。

  如果无法使用"打开"命令打开文件，可以尝试使用"打开为"命令，选择文件并为其指定正确的格式，如图1-81所示。如果用这种方法也无法打开文件，可能是选择的文件格式有误，或者文件已经完全损坏。

图1-81

1.4.4 实战：用快捷方法打开文件

  打开文件可以通过快捷方法来操作。例如，将文件拖曳到Photoshop软件图标 Ps 上，可以运行Photoshop并打开文件，如图1-82和图1-83所示；将Windows资源管理器中的文件拖曳

扫码看视频

到Photoshop窗口中，可将其打开；在"文件>最近打开文件"子菜单中可以快速打开最近使用过的文件。

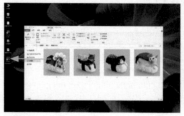
图1-82

图1-83

1.4.5 保存文件

  执行"文件>存储"命令（快捷键为Ctrl+S）可以保存文件。如果想将文件另存一份，可以执行"文件"菜单中的"存储为"或"存储副本"命令，在打开的对话框中输入文件名称，选择格式和保存位置，如图1-84所示。

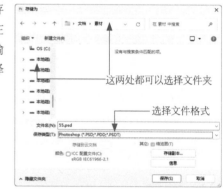
图1-84

"另存为"对话框选项

● 文件名/保存类型：可输入文件名，选择文件格式。

● 存储副本：单击该按钮，弹出"存储副本"对话框，可另存一个文件副本。

  注释/Alpha通道/专色/图层：存储副本时，可以选择是否存储图像中的注释信息、Alpha通道、专色和图层。

  使用校样设置：存储副本时，将文件的保存格式设置为EPS或PDF，该选项可用，它可保存打印用的校样设置。

● ICC配置文件：保存嵌入在文档中的ICC配置文件。

● 缩览图：为图像创建缩览图。以后在"打开"对话框中选择这一图像时，对话框底部会显示其缩览图。

技术看板 云文档及版本历史记录

将文件存储到Adobe云端后，可以在不同地点、设备上跨平台下载文件（该功能目前未对中国用户开放），并且可以通过执行"文件>邀请参与编辑"命令，邀请其他人参与编辑云文档。将"历史记录"面板（21页）中的数据保存到云端后，可以使用"版本历史记录"面板查看、管理和使用不同时期存储的云文档。

文件存储及文件格式选择技巧

我们都知道存储文件的重要性，但可能不清楚在何时、用何种格式进行存储更为妥当。

PSD格式

使用Photoshop编辑文件时，最好在刚开始操作时就使用"文件>存储"命令，将文件另存为PSD格式（文件扩展名为.psd），如图1-85所示。即使作品完成以后要以其他格式存储，也应单独保存一份PSD格式的原始文件。这是因为PSD格式能保存图层、蒙版、通道、路径、可编辑的文字、图层样式、智能对象等所有内容，这样以后不管何时打开此文件，都可以对其中的内容进行修改。同时，Adobe的其他程序（如Illustrator、InDesign、Premiere和After Effects）也支持PSD文件，即可以修改其中的文字、编辑路径。在这些软件中使用带有透明背景的PSD文件时，背景也会保持透明。而在不支持PSD格式的软件中，图层会被合并，透明区域会以白色填充。

然而，仅仅保存PSD格式还不够。在编辑过程中，每完成一次重要操作，都应按Ctrl+S快捷键，及时将当前的编辑结果存储起来。养成及时保存文件的习惯非常重要，可以避免因断电、计算机故障或Photoshop意外崩溃而丢失工作成果。

图1-85

JPEG格式

如果图像需要打印、通过网络发布或以电子邮件传送，或者在手机、平板电脑等设备上显示，可以使用"文件"菜单中的"存储为"或"存储副本"命令，将其保存为JPEG格式。

JPEG是数码相机默认的文件格式（文件扩展名为.jpg或.jpeg），大多数图形图像软件都支持它。JPEG格式可以通过压缩减小文件占用的存储空间。在保存文件时，需要在"JPEG选项"对话框中设置"品质"，如图1-86所示。将"品质"设置为10以上，压缩率较低，均属于"最佳"品质，人眼几乎察觉不到画质的变化。"品质"不宜选择"低"或"中"，否则图像的画质会明显下降。此外，尽量避免多次保存JPEG格式的图像，因为每次保存都会进行一次压缩，累积起来，图像画质会越来越差。

图1-86

需要注意的是，JPEG格式不支持存储图层，因此它只能提供单一图像，无法像PSD格式那样包含图层、蒙版和通道等，但可以存储路径。

PDF格式

当需要与其他人分享作品时，如果对方没有安装Photoshop，可能无法观看PSD文件。因此，在选择文件格式时，还要考虑到兼容性问题。与PSD格式相比，JPEG和PDF格式兼容性更好，使用范围更广。

PDF格式主要用于展示电子书、产品说明、公司公告、网络资料和电子邮件等。它能够将文字、字形、格式、颜色、图形和图像等内容封装在文件中，并支持超链接、声音和动态影像等电子信息，只需使用免费的Adobe Reader即可进行浏览。PDF文件以PostScript语言为基础，打印效果也非常出色，在任何打印机上都能保证清晰、准确。

如果作品包含多幅图像，还可使用"文件>自动>PDF演示文稿"命令，将其制作成自动播放的幻灯片。如果希望PDF文件与Adobe的其他程序（如InDesign、Illustrator和Acrobat）共享，需要进行一些标准设置，包括颜色转换方法、压缩标准和输出方法等。可以使用"编辑>Adobe PDF预设"命令创建这些预设，以后在执行"文件>存储为"命令，将文件保存为PDF格式时，可以在"存储Adobe PDF"对话框中选择相应的预设。

其他格式

文件格式	说明
PSB格式	PSB是Photoshop中的大型文档格式，用于处理超大图像文件。它支持高达300 000像素的图像，并能像PSD格式一样保留文件中的所有内容，如通道、图层样式等
BMP格式	BMP是一种用于Windows操作系统的图像格式，用于保存位图文件。它支持24位颜色的图像，并可以使用RGB、位图、灰度和索引模式。但不支持Alpha通道，因此无法实现透明效果
GIF格式	GIF是一种用于在网络上传输图像的文件格式，它支持透明背景和动画效果。GIF文件采用的是LZW无损压缩方式，能有效地减少文件大小，常用于在网页中展示图片
DCM格式	DCM格式通常用于传输和存储医学图像，如超声波和扫描图像。DCM文件包含图像数据和标头，其中存储了有关病人和医学图像的信息。这种格式在医学领域中被广泛使用，以确保图像的准确性和一致性
EPS格式	EPS是为在PostScript打印机上输出图像而开发的文件格式。几乎所有的图形、图表和页面排版软件都支持该格式。EPS文件可以同时包含矢量图形和位图图像，支持RGB、CMYK、位图、双色调、灰度、索引和Lab模式。该格式不支持Alpha通道，也无法实现透明效果
IFF格式	IFF（交换文件格式）是一种通用的文件格式，用于存储静态图片、声音、音乐、视频和文本数据。它具有多种扩展名的文件，并被许多应用程序广泛支持。IFF格式的灵活性使得它适用于不同类型的数据存储和交换
PCX格式	PCX格式采用RLE无损压缩方式，支持24位和256色的图像，适合保存索引和线稿模式的图像，并支持RGB、索引、灰度和位图模式。PCX格式还包含一个颜色通道，可以存储图像的颜色信息
PDF格式	PDF（便携式文档格式）是一种跨平台、跨应用程序的通用文件格式，支持矢量数据和位图数据。PDF文件具有电子文档搜索和导航功能，是Adobe Illustrator和Adobe Acrobat的主要格式。PDF格式支持RGB、CMYK、索引、灰度、位图和Lab模式，但不支持Alpha通道
RAW格式	Photoshop Raw（.raw）是一种灵活的文件格式，用于在应用程序与计算机平台之间传递图像。它支持具有Alpha通道的CMYK、RGB和灰度模式，以及无Alpha通道的多通道、Lab、索引和双色调模式。以Photoshop Raw格式存储的文件可以为任意像素大小，不足之处是不支持图层
PXR格式	PXR格式是专为高端图形软件设计的文件格式，例如，用于渲染3D图像和动画的软件。它支持具有单个Alpha通道的RGB和灰度图像
PNG格式	PNG格式（可移植网络图形格式）是作为GIF的无专利替代产品而开发的，用于无损压缩和在Web上显示图像。与GIF不同，PNG支持24位图像并产生无锯齿的透明背景
PBM格式	PBM格式（便携位图文件格式）支持单色位图（每像素1位），常用于无损数据传输。许多应用程序支持PBM格式，甚至可以在简单的文本编辑器中编辑或创建此类文件
SCT格式	SCT格式用于Scitex计算机上的高端图像处理，支持CMYK、RGB和灰度图像，不支持Alpha通道
TGA格式	TGA格式（真彩色图像格式）专用于TrueVision硬件。它支持32位RGB模式的文件，带有单独的Alpha通道，以及无Alpha通道的索引、灰度、16位和24位RGB模式的文件
TIFF格式	TIFF（标签图像文件格式）是一种通用的文件格式，几乎所有的绘画、图像编辑和排版程序都支持，并且几乎所有的桌面扫描仪可以生成TIFF图像。TIFF格式支持图层、Alpha通道，支持CMYK、RGB、Lab、索引颜色和灰度图像，以及没有Alpha通道的位图模式图像。虽然Photoshop可以在TIFF文件中存储图层，但在其他应用程序中打开该文件时，只有看到合并图层后的图像
MPO格式	MPO是用于3D图片或3D照片的文件格式

1.4.6 与其他程序交换文件

在设计工作中，设计师会根据不同的任务和需求选择合适的软件。例如，绘制图标、徽标、插图等工作，往往会使用Illustrator，完成后再导入Photoshop中做后续编辑。当需要与其他软件交换文件时，可以用导入和导出的方法操作。导入是指使用"文件>导入"子菜单中的命令，如图1-87所示，将变量数据组（*电子文档61页*）、视频帧、注释（*17页*）和数码照片等导入当前正在编辑的文件中。导出则是使用"文件>导出"子菜单中的命令，如图1-88所示，将图层、画板等导出为图像资源，或者导出到Illustrator或视频设备中，以进行编辑或使用。其中，使用"存储为Web所用格式（旧版）"命令，可以对切片进行优化

（*电子文档20页*）。使用"颜色查找表"命令，可以导出各种格式的颜色查找表（*211页*）。使用"路径到Illustrator"命令，可以将路径导出为AI格式文件，以便在Illustrator等矢量软件中编辑使用。其他命令相关章节会有说明。

图1-87　　　　　　　　　图1-88

1.4.7 共享文件

单击工具选项栏右端的"共享图像"按钮，或者执行"文件>共享以审阅新的"命令，可以打开"共享"面板并通过电子邮件等将作品分享给他人。

1.4.8 复制文件

如果希望在编辑图像时能有一份原始图像与当前效果进行对比，或者完成某一效果后，想留存一份作为备份，可以使用"图像>复制"命令复制文件，如图1-89所示。"为"选项用于设置文件名。如果想将图层合并，可勾选"仅复制合并的图层"选项。

图1-89

1.4.9 关闭文件

完成文件的编辑并将其保存以后，可以执行"文件>退出"命令或单击Photoshop窗口右上角的 ✖ 按钮，退出Photoshop。如果只是想关闭当前文件，可以执行"文件>关闭"命令（快捷键为Ctrl+W）或单击文档窗口右上角的 ✖ 按钮。若打开了多个文件，执行"文件>关闭其他"命令，

可关闭当前窗口之外的其他文件；执行"文件>关闭全部"命令，可关闭所有文件。

1.4.10 用 Bridge 浏览特殊格式的文件

Photoshop初学者往往会认为PSD、AI、EPS等格式的设计素材很不友好，因为它们无法预览，查找和管理都不方便，如图1-90所示。

扫 码 看 视 频

图1-90

其实，安装Photoshop时会自动安装另一个软件，即Bridge。执行"文件>在Bridge中浏览"命令，将其打开，便可预览上述文件，如图1-91所示。除此之外，它还支持RAW格式照片、PDF文件和动态媒体文件。因此，可以使用它预览和管理各种素材（相关方法可登录Adobe官方网站查看Bridge用户指南）。

图1-91

> **提示**
>
> 在Bridge中双击一个文件，可在其原始应用程序中将其打开。如果想使用其他软件打开，可单击文件，之后在"文件>打开方式"子菜单中选择软件。执行"文件>关闭并转到Bridge"命令，可关闭当前文件并用Bridge浏览其他素材。

1.4.11 在文件中注释待办事项

如果临时中断工作，需要记录一些事项，如照片还有哪些地方需要编辑、修饰等，可以使用注释工具 📑 在图像

中添加文字注释，如图1-92和图1-93所示。以后继续编辑
文件时，在注释图标上双击，可以打开"注释"面板查看注
释内容。

> **提示**
>
> PDF文件中的注释可以用"文件>导入>注释"命令导入
> Photoshop文件中。

图1-92　　　　　　　图1-93

1.5 查看图像

查看图像也称文档导航，具体是指根据需要调整文档窗口的视图比例，使画面变大或变小，以及对画面进行移动。

1.5.1 实战：缩放及定位画面（缩放工具）

在Photoshop中打开一个文件时，它会在窗口中完整显示，如图1-94所示。要处理某处细节时，需将视图调大，再将所编辑的区域定位到画面中心，如图1-95所示。缩放工具 🔍 可以完成上述操作。

扫码看视频

图1-94　　　　　　　图1-95

> **提示**
>
> 请注意，视图比例的改变只是让画面变大或变小了，图像自
> 身并没有被缩放（*图像的缩放方法见74页*）。

缩放工具选项栏

图1-96所示为缩放工具 🔍 的选项栏。其中的部分选项
与"视图"菜单中的命令用途相同。

图1-96

- 放大 🔍 / 缩小 🔍 ：单击 🔍 按钮，在窗口中单击，可以放大视图；单击 🔍 按钮，在窗口中单击，可以缩小视图。
- 调整窗口大小以满屏显示：仅限浮动窗口，可在缩放浮动窗口的同时调整视图大小。

- 缩放所有窗口：打开多个文件时，同时缩放所有窗口。
- 细微缩放：勾选该选项后，缩放会以平滑的方式进行。取消勾选该选项，则在画面中拖曳鼠标可拉出矩形选框，释放鼠标后，选框内的图像会放大至整个窗口。按住 Alt 键可进行缩小操作。
- 100%：与执行"视图>100%"命令相同。双击缩放工具 🔍 也能完成同样的操作。
- 适合屏幕：与执行"视图>按屏幕大小缩放"命令相同。双击抓手工具 ✋ 也能完成同样的操作。
- 填充屏幕：在Photoshop 工作区域内最大化显示完整的图像。

1.5.2 实战：缩放及移动画面（抓手工具）

抓手工具 ✋ 能完成缩放工具 🔍 的所有任务，还能移动画面。

扫码看视频

01 按Ctrl+O快捷键，打开素材。选择抓手工具 ✋ ，将鼠标指针放在窗口中，如图1-97所示，按住Alt键/Ctrl键单击，可对视图进行缩小/放大，如图1-98和图1-99所示。释放按键拖曳鼠标，可以移动画面。

02 当放大视图导致图像不能完整显示时，如图1-100所示，按住H键，之后按住鼠标左键不放，画面中会出现一个矩形选框，将选框拖曳到需要查看的区域，如图1-101所示，可以让选框内的图像出现在画面中央，如图1-102所示。

03 抓手工具 ✋ 也可像缩放工具 🔍 那样进行细微缩放，但需勾选缩放工具 🔍 选项栏中的"细微缩放"选项，之后按住Ctrl键用抓手工具 ✋ 向左/右侧拖曳鼠标即可。

图1-97

图1-98

图1-99

图1-100

图1-101

图1-102

1.5.3 实战：用"导航器"面板定位画面

编辑大尺寸的图像时，视图被放大以后，无论使用抓手工具 🖐 还是缩放工具 🔍，都得进行多次操作才能将画面中心定位到需要编辑的区域。在这种情况下，"导航器"面板更好用。只需在该面板中单击，便可将画面中心移动到鼠标指针所在位置，如图1-103所示。

图1-103

1.5.4 命令+快捷键

图1-104所示为"视图"菜单中提供的视图调整命令，通过快捷键执行这些命令，效率

也很高。

- 放大/缩小：按默认的预设比例放大和缩小视图。
- 按屏幕大小缩放：让图像完整地显示。
- 按屏幕大小缩放图层：让所选图层中的对象最大化显示。
- 按屏幕大小缩放画板：让画板完整地显示在窗口中。
- 100%/200%：让图像以100%或200%的比例显示。在100%状态下能看到最真实的效果。尤其是对图像本身进行放大或缩小后，切换到100%状态下观察效果，可以准确地了解图像细节是否变得模糊，以及其模糊程度有多大。
- 打印尺寸：以打印尺寸显示图像。如果图像用于排版软件（如InDesign），可在这种状态下观察其大小是否合适。需要注意的是，此打印尺寸与图像真实的打印尺寸之间存在误差，不要被它的名称误导了。
- 实际大小：图像是由像素（Pixel）组成的（*82页*）。该命令可以让图像中的每个像素都以实际大小显示，不进行任何缩放或模糊处理。这意味着图像中每个像素都严格地对应显示器上的一个像素，图像的细节会以最真实的方式呈现。

图1-104

1.5.5 切换屏幕模式

"工具"面板底部有3个按钮，可以切换屏幕模式，如图1-105所示。其中，标准屏幕模式为默认模式，如图1-106所示。

图1-105

图1-106

切换到带有菜单栏的全屏模式，可以隐藏标题栏和滚动条，如图1-107所示。

图1-107

如果不想被菜单、工具选项栏和面板等分散注意力，可切换到全屏模式。在这种模式下，整个屏幕变为黑色，只显示图像本身，如图1-108所示。没有了其他界面元素的干扰，用户可以专注于图像内容，更好地观察和编辑细节。但是，在这种状态下需要通过快捷键来选择工具、执行命令，因此，只适合Photoshop熟练程度较高的用户。

图1-108

提示

按Shift+Tab快捷键可以显示/隐藏面板。按Tab键可以显示/隐藏面板、"工具"面板和菜单栏。

1.5.6 实战：多窗口协同

处理图像细节时，如果想同时观察整体效果，可以执行"窗口>排列>为（文件名）新建窗口"命令，新建一个窗口，再执行"窗口>排列>平铺"命令，让它们并排显示，之后将一个窗口的视图比例调大，在其中编辑细节，在另一个窗口中评估构图和整体效果，如图1-109所示。

图1-109

新建窗口只是为文件创建了另一个视图，而非文件的副本。其作用类似于在一个房间里安装了两个监视器，观察的是同一个空间，只是角度和范围不同而已。

排列多个窗口

如果创建了多个窗口，或同时打开了多个文件，可以使用"窗口>排列"子菜单中的命令设置窗口的排列方式，如图1-110所示。在"排列"子菜单中，最上面的一组命令可以平铺窗口，而且各命令前面的图标即排列效果，非常直观。其中"将所有内容合并到选项卡中"命令是指有浮动窗口时，将其以选项卡形式停放。其他命令及其解释如下。

图1-110

- 层叠：从屏幕的左上角到右下角以堆叠和层叠的方式显示未停放的窗口。
- 平铺：以边靠边的方式显示窗口。在这种状态下，关闭一个窗口时，其他窗口会自动调整大小，填满可用空间。
- 在窗口中浮动：允许窗口自由浮动。
- 使所有内容在窗口中浮动：使所有文档窗口都变为浮动窗口。
- 匹配缩放：将所有窗口都匹配到与当前窗口相同的缩放比例。例如，当前窗口的缩放比例为100%，另一个窗口为50%，执行该命令后，另一个窗口的比例会自动调整为100%。
- 匹配位置：将所有窗口中图像的显示位置都匹配到与当前窗口相同，如图1-111和图1-112所示。

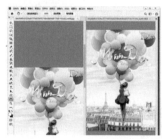

图1-111　　　　　　　图1-112

- 匹配旋转：将所有窗口中画布的角度都匹配到与当前窗口相同，如图1-113和图1-114所示。

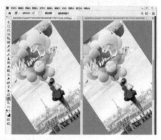

图1-113　　　　　　　图1-114

- 全部匹配：将所有窗口的缩放比例、图像显示位置、画布旋转角度与当前窗口匹配。

1.6 操作失误处理方法

编辑图像有时就像进行一次冒险，即使成竹在胸，也难免会出现失误。幸运的是，Photoshop 中有类似于魔法宝盒的宝物，可以撤销操作，将文件恢复到不同阶段。

1.6.1 撤销与恢复

执行"编辑>还原"命令，可以撤销一步操作。该命令的快捷键为Ctrl+Z，需要时可以连续按该快捷键，一步一步向前撤销操作。

如果撤销了一些操作，但又想恢复它们，可连续按Shift+Ctrl+Z快捷键。每按一次，相当于执行一次"编辑>重做"命令。如果想直接恢复到最后一次保存时的状态，可以执行"文件>恢复"命令。

1.6.2 实战：热成像效果（"历史记录"面板）

编辑文件时，用户每进行一步操作，"历史记录"面板就会将其记录下来，就像是在旅行中留下足迹一样。下面通过制作热成像效果学习"历史记录"面板的使用方法，从中可以学到撤销部分操作、恢复部分操作，以及怎样将图像恢复如初（撤销所有操作）。

扫 码 看 视 频

01 按Ctrl+O快捷键，打开素材，如图1-115所示。打开"渐变"面板菜单，执行"旧版渐变"命令，加载该渐变库，如图1-116所示。

图1-115

图1-116

02 单击"调整"面板中的 ■ 按钮，创建"渐变映射"调整图层。单击"属性"面板中的渐变颜色条，如图1-117所示，打开"渐变编辑器"对话框，单击图1-118所示的渐变，创建热成像效果，如图1-119所示。

图1-117

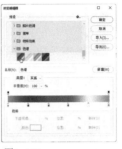
图1-118

图1-119

03 按住Alt键，在图1-120所示的位置单击，创建剪贴蒙版，这样"渐变映射"调整图层就不会影响背景，如图1-121所示。

图1-120

图1-121

04 下面来撤销操作。单击"历史记录"面板中的"新建渐变映射图层"，可将图像恢复到该步骤所创建的效果，如图1-122和图1-123所示。

图1-122

图1-123

05 快照区保存了初始图像，单击它可撤销所有操作，即使中途保存过文件，也能将其恢复到最初的打开状态，如图1-124所示。

图1-124

06 单击最后一个步骤（或执行"编辑>切换最终状态"命令），可恢复所有被撤销的操作，如图1-125所示。

图1-125

"历史记录"面板选项

执行"窗口>历史记录"命令，打开"历史记录"面板，如图1-126所示。

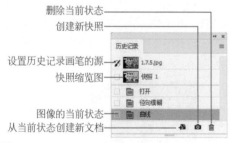

图1-126

● 设置历史记录画笔的源：使用历史记录画笔工具（114页）时，该图标所在的位置将作为历史画笔的源图像。

● 快照缩览图：被记录的快照。

● 图像的当前状态：当前选取的图像编辑状态。

● 从当前状态创建新文档：基于当前操作步骤中图像的状态创建一个新的文件。

● 创建新快照：基于当前的图像状态创建快照。

● 删除当前状态：选择一个操作步骤，单击该按钮可以将该步骤及后面的操作删除。

技术看板 保存工作日志

使用"历史记录"面板基本可以解决撤销操作方面的所有问题。其最大优点是能选择性地撤销某一步之后的所有操作。只是有些操作，例如对面板、颜色设置、动作和首选项的修改并不是针对图像的，无法被保存在历史记录中。此外，历史记录是暂存在内存中的，当关闭文件时，内存会被释放，相应的历史记录也会被删除（包括快照在内）。不过，Photoshop提供了一种保存历史记录的方法。按Ctrl+K快捷键，打开"首选项"对话框，在左侧列表中选择"历史记录和内容凭据"选项，显示具体项目，之后勾选"历史记录"选项，选择"文本文件"选项，并在"编辑记录项目"下拉列表中选择"详细"选项。这样当用户保存文件时，就会同时存储一份名为"Photoshop编辑日志"的纯文本文件，其中记录了操作过程和相应的参数设置。

1.6.3 用快照撤销操作

"历史记录"面板就像Photoshop中的"账房先生"，它认真记录着我们的每一笔开销（操作）。只是这位"先生"有个小小的问题——他的记忆力有限，只能记住最近的50步操作。其实一般的图像编辑，50步回溯已经够用了。然而，如果使用画笔工具、仿制图章工具或其他绘画和修饰类工具，就会捉襟见肘。因为每次单击鼠标都会被视为一步操作，如图1-127所示。这会带来两个问题：一是无法回溯超过50步之前的操作；二是在撤销操作时无法准确辨别需要恢复的步骤。

临摹徐悲鸿的《奔马图》时，每一笔绘画都会被记录下来，且名称不变
图1-127

解决以上问题可以从两方面入手。首先，对于步骤限制为50的情况，可以执行"编辑>首选项>性能"命令，打开"首选项"对话框，增加历史记录的数量，如图1-128所示。需要注意的是，如果计算机内存较小，不要设置过多的步数，以免影响Photoshop的运行速度。

图1-128

其次，当完成重要操作后，可以单击"历史记录"面板底部的创建新快照按钮 ，将当前状态保存为快照，如图1-129所示。这样，无论进行了多少步操作，只要单击相应的快照，都能回到它所记录的状态，如图1-130所示。

图1-129　　　　图1-130

由于快照的默认名称是按照"快照1、快照2……"的顺序命名的，不够明显，可以在名称上双击，显示文本框后重新命名，如图1-131所示。如果想删除一个快照，将其拖曳到"历史记录"面板底部的 🗑 按钮上即可，如图1-132所示。

图1-131　　　　图1-132

快照选项

单击要创建为快照的历史记录，如图1-133所示，按住Alt键并单击创建新快照按钮 ，或执行面板菜单中的"新建快照"命令，可以打开"新建快照"对话框，如图1-134所示。

图1-133　　　　图1-134

● 名称：可输入快照的名称。

● 自：包含"全文档""合并的图层""当前图层"3个选项，使用这3种快照时，图层会有所不同，如图1-135所示。选择"全文档"选项，可以为当前状态下的所有图层创建快照，使用此快照时，图层都会得以保留；选择"合并的图层"选项，创建的快照会合并当前状态下的所有图层，使用此快照时，只提供一个合并后的图层；选择"当前图层"选项，只为当前图层创建快照，没有其他图层。

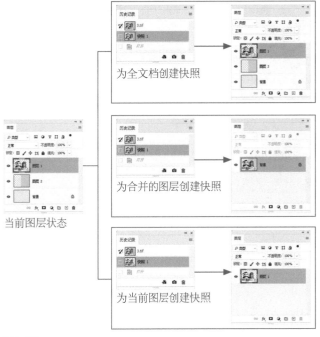

为全文档创建快照

为合并的图层创建快照

当前图层状态

为当前图层创建快照

图1-135

1.6.4 用非线性历史记录撤销操作

在默认状态下，单击"历史记录"面板中的一步操作时，它之后的记录就会变灰，如图1-136所示，如果此时进行编辑，变灰的记录就被删掉了，如图1-137所示。要想将其保留下来，需要将历史记录修改为非线性状态。打开"历史记录"面板菜单，选择"历史记录选项"命令，打开"历史记录选项"对话框，勾选"允许非线性历史记录"即可，如图1-138所示。

图1-136　　　　图1-137

图1-138

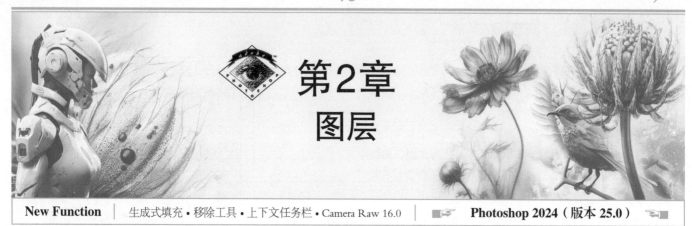

第2章
图层

New Function | 生成式填充 • 移除工具 • 上下文任务栏 • Camera Raw 16.0 | **Photoshop 2024（版本 25.0）**

本章简介

图层是 Photoshop 最为核心的功能之一，可以说，不会图层操作，在 Photoshop 中几乎寸步难行。本章介绍图层的基本操作方法，并讲解与之相关的图层样式等功能。图层样式也叫"效果"，是用于制作特效的功能，用处非常大。

学习目标

首先学习图层的不同创建方法，然后学习图层数量较多时用图层组组织和管理图层，以及在众多的图层中快速找到所需图层的技巧。关于图层样式部分，需要学会图层样式添加、修改和删除方法，并通过实战制作一些效果，包括文字压印效果、网站 Banner、霓虹灯字、春节促销海报等。

学习重点

图层的意义
了解"图层"面板
实战：使用移动工具选择图层
分组管理
斜面和浮雕效果解析
复制效果
打破效果"魔咒"

2.1 创建图层

图层的种类丰富，创建方法也各不相同。本节介绍怎样创建，以及通过复制和粘贴的方法得到普通图层。其他类型的图层，如填充图层、调整图层等，会在介绍其功能的章节中讲解。

2.1.1 实战：制作玻璃窗效果

本实战使用混合模式、调整图层、剪贴蒙版功能制作玻璃窗效果，如图2-1所示。这些功能都基于图层发挥作用，通过操作可初步了解图层的使用方法，体验其强大能力。

01 按Ctrl+O快捷键打开素材，如图2-2所示。执行"文件>置入嵌入对象"命令，选择图2-3所示的素材，按Enter键，置入打开的文件中，如图2-4所示。

02 在工具选项栏中将图像的缩放比例设置为270%，如图2-5所示。将鼠标指针移动到画面上，然后进行拖曳，移动图像位置，如图2-6所示。按Enter键确认，将图像正式置入当前文件中，此时会创建一个图层来承载它。

03 打开"图层"面板，设置该图层的混合模式为"滤色"，如图2-7和图2-8所示。

图2-1

图2-2

图2-3　　　　图2-4

图2-5　　　　　　　　　　图2-6

图2-7　　　　图2-8

04 单击"图层"面板中的 🔘 按钮打开下拉列表，选择"色阶"命令（183页），如图2-9所示，创建"色阶"调整图层。执行"图层>创建剪贴蒙版"命令，将其与下方的图层创建为剪贴蒙版组（144页），如图2-10所示。

图2-9　　　　图2-10

05 拖曳"调整"面板中的滑块调整色阶，将置入图像的色彩调淡，如图2-11所示。在剪贴蒙版的限定下，调整只对置入的图像有效，不会影响下方的人像，如图2-12所示。

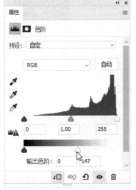 

图2-11　　　　图2-12

2.1.2 小结

在Photoshop中，每一种对象都会有特定的图层来承载它，如图2-13所示。这些图层分为两大类，即图像类图层和效果类图层。图像、文字、矢量图形和视频属于图像类图层，其他的则为效果类图层，此类图层用于制作效果，例如，可以调色、填充颜色和渐变、添加图层样式等（图层样式依附于图像类图层）。

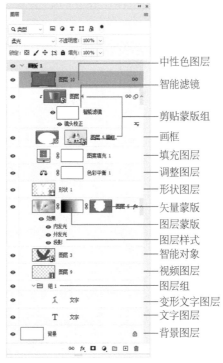

图2-13

"图层"面板中的按钮

图2-14所示为"图层"面板中的按钮和选项。目前阶段熟悉即可。随着学习的深入，这些都能逐渐掌握。

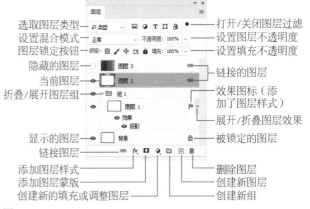

图2-14

25

图层的意义

图层出现之前，Photoshop中的所有对象都在同一个平面上。这会导致许多问题，例如，修改图像就会破坏原始内容；每次局部编辑都需要创建选区来限定范围；更麻烦的是任何操作都不可逆，例如，一旦输入文字就无法修改其内容等。这些限制不仅束缚了用户，也使得Photoshop很难使用。

Photoshop 3.0版引入图层以后，平面的概念就被突破了。图层就像透明玻璃，每一块玻璃都是一个独立的平面，将对象分散在不同图层上，如图2-15所示，对其中一个图层进行绘画、调色等编辑，不会影响其他图层中的对象，如图2-16所示。也就是说，图层充当了天然的屏障，使得分离图像及限定编辑范围不再完全依赖于选区*（53页）*，这大大降低了编辑难度，简化了操作流程。

图层原理   "图层"面板状态   当前图像效果   单独调整一个图层的颜色

图2-15   图2-16

图层还让Photoshop可以容纳更多的对象。自从Photoshop 3.0以后，以图层为载体的各种功能便不断涌现，包括调整图层、填充图层、图层蒙版、矢量蒙版、剪贴蒙版、图层样式、图层混合模式、智能对象、智能滤镜、视频图层、3D图层等。它们有一个共同特点——可进行非破坏性编辑（这是因为它们都位于独立的"平面"）。

非破坏性编辑*（非破坏性编辑相关演示见174页）*简而言之就是既能实现编辑的目的，又不破坏对象本身。用10个字概括就是：编辑可追溯，对象可复原。在Photoshop中，变换、变形、抠图、合成、修图、调色、添加效果、使用滤镜等都能通过非破坏性的方式来完成。可以说，Adobe是在图层上建立了Photoshop的帝国。如果没有图层，上述功能将无法存在。图层孕育了这些功能，它们也成就了Photoshop。相信在未来，图层还将创造更多的奇迹。

了解"图层"面板

"图层"面板是用来创建、编辑和管理图层的工具。在该面板中，图层按照上下顺序一层一层地堆叠，构成立体空间，如图2-17所示。除"背景"图层的位置固定外，其他图层都可以调整叠放次序，如图2-18所示（当上下遮挡关系发生改变后，摩托车挡住了女孩的双腿，这样她就退到了摩托车后方）。

扫码看视频

图层缩览图
图层名称
图层列表

图2-17   图2-18

通过单击的方法可以选择所要编辑的图层，如图2-19所示。所选图层称为"当前图层"，其背景是灰色的，以突出显示，所有操作只对它有效。由于移动、对齐、变换、创建剪贴蒙版等操作可同时处理多个图层，因此，当前图层也可以是多个，如图2-20所示。但是更多的操作，如绘画、滤镜、颜色调整等，只能在一个图层上进行。

从左到右观察图层列表，首先是眼睛图标 ◉ ，它表示其所在的图层处于显示状态。没有眼睛图标 ◉ 的图层会被隐藏，无法在文档窗口中看到和编辑。

眼睛图标 ◉ 右侧是图层缩览图（效果类图层，如调整图层会显示特定图标而非缩览图），它显示了图层中包含的内容。棋盘格表示透明区域。例如，将摩托车抠出后，其背景就是棋盘格状，如图2-21所示。

在图层缩览图上单击鼠标右键打开快捷菜单，使用其中的命令可以调整缩览图的大小，如图2-22所示。如果图层数量较多，最好使用较小的缩览图，以便显示更多的图层。如果图层列表太长，面板中无法显示所有图层，可以拖曳列表右侧的滚动条，或者将鼠标指针放在图层上，然后滚动鼠标滚轮逐一显示各个图层；还可以拖曳面板的右下角来调整其大小，如图2-23所示。图层缩览图的右侧是图层名称。特殊类型的图层名称可能与普通图层有所不同，但是所有图层的名称都可以进行修改。

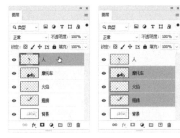

图2-19　　　　图2-20

图2-21

图2-22

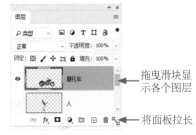

图2-23

2.1.3 创建空白图层

单击"图层"面板中的 ⊞ 按钮，可以在当前图层上方创建一个图层，并同时成为当前图层，如图2-24和图2-25所示。按住Ctrl键单击 ⊞ 按钮，可在当前图层下方创建图层，如图2-26所示。

图2-24　　　图2-25　　　图2-26

如果想在创建图层时设置图层的名称、颜色和混合模式（134页）等属性，可以执行"图层>新建>图层"命令或按住Alt键单击 ⊞ 按钮，打开"新建图层"对话框进行设置，如图2-27和图2-28所示。该方法可用于创建中性色图层（187页）。勾选"使用前一图层创建剪贴蒙版"选项，还可与下

方图层创建为剪贴蒙版组（144页）。

图2-27

图2-28

2.1.4 了解"背景"图层

"背景"图层是文件中的底层图像，位于"图层"面板的底层。

与普通图层相比，"背景"图层不能调整不透明度、混合模式，也不能添加图层样式，进行移动和改变堆叠顺序。想要执行这些操作，需先单击它右侧的 🔒 按钮，将其转换为普通图层，如图2-29和图2-30所示。

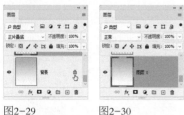

图2-29　　　　图2-30

在某些情况下，例如，文件中有多个图层，并且使用PSD、TIFF、PDF或PSB等支持图层的格式保存，文件中可以没有"背景"图层。

"背景"图层的主要用途在于：当文件在其他软件或输出设备中使用，且对方不支持分层图像时，需要将所有图层合并到"背景"图层中。如果没有"背景"图层，可以选择一个图层，如图2-31所示，执行"图层>新建>图层背景"命令，将其转换为"背景"图层，如图2-32所示。此外，也可以存储为JPEG格式，在保存时会自动合并图层。

图2-31　　　　图2-32

2.1.5 实战：复制图层以保留原始信息

"背景"图层中包含了文件的原始信息，最好不要直接编辑它，以免图像无法复原。通常的做法是先复制"背景"图层，再对图层副本进行编辑。同样，其他类型的图层也可以通过这种方式进行备份。

01 打开素材。单击"图层1"，将其设置为当前图层，如图2-33所示。执行"图层>新建>通过拷贝的图层"命令（快捷键为Ctrl+J），可复制当前图层，如图2-34所示。

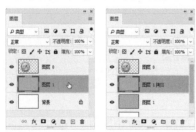

图2-33　　　　图2-34

02 如果要复制其他图层，将其拖曳到"图层"面板底部的回按钮上即可，如图2-35和图2-36所示。

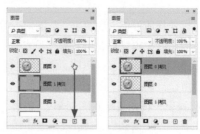

图2-35　　　　图2-36

03 如果想要将一个图层复制到另一个图层的上方（或下方），可以将鼠标指针移动到该图层上，如图2-37所示，按住Alt键并拖曳到目标位置，当出现蓝色横线时，如图2-38所示，释放鼠标即可，如图2-39所示。

图2-37　　　　图2-38　　　　图2-39

04 承载了图像的图层可以使用移动工具✛进行复制。选择该工具后，将鼠标指针移动到图像上方，如图2-40所示，按住Alt键拖曳即可，如图2-41所示。用此方法复制的图像将位于一个新的图层中。

图2-40

图2-41

技术看板 基于图层创建文件

执行"图层>复制图层"命令，打开"复制图层"对话框，选择"新建"选项，可基于当前图层新建一个文件。如果同时打开多个文件，通过该命令可将图层复制到其他文件中。

2.2 编辑图层

下面介绍图层的基本编辑方法，包括选择图层、调整图层的堆叠顺序，以及隐藏、显示、链接和锁定图层等。

2.2.1 实战：选择图层

在进行图像编辑之前，不要急于操作，先查看一下"图层"面板，确认当前选择的图层是否为想要处理的那个。切勿选错图层，否则会白白浪费时间。

扫码看视频

01 打开素材。单击一个图层，即可将其选中，使其成为当前图层，如图2-42所示。

02 当需要选择多个图层时，如果它们上下相邻，可单击第一个图层，如图2-43所示，再按住Shift键并单击最后一个，如图2-44所示。

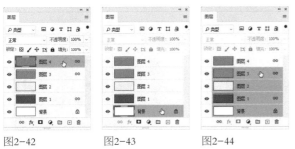

图2-42　　　　图2-43　　　　图2-44

03 如果要选择的图层并不相邻，可以按住Ctrl键并分别单击它们，如图2-45所示。

04 右侧有 ⊖ 图标的图层建立了链接（31页）。单击其中的一个，如图2-46所示，执行"图层>选择链接图层"命令，可将与其链接的图层一同选中，如图2-47所示。

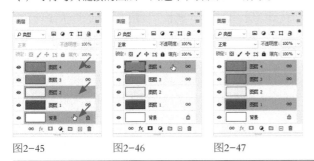

图2-45　　　　图2-46　　　　图2-47

提示

如果想同时选择所有图层，可以执行"选择>所有图层"命令。如果不想选择任何图层，可在图层列表下方空白处单击，或执行"选择>取消选择图层"命令。

2.2.2 实战：使用移动工具选择图层

移动工具 ✛ （69页）是最常用的工具之一，使用它时，可通过一些技巧选择图层，这样就不必通过"图层"面板操作。

扫码看视频

01 图2-48所示的素材中包含多个图层，且前后图像互相遮挡。选择移动工具 ✛ ，取消工具选项栏中"自动选择"选项的勾选，如图2-49所示。将鼠标指针移动到图像上，按住Ctrl键并单击，可以选择鼠标指针所指的图层，如图2-50和图2-51所示。

✛ ∨　☐ 自动选择：图层 ∨　☐ 显示变换控件

图2-48　　　　　　　图2-49

图2-50　　　　　　　图2-51

提示

如果勾选"自动选择"选项，则不必按Ctrl键，直接在图像上单击便可选择图层。但这样操作弊大于利，当图层堆叠，或者设置了混合模式和不透明度时，非常容易选错。

02 当鼠标指针所指处有多个图层时，按住Ctrl键并单击图像，可以选择位于最上方的图层。如果要选择位于下方的图层，可在图像上单击鼠标右键打开快捷菜单，菜单中会列出鼠标指针所在位置的所有图层，从中选择需要的即可，如图2-52和图2-53所示。

图2-52　　　　　　　　图2-53

03 选择多个图层时，可以通过两种方法操作。第1种方法是按住Ctrl+Shift键并分别单击各个图像，如图2-54和图2-55所示。想将被遮挡的下方图像也添加进来，可以按住Ctrl+Shift键并单击鼠标右键打开快捷菜单，从中进行选取。

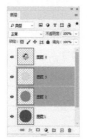

图2-54　　　　　　　　图2-55

04 第2种方法是按住Ctrl键并拖曳出选框，如图2-56所示，释放鼠标左键后，选框内的图像都会被选中，如图2-57所示。需要注意的是，应先按住Ctrl键再进行拖曳，并且一定要在图像旁边的空白区域拖出选框，否则会移动图像。

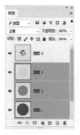

图2-56　　　　　　　　图2-57

技术看板 **快速切换当前图层**

单击一个图层后，按Alt+]快捷键，可以将其上方的图层切换为当前图层；按Alt+[快捷键，则可将其下方的图层切换为当前图层。

单击图层　　　　按Alt+]快捷键　　　按Alt+[快捷键

2.2.3 实战：调整图层的堆叠顺序

在"图层"面板中，图层按照创建的先后顺序堆叠排列，就像搭积木一样，逐层向上叠加。有3种方法可以改变图层的堆叠顺序：拖曳、使用"图层>排列"菜单中的命令调整，以及用快捷键操作。

01 打开素材，如图2-58所示。将鼠标指针放在一个图层上，如图2-59所示，将其拖曳到另一个图层的下方（或上方），当出现突出显示的蓝色横线时，如图2-60所示，释放鼠标左键可调整图层顺序，如图2-61所示。由于遮挡顺序发生改变，图像效果也同步变化，如图2-62所示。

图2-58　　　　　　　　图2-59

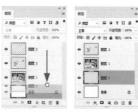

图2-60　　　　图2-61　　　　图2-62

02 单击图层，打开"图层>排列"菜单，如图2-63所示，选择其中的命令也可调整图层顺序，只是速度稍慢一些。但是当图层数量较多时，想快速地将某个图层调整到特定的位置，包括顶层、底层（"背景"图层上方）、向上或向下移动一层，用"排列"菜单中的命令操作较为便捷。其中的"反向"命令可以反转所选图层的堆叠顺序，如图2-64和图2-65所示（只有同时选取多个图层时该命令才可用）。除"反向"外的其他命令都有快捷键，这些快捷键非常有用，能极大地提高编辑效率。

排列(A)	▶	置为顶层(F)	Shift+Ctrl+]
合并形状(H)	▶	前移一层(W)	Ctrl+]
		后移一层(K)	Ctrl+[
对齐(I)	▶	**置为底层(B)**	Shift+Ctrl+[
分布(T)	▶	反向(R)	

图2-63

图2-64　　图2-65

提示

如果所选图层位于图层组内，执行"置为顶层"或"置为底层"命令，可将图层调整到当前图层组的顶层或底层。

2.2.4 实战：隐藏和显示图层

01 单击一个图层左侧的眼睛图标 ◉ ，可以隐藏该图层，如图2-66所示。被隐藏的图层不能编辑，但可以合并和删除。在原眼睛图标处单击可重新显示图层，如图2-67所示。同时选择多个图层以后，执行"图层>隐藏图层"命令，可一次性将所选图层隐藏。

图2-66

图2-67

02 将鼠标指针移动到一个图层的眼睛图标 ◉ 上，如图2-68所示，在眼睛图标列上、下拖曳，可将相邻的图层全部隐藏，如图2-69所示。恢复显示时也采用同样的方法操作。

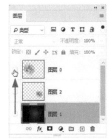

图2-68　　　图2-69

03 如果只想显示一个图层，可以按住Alt键并单击它的眼睛图标 ◉ ，如图2-70所示。用同样的方法可恢复显示其他图层的显示。

图2-70

2.2.5 链接多个图层

选择两个或多个图层，如图2-71所示，单击"图层"面板底部的 ◱ 按钮，或执行"图层>链接图层"命令，即可将它们链接在一起，如图2-72所示。

图2-71　　　　　　图2-72

当需要对多个图层进行移动、旋转、缩放、倾斜、复制、对齐和分布操作时，可将它们链接在一起，这样以后只需选择其中一个图层，进行上述操作（复制除外），就可同时应用于所有链接的图层，不必逐个处理。

要取消一个图层与其他图层的链接，可单击该图层，再单击 ◱ 按钮。如果要取消所有图层的链接，可以单击其中的一个图层，再执行"图层>选择链接图层"命令，之后单击 ◱ 按钮即可。

2.2.6 通过锁定保护图层

"图层"面板顶部有一排锁定按钮，可以保护图像内容免受修改。例如，某个图层中的对象设置了精确位置，单击该图层，之后单击锁定位置按钮 ✛ ，该图层就不能被移动。其他按钮用途如下。

● 锁定透明像素 ▦ ：单击该按钮后，可将编辑范围限定在图层的不透明区域，保护透明区域。例如，图2-73所示为锁定透明像素后,使用画笔工具 ✐ 涂抹图像时的效果,可以看到,头像之外的透明区域没有受到影响。

● 锁定图像像素 ✐ :单击该按钮后,只能对图层进行移动和变换,不能绘画、擦除或使用滤镜。图2-74所示为使用画笔工具 ✐ 涂抹时弹出的提示信息。

● 锁定画板 ⊞ :单击该按钮后,可防止在画板(电子文档28页)内外自动嵌套。

● 锁定全部 🔒 :单击该按钮后,可以锁定以上全部属性。如果只锁定部分属性,图层名称右侧的图标为 🔒 状。

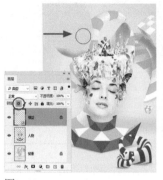

图2-73

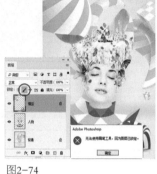

图2-74

技术看板 锁定图层组

单击图层或图层组,执行"图层>锁定图层"或"图层>锁定组内的所有图层"命令,可同时锁定所选图层或图层组内所有图层的一种或者多种属性。

2.3 高效管理图层的5个技巧

随着图像编辑的深入,图层的数量会越来越多,图层的结构也逐渐庞大起来,这会给查找和选择图层带来麻烦。掌握图层管理技巧能让操作顺利、高效地进行下去。

2.3.1 修改图层名称

创建图层时,会按照"图层1""图层2""图层3"的顺序命名。当图层数量较少时,名称并不重要,因为可以通过图层的缩览图来辨识其中包含的内容。然而,如果图层数量较多,查看缩览图就比较耗费时间。

为重要的图层或经常选择的图层重新命名可以方便进行查找,也能引起注意,在修改和删除图层时会更加谨慎。

双击图层名称,在文本框中输入新名称并按Enter键确认,可重命名图层,如图2-75和图2-76所示。此外,也可以通过执行"图层>重命名图层"命令来完成此操作。

图2-75

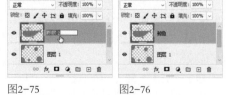

图2-76

2.3.2 为图层标记颜色

在图层缩览图上单击鼠标右键,打开快捷菜单,选择一个颜色选项,可以为图层刷上颜色,使其更加醒目、更易识别,如图2-77和图2-78所示。该操作也称为"颜色编码",其作用类似于使用记号笔在书中标出重点。

图2-77

图2-78

如果选择了多个图层,可同时为它们标记相同的颜色。

2.3.3 分组管理

在Photoshop中，一个文件可以包含数千个图层。图像效果越丰富，通常所使用的图层也越多。只有做好分组，才能保持"图层"面板的清晰和易于管理，就像图2-79所展示的那样。

图2-79

图层组类似于Windows操作系统中的文件夹，图层则类似于文件夹中的文件。将图层分门别类放在不同的组中，之后单击✔按钮，图层列表中就只显示图层组，从而简化图层结构。

将多个图层放入一个组后，Photoshop会将它们视为一个整体。选择一个组，如图2-80所示，使用移动工具✛或"编辑>变换"菜单中的命令来进行移动、旋转和缩放时，这些操作将应用于组中的所有图层。这种状态类似于为图层创建了链接，但它并不能取代链接功能，因为链接的图层可以来自不同的组。

可以为图层组添加蒙版，如图2-81所示，也可以调整其不透明度和混合模式，如图2-82所示。此外，还可以对它们进行复制、链接、对齐和分布，以及锁定、隐藏、合并和删除等操作，操作方法与普通图层相同。

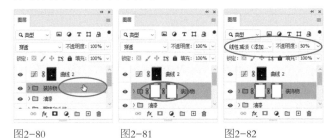

图2-80　　　　　图2-81　　　　　图2-82

创建图层组

单击"图层"面板中的 ▢ 按钮，可以创建一个空的图层组，如图2-83所示。如果想在创建图层组的同时设置名称、颜色、混合模式和不透明度等属性，可以执行"图层>新建>组"命令，如图2-84和图2-85所示。

图2-83　　　　　图2-84　　　　　图2-85

在创建或单击一个图层组后，单击 ⊞ 按钮可在该组中创建图层。此外，也可以将其他图层拖入组中，如图2-86和图2-87所示；还可以将组中的图层拖到组外，如图2-88和图2-89所示。

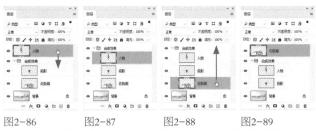

图2-86　　图2-87　　图2-88　　图2-89

如果想将多个图层编入一个图层组中，可以先选取它们，如图2-90所示，然后执行"图层>图层编组"命令（快捷键为Ctrl+G），如图2-91所示。图层组将使用默认的名称、不透明度和混合模式。如果想在创建组时设置这些属性，可以执行"图层>新建>从图层建立组"命令。图层组中可以继续创建图层组，也可以将一个图层组拖入另一个组中，形成多级嵌套的结构，如图2-92所示。

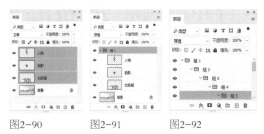

图2-90　　　　图2-91　　　　图2-92

取消图层编组

如果想取消图层编组，可单击它，如图2-93所示，执行"图层>取消图层编组"命令（快捷键为Shift+Ctrl+G）将其解散，如图2-94所示。如果想删除组及组中的图层，将其拖曳到"图层"面板底部的 🗑 按钮上即可。

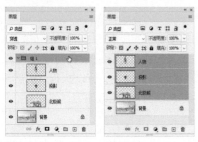

图2-93　　　　图2-94

2.3.4　通过名称快速找到所需图层

在计算机中查找文件时，如果记得文件名但想不起存储位置，可以通过搜索文件名来找到文件。Photoshop中也有类似的搜索功能。

执行"选择>查找图层"命令或单击"图层"面板顶部的 ⌄ 按钮，在下拉列表中选择"名称"选项，然后在选项右侧的文本框中输入图层的名称，即可找到所需的图层，而其他图层则会被隐藏，如图2-95所示。如果要重新显示所有图层，可以单击"图层"面板右上角的 ● 按钮，如图2-96所示。

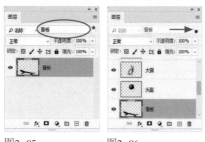

图2-95　　　　图2-96

2.3.5　隔离不相关的图层

执行"选择>隔离图层"命令或单击"图层"面板顶部的 ⌄ 按钮，可以打开下拉列表，如图2-97所示。选择其中一种筛选方法，就可以将其作为标准来筛选图层。这是一种缩小查找范围的有效方法。例如，选择"效果"选项并指定某种图层样式，"图层"面板中就会只显示具有该效果的图层，如图2-98所示。

如果选择下拉列表中的"类型"选项，则选项右侧会出现几个按钮 ▣ ◐ T ⛶ ⛴。单击其中一个按钮，例如，单击 T 按钮，面板中就只显示文字类图层，如图2-99所示。如果要显示所有图层，可以单击 ● 按钮。

图2-97　　　　　图2-98　　　　　图2-99

> **提示**
>
> ▣ 代表普通图层（包含像素或透明图层），◐ 代表填充图层和调整图层，T 代表文字图层，⛶ 代表形状图层，⛴ 代表智能对象。

2.4 合并、删除与栅格化图层

随着图层数量的增加，许多问题也随之而来，如更多的图层会占用更多的计算机内存，导致处理速度变慢；"图层"面板可能会变得"臃肿不堪"，增加图层的查找难度。就像房间需要打扫一样，多余的图层也需要及时整理或清除。

2.4.1　实战：合并图层

将设计图稿交与第三方审核、排版或打印时，需要合并图层。要注意的是，合并前，一定要另存一份PSD格式的原始文件，否则关闭

扫码看视频

文件后，无法将其恢复为分层状态。

01 单击一个图层，如图2-100所示，执行"图层>向下合并"命令（快捷键为Ctrl+E），可将其合并到下方的图层中并使用下方图层的名称，如图2-101所示。

图2-100　　　　　　图2-101

02 如果想将两个或多个图层合并，可以按住Ctrl键并单击各个图层，将它们选取，如图2-102所示，然后按Ctrl+E快捷键。合并后使用的是合并前位于最上方图层的名称，如图2-103所示。

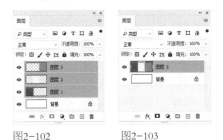

图2-102　　　　　　图2-103

2.4.2 合并可见图层

执行"图层>合并可见图层"命令，可以将所有可见图层合并（使用合并前当前图层的名称）。如果在合并前"背景"图层为显示状态，则所有图层都会合并到"背景"图层中。

2.4.3 拼合图像

执行"图层>拼合图像"命令，可以将所有图层拼合到"背景"图层中。图层中原有的透明区域将以白色填充。如果有隐藏的图层，则会弹出一个提示，询问是否将其删除。

2.4.4 实战：将图像盖印到新的图层中

盖印是一种较为特殊的图像合并方法。盖印后，各个图层中所承载的对象会合并到一个新的图层中，而原图层完好无损。如果想实现某些图层的合并效果，又不想破坏原图层，可以采用这种方法。

扫码看视频

01 单击一个图层，如图2-104所示。按Ctrl+Alt+E快捷键，可将该图层中的图像盖印到下方图层中，如图2-105所示。

图2-104　　　　　　图2-105

02 按Ctrl+Z快捷键撤销操作。下面来看一下如何盖印多个图层。按住Ctrl键并单击选择多个图层，如图2-106所示，按Ctrl+Alt+E快捷键，可将所选图层中的内容盖印到新的图层中，如图2-107所示。

03 撤销操作。按Shift+Ctrl+Alt+E快捷键，可将所有可见图层中的内容盖印到一个新的图层中，如图2-108所示。

图2-106　　　　　　图2-107　　　　　　图2-108

提示
盖印多个图层时，所选图层可以是不连续的，盖印所生成的图层将位于所有参与盖印的图层的最上方。但是如果所选图层中包含"背景"图层，则图像将盖印到"背景"图层中。

技术看板 盖印图层组

单击图层组，将其选择，按Ctrl+Alt+E快捷键，可以将组中的所有图层盖印到一个新的图层中，原图层组保持不变。

2.4.5 实战：删除图层

01 单击一个图层，如图2-109所示，按Delete键，可将其删除，如图2-110所示。如果选取了多个图层，则可将它们全部删除。如果需要删除的是当前图层，则直接按Delete键即可。

扫码看视频

图2-109　　　　图2-110

02 由于单击一个图层就会将其设置为当前图层，因此，上面的方法会改变当前图层。如果不想改变当前图层，可将图层拖曳到"图层"面板中的 🗑 按钮上进行删除，如图2-111和图2-112所示。

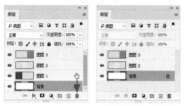

图2-111　　　　图2-112

03 当图层列表较长时，拖曳距离也会变长，操作起来可能会不太方便。在这种情况下，可在图层上单击右键打开快捷菜单，选择"删除图层"命令来进行删除，如图2-113所示。此外，执行"图层>删除"子菜单中的命令，也可以删除当前图层或"图层"面板中所有隐藏的图层。

图2-113

2.4.6　栅格化图层

Photoshop中的某些工具在使用时会受到一定的限制，例如，编辑像素的工具（画笔工具 🖌、仿制图章工具 🖈、污点修复画笔工具 ⊘、涂抹工具 ∅ 等）不能处理文字、形状图层、矢量蒙版等矢量对象。要想编辑这些对象，需要使用"图层>栅格化"子菜单中的命令将其栅格化，如图2-114所示，即将其转换为图像。

- 文字：将文字转换为位图。栅格化后，文字内容不能再修改。
- 形状/填充内容/矢量蒙版："形状"命令用于栅格化形状图层；"填充内容"命令用于栅格化形状图层的填充内容，并基于形状创建矢量蒙版；"矢量蒙版"命令用于栅格化矢量蒙版，即将其转换为图层蒙版。

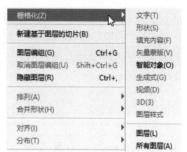

图2-114

- 智能对象：栅格化智能对象，将其转换为像素。
- 生成式：由"编辑>生成式填充"命令创建的生成式图层。
- 视频/3D：栅格化视频图层或3D图层。
- 图层样式：栅格化图层样式，并将其应用到图层内容中。
- 图层/所有图层：执行"图层"命令，可以栅格化当前选择的图层；执行"所有图层"命令，可以栅格化包含矢量数据、智能对象和生成的数据的所有图层。

2.5　图层样式

图层样式是一种用途广泛的特效制作功能，可以创建各种逼真的质感、纹理和特效，且操作方法简便，可以灵活修改。

2.5.1　图层样式概述

图层样式可以创建5种浮雕效果（包含等高线和纹理两种附加效果）、3种叠加效果（颜色叠加、渐变叠加和图案叠加）、两种阴影效果（内阴影和投影）、两种发光效果（内发光和外发光），以及描边和光泽特效，如图2-115所示。图层样式具有非破坏性特点，也就是说，用户可以修改参数或删除图层样式，而不会破坏图层内容。一个图层中的样式可以复制并应用到其他图层中，也可以保存到"样式"面板中或者存储为样式库。由于它是附加在图层上的，因此能够单独缩放，而不影响图层内容，也可以从图层中分离出来（50页）成为图像。

斜面和浮雕（外斜面）　斜面和浮雕（内斜面）　斜面和浮雕（浮雕效果）　斜面和浮雕（枕状浮雕）　斜面和浮雕（描边浮雕）　斜面和浮雕（等高线）　斜面和浮雕（纹理）　描边

　光泽　　　　　　　　内阴影　　　　　　　　投影　　　　　　　　内发光　　　　　　　　外发光　　　　　　　颜色叠加　　　　　　　渐变叠加　　　　　　图案叠加

图2-115

图层样式在设计中有着广泛的应用，可以帮助设计师完成以下工作。

● 创建视觉效果：图层样式可以为对象添加立体感、纹理、光影等效果，设计师可以利用这些效果制作按钮、图标、标题等元素，使作品更具吸引力和视觉冲击力。

● 添加文字效果：通过阴影、发光、描边和颜色叠加等样式，可以改变文字的颜色、轮廓和填充内容，让文字呈现立体感、为其添加光晕等特殊效果，惟妙惟肖地模拟金属或塑料等材质，创建独特的标题、Logo、徽标等。

● 制作界面元素：图层样式对于网页和UI设计非常有用。使用图层样式可以创建按钮、导航栏、输入框等各种界面元素，并为它们添加交互效果，从而提升用户体验。

● 图像编辑：图层样式可以用于编辑和修饰图像。例如，可通过图层样式调整图像的色彩、对比度、明暗等属性，以及为图像添加边框、阴影和纹理。

● 制作特殊效果：通过组合不同的图层样式，可以创建烟雾、火焰、水波纹、镜像效果等各种特效。这些效果可以用于插图、海报、广告和数字艺术作品。

> **提示**
>
> 除"背景"图层外，其他任何图层，只要没有单击 🔒 按钮将图层的全部属性锁定，就能添加图层样式。也就是说，锁定了部分属性的图层，以及只包含指令的图层（如填充图层、调整图层）也可以添加图层样式。

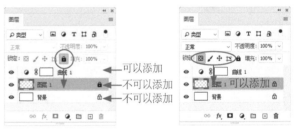

2.5.2 图层样式添加方法

图层样式也被称为"图层效果"或"效果"。当本书中提到为图层添加某种效果时，如"阴影"效果，指的就是添加"阴影"图层样式。

扫码看视频

打开"图层样式"对话框

需要为某一图层添加图层样式时，首先单击选中该图层，然后采用下面任意一种方法打开"图层样式"对话框，之后设置效果参数。

● 打开"图层>图层样式"子菜单，选择一个效果命令，可以打开"图层样式"对话框，并进入相应效果的设置面板。

● 双击需要添加效果的图层，打开"图层样式"对话框，在对话框左侧选择要添加的效果，可切换到该效果的设置面板。

● 在"图层"面板中单击 _fx_ 按钮，打开下拉菜单，选择一个效果命令，如图2-116所示，可以打开"图层样式"对话框并进入相应效果的设置面板。

添加效果

"图层样式"对话框的左侧列出了10种效果，如图2-117所示。单击一个效果的名称，即可添加这一　图2-116

37

效果（其左侧的复选框被勾选），对话框右侧会显示相应的选项，如图2-118所示。如果单击效果名称前的复选框，则会应用效果但不显示效果选项，如图2-119所示。取消勾选一个效果前面的复选框，可停用该效果，保留其参数。

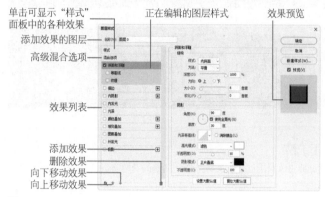

图2-117

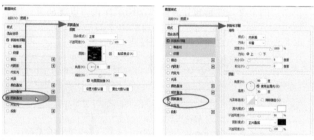

图2-118　　　　　　图2-119

添加一个效果，如"描边"效果，如图2-120所示，单击其右侧的 ⊞ 按钮，可以再添加一个"描边"效果。对其进行编辑，如图2-121所示，单击 ⬇ 按钮调整到前一个效果的下方，便可得到双重描边效果，如图2-122所示。

图2-120

图2-121

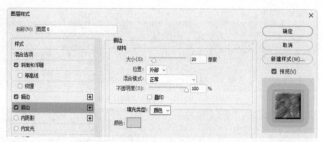

图2-122

设置效果参数并关闭对话框后，图层右侧会显示 *fx* 状图标，下方是效果列表，如图2-123所示。单击 · （或 · ）按钮可折叠（或展开）该列表，如图2-124所示。

图2-123　　　　　图2-124

2.5.3 实战：压印图像（斜面和浮雕效果）

下面使用"斜面和浮雕"效果在笔记本上制作压印的图形和文字，如图2-125所示。本实战的重点是等高线（*47页*）和"填充"值（*132页*）的设置方法。等高线决定了浮雕的形状，是表现压印立体感的关键。调整"填充"值可以让压印痕迹看上去更加自然。

扫码看视频

图2-125

01 打开素材，如图2-126所示。这是一个分层文件，包含文字图形和瓦当图像，如图2-127所示。单击"瓦当"图层，将"填充"设置为0%，隐藏瓦当图像，如图2-128所示。双击该图层，打开"图层样式"对话框，添加"斜面和浮雕"效果，如图2-129所示，创建压印痕迹。由于瓦当图像已被隐藏，因此为它添加的效果便留在了笔记本的封面上，这是一种偷梁换柱的技巧。

图2-126 图2-127

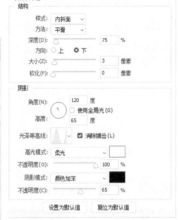

图2-128 图2-129

02 按Ctrl+T快捷键显示定界框（74页），在定界框外进行拖曳，使图像旋转，如图2-130所示，按Enter键确认。单击文字所在的图层，如图2-131所示。

图2-130 图2-131

03 按Ctrl+T快捷键显示定界框，对文字进行旋转，如图2-132所示。按住Alt+Ctrl键并配合鼠标拖曳右上角的控制点，进行斜切扭曲处理，如图2-133所示，按Enter键确认。

图2-132 图2-133

04 按住Alt键，将"瓦当"图层的效果图标 *fx* 拖曳到文字所在的图层，如图2-134所示，将效果复制给文字图层。然

后将文字所在图层的"填充"也设置为0%，如图2-135所示，效果如图2-136所示。

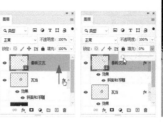

图2-134 图2-135 图2-136

2.5.4 斜面和浮雕效果解析

"斜面和浮雕"效果可以为图层内容划分出高光和阴影块面，再将高光面提亮、阴影面压暗，使图层内容看起来呈现凸起效果，如图2-137和图2-138所示。

原图 添加"斜面和浮雕"效果
图2-137 图2-138

设置"斜面和浮雕"

● 样式：在该选项下拉列表中可以选择浮雕样式。"外斜面"是从图层内容的外侧边缘开始创建斜面，下方图层成为斜面，浮雕范围显得很宽大；"内斜面"是在图层内容的内侧边缘创建斜面，即从图层内容自身"削"出斜面，因此显得比"外斜面"纤细；"浮雕效果"介于二者之间，它从图层内容的边缘创建斜面，斜面范围一半在边缘内侧，一半在边缘外侧（如图2-125所示）；"枕状浮雕"的斜面范围与"浮雕效果"的相同，也是一半在外、一半在内，但图层内容的边缘是向内凹陷的，可以模拟图层内容的边缘压入下层图层中所产生的效果；"描边浮雕"是在描边上创建浮雕，斜面与描边的宽度相同，要使用这种样式，需要先为图层添加"描边"效果。图2-139~图2-142所示为不同样式生成的效果。

外斜面 内斜面
图2-139 图2-140

枕状浮雕　　　　　描边浮雕（白色描边）
图2-141　　　　　图2-142

● 方法："平滑"可创建平滑柔和的浮雕边缘，如图2-143所示。"雕刻清晰"可创建清晰的浮雕边缘，适合表面坚硬的物体，也可用于消除文字的硬边。"雕刻柔和"可创建清晰的浮雕边缘，效果较"雕刻清晰"柔和一些。

平滑　　　　　雕刻清晰　　　　　雕刻柔和
图2-143

● 深度：增加"深度"值可以增强浮雕亮面和暗面的对比度，使浮雕的立体感更强，如图2-144所示。

"深度"为50%　　　　　"深度"为1000%
图2-144

● 方向：可以设置高光和阴影的位置。例如，将光源角度设置为90°，选择"上"时，高光位于上方，选择"下"时，高光位于下方，如图2-145所示。

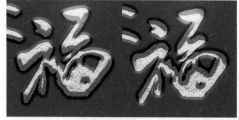

上　　　　　下
图2-145

● 大小：可以设置浮雕斜面的宽度，效果如图2-146所示。

● 软化：可以使浮雕斜面变得柔和。

● 消除锯齿：可以消除由于设置了光泽等高线而产生的锯齿。

● 高光模式／阴影模式／不透明度：用来设置浮雕斜面中高光和阴影的混合模式和不透明度。单击前两个选项右侧的颜色块，可以打开

"拾色器"对话框，设置高光斜面和阴影斜面的颜色。

"大小"为20像素　　　　　"大小"为170像素
图2-146

等高线和光泽等高线

　　"斜面和浮雕"效果有两个等高线，即等高线和光泽等高线，这是该效果中容易让人困惑的地方，也是其复杂性的体现。这两种等高线影响的对象完全不同。例如，图2-147所示的浮雕效果有5个面，无论使用哪种光泽等高线，都只改变光泽形状，浮雕仍为5个面，如图2-148和图2-149所示。而修改等高线不仅能让浮雕结构发生改变，如图2-150所示，还会生成新的浮雕斜面，如图2-151和图2-152所示。

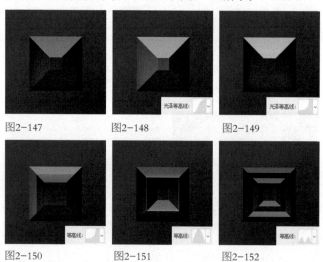

图2-147　　　　　图2-148　　　　　图2-149

图2-150　　　　　图2-151　　　　　图2-152

纹理

　　默认状态下，使用"斜面和浮雕"效果所生成的浮雕的表面非常光滑，适合表现水、凝胶、玻璃、不锈钢等光滑物体。然而，世界上绝大多数物体的表面并不平整，如拉丝金属、毛玻璃、粗糙的大理石、生锈的铁块等。实际上，即使是看似光滑的物体，其表面也并不是完全平整的。因此，为了让效果更加真实，需要添加细节来让表面凹凸不平。

　　"纹理"效果可以生成图2-153所示的细节。纹理是一种图案素材，Photoshop根据图案的灰度信息将其映射到浮雕的斜面，从而使浮雕效果呈现凹陷和凸起的变化，以模拟物体表面的纹理和细节。

图2-153

- 图案：单击图案右侧的·按钮，可以在打开的下拉面板中选择一个图案，将其应用到斜面和浮雕上。
- 从当前图案创建新的预设 ⊞：单击该按钮，可以将当前设置的图案创建为一个新的预设图案，新图案会保存在"图案"下拉面板中。
- 缩放：用于缩放图案。需要注意的是，图案是位图，放大比例过高会变得模糊。
- 深度："深度"为正值时图案的明亮部分凸起，暗部凹陷，如图2-154所示；为负值时明亮部分凹陷，暗部凸起，如图2-155所示。

图2-154　　　　　图2-155

- 反相：可以反转纹理的凹凸方向。
- 与图层链接／贴紧原点：勾选"与图层链接"选项，对图层进行变换操作时，图案也会一同变换。单击"贴紧原点"按钮，可以将图案的原点对齐到文档的原点。如果取消勾选"与图层链接"选项，单击"贴紧原点"按钮时，原点会出现在图层左上角。

2.5.5 实战：购物网站Banner（描边效果）

"描边"效果可以使用颜色、渐变和图案描画对象的轮廓。在制作特效字时用处较大，如图2-156所示。

图2-156

01 打开素材，如图2-157所示。双击文字所在的图层，如图2-158所示，打开"图层样式"对话框，将"填充不透明度"设置为55%，如图2-159所示。

图2-157

图2-158　　　　图2-159

02 添加"描边"效果，如图2-160和图2-161所示。添加"投影"效果，如图2-162和图2-163所示。如果想让海报上的文字呈现其他颜色，可以修改描边和投影颜色。

图2-160

图2-161

图2-162

41

图2-163

原图　　　　　　　　"距离"为10　　　　　　　"距离"为140

图2-165

> **提示**
>
> "描边"效果的参数比较简单。"大小"用来设置描边宽度；"位置"用来设置位于轮廓内部、中间还是外部；"填充类型"用来设置描边内容（颜色、渐变和图案）。

原图　　　　　　　　　　　颜色描边

渐变描边　　　　　　　　　图案描边

"大小"为7　　　　　　　　"大小"为130

图2-166

图2-167

2.5.6 光泽效果

　　"光泽"效果可以生成光滑的内部阴影，常用于表现光滑度和反射度较高的对象，如金属表面的光泽、瓷砖的高光等。图2-164所示为其参数选项。"光泽"和"等高线"（47页）是用来增强其他效果的，很少单独使用。

图2-164

● 角度：用来控制图层内容副本的偏移方向。

● 距离：添加"光泽"效果时，Photoshop将图层内容的两个副本进行模糊和偏移处理，从而生成光泽，"距离"选项用来控制这两个图层副本的重叠量，如图2-165所示。

● 大小：用来控制图层内容副本（即效果图像）的模糊程度，如图2-166所示。

● 等高线：可以控制效果在指定范围内的形状，以模拟不同的材质。例如，将等高线调整为W或M形，可以表现不锈钢、镜面等反射性较强的物体，如图2-167所示；等高线平缓且接近于一条直线的形态时，可以表现木头、砖石等表面粗糙的对象。

2.5.7 实战：霓虹灯字（外发光和内发光效果）

　　"外发光"和"内发光"效果可以在图层内容的边缘创建柔和的发光效果，光向外或向内延展，常用于创建光晕。本实战使用这两种效果制作霓虹灯字，如图2-168所示。

扫码看视频

图2-168

01 打开素材，如图2-169所示。双击文字所在的图层，如图2-170所示，打开"图层样式"对话框。

图2-169　　　　　　　　　图2-170

02 为文字添加"内发光"效果。设置好参数后，单击颜色块，打开"拾色器（内发光颜色）"对话框设置光的颜色，如图2-171和图2-172所示。

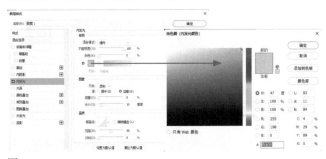

图2-171

图2-172

03 为文字添加"外发光"效果并修改发光颜色，如图2-173和图2-174所示。

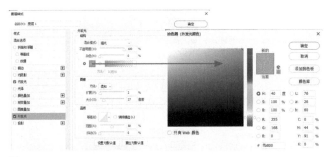

图2-173

图2-174

"外发光"效果选项

● 混合模式：用来设置发光效果与下面图层的混合模式。默认为"滤色"模式，它可以使发光颜色变亮，但在浅色图层的衬托下效果不明显。如果下面图层呈白色，则完全看不到效果。遇到这种情况，可以修改混合模式。

● 杂色：可以随机添加深浅不同的杂色。在实色发光中添加杂色，可以使光晕呈现颗粒状；在渐变发光中添加杂色，可以防止在打印时由于渐变过渡不平滑而出现明显的条带。

● 发光颜色："杂色"选项下面的颜色块和渐变条用来设置发光颜色。如果要创建单色发光，可单击左侧的颜色块，打开"拾色器"对话框进行设置，如图2-175所示。如果要创建渐变发光，可单击右侧的渐变条，打开"渐变编辑器"对话框进行设置，效果如图2-176和图2-177所示。

图2-175

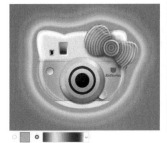

图2-176　　　　　　　　　图2-177

● 方法：用来设置发光的方法，以控制发光的准确程度。选择"柔和"选项，可以对发光应用模糊的效果，得到柔和的边缘，如图2-178所示；选择"精确"选项，可以得到精确的边缘，如图2-179所示。

图2-178　　　　　　　　　图2-179

● 扩展：设置好"大小"值后，可以通过"扩展"选项来控制发光效果范围内颜色从实色到透明的变化程度。

● 大小：用来设置发光效果的模糊程度。该值越高，光越发散。

● 范围：可以改变发光效果中的渐变范围。

● 抖动：可以混合渐变中的像素，使渐变颜色的过渡更加柔和。

"内发光"效果选项

"内发光"效果中,除"源"和"阻塞"外,其他选项与"外发光"效果相同。

● 源:用来控制光源的位置。选择"居中"选项,表示从图层内容的中心发光,此时增加"大小"值,整体光效会向图像的中央收缩;选择"边缘"选项,可从图层内容的内部边缘发光,此时增加"大小"值,光效会向图像的中央扩展。

● 阻塞:设置好"大小"值后,调整"阻塞"值,可以控制光效范围内的颜色从实色到透明的变化程度。该值越高,效果越向内集中。

2.5.8 颜色、渐变和图案叠加效果

"颜色叠加"、"渐变叠加"和"图案叠加"效果可以在图层上覆盖纯色、渐变和图案,改变图层内容的颜色。默认状态下,它们会完全遮盖图层内容,使用时需要调整不透明度来降低效果的强度,或者设置混合模式,让效果与图层内容混合。

这3个效果与填充图层 *(128页)* 并无太大差别,但它们是附加在图层上的,可以直接对图层内容施加影响,还能够与其他图层样式一同使用,因此常用来增强某种效果。例如,通过"斜面和浮雕"等效果制作出玻璃质感的立体字后,再用"图案叠加"效果添加一些暗纹,可以生成玉石效果,如图2-180和图2-181所示。如果只想填充颜色、渐变和图案,则使用填充图层会更好一些。

图2-180   图2-181

在选项方面,"渐变叠加"效果的"与图层对齐"选项与"图案叠加"效果的"与图层链接"选项特殊一些。

● 与图层对齐:添加"渐变叠加"效果时,勾选该选项,渐变的起始点位于图层内容的边缘;取消勾选该选项,渐变的起始点位于文档边缘。

● 与图层链接:添加"图案叠加"效果时,勾选该选项,图案的起始点位于图层内容的左上角;取消勾选该选项,图案的起始点位于文档的左上角。由于 Photoshop 中预设的都是无缝拼贴图案,因此,是否选择该选项都不会改变图案的位置。但如果关闭了"图层样式"对话框,再移动图层内容,则与图层链接的图案会随着图层一同移动,未链接的图案则保持不动,这会导致图案与图层内容的相对位置发生改变。

2.5.9 投影效果

"投影"效果可以在图层内容的后方生成投影,并可调整其角度、距离和颜色,使对象看上去像是从画面中凸出来的。图2-182所示为该效果的参数选项。

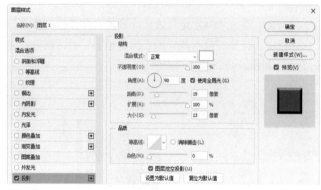

图2-182

● 混合模式:可以设置投影与下方图层的混合模式。默认为"正片叠底"模式,此时投影呈较暗的颜色。如果设置为"变亮""滤色""颜色减淡"等变亮模式,则投影会变为浅色的,类似于"外发光"效果。

● 投影颜色:单击"混合模式"选项右侧的颜色块,可打开"拾色器"对话框设置投影颜色。

● 不透明度:可以调整投影的不透明度。该值越低,投影越淡。

● 角度/距离:决定投影向哪个方向偏移,以及偏移距离,如图2-183和图2-184所示。除通过数值调整外,还可以在文档窗口中拖曳投影,自由调整。

图2-183   图2-184

● 大小/扩展:"大小"选项用来设置投影的模糊范围,该值越大,模糊范围越广,投影看起来也会越淡,如图2-185所示,反之则投影越清晰,如图2-186所示。"扩展"选项用来设置投影的扩展范围。

图2-185   图2-186

● 消除锯齿:可混合等高线边缘的像素,使投影更加平滑。该选项对于尺寸小且具有复杂等高线的投影有用。

● 杂色:可以在投影中添加杂色。该值较大时,投影会变为点状。

● 图层挖空投影：用来控制半透明图层中投影的可见性。勾选该选项后，如果当前图层的"填充"值小于100%，则半透明图层中的投影不可见。

2.5.10 内阴影效果

"内阴影"效果可以在紧靠图层内容的边缘处添加向内的阴影，创建凹陷效果，如图2-187和图2-188所示。图2-189所示为其参数选项。

原图　　　　　　　　　　　添加"内阴影"效果
图2-187　　　　　　　　　　图2-188

图2-189

"内阴影"与"投影"效果的选项设置方法基本相同。不同之处在于，"投影"效果通过"扩展"选项来控制投影边缘的渐变程度，"内阴影"效果则通过"阻塞"选项来控制。"阻塞"可以在模糊之前收缩内阴影的边界，它与"大小"选项相关联，即"大小"值越大，可设置的"阻塞"范围也越大。

2.5.11 实战：春节促销海报

立体设计往往比平面化的图稿更有吸引力，而制作立体效果最简单的方法就是为对象添加投影。本实战使用此技巧来改造一幅促销海报，如图2-190所示。

扫码看视频

图2-190

01 打开素材，如图2-191所示。这幅海报中的内容过于平面化，下面使用效果表现层次感。双击"上"图层，如图2-192所示，打开"图层样式"对话框，添加"投影"效果，如图2-193和图2-194所示。

图2-191　　　　　　　　　　图2-192

图2-193　　　　　　　　　　图2-194

02 将鼠标指针移动到效果图标 fx 上，如图2-195所示，按住Alt键并将其向下拖至"中"图层，释放鼠标左键后，可将效果复制给该图层。采用同样的方法，为"下"图层复制相同的效果，如图2-196和图2-197所示。

图2-195

03 双击"圆形"图层，如图2-198所示，打开"图层样式"对话框，添加"内阴影"效果，让圆形中的图像凹陷下去，如图2-199和图2-200所示。

图2-198

图2-196

图2-197

图2-199

图2-200

· PS技术讲堂 ·

Photoshop中的光照系统

我们生活的世界离不开光。光不仅照亮万物，还在塑造形体、表现立体感和空间感等方面扮演着重要的角色。

Photoshop中有一个内置的光照系统，主要应用于"斜面和浮雕"、"内阴影"和"投影"等效果。对于"斜面和浮雕"效果，这个"太阳"在一个半球状的立体空间中运动，其"角度"范围是-180°~180°，"高度"范围是0°~90°。"角度"决定浮雕效果中明暗部分的位置，就像太阳在不同方向照射物体一样，如图2-201所示；"高度"影响浮雕的立体感，如图2-202所示。

对于"内阴影"和"投影"效果，这个"太阳"只在地平线做圆周运动。因此，光照只影响阴影的角度，图层内容与阴影的远近可以在"距离"选项中调整。

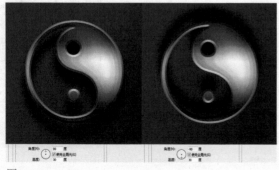

图2-201

图2-202

Photoshop内置的光照系统受"使用全局光"选项的控制。勾选该选项，以上3种效果共用一个光源，也就是只有一个"太阳"。这样做的好处在于，所有效果的光照角度保持一致。而且调整其中一个效果的光照"角度"参数时（也可以使用"图层>图层样式>全局光"命令进行调整），会同时影响其他效果，如图2-203所示。

不过想在天空中增加几个"太阳"也是可以办到的。只需取消勾选"使用全局光"选项，就可为每个效果单独设置光照，使其摆脱全局光的限制，如图2-204所示。通过这种方式，可以表现不同位置的光源照射在物体上所呈现的效果。

图2-203　　　　　　　　　　图2-204

· PS 技术讲堂 ·

等高线

等高线是一个地理名词，指的是地形图上高程相等的点连成的闭合曲线。在Photoshop中，等高线用来控制效果在指定范围内的形状，以模拟不同的材质效果，或者为对象添加更多的细节。例如，等高线陡峭，如为W形，可以表现光泽度高、反射性强的物体，如不锈钢或镜面表面；等高线平缓可以表现出粗糙的表面材质，如木头或砖石。

扫 码 看 视 频

"投影""内阴影""内发光""外发光""斜面和浮雕""光泽"效果都可设置等高线。使用时，可单击"等高线"选项右侧的·按钮，打开下拉面板选择预设的等高线样式，如图2-205所示；也可以单击等高线缩览图，打开"等高线编辑器"对话框修改等高线，如图2-206所示。等高线与曲线类似（185页），都是通过移动控制点来改变等高线的形状，同时Photoshop会将当前色阶映射为新的色阶，从而改变对象的外观。

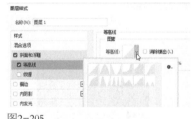
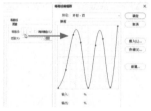

图2-205　　　　　　　　　　图2-206

添加"投影"和"内阴影"效果时，可以通过"等高线"来指定投影的渐隐样式，如图2-207和图2-208所示。创建发光效果时，如果使用纯色作为发光颜色，可以通过等高线创建透明的光环效果，如图2-209所示（"内发光"效果）。如果使用渐变作为发光颜色，等高线可生成渐变颜色和不透明度的重复变化，如图2-210所示（"内发光"效果）。在"斜面和浮雕"效果中，使用等高线可以勾勒出浮雕处理中被遮住的起伏、凹陷和凸起部分，如图2-211和图2-212所示。

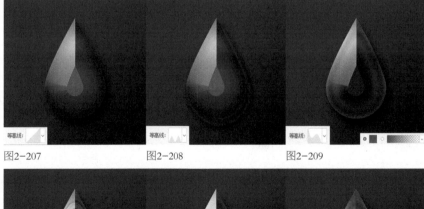

图2-207　　　　　　　图2-208　　　　　　　图2-209

图2-210　　　　　　　图2-211　　　　　　　图2-212

2.6 编辑和使用样式

图层样式添加之后可以随时修改，效果的种类也能增减，并可从附加的图层中剥离出来。此外，Photoshop 中还有大量预设的样式可供使用，从网上也能下载各种样式库。

2.6.1 实战：糖果字（修改效果）

01 打开素材，如图2-213所示。双击一个效果的名称，如图2-214所示，打开"图层样式"对话框并显示该效果的选项，修改参数，如图2-215和图2-216所示。

扫码看视频

图2-213

图2-214

图2-215

图2-216

02 在左侧的列表中单击"内发光"效果，添加该效果并设置参数，如图2-217和图2-218所示。关闭对话框。

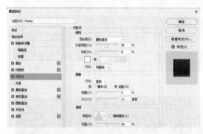

图2-217

图2-218

2.6.2 实战：复制效果

01 打开素材。将鼠标指针移动到"0"图层的一个效果上，按住Alt键单击并将其拖曳到另一个图层上，可将该效果复制给目标图层，如图2-219和图2-220所示。

02 按住Alt键，将效果图标 *fx* 拖曳到另一个图层上，可以将"0"图层的所有效果复制给目标图层，如图2-221和图2-222所示。如果操作时未按住Alt键，则效果会转移过去，原图层不再有效果，如图2-223所示。

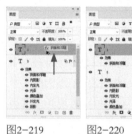

图2-219　　　图2-220

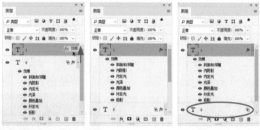

图2-221　　　图2-222　　　图2-223

03 下面的方法可以同时复制一个图层的所有效果、"填充"值和混合模式。首先按Ctrl+Z快捷键撤销复制。"图层0"的"填充"值为85%，单击它，如图2-224所示，执行"图层>图层样式>拷贝图层样式"命令进行复制，单击另一个图层，如图2-225所示，执行"图层>图层样式>粘贴图层样式"命令，即可将该图层的所有效果、填充属性全都复制给目标图层，如图2-226所示。如果设置了混合模式，则混合模式也会一同复制。

图2-224

图2-225

图2-226

2.6.3 隐藏和删除效果

眼睛图标 ◉ 用来控制效果是否显示，如图2-227所示。例如，单击一个效果名称左侧的眼睛图标 ◉ 可隐藏该效果。单击"效果"左侧的眼睛图标 ◉，则隐藏此图层的所有效果。执行"图层>图层样式>隐藏所有效果"命令，可以隐藏所有图层的效果。在原眼睛图标处单击可重新显示效果。

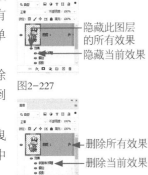

隐藏此图层的所有效果
隐藏当前效果

图2-227

图2-228所示标识了可删除哪种效果。将一个效果拖曳到"图层"面板中的 🗑 按钮上，可将其删除。将效果图标 *fx* 拖曳到 🗑 按钮上，则可删除图层中的所有效果。也可以选择图层，然后执行"图层>图层样式>清除图层样式"命令进行删除。

删除所有效果
删除当前效果

图2-228

2.6.4 从"样式"面板添加效果

"样式"面板用来存储、管理和应用图层样式。此外，Photoshop的预设样式，以及从网上下载的样式库也可加载到该面板中使用。

选择一个图层，如图2-229所示，单击"样式"面板中的一个样式，即可为它添加该样式，如图2-230所示。再单击其他样式，新效果会替换之前的效果。按住Shift键将样式从面板中拖曳到文档窗口中的对象上，可在原有样式上追加新效果。

图2-229

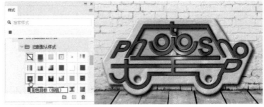

图2-230

将一个样式拖曳到 🗑 按钮上，或按住Alt键并单击它，可将其删除。完成删除操作或载入其他样式库以后，可以使用"样式"面板菜单中的"复位样式"命令，让面板恢复为默认的样式。

2.6.5 创建样式和样式组

制作出满意的效果以后，可以单击添加了效果的图层，如图2-231所示，单击"样式"面板中的 ⊞ 按钮，打开图2-232所示的对话框，输入效果名称，勾选"包含图层效果"选项并单击"确定"按钮，将效果保存到"样式"面板中，使其成为预设样式，以便以后使用，如图2-233所示。如果图层设置了混合模式，勾选"包含图层混合选项"选项，保存的样式将包含这种混合模式。

图2-231　　　　图2-232　　　　图2-233

"样式"面板顶部显示了最近使用的样式，下方是各个样式组，类似于图层组，可以展开，如图2-234所示。在面板中保存了多个自定义的样式后，可按住Ctrl键并单击，将它们选取，如图2-235所示，执行面板菜单中的"新建样式组"命令，将其存储到一个样式组中，如图2-236所示。

图2-234　　　　图2-235　　　　图2-236

> **提示**
>
> 按住Ctrl键并单击样式组前面的 ❯（或 ❯）图标，可同时展开（或折叠）所有组。"色板"、"渐变"和"形状"面板也可用此方法操作。

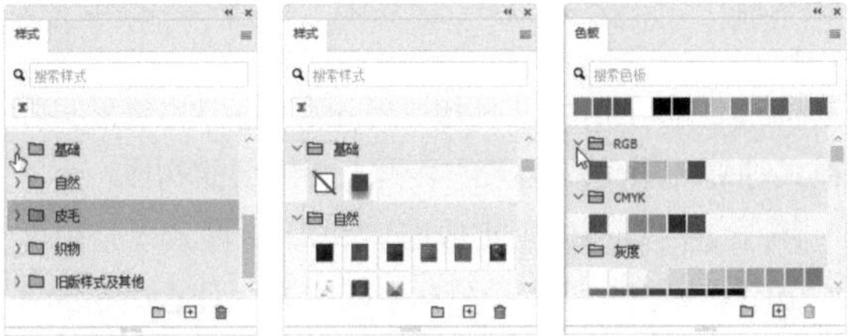

2.6.6 实战：一键生成特效字（加载样式库）

如果从网上或其他渠道下载了样式库，如图2-237所示，可以执行"样式"面板菜单中的"导入样式"命令，将其导入"样式"面板中。本实战介绍具体操作方法并制作特效字，如图2-238所示。

扫码看视频

图2-237   图2-238

· PS技术讲堂 ·

打破效果"魔咒"

使用预设样式和加载的样式，或者在不同分辨率的文件之间复制样式时，经常会出现这种情况：效果发生了变化，其范围要么变大，要么变小，就像被施了魔法一样，如图2-239和图2-240所示。

这是什么原因造成的呢？要解答这个疑问，首先要了解效果是如何生成的。

在添加图层样式时，Photoshop首先复制图层内容，然后对其进行一系列编辑。其中，"斜面和浮雕"效果是对图层内容的轮廓进行位移和模糊处理，然后选取部分轮廓作为浮雕的亮面，其余部分作为暗面，从而形成视觉上的立体感。"投影"效果则首先模糊图层副本，并调整混合模式和填充的不透明度，然后进行位移。"描边"效果是将图层副本向外扩展或向内收缩，然后填充颜色，以创建外轮廓或内轮廓。图2-241展示了以上3种效果的原理。其他效果的原理也类似。

扫码看视频

描边25像素（文件大小为10厘米×10厘米，分辨率为72像素/英寸）

描边25像素（文件大小为10厘米×10厘米，分辨率为300像素/英寸）

图2-239   图2-240

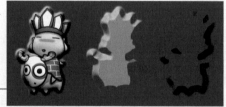

"斜面和浮雕"效果/斜面（亮）/斜面（暗）

"投影"效果/投影图像

"描边"效果/描边图像

提示

默认状态下，图层样式的副本不会在"图层"面板中显示。如果要查看它们的"真实状态"，可以执行"图层>图层样式>创建图层"命令，将其从图层中分离出来。

添加效果前

图2-241

通过上述介绍可以获知，Photoshop中的效果实际上是对图像副本进行位移、缩放、模糊、填色、改变不透明度和混合模式等处理后呈现出来的。再来看图像的构成。

图像是由许多像素组成的（82页）。像素既是图像最基本的元素，也是一种测量单位。像素的数量决定了效果可以扩展的范围。那么，像素数量的多与少是由什么决定的呢？——分辨率（82页）。分辨率越高，每英寸中的像素数量就越多。回过头来再看图2-239和图2-240所示的描边效果，现在可以理解其中的因果关系了。这两个图像尺寸相同，但分辨率不同。在分辨率为300像素/英寸的图像中，像素排列密集，因此描边看上去相对精细。而在分辨率为72像素/英寸的图像中，像素相对稀疏，所以描边看上去更粗。由此可知，分辨率是影响效果表现的重要因素，它决定了像素的数量和密度，进而影响样式的大小和呈现效果。因此，将相同的样式应用于不同分辨率的图像时，视觉上会产生差异。

那么当效果在不同的图像上出现变化时该如何应对呢？很简单，只要双击"图层"面板中的效果，打开"图层样式"对话框，重新调整参数即可。这种方法适合调整单一效果。如果效果较多，如图2-242所示，可以执行"图层>图层样式>缩放效果"命令，打开"缩放图层效果"对话框，对所有效果进行整体缩放，如图2-243和图2-244所示。掌握这两种方法（重调参数和缩放效果），基本就能解决效果与对象不匹配的问题。但也要注意，如果效果中包含纹理和图案，放大比例不宜过高，否则会导致纹理和图案出现模糊现象。

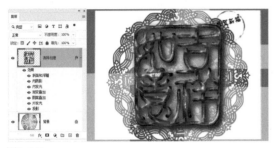

图2-242

图2-243

图2-244

2.7 图层复合

图层复合可以记录图层的可见性、位置和外观，适合在比较和筛选多种设计方案时使用。

2.7.1 什么是图层复合

图层复合与快照（22页）类似，可以记录图层显示与否及位置和外观（不透明度、混合模式、蒙版和添加的图层样式），如图2-245所示。当显示一个图层复合时，图像就会变为它所记录的状态。图层复合可以随同文件存储。此外，执行"文件>导出>将图层复合导出到PDF"命令，可将图层复合导出为PDF文件。执行"文件>导出>图层复合导出到文件"命令，则可将图层复合导出为单独的文件。

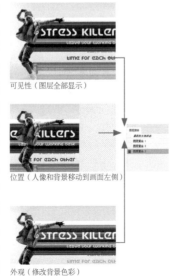

可见性（图层全部显示）

位置（人像和背景移动到画面左侧）

外观（修改背景色彩）

图2-245

2.7.2 实战：用图层复合展示设计方案

在工作中，在客户认可整体设计方案后，Web和UI设计人员就要制作出适合不同设备和应用程序页面大小的设计图稿。一般这种图稿可以在同一个文件的多个画板上完成（*方法见电子文档28页*）。但所有图稿都在一个文件中不太适合向客户展示，如果将每一个设计图稿都导出为一个单独的文件又有点麻烦。这种情况适合使用图层复合将每个方案记录下来，这样就能在同一个文件中展示所有的设计图稿，如图2-246和图2-247所示。

扫码看视频

图2-246

图2-247

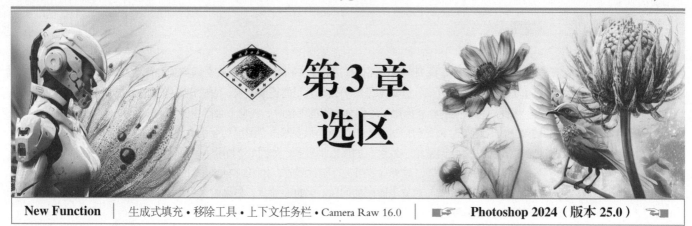

New Function | 生成式填充·移除工具·上下文任务栏·Camera Raw 16.0 | ☞ **Photoshop 2024（版本 25.0）**

本章简介

选区用于限定操作有效范围，可以帮助用户在图像上进行全局性或局部性的编辑。与选区相关的技术较多，需要从易到难逐渐深入地展开学习。本章介绍选区的用途和基本创建方法。

学习目标

要想学好选区，首先需要了解选区的具体用途及类型，然后学习如何羽化和保存选区，以及对选区进行运算和变换等。接下来就可以通过实战学习怎样创建几何形选区和不规则选区，并制作不同类型的案例，进一步提升选区的操作技巧。

学习重点

羽化选区
选区运算（布尔运算）
存储选区
实战：相机+阴影抠图（快速选择工具）
实战：首饰广告（对象选择工具）
实战：海报模特抠像（主体命令）

3.1 选区基本操作

在 Photoshop 中进行图像调整、抠图及合成时，都会用到选区。本节介绍什么是选区，以及它的用途和基本操作方法。

3.1.1 实战：电商图片一键抠图

电商页面中的商品展示之所以如此完美，如图3-1所示，一方面得益于摄影和后期修图技术的高超，可以获得高品质的图片；另一方面是将商品从原有的背景中抠取出来，再放到一个无可挑剔的环境中做全方位的展示。其中所用的就是抠图技术。

扫码看视频

01 打开素材，如图3-2所示。单击文档窗口右上角的 🔍 按钮，如图3-3所示，打开"发现"面板。在"快速操作"项目上单击，如图3-4所示，显示选项后单击"移除背景"选项，再单击"套用"按钮，如图3-5所示。

图3-1

图3-2

图3-3

图3-4

图3-5

02 Photoshop会自动分析图像，之后用图层蒙版（*140页*）将背景图像隐藏，这样箱子就从原背景中抠出来了，如图3-6和图3-7所示。

图3-6　　　　图3-7

3.1.2 小结（全局编辑与局部编辑）

在《西游记》中，孙悟空神通广大，一个筋斗能翻十万八千里，但无论他怎么跳跃，都无法离开如来佛祖的手掌。在Photoshop中，选区就像如来佛祖的手掌一样，能够把编辑范围划定出来。

扫码看视频

为什么要限定编辑范围呢？因为在Photoshop中进行编辑操作时，会产生两种结果：全局性编辑和局部性编辑。

全局性编辑会影响整幅图像（或所选图层中的全部内容），图3-8和图3-9所示为使用"彩色半调"滤镜的处理效果。局部性编辑只影响部分内容，它需要选区来限定编辑范围，如图3-10和图3-11所示（只处理背景）。

图3-8　　　　图3-9

图3-10　　　　图3-11

3.1.3 羽化选区

扫码看视频

选区的种类

在图像中，选区是一圈闪烁的边界线，就像蚂蚁在行进一样，因此也被称为蚁行线，如图3-12所示。选区分为两种：普通选区和羽化的选区。普通选区边界清晰，使用它抠图时，图像的边缘也清晰明确，如图3-13所示。进行其他编辑操作（如调色）时，选区内外的颜色变化很分明，如图3-14所示。

图3-12

图3-13　　　　图3-14

羽化的选区是指对普通选区进行柔化处理，使其能够部分选取图像。使用这种选区抠图时，图像边缘会有半透明的区域，如图3-15所示。而在调色时，靠近选区边缘处的调整效果会减弱，并影响到选区外部一些区域，然后渐渐消失，如图3-16所示。由此可见，羽化会创建一个缓冲区域，使编辑的影响范围由强变弱。

图3-15　　　　图3-16

创建自带羽化的选区

当使用套索类或选框类工具时，可以在工具选项栏中提前设置"羽化"选项，如图3-17所示。之后会创建出自带羽化的选区。这种方法虽然看起来合理，但实际操作时并不方便，因为如何设置适当的羽化值完全依赖个人经验。如果设置不当，就需要撤销操作并重新设置。而且，"羽化"选项中的数值一旦输入，就会被保存下来，再次使用该工具时，仍然会创建带有羽化的选区（除非将其设置为0）。

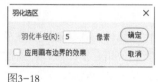

图3-17

对现有选区进行羽化

为了避免上述情况的发生，可以先创建选区再进行羽化。下面介绍两种方法。第一种方法是执行"选择>修改>羽化"命令，打开"羽化选区"对话框，通过设置"羽化半径"来定义羽化范围的大小，如图3-18所示。第二种方法是执行"选择>选择并遮住"命令（368页），在"属性"面板中选择一种视图模式，然后在"羽化"选项中设置羽化值。这种方法的最大好处是可以准确地看到羽化的范围。此外，还能让选区以不同的形态显示，并可预览抠图效果，如图3-19所示。

图3-18

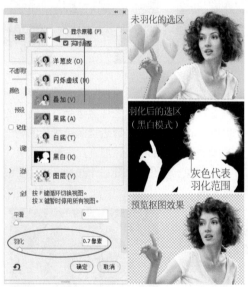

图3-19

技术看板 羽化警告

羽化选区时，如果出现警告信息，说明当前的选区范围较小，羽化半径过大，导致选取程度没有超过50%。单击"确定"按钮表示应用羽化，此时选区可能会变得非常模糊以至于在图像中无法看到，但它仍然存在并能够发挥其限定作用。为了避免出现该警告信息，可以减小羽化半径或者扩大选区范围。

3.1.4 全选、反选、取消与重新选择

执行"选择>全部"命令（快捷键为Ctrl+A），可以选取整个画面中的全部内容。

创建选区后，执行"选择>反选"命令（快捷键为Shift+Ctrl+I），可以反转选区。如果要选择的对象比较复杂，而背景简单，可以先选择背景，如图3-20所示，再通过反选将对象选中，如图3-21所示。

图3-20　　　　　　　　　图3-21

执行"选择>取消选择"命令（快捷键为Ctrl+D），可以取消选择。如果由于操作不当而导致取消选择，可以执行"选择>重新选择"命令（快捷键为Shift+Ctrl+D），将选区恢复过来。也可通过"历史记录"面板（21页）进行恢复。

3.1.5 复制与粘贴选取的图像

复制、剪切选中的图像

选取图像后，如图3-22所示，执行"编辑>拷贝"命令（快捷键为Ctrl+C），可将所选内容复制到剪贴板。如果有多个图层，则位于选区内的图像可能分属不同的图层，如图3-23所示，在这种状态下，使用"拷贝"命令复制的是当前图层中的图像。要想复制所有图层中的图像，需要执行"编辑>合并拷贝"命令。图3-24所示为采用这种方法复制图像并将其粘贴到另一个文件中的效果。

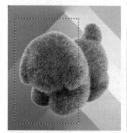  

图3-22　　　　　　图3-23　　　　　　图3-24

执行"编辑>剪切"命令，可以将所选图像从画面中剪切并存放于剪贴板中。执行"图层>新建>通过剪切的图层"命令（快捷键为Shift+Ctrl+J），可将所选图像剪切到一个新的图层中，如图3-25所示。剪切会破坏图像，尽量使用图层

蒙版进行替代。

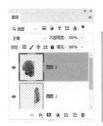

图3-25

提示

执行"编辑>清除"命令或按Delete键,可以将选取的图像删除。如果在"背景"图层上进行此操作,选区将被背景色填充。

粘贴图像

复制图像后,通过下面的方法可将其粘贴到新的图层中。

● 粘贴:执行"编辑>粘贴"命令(快捷键为Ctrl+V),可将图像粘贴到画布中央,如图3-26所示。

● 原位粘贴:执行"编辑>选择性粘贴>原位粘贴"命令,可将图像粘贴到原位,如图3-27所示。

 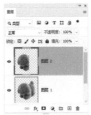

图3-26　　　　　图3-27

● 选择性粘贴:创建选区,如图3-28所示,执行"编辑>选择性粘贴>贴入"命令粘贴图像(*用法见62页磁性套索部分*),选区会转换为图层蒙版并隐藏原选区外的图像,如图3-29和图3-30所示。执行"编辑>选择性粘贴>外部粘贴"命令,可粘贴并将选区内的图像隐藏。

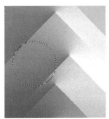  

图3-28　　　　图3-29　　　　图3-30

技术看板　清除杂边

粘贴或移动所选图像时,很容易将选区周围的像素包含在内,使用"图层>修边"子菜单中的命令可将其清除。执行"颜色净化"命令可去除彩色杂边。执行"去边"命令可以用包含纯色(非背景色)的邻近像素替换边缘像素的颜色。例如,在蓝色背景上选择黄色对象,移动选区时,一些蓝色背景会被选中并一起移动,"去边"命令可以用黄色像素替换蓝色像素。执行"移去黑色杂边"命令可在黑色背景上创建选区(启用消除锯齿),将图像粘贴到其他颜色的背景后,可通过该命令消除黑色杂边。"移去白色杂边"命令可针对白色背景上的图像去除杂边。

3.1.6 选区运算(布尔运算)

布尔运算是英国数学家乔治·布尔发明的数字符号化逻辑推演法,主要用于图形处理过程中的合并、相减、相交等操作。通过这种逻辑运算方法,可以使简单的图形组合产生新的形体。

Photoshop中的选区、通道和形状等都能进行布尔运算。图3-31所示为选框类、套索类和魔棒类工具选项栏中的选区运算按钮。选区运算的必要性在于:很多情况下,创建单个选区无法完整地选中对象,所以需要通过多个选区来分别选取对象的各个部分,然后通过布尔运算将它们合并在一起。

添加到选区————┐　　　┌————从选区减去

新选区——┐　　□ ┗ ┛ ┏┛——与选区交叉

图3-31

● 新选区 □:单击该按钮后,如果图像中没有选区,可以创建一个选区,图3-32所示为创建的矩形选区。如果图像中已经存在选区,则新创建的选区会替换原有的选区。

● 添加到选区 ❑:单击该按钮后,可以在已有选区的基础上添加新的选区。图3-33所示为在现有矩形选区的基础上添加了一个圆形选区。

图3-32　　　　图3-33

● 从选区减去 ❑:单击该按钮后,可在原有选区中减去新创建的选区,如图3-34所示。

● 与选区交叉 ❑:单击该按钮后,只保留原有选区与新创建选区相交的部分,如图3-35所示。

图3-34　　　　　　图3-35

3.1.7 实战:通过选区运算抠图

01 打开3个素材,如图3-36所示。选择魔棒工具，在工具选项栏中设置参数,如图

扫码看视频

3-37所示，在背景上单击创建选区，如图3-38所示。下面通过快捷键进行选区相加运算。按住Shift键（鼠标指针旁边会出现"+"号），在人物手掌和手指空隙处的背景上单击，将这几处背景添加到选区中，这样就将背景全部选取了，如图3-39所示。按Shift+Ctrl+I快捷键反选，选中人物，单击"图层"面板中的 ◘ 按钮，基于选区创建的蒙版将背景隐藏，完成人像抠图，如图3-40和图3-41所示。

图3-44

图3-45

03 下面学习选区交叉运算方法。切换到柠檬文件中。使用魔棒工具 🖌 选取背景，如图3-46所示。按Shift+Ctrl+I快捷键反选，将柠檬选中，如图3-47所示。选择矩形选框工具 []，按住Shift+Alt键（鼠标指针旁边会出现"×"号）在左侧的柠檬上拖曳出一个矩形选框（同时按住空格键可以移动选区），如图3-48所示，释放鼠标后，可与选区进行交叉运算，这样就将左侧的柠檬单独选出来了，如图3-49所示。

图3-36

图3-46

图3-47

图3-48

图3-49

图3-37

图3-38　　　　　图3-39

图3-40　　　　图3-41

提示

使用快捷键进行选区运算更加高效，而且还能避免出错。例如，选择矩形选框工具 []，单击工具选项栏中的 ◫ 按钮，完成编辑之后切换为其他工具，当再次使用矩形选框工具 [] 时，◫ 按钮仍然为选中状态，如果没有发现这种状况，就会出现意想不到的运算结果，而通过快捷键操作不会保留运算方式。但切记：一定要在创建新选区前按相应的键，否则会丢失原选区。

02 下面通过快捷键进行选区相减运算。切换到砂锅文件。选择矩形选框工具 []，在砂锅上方拖曳鼠标创建矩形选区，将砂锅大致选取出来，如图3-42所示。选择魔棒工具 🖌，按住Alt键（鼠标指针旁边会出现"-"号），在选区内部的背景上单击，将多余的背景排除到选区之外，如图3-43和图3-44所示。图3-45所示为抠出的砂锅。

图3-42

3.1.8 扩大选取和选取相似内容

图3-50所示为创建的选区。执行"选择"菜单中的"扩大选取"和"选取相似"命令时，Photoshop会根据当前选区中像素色调的相似性来扩展选区。其中，"扩大选取"命令会将选区扩展到与原选区连接的区域，如图3-51所示。"选取相似"命令可以选择所有相似的像素，即使它们与原选区并不相邻，如图3-52所示。

图3-43

图3-50　　　　　图3-51　　　　　图3-52

> **提示**
>
> 像素的色调相似性可以在魔棒工具 ✎ 的"容差"选项中进行设置。"容差"值越高，选区的扩展范围越广。

3.1.9 隐藏选区

使用画笔工具 ✎ 描绘选区边缘的图像，或用滤镜处理选中的图像时，选区可能会妨碍对效果的观察。执行"视图>显示>选区边缘"命令（快捷键为Ctrl+H），可以将选区隐藏，之后进行操作就不会受到干扰。选区被隐藏后，仍会限定编辑范围（按Ctrl+H快捷键可重新显示选区）。

3.1.10 对选区进行变换

Photoshop提供了可以创建圆形、方形和几何形状选区的工具。然而，生活中没有多少对象能够完全符合以上情形。例如，图3-53所示为一个有点倾斜的椭圆形麦田圈，使用椭圆选框工具 ○ 无法准确选取它，如图3-54所示。这种情况下可以执行"选择>变换选区"命令，当选区上显示定界框后，拖曳控制点对选区进行旋转和拉伸，便可得到麦田圈的准确选区，如图3-55所示。图3-56所示为抠图效果。使用"变换选区"命令对选区进行变形处理时，操作方法与使用"变换"命令相同（74页），但"变换选区"命令只改变选区形状，不会影响选中的图像。

扫码看视频

图3-53　　　　　　　　　图3-54

 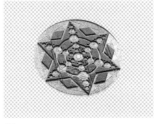

图3-55　　　　　　　　　图3-56

3.1.11 描边选区

创建选区后，执行"编辑>描边"命令，打开"描边"对话框，设置描边宽度、位置、混合模式和不透明度等选项，单击"颜色"选项右侧的颜色块，打开"拾色器"对话框设置颜色，单击"确定"按钮，可使用此颜色描绘选区轮廓，如图3-57和图3-58所示。如果勾选"保留透明区域"选项，则只对包含像素的区域描边。

图3-57　　　　　　　　　图3-58

3.1.12 存储选区

制作复杂的选区需要花费大量的时间和精力。为了避免丢失选区并方便后续修改和重复使用，可以单击"通道"面板中的 ▣ 按钮，将选区存储到Alpha通道中，如图3-59所示。需要再次使用该选区时，可以从通道中加载它。保存选区时，会使用默认的Alpha 1、Alpha 2等命名通道，如果要修改名称，可以双击通道名，在显示的文本框中输入新名称。

扫码看视频

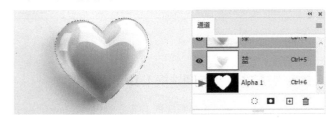

图3-59

当选区被保存到通道中以后，会被转换为灰度图像，图像中的不同颜色代表了不同的选区范围。黑色代表选区外部，白色代表选区内部，黑白交界处代表选区边界，而灰色表示的是羽化区域。

将选区转换为灰度图像的好处在于可以更灵活地对其进行编辑。例如，可以使用画笔、加深、减淡等工具，以及各种滤镜来修改选区。这种方法在抠图中被广泛应用。

提示

如果要在保存选区时进行运算，或者将选区保存到一个新建的文件中，可以执行"选择>存储选区"命令，打开"存储选区"对话框进行设置。

3.1.13 实战：加载选区并进行运算

01 打开素材。使用矩形选框工具 ▢ 创建选区，如图3-60所示。单击"通道"面板中的 ▢ 按钮，保存选区，如图3-61所示。按Ctrl+D快捷键取消选择。

扫码看视频

图3-60

图3-61

02 下面学习怎样从通道中加载选区。常规方法是单击一个Alpha通道，之后单击"通道"面板中的 ⟳ 按钮。但这样

操作比较麻烦。因为单击一个通道，文档窗口中就会显示该通道中的图像，加载选区后，还要切换为复合通道才能显示彩色图像。较为便捷的方法是按住Ctrl键并单击通道的缩览图，如图3-62所示，这样就不必来回切换通道。

图3-62

03 现在画布上已经有选区了，执行"选择>载入选区"命令，可以继续加载其他选区并进行运算。也可通过快捷方法操作。例如，按住Ctrl+Shift键（鼠标指针变为 状）并单击蓝通道，如图3-63所示，可将该通道中的选区添加到现有选区中，如图3-64所示；按住Ctrl+Alt键（鼠标指针变为 状）并单击通道，可以从现有选区减去通道中的选区；按住Ctrl+Shift+Alt键（鼠标指针变为 状）并单击通道，可保留相交的选区。

图3-63　　　　　图3-64

技术看板 从其他载体中加载选区

包含透明像素的图层、图层蒙版、矢量蒙版、路径层等也包含选区。按住Ctrl键并单击这些对象的缩览图，即可从中加载选区。在操作时还可使用上面介绍的按键来进行选区运算。

按住Ctrl键并单击路径层缩览图

3.2 创建几何形和不规则选区

Photoshop 中既有用于创建圆形、方形及几何形状选区的工具，也有能围绕对象的不规则边缘自动生成选区的工具。

3.2.1 矩形选框和椭圆选框工具

矩形选框工具 ▢ 和椭圆选框工具 ○ 是Photoshop第一个版本就有的元老级工具。别看它们"年纪"较大，现在仍然

不可替代。

矩形选框工具 ▢ 可以创建矩形和正方形选区，如图3-65所示，适合选取门、窗、画框、屏幕、标牌等对象。也常用于创建网页中使用的矩形按钮。

椭圆选框工具○可以创建椭圆形和圆形选区，如图3-66所示，适合选取篮球、乒乓球、盘子等圆形对象。

图3-65　　　　　　　　图3-66

图3-67

图3-68

在"样式"选项下拉列表中选择"正常"选项，可以创建任意大小的选区；选择"固定比例"选项，可按照宽高比创建选区，例如，想让选区的宽度是高度的两倍，可以将"宽度"设置为2，"高度"设置为1；选择"固定大小"选项并输入选区的宽度值与高度值，此后在画面中单击，可按此预设创建选区。单击⇄按钮，可以互换"宽度"与"高度"值。需要注意的是，采用固定大小或固定长宽比两种方式创建选区时，选项中会保留参数。

这两个工具的使用方法相同。拖曳鼠标可以创建矩形（或椭圆形）选区，拖曳过程中选区范围可以灵活调整，如果同时按住空格键拖曳，还可以移动选区。按住Alt键操作，能以单击点为中心向外创建矩形（或椭圆形）选区；按住Shift键操作，可以创建正方形（或圆形）选区；按住Shift+Alt键并拖曳鼠标，能够以单击点为中心向外创建正方形（或圆形）选区。

工具选项栏

图3-67和图3-68所示为矩形选框工具□和椭圆选框工具○的选项栏。

> **技术看板** 单行和单列选框工具
>
> 单行选框工具━和单列选框工具▮分别能创建高度为1像素的矩形选区和宽度为1像素的矩形选区，适合制作网格。使用时，在画布上单击即可。释放鼠标前拖曳，可以移动选区。如果文件的尺寸较大、分辨率较高，需要按Ctrl++快捷键才能看到选区。
>
> 单行选区　　　　　单列选区

· PS技术讲堂 ·

消除锯齿 ≠ 羽化

Photoshop中的椭圆选框工具○、套索工具○、多边形套索工具◿、磁性套索工具◿和魔棒工具◢的选项栏中都有"消除锯齿"选项，如图3-69所示。

图3-69

何为消除锯齿

创建选区之后，消除锯齿在进行填充、剪切、复制和粘贴时非常有用。我们可以试一下。创建一个宽度和高度都是10像素、分辨率为72像素/英寸的文件，按Ctrl+0快捷键，将图像全屏显示，这样就能清楚地看到每一个像素。使用椭圆选框工具○创建一个圆形选区，如图3-70所示。当释放鼠标左键时，会发现选区的边缘呈现锯齿状，如图3-71所示。

图3-70　　　　　图3-71

为什么会出现锯齿呢？因为在Photoshop中选区的最小单位是像素*（82页）*，无法选择和处理半像素或更小的部分。由于像素是方形的，所以不论选择的区域是哪种形状，实际上这些形状都是由方形像素构成的。这就是圆形选区出现锯齿边缘的原因。

按Alt+Delete快捷键，用前景色（黑色）填充选区，这时消除锯齿的效果就显现出来了。如果在创建选区之前没有勾选"消除锯齿"选项，填充后的效果就是图3-72所示的样子；而如果勾选了该选项，效果就平滑很多，如图3-73所示。对比这两种情况，可

图3-72　　　　　图3-73

以看到勾选"消除锯齿"选项后，创建的选区在填充时边缘产生了很多灰色像素。这表明消除锯齿影响的是选区边缘的像素，而不是选区本身。有了这些灰色像素作为过渡，圆形边缘的颜色会变得柔和，锯齿也就不再明显。人眼很难察觉到如此微小的差异，因此，也就看不出锯齿了。

在这个示例中，将文件的尺寸设置得非常小是为了能够观察到像素的变化。实际上，在正常情况（100%显示比例）下，创建的选区要比这个大得多。

莫把消除锯齿当成羽化

消除锯齿和羽化是两个完全不同的概念。尽管它们都能平滑边缘，但原理和用途是不同的。羽化通过建立选区和选区周围像素之间的渐变边界来模糊边缘，而消除锯齿则通过软化边缘像素与背景像素之间的颜色过渡来平滑选区的锯齿状边缘。羽化的设置范围为0.2~250像素。范围越大，选区边缘的像素的模糊区域就越宽，这也意味着选区周围的图像被模糊的范围越广。消除锯齿无法设置范围，它只在选区边缘1个像素宽的边框中添加与周围图像相近的颜色，使颜色过渡更加柔和。由于只有边缘像素发生了改变，因此这种变化对图像细节的影响微乎其微。图3-74展示了两者的区别。

消除锯齿的范围只有1像素（左图），羽化的范围更广（右图）

图3-74

3.2.2 实战：广场消人（套索工具+生成式填充）

扫码看视频

在Photoshop中，有3种套索类工具可用于创建不规则选区，它们是套索工具 🅟、多边形套索工具 🅟 和磁性套索工具 🅟。这些工具的用法类似于使用绳索将物体围绕起来，但它们的精确度和速度各不相同。

套索工具 🅟 最为快捷，可以迅速"绑定"对象，只是所创建的选区较为宽松，无法准确地选取对象。它比较适合处理零星的选区。例如，选区范围内有部分漏选的区域，使用该工具并按住Shift键在其上方画一个圈，即可将其添加到选区范围内。按住Alt键操作，则可从当前选区中排除所绘区域。在通道或快速蒙版中编辑选区时，零星区域也可以用套索工具 🅟 处理。本实战使用套索工具和生成式填充功能消除广场中的人，如图3-75所示。

图3-75

01 选择套索工具 🅟，围绕一组人物拖曳鼠标，绘制选区。将鼠标指针拖曳至起点处释放鼠标左键，可以封闭选

区，如图3-76所示。如果在操作中途就释放鼠标，则会在当前位置与起点之间创建一条直线来封闭选区。

02 打开"窗口"菜单，单击"上下文任务栏"命令，当该命令前面出现一个√时，窗口中会显示上下文任务栏。将鼠标指针移动到文本框上，如图3-77所示，单击一下，之后单击"生成"按钮，如图3-78所示。数据会被上传到Adobe云端（此功能需要使用正版Photoshop并连接网络），片刻就可以将人抹除，如图3-79所示。

图3-76

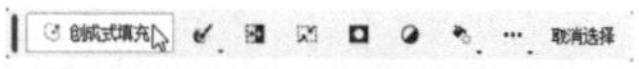

图3-77

图3-78

图3-79

——————————— 提示 ———————————
在绘制选区的过程中按住Alt键，然后释放鼠标左键（切换为
多边形套索工具 ✎），此时单击，可以创建直线边界；释放
Alt键又可恢复为套索工具 ◯，此时拖曳鼠标，可以继续绘
制选区。

03 采用同样的方法将其他人物选取并使用生成式填充功能
抹除，如图3-80所示。操作时，虽然可以同时选取多组
人物，但效果并不好，
可能是Photoshop的识
别能力还不够强，或者
数据过于庞大，容易出
错。选取少量人物，多
次消除最为稳妥。

图3-80

3.2.3 实战：打造伦勃朗光（多边形套索工具）

多边形套索工具 ✎好比双节棍，当然，
它的节数更多。它能创建由直线相互连接而
成的分段选区，适用于"绑定"边界为直线
的对象。

扫码看视频

本实战使用该工具和调整图层打造伦勃朗光，如图3-81
所示。这是一种摄影技巧，源于伦勃朗的油画，它通过精确
的三角立体光来勾勒人物的轮廓线，让其余部分隐藏于光暗
之中。这种技巧能为平实的画面添加丰富的层次感和极强的
戏剧性。

图3-81

01 选择多边形套索工具 ✎，在画布上单击，将鼠标指针移
动到选区的起点处，单击，封闭选区，得到一个梯形选
区，如图3-82和图3-83所示。

图3-82　　　　图3-83

02 单击"图层"面板中的 ◐ 按钮打开下拉列表，选择"亮
度/对比度"命令，创建"亮度/对比度"调整图层，选区
会自动转换到该图层的蒙版中。在"属性"面板中设置参数，
将原选区内的图像调亮，如图3-84和图3-85所示。

图3-84　　　　图3-85

03 单击蒙版图标 ◻ 并设置蒙版参数，如图3-86所示，增加
羽化范围，以扩展亮度区域，并使"光"呈现逐步衰减
的效果，如图3-87所示。

图3-86　　　　图3-87

04 按Ctrl+J快捷键复制调整图层，如图3-88所示，按Ctrl+I
快捷键将蒙版反相，如图3-89所示。

图3-88　　　　　图3-89

05 单击 ☀ 图标并将"亮度"调整为负数，如图3-90所示，使除光源之外的画面变暗，如图3-91所示。

图3-90　　　　　　　　图3-91

提示

使用多边形套索工具 ▷ 时，按住Shift键能以水平、垂直或45°角为增量创建选区。按Delete键，可一段一段向前删除选区；按住Delete键不放，可删除所有直线段。按住Alt键并拖曳，可临时切换为套索工具 ○；释放Alt键，在其他区域单击，又能恢复为多边形套索工具 ▷。

3.2.4 实战：置换画作（磁性套索工具）

本实战使用磁性套索工具 ▷ 为画板重新贴画，如图3-92所示。操作时将通过快捷键转换工具，以提高效率。

扫码看视频

图3-92

磁性套索工具 ▷ 能自动检测和跟踪对象的边缘，并创建相应的选区。如果对象的边缘比较清晰，并且与背景色调对比明显，可以使用该工具快速选取对象。

01 打开孔雀画素材，如图3-93所示。按Ctrl+A快捷键全选，按Ctrl+C快捷键复制图像。

02 打开家居素材。选择磁性套索工具 ▷ 并设置选项，如图3-94所示。将鼠标指针移动到沙发垫与画板相交处，如图3-95所示，单击，然后紧贴沙发垫边缘移动，鼠标指针经过处会自动创建锚点用以连接选区，如图3-96所示。

图3-93

图3-94

图3-95　　　　　　　　图3-96

03 按住Alt键并单击，切换为多边形套索工具 ▷，创建直线选区选取画板，如图3-97所示。将鼠标指针移动到选区起点，如图3-98所示，单击封闭选区。

图3-97　　　　　　　　图3-98

04 释放Alt键，恢复为磁性套索工具 ▷。单击添加到选区按钮 □，如图3-99所示，将沙发垫空隙中的画板选取，如图3-100所示。

05 执行"编辑>选择性粘贴>贴入"命令，在选区内粘贴孔雀图像，选区会自动转变为图层蒙版*（140页）*，将其外部的图像隐藏，如图3-101和图3-102所示。

图3-99　　　　　　　　　图3-100

图3-101　　　图3-102

———————— 提示 ————————

如果想在某个位置放置锚点，可以在该处单击。如果锚点位置不准确，可以连续按Delete键进行删除。按Esc键，可一次性删除所有锚点。

磁性套索工具选项栏

图3-103所示为磁性套索工具 📐 的选项栏。

羽化：0 像素　☑消除锯齿　宽度：10 像素　对比度：10%　频率：57　　选择并遮住…

图3-103

● 宽度：决定了以鼠标指针为中心，工具可以检测到周围有多少像素（范围从1像素到256像素）。设置该值后，磁性套索工具只会检测鼠标指针中心指定距离内的图像边缘。如果对象的边界清晰，可以使用较大的"宽度"值，以加快检测速度；如果边界不太清晰，则需要使用较小的"宽度"值，以便Photoshop能够准确识别边界。

———————— 提示 ————————

使用磁性套索工具 📐 时，鼠标指针为 ❧ 状。当"宽度"值较小时，很难判断工具的检测范围有多大，按CapsLock键，可以将鼠标指针切换为 ⊕ 状，此时，圆形范围就是工具能够检测到的范围（按]键和[键，可以1像素为单位增大和减小"宽度"值。

● 对比度：决定了工具可以检测到对象与背景之间的对比度大小，取值范围为1%到100%。设置较高的"对比度"，只能检测到与背景对比鲜明的边缘；该值较低时，可以检测到对比度不是特别鲜明的边缘。当选择边缘较清晰的图像时，可以使用较大的"宽度"和较高的"对比度"来快速跟踪边缘；而对于边缘较柔和的图像，需要将参数调小，以便更精确地跟踪边缘。

● 频率：决定磁性套索工具放置锚点的速度。取值范围是0到100，该值越高，放置锚点的速度越快、数量越多。

● 钢笔压力 ✐ ：如果计算机配置了数位板和压感笔，可以使用钢笔压力选项。启用该选项后，Photoshop会根据压感笔的压力自动调整工具的检测范围。例如，增大压力会导致边缘宽度减小。

3.3 智能选择工具

人工智能是当今非常热门的技术，Adobe 公司早就深耕于此。在 2016 年 11 月美国圣地亚哥举办的 MAX 大会上，Adobe 发布了旗下首个基于深度学习和机器学习的底层技术开发平台 —— Adobe Sensei，并将其应用于旗下的软件中。Photoshop 中的对象选择工具、移除工具、主体命令，以及 2024 版新增的生成式填充功能都是基于人工智能技术实现的。

3.3.1 实战：去水印（魔棒工具+生成式填充）

魔棒工具 ✦ 的使用方法非常简单，在图像上单击，就会选择与单击点色调相似的像素。当背景颜色变化不大，需要选取的对象轮廓清楚且与背景色也有一定的差异时，用魔棒工具 ✦ 抠图还是非常方便的。本实战使用该工具选取文字，之后用生成式填充功能将文字抹除，如图3-104所示。

扫码看视频

图3-104

01 选择魔棒工具 ✦，"容差"值使用默认的32即可，取消"连续"选项的勾选，将鼠标指针移动到文字上，如图3-105所示，单击，将所有文字选取，如图3-106所示。

图3-105　　　　　　　　图3-106

02 执行"选择>修改>扩展"命令，向外扩展选区，如图3-107和图3-108所示。

图3-107　　　　　　　　图3-108

03 执行"编辑>生成式填充"命令，输入指令delete text（也可以在上下文任务栏中输入），如图3-109所示，单击"生成"按钮，将文字消除，如图3-110所示。

图3-109　　　　　　　　图3-110

魔棒工具选项栏

图3-111所示为魔棒工具 ✦ 的选项栏。

图3-111

- 取样大小：用来设置取样范围。选择"取样点"，可以对鼠标指针所在位置的像素进行取样；选择"3×3平均"，可以对鼠标指针所在位置3个像素区域内的平均颜色进行取样。其他选项以此类推。

- 容差：在 Photoshop 中，图像的色调范围分为256级（*176页*），与"容差"的取值范围（0～255）相同。默认的"容差"值为32，可选择32级色调，0表示只能选择一个色调，255表示可以选择所有色调。当该值较低时，只选择与单击点像素非常相似的像素；该值越高，对像素相似程度的要求越低，可以选择的范围就越广。因此，在同一位置单击，设置不同的"容差"值所选择的区域也不一样。同理，在"容差"值不变的情况下，单击的位置不同，选择的区域也不同。

- 连续：默认状态下"连续"选项被勾选，表示魔棒工具 ✦ 只选择与单击点相连接且符合"容差"要求的像素。取消该选项的勾选，会在整幅图像中选择所有符合要求的像素。

- 对所有图层取样：当文件中包含多个图层时，如图3-112所示，勾选该选项，可以选择所有可见图层上颜色相近的区域，如图3-113所示。取消勾选，仅选择当前图层上颜色相近的区域，如图3-114所示。后面出现该选项时不再赘述。

图3-112

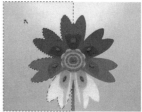

图3-113　　　　　　　　图3-114

- 选择主体/选择并遮住：单击"选择主体"按钮，可以执行"选择>主体"命令（*67页*）。单击"选择并遮住"按钮，可以打开"选择并遮住"对话框（*368页*），对选区进行平滑、羽化等处理。后面出现这两个按钮时不再赘述。

3.3.2 实战：相机+阴影抠图（快速选择工具）

Photoshop中的工具图标都有特定的含义。例如快速选择工具 ✦，其图标是一支画笔+选区轮廓，选区代表其身份是选择类工具，画笔则说明它的使用方法与画笔工具 ✦ 类似，但"画"出来的是选区。本实战使用该工具抠相机。相机背带及阴影利用混合模式（*133页*）提取，这一技巧既省事，效果又好。图3-115所示为原图及使用抠好的图片制作的招生广告。

扫码看视频

图3-115

图3-120　　　　　图3-121

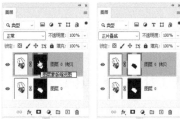

图3-122　　　　　图3-123

01 选择快速选择工具✐并设置参数，如图3-116所示。在相机内部拖曳鼠标绘制选区，选区会向外扩展并自动查找边缘，如图3-117所示。

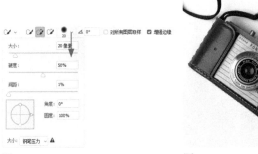

图3-116　　　　　图3-117

02 选取相机上部组件时，选区会扩展到背景，如图3-118所示。按住Alt键在背景上拖曳鼠标，将背景排除到选区之外，如图3-119所示。处理较小的区域时，可通过单击的方式操作，以减小处理范围。

04 单击"图层"面板中的❷按钮打开下拉列表，选择"纯色"命令，打开"拾色器（纯色）"对话框设置颜色，如图3-124所示，创建填充图层。按Shift+Ctrl+[快捷键，将其调整到底层作为背景，相机带和阴影会显现出来，如图3-125和图3-126所示。图3-127所示为使用此素材制作的招生海报。

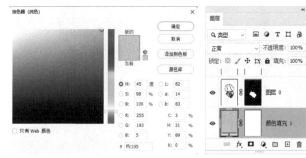

图3-124　　　　　图3-125

图3-118　　　　　图3-119

03 单击"图层"面板中的◼按钮，添加图层蒙版，将背景隐藏，如图3-120和图3-121所示。按Ctrl+J快捷键复制图层。单击蒙版，如图3-122所示，按Ctrl+I快捷键反相，再将图层的混合模式设置为"正片叠底"，如图3-123所示。

图3-126　　　　　图3-127

快速选择工具选项栏

图3-128所示为快速选择工具 的选项栏。

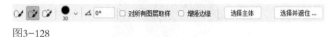

图3-128

- ：与选框类工具的新选区 ▣ 、添加到选区 🖫 、从选区减去 🖫 按钮用途相同*(55页)*，可进行选区运算。

- 下拉面板：单击·按钮，可以打开一个下拉面板，在面板中可以选择笔尖，设置笔尖的大小、硬度和间距。在绘制选区的过程中，按]键和 [键可以调整笔尖大小。

- 增强边缘：勾选该选项，可以使选区边缘更加平滑。作用类似于"选择并遮住"对话框中的"平滑"选项*(371页)*。

3.3.3 实战：首饰广告（对象选择工具）

对象选择工具 🖫 具有自动识图能力，在对象周围绘制矩形区域或类似于套索的选区范围，它就会自动选取其中的对象。该工具适合抠人物、汽车、家具、宠物、衣服等对象。本实战使用对象选择工具 🖫 和调色命令制作一款首饰广告，如图3-129所示。

图3-129

01 选择对象选择工具 🖫 ，在"模式"下拉列表中选择"矩形"选项，在项链的宝石上拖曳出一个矩形选框，释放鼠标左键，可将项链选取，如图3-130所示。

图3-130

02 按住Shift键在耳坠的宝石上拖曳鼠标，如图3-131和图3-132所示，将所有宝石一同选取。

图3-131

图3-132

03 按Shift+Ctrl+I快捷键反选。单击"调整"面板中的 ▢ 按钮，创建"黑白"调整图层，选区会转换到其蒙版中，使调整只对宝石外的图像有效，如图3-133和图3-134所示。

图3-133　　　图3-134

04 单击"调整"面板中的 🖫 按钮，创建"色相/饱和度"调整图层，将红色和黄色的"饱和度"调到最低，如图3-135和图3-136所示，将项链中的颜色剔除；提高绿色的"饱和度"值，如图3-137所示，让宝石更加醒目，如图3-138所示。之后也可以添加一些文字来丰富版面，如图3-139所示。

图3-135　　　图3-136

图3-137　　　图3-138

图3-139

对象选择工具选项栏

图3-140所示为对象选择工具 🖫 的选项栏。

图3-140

- 刷新 ↻ ：选择对象选择工具 🖫 时该按钮会旋转，表示 Photoshop 正在检测图像，检测完成后可进行选取操作。如果进行了其他编辑，可单击该按钮来刷新。

- 显示所有对象 🖫 ：单击该按钮，可在所有可选区域覆盖蒙版。

- 设置其他选项 ⚙ ：单击该按钮打开下拉面板，可以设置对象查找模式、蒙版颜色和不透明度等选项。当有多选的区域需要从选区中排除时，通常单击从选区减去按钮 🖫 或按住 Alt 键在多选的区域绘制选区，进行相减运算。对象选择工具 🖫 对相减运算进行了增强处理，比其他工具多了一个"减去对象"选项，能让选区运算更加准确，即使选区范围不那么合适（如选区范围大一些），也能得到很好的运算结果。

- 模式：选择对象选择工具 🖫 可以通过不同的方法操作。将鼠标指针移到图像上方，检测到图像内容后，会为其覆盖透明的红色蒙版，单击，可将蒙版中的图像选取。在"模式"下拉列表中选择"矩形"选项，能创建矩形选区；选择"套索"选项，可以像使用套索工具 ⟟ 一样徒手绘制选区。
- 硬化边缘：减弱选区边界的粗糙度。

3.3.4 实战：海报模特抠像（主体命令）

本实战使用"主体"命令抠像，如图3-141所示。"主体"命令非常智能，它甚至会自主学习，也就是说，使用的次数越多，其识图能力越强。

扫码看视频

图3-141

01 执行"选择>主体"命令，选取模特，如图3-142所示。执行"选择>选择并遮住"命令，切换到这一工作区，在"视图"下拉列表中选择"叠加"选项，选区之外的图像上会覆盖半透明的红色。选择调整边缘画笔工具 ✐，在头发边缘、手臂缝隙等处拖曳鼠标，Photoshop会自动识别并创建有效边界，如图3-143和图3-144所示。

图3-142

图3-143

图3-144

02 处理鞋子的空隙，如图3-145所示。在凳子腿上反复拖曳鼠标进行处理，如图3-146所示。

图3-145

图3-146

03 在"输出到"下拉列表中选择图3-147所示的选项，单击"确定"按钮，将人物抠出来，如图3-148所示。

图3-147　　图3-148

04 使用移动工具 ✛ 将抠出的图像拖入海报背景中，如图3-149和图3-150所示。

图3-149　　图3-150

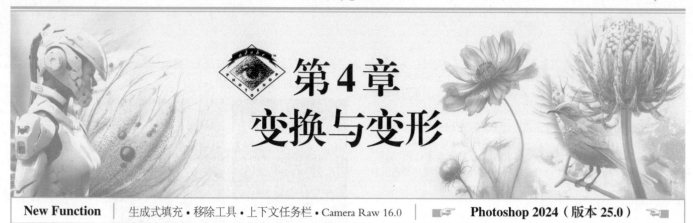

第4章
变换与变形

New Function | 生成式填充 • 移除工具 • 上下文任务栏 • Camera Raw 16.0 | ☞ **Photoshop 2024（版本 25.0）** ☜

本章简介

本章讲解怎样使用Photoshop中的变换与变形功能编辑图像、制作效果。

学习目标

本章实战较多，有助于读者通过实践掌握变换、变形操作方法。其中的图像原理部分有一定难度，本章将采用浅显的语言对其进行分析。通过学习，读者可以了解变形会给图像造成哪些伤害，以及怎样减轻损伤，并能够结合设计要求正确地设置分辨率和图像的尺寸。同时掌握图像无损放大技巧和智能对象的使用方法。

学习重点

用移动工具进行对齐和分布
实战：用智能参考线和测量参考线对齐
实战：盗梦空间
实战：给商品加阴影（扭曲）
图像的微世界
像素与分辨率的关系
实战：超级放大
实战：调整照片的尺寸和分辨率
实战：制作可更换图片的广告牌

4.1 移动、对齐与分布

在 UI、网页、App 和版面设计中，画面中的要素应当保持整齐有序，从而表现出整体感和稳定性，这样作品看上去才不会显得松散或杂乱。Photoshop 中的对齐和分布功能可以帮助设计师完成此类任务。这些功能不仅限于处理图像，还可以应用于选区、矢量图形、形状图层和文字等。

4.1.1 实战：为化妆品加倒影

给商品加倒影是提升商品档次、增强艺术性的好办法。倒影能为商品营造出一种空间感，还能模拟光线的反射效果，使商品与周围环境更好地融合在一起，合成效果看起来也更加真实，如图4-1所示。

01 打开素材，如图4-2所示。单击"图层1"，如图4-3所示，按Ctrl+J快捷键复制，如图4-4所示。

图4-1　　　　图4-2　　　　图4-3　　　　图4-4

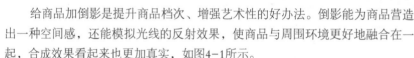

02 按Ctrl+T快捷键显示定界框，单击鼠标右键打开快捷菜单，选择"垂直翻转"命令，翻转图像，如图4-5所示。将鼠标指针移动到定界框内部，按住Shift键向下拖曳，垂直向下移动图像，如图4-6所示。按Enter键确认。

03 单击"图层"面板中的 ▢ 按钮，添加图层蒙版。选择渐变工具 ▤，在工具选项栏中单击 ▤ 按钮，之后选择黑白渐变，如图4-7所示，由下至上拖曳鼠标（在此过程中按住Shift键）填充渐变，将底部图像隐藏，如图4-8所示。

图4-5 　　　　 图4-6

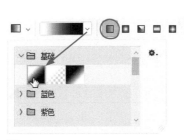

图4-7 　　　　　　　 图4-8

04 将图层的"不透明度"设置为55%，使倒影变淡，如图4-9和图4-10所示。

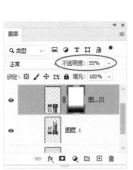

图4-9 　　　　 图4-10

4.1.2 小结

制作商品目录、海报或其他宣传品时，设计师一般会从众多商品照片中挑选出几张合适的照片，用Photoshop抠图，再修图和合成。根据表现需要，有些商品还要配上投影，如图4-11所示。

在前面的实战中，倒影来自商品本身，这种表现方式适合玻璃、金属

图4-11

等硬性可反光材质的商品。为了保证图像与倒影的对齐，移动倒影时需要按住Shift键。

4.1.3 移动对象

当需要移动图层中的对象、选区内的图像，或将对象拖曳到其他文件中时，就会使用移动工具✛。

扫码看视频

移动与复制

单击对象所在的图层，如图4-12和图4-13所示，选择移动工具✛，在文档窗口中进行拖曳，即可移动对象，如图4-14所示。按住Shift键操作，可沿水平、垂直或45°角方向移动。按住Alt键操作，可以复制对象，如图4-15所示。

图4-12 　　　　　　 图4-13

图4-14 　　　　　　 图4-15

> **提示**
>
> 创建选区后，将鼠标指针移动到选区内进行拖曳，可以移动选中的图像。此外，选择移动工具✛后，每按一次键盘中的→、←、↑、↓键，可以将对象移动1像素的距离；同时按住Shift键操作，则移动距离为10像素。

在多个文件间移动对象

打开多幅图像，使用移动工具✛在画面中单击并拖曳图像至另一个文件的标题栏，如图4-16所示，停留片刻可切换到该文件，将鼠标指针移动到画面中，如图4-17所示，释放鼠标左键，可拖入图像，如图4-18所示。

图4-16　　　图4-17

图4-20

图4-21

图4-22

> **提示**
>
> 将一个图像拖入另一个文件时，按住Shift键操作，图像会位于当前文件的中心。如果这两个文件的大小相同，则会与原文件处于同一位置。

图4-18

> **提示**
>
> 选取多个链接的图层以后，单击其中一个图层，执行"对齐"菜单中的命令，它们会与单击的那一图层对齐。
>
>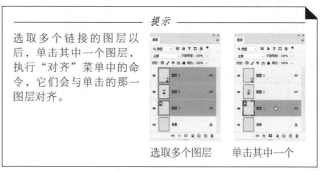
>
> 选取多个图层　　　单击其中一个

移动工具选项栏

图4-19所示为移动工具 ✛ 的选项栏。

图4-19

- **自动选择**：如果文件中包含多个图层或组，可以勾选该选项并在下拉列表中选择要移动的对象。选择"图层"选项，使用移动工具 ✛ 在画面中单击时，可以自动选择鼠标指针所在位置包含像素的最顶层的图层；选择"组"选项，可自动选择鼠标指针所在位置包含像素的最顶层的图层所在的图层组。
- **显示变换控件**：勾选该选项后，单击一个图层时，图层内容的周围会显示定界框，此时拖曳控制点可以对图像进行变换操作。该选项适合图层较多且需要经常进行变换操作的情况。
- **对齐图层** ▬ ▬ ▬ / **分布图层** ▮▮ ▮▮ ▮▮：可以让多个图层对齐或按一定的规则均匀分布。

4.1.4 对齐对象

按住Ctrl键并单击需要对齐的图层，将它们选取，如图4-20所示，打开"图层>对齐"子菜单，选择其中的命令，可以让图层中的像素边缘对齐，如图4-21和图4-22所示。

4.1.5 按一定间隔分布对象

选择3个或更多的图层（至少3个且"背景"图层除外），使用"图层>分布"子菜单中的命令，可以让所选图层按照一定的间隔均匀分布，如图4-23和图4-24所示。

图4-23

图4-24

与"对齐"命令相比，分布的效果有时不太直观。其规律在于："顶边""底边"等是从每个图层的顶端或底端像素开始间隔均匀地分布；而"垂直居中""水平居中"则是从每个图层的垂直或水平中心像素开始间隔均匀地分布，如图4-25所示。

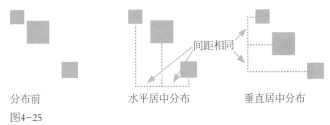

分布前　　　　水平居中分布　　　垂直居中分布

图4-25

图4-30　　　　　　　　　图4-31

4.1.6 用移动工具进行对齐和分布

单击要对齐或分布的图层，将它们选取，选择移动工具 ✛，工具选项栏中会显示图4-26所示的按钮，它们与"对齐""分布"菜单命令完全相同。单击各个按钮，可以进行对齐和分布。这比使用菜单命令方便。

图4-26

4.1.7 基于选区对齐

创建选区，如图4-27所示，单击一个图层，如图4-28所示，执行"图层>将图层与选区对齐"子菜单中的命令，如图4-29所示，可基于选区对齐所选图层，如图4-30（顶边对齐）和图4-31（右边对齐）所示。

图4-27

图4-28　　　　　图4-29

4.1.8 实战：使用标尺和参考线对齐

进行复杂的版面布局，或者需要精确对齐对象时，可以使用参考线。参考线可以被精确地放置在像素级别的位置上，并直观地显示在图像中，帮助用户更好地观察对齐情况。

扫码看视频

01 按Ctrl+N快捷键，创建一个7厘米×3厘米、分辨率为300像素/英寸的文档（注：1英寸约等于2.54厘米），如图4-32所示。执行"视图>标尺"命令（快捷键为Ctrl+R），窗口顶部和左侧会显示标尺。在标尺上单击鼠标右键，打开快捷菜单，将测量单位改为厘米，如图4-33所示。

图4-32　　　　　图4-33

02 将鼠标指针放在水平标尺上，向下拖曳出水平参考线。在垂直标尺上拖出3条垂直参考线，操作时需要按住Shift键，以便让参考线与标尺上的刻度对齐，如图4-34所示。如果参考线没有对齐，可以选择移动工具 ✛，将鼠标指针放在参考线上，鼠标指针变为 ↔ 状时进行拖曳，可将其移动到准确位置，如图4-35所示。

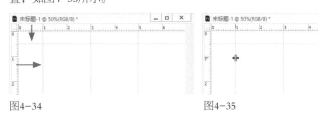

图4-34　　　　　图4-35

$O3$ 打开素材。使用移动工具 ✛ 将图标拖入文档中，以参考线为基准进行对齐，如图4-36所示。

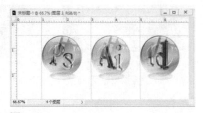

图4-36

提示

执行"视图>新建参考线"命令，打开"新建参考线"对话框，可以设置参数，准确定义参考线的位置。执行"视图>锁定参考线"命令，可以将参考线锁定（解除锁定也使用该命令），以防止被移动。将参考线拖曳回标尺，可将其删除。如果要删除某个画板上所有的参考线，可以在"图层"面板中单击该画板，然后执行"视图>清除所选画板参考线"命令。如果想删除画布上的参考线，但保留画板上的参考线，可以执行"清除画布参考线"命令。如果要删除所有参考线，可以执行"视图>清除参考线"命令。

4.1.9 紧贴对象边缘创建参考线

如果想让参考线与对象完全贴合，可以单击对象所在的图层，如图4-37所示，执行"视图>通过形状新建参考线"命令，紧贴图层内容的边缘创建参考线，如图4-38所示。

图4-37　　　　　图4-38

4.1.10 实战：用智能参考线和测量参考线对齐

智能参考线是一种无须手动设置的参考线，它在需要时自动出现，其他时间自动隐藏。相比普通参考线和网格，它不会一直占据画面空间，因而并不影响观察效果。当使用移动工具 ✛ 进行移动操作时，智能参考线还会变成测量参考线，显示当前对象

扫码看视频

与其他对象之间的距离。

$O1$ 打开素材，如图4-39所示。执行"视图>显示>智能参考线"命令，启用智能参考线（关闭智能参考线也是执行这个命令）。单击图像所在的图层，如图4-40所示。

图4-39　　　　　图4-40

$O2$ 使用移动工具 ✛ 拖曳对象，Photoshop会以图层内容的上、下、左、右4条边界线和1个中心点为对齐基准进行自动捕捉，如图4-41所示，当中心点或任意一条边界线与其他图层内容对齐时，就会出现智能参考线，通过它便可手动对齐图层，操作非常方便。图4-42所示为底对齐效果。

 ← 边界和中心点为对齐基准

图4-41　　　　　图4-42

$O3$ 单击并按住Alt键拖曳鼠标，复制对象，此时可显示测量参考线，通过它可均匀分布对象，如图4-43所示。

$O4$ 将鼠标指针放在图像上方，按住Ctrl键不放，也能显示测量参考

图4-43

线。在这种状态下，可以查看当前对象与其他对象之间的距离，如图4-44所示；也可以按→、←、↑、↓键轻移图层。将鼠标指针放在对象外边，按住Ctrl键不放，会显示对象与画布边缘之间的距离，如图4-45所示。

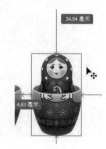

图4-44　　　　　图4-45

4.1.11 网格设计（参考线版面）

在版面设计中，网格设计是一种用一定间隔的直线分隔画面的方法，可以使版面中的图像和文字等布局整齐规范、井然有序。这种排版方式常用于商品目录和网页的设计，如图4-46所示。

要制作这种版面，可以执行"视图>新建参考线版面"命令，创建多条参考线，设置行的高度、列的宽度、参考线和文件的边距等，如图4-47和图4-48所示。如果设置的参数经常使用，可以打开"预设"下拉列表，选择"存储预设"选项，将参考线保存为预设。

图4-46

图4-47

图4-48

4.1.12 使用网格对称布局

执行"视图>显示>网格"命令，可以使图像上显示网格，如图4-49所示。执行"视图>对齐>网格"命令，开启对齐功能，之后创建选区或进行移动和变换等操作时，对象会自动对齐到网格上。如果只想对称地布置对象，用网格比创建参考线方便。

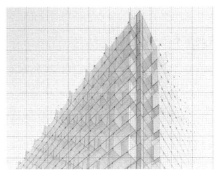

图4-49

如果网格颜色与图像颜色接近，不容易分辨，可以执行"编辑>首选项>参考线、网格和切片"命令，调整其颜色，或间距和样式（点状、线条状）。

提示

使用参考线、智能参考线和网格时，如果所选对象不能与之对齐，可以查看"视图>对齐"命令是否处于选取状态。如果没有，选择该命令即可（使其显示"√"标记）。如果要关闭某一项对齐功能，可以打开"视图>对齐到"子菜单，选择相应的对齐项目，取消其左侧的"√"标记。

·PS技术讲堂·

额外内容

参考线、网格、图层、切片、文档边界都是Photoshop中的辅助工具。它们属于额外内容，只有在Photoshop中才能显示和使用。默认状态下，在"视图>对齐到"子菜单中，它们会自动开启，如图4-50所示。

当需要显示这些额外内容时，首先要执行"视图>显示额外内容"命令，确保该选项前面有一个√标记，然后在"视图>显示"子菜单中选择相应的命令，以显示相应的工具，如图4-51所示。再次选择"视图>显示额外内容"命令可以隐藏额外内容。

其中，"图层边缘"显示图层内容的边缘，适用于查看透明图层上的图像边界；"选区边缘"和"目标路径"分别代表选区和路径；"画布参考线"和"画板参考线"分别显示画布和画板上的参考线；"画板名称"显示创建画板时所设置的画板名称（位于画布左上角）；"数量"用于统计计数工具标记的数量；"切片"显示切片

图4-50

图4-51

的定界框；"注释"显示注释信息；"像素网格"代表像素之间的网格，将文档窗口放大至最大级别时，可以看到像素之间的网格线，取消选择该命令后，网格线将不再显示；"图案预览拼贴边界"在使用"图案预览"命令（126页）创建图案时显示画布边界；"网格"在执行"编辑>操控变形"命令时显示变形网格；"编辑图钉"在使用"场景模糊""光圈模糊""倾斜偏移"滤镜时显示图钉和其他编辑控件；"全部"/"无"可同时显示或隐藏以上所有项目；如果想要同时显示或隐藏多个选项，可以执行"显示额外选项"命令，然后在打开的"显示额外选项"对话框中进行设置。

4.2 变换与变形

　　所谓变换，就是通过移动、缩放、旋转和翻转，改变对象的位置、大小和角度。变形则是通过扭曲和拉伸等改变对象的形状和原有比例。变换和变形可应用于图像、图层蒙版、选区、路径、文字、矢量形状、矢量蒙版和 Alpha 通道。

4.2.1 定界框、控制点和参考点

　　进行变换及变形操作时，需要先单击对象所在的图层，然后打开"编辑>变换"子菜单选择一个命令，如图4-52所示。除直接进行翻转操作或以90°或90°的倍数旋转外，使用其他命令时所选对象上会显示定界框、控制点和参考点，如图4-53所示，拖曳它们可进行相应的变换和变形处理。操作完成后，在定界框外单击或按Enter键进行确认，可正式修改对象。按Esc键则取消操作，对象恢复原样。

图4-52

显示定界框
显示变形网格
可直接变换

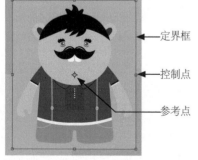

图4-53

──定界框

──控制点

──参考点

　　勾选工具选项栏最左侧的选框，对象中心还会显示参考点，它是变换和变形的基准点。图4-54和图4-55所示为将其拖曳到不同位置后的旋转效果。

参考点在默认位置
图4-54

参考点在定界框左下角
图4-55

4.2.2 旋转、缩放与拉伸

　　用户在使用Photoshop的过程中，其熟练程度会随着不断探索和积累经验而逐渐增强，完成操作有多种途径，正如人们所说的，"条条大路通罗马"。例如，进行旋转操作时，初学者会按部就班地打开"编辑>变换"子菜单，选择"旋转"命令，显示定界框后再进行旋转。然而，有经验的用户只需按下Ctrl+T快捷键，便可显示定界框，省去了前面的步骤，这就是一种快捷方法。多掌握一些技巧和快捷方法，操作起来会更加高效。

　　Ctrl+T是"编辑>自由变换"命令的快捷键。显示定界框后，将鼠标指针放在定界框外（鼠标指针变为 状），拖曳可旋转对象，如图4-56所示；拖曳定界框或控制点，会以对角线处的控制点为基准进行等比缩放，如图4-57和图4-58所示；按住Shift键拖曳定界框或控制点，可自由拉伸，即不等比缩放，如图4-59和图4-60所示。

图4-56 图4-57 图4-58

图4-59 图4-60

示；按住Ctrl+Alt键并拖曳，可对称扭曲，如图4-65所示；按住Shift+Ctrl+Alt键（鼠标指针变为▷状）并拖曳，可进行透视扭曲，如图4-66所示。

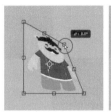

图4-64 图4-65 图4-66

> **提示**
>
> 进行缩放和扭曲操作后，如果图像变得模糊或出现锯齿，可以修改工具选项栏中的"插值"选项（86页），以改善效果。

插值 两次立方
邻近
两次线性
两次立方
两次立方（较平滑）
两次立方（较锐利）
两次立方（自动）

旋转和缩放也可用于制作效果。例如，图4-61所示是将广告图像旋转并等比缩放后贴在手机屏幕上的效果。

图4-61

4.2.3 斜切、扭曲与透视扭曲

将鼠标指针移动到水平定界框附近，按住Shift+Ctrl键并拖曳，可沿水平（鼠标指针为 ▷ 状）或垂直（鼠标指针为 ▷ 状）方向斜切，如图4-62和图4-63所示。

图4-62 图4-63

将鼠标指针放在定界框4个角的某个控制点上，按住Ctrl键（鼠标指针变为▷状）并拖曳，可以扭曲对象，如图4-64所

4.2.4 实战：盗梦空间

在克里斯托弗·诺兰执导的电影《盗梦空间》中，卷曲的街道、折叠反转的巴黎城市、层层嵌套的多重梦境等颠覆了人们的想象，极具视觉震撼力。本实战使用Photoshop制作类似的折叠世界，如图4-67所示。其中涉及的功能较多，最好对照视频同步学习。

扫码看视频

图4-67

01 打开素材。选择裁剪工具 ⧉，按住Shift键并拖曳鼠标，创建正方形裁剪框，如图4-68所示。按Enter键，将图像裁剪成正方形。按Ctrl+-快捷键将视图比例调小。按Ctrl+R快捷键显示标尺。从标尺拖出4条参考线，放在画面边界，如图4-69所示。使用多边形套索工具 ▷ 创建选区，有了参考线作辅助，可以将选区准确定位在图像的边角，如图4-70所示。按Ctrl+J快捷键复制选中的图像。按Ctrl+T快捷键显示定界框，

单击鼠标右键打开快捷菜单，选择"垂直翻转"命令，翻转图像，如图4-71所示。

图4-68　　　　　　　　图4-69

图4-70　　　　　　　　图4-71

02 单击鼠标右键打开快捷菜单，选择"顺时针旋转90度"命令，如图4-72所示（也可按住Shift键并拖曳，以15°为倍数进行旋转，到90°时停下），按Enter键确认。将当前图层隐藏，选择"背景"图层，如图4-73所示。

图4-72　　　　　　　　图4-73

03 使用多边形套索工具 选取右侧下方图像，如图4-74所示，按Ctrl+J快捷键复制。按Ctrl+T快捷键显示定界框，

单击鼠标右键打开快捷菜单，选择"垂直翻转"和"逆时针旋转90度"命令，进行变换，如图4-75所示。

图4-74　　　　　　　　图4-75

04 单击隐藏的图层，之后在它的左侧单击，让该图层显示出来，如图4-76所示。单击"图层"面板中的 ▣ 按钮，添加图层蒙版。使用渐变工具 ▣ （128页）填充黑白线性渐变，将左侧的天空隐藏，如图4-77和图4-78所示。

图4-76　　图4-77　　　图4-78

05 按Alt+Shift+Ctrl+E快捷键盖印图层。执行"滤镜>Camera Raw滤镜"命令，打开"Camera Raw"对话框（电子文档4页），添加暗角效果，将高光值调到最高，降低晕影对高光的影响，这样水面的高光就不会发灰，如图4-79所示。

图4-79

· PS技术讲堂 ·

精确变换

　　显示定界框后，工具选项栏中会显示图4-80所示的选项。通过这些选项，可以按指定的角度旋转对象、以设定的比例进行缩放，或按预设的参数进行扭曲变形。

扫码看视频

图4-80

⌗状图标是参考点定位符。其四周的小方块分别对应着定界框上的各个控制点，其中黑色的小方块代表参考点。用户可通过在小方块上单击来重新定位参考点，例如，单击左上角的小方块⌗，可以将参考点定位在定界框的左上角。

X和Y代表水平和垂直位置。在这两个选项中输入数值，可以沿水平或垂直方向移动对象。单击这两个选项中间的△按钮，可以相对于当前参考点的位置重新定位新的参考点。

W代表图像的宽度，H代表图像的高度。默认情况下，这两个选项中间的⛓按钮为选中状态。在这两个选项中输入数值可进行等比缩放。单击⛓按钮后，W选项可进行水平拉伸，H选项可进行垂直拉伸。

角度选项△用来进行旋转操作。它后面的H选项和V选项可用于斜切（H表示水平斜切，V表示垂直斜切）。

在输入数值后，可以按Tab键切换到下一个选项。按Enter键可以确认操作，按Esc键则表示放弃修改。这些方法适用于处理图像、选区、路径、切片、蒙版和Alpha通道。

4.2.5 实战：舞蹈培训广告（再次变换）

进行变换操作后，执行"编辑>变换>再次"命令（快捷键为Shift+Ctrl+T），可再次用相同的变换处理对象。如果按Alt+Shift+Ctrl+T快捷键，则不仅会变换，还会复制出新的对象。本实战使用这一方法制作一个分形图案并将其应用在广告中，如图4-81所示。分形艺术（Fractal Art）是纯计算机艺术，可以展现数学世界的瑰丽景象。

图4-81

01 打开素材，如图4-82所示。单击人物所在的图层，按Ctrl+J快捷键复制，如图4-83所示。

图4-82　　　图4-83

02 按Ctrl+T快捷键显示定界框。在工具选项栏最左侧的选项前勾选一下，以显示参考点✧。将参考点✧拖曳到定界框下方，如图4-84所示，然后在工具选项栏中设置缩放比例为95%，旋转角度为16°，如图4-85所示。

图4-84　　　图4-85

03 按Enter键，使图像旋转并等比缩小，如图4-86所示。按住Alt+Shift+Ctrl快捷键，之后连按20次T键。每按一次会旋转并复制出一个较之前缩小的图像，如图4-87所示。新图像都位于单独的图层中。按住Shift键并单击第一个人物图层，将其

与当前图层间的所有图层选取，如图4-88所示。

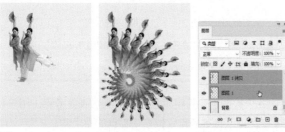

图4-86　　　　　图4-87　　　　　图4-88

04 执行"图层>排列>反向"命令，反转图层的堆叠顺序，图像效果如图4-89所示。按Alt+Ctrl+E快捷键，将所选图层中的图像盖印到一个新的图层中。打开海报背景素材，将盖印后的图像拖入此文件中，如图4-90所示。

图4-89　　　　图4-90

4.2.6 实战：给商品加阴影（扭曲）

扫码看视频

在广告制作中，通常会将商品图片从原始背景中抠出来，之后将其合成到新背景中，再加上阴影，使商品与所处环境更好地融合，如图4-91所示。

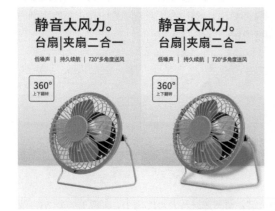

图4-91

01 单击"图层1"，按Ctrl+J快捷键复制，单击"图层"面板中的 ▦ 按钮，锁定透明区域，如图4-92所示。按Alt+Delete快捷键填充黑色，如图4-93所示。

图4-92　　　　　图4-93

02 再单击一下 ▦ 按钮解除锁定。按Ctrl+[快捷键将当前图层移动到"图层1"下方，如图4-94所示。执行"滤镜>模糊>高斯模糊"命令，模糊图像，如图4-95所示。

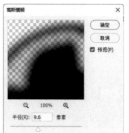

图4-94　　　　　图4-95

03 将图层的"不透明度"设置为35%，如图4-96所示。执行"编辑>变换>扭曲"命令，显示定界框，拖曳控制点调整阴影形状，如图4-97所示。按Enter键确认。

图4-96　　　　　图4-97

4.2.7 实战：为牛奶杯定制图案（变形网格）

本实战使用变形网格为牛奶杯贴图案，如图4-98所示。变形网格由网格和控制点构成。控制点类似于锚点（312页），拖曳控制点和方向点可以改变网格形状，进而扭曲对象。

扫码看视频

图4-98

01 打开素材。使用移动工具 ✛ 将图片拖曳到牛奶杯上方。
执行"编辑>变换>变形"命令，显示变形网格，如图4-99所示。将左右两侧的控制点拖曳到杯体边缘，使之与杯体边缘对齐，如图4-100所示。

图4-99

图4-100

02 拖曳顶部控制点上的方向点，使图片依照杯子的结构向下弯曲，如图4-101所示。将鼠标指针移动到位于中央的网格上，进行拖曳，让中央的3个卡通形象也向下弯曲，如图4-102所示。按Enter键确认。

图4-101

图4-102

03 将"图层1"的混合模式设置为"线性加深"，使贴图与杯子的结合效果更加真实，如图4-103和图4-104所示。

图4-103

图4-104

4.3 特殊变形方法

在 Photoshop 中进行变形操作时，是通过扭曲对象的定界框或网格来改变其形状的。本节介绍几种特殊的定界框和网格工具，这些工具能在更大的范围内扭曲对象。

4.3.1 实战：企业宣传画（操控变形）

"操控变形"命令提供了细密的三角形网格，网格线更多，因此变形能力更强。它可用于编辑图像、图层蒙版和矢量蒙版，但不能处理"背景"图层（可按住Alt键并双击"背景"图层将其转换为普通图层）。在人物修图方面，通过"操控变形"命令可以让人的手臂弯曲、身体摆出不同的姿势，如图4-105所示；也适合小范围的修饰，如让长发弯曲、嘴角向上扬起等。

扫码看视频

01 打开素材，如图4-106所示。单击人物所在的图层，如图4-107所示。执行"编辑>操控变形"命令，显示变形网格。在人身体的关节处单击，添加几个图钉，如图4-108所示。将鼠标指针移动到图钉上，进行拖曳，将腿向上抬高，加大动作幅度，以表现运动员全力奔跑、向前跨越的姿势，如图4-109所示。

图4-105

图4-106

图4-107

图4-108　　　　　　图4-109

提示

按住Alt键单击一个图钉，或单击图钉后按Delete键，可将其删除。在变形网格上单击鼠标右键打开快捷菜单，选择"移去所有图钉"命令，可删除所有图钉。

02 在鞋子前部添加图钉并拖曳，将鞋子调正，如图4-110所示。在脖子下方添加图钉并进行拖曳，让身体前倾，如图4-111所示。

图4-110　　　　　　图4-111

03 在另一条腿上添加图钉并修改动作，如图4-112和图4-113所示。单击工具选项栏中的 ✓ 按钮进行确认。

图4-112　　　　　　图4-113

操控变形选项

图4-114所示为执行"编辑>操控变形"命令后的工具选项栏。

模式 正常 ▾ | 密度 正常 ▾ | 扩展 2像素 ▾ | ☑显示网格 | 图钉深度 ⯆ ⯅ | 旋转 自动 ▾ 0 度 | ⟲ ⊘ ✓

图4-114

● **模式**：可以设置网格的弹性。选择"刚性"，变形效果精确，但过渡较为生硬；选择"正常"，变形效果准确，过渡柔和；选择"扭曲"，可创建透视扭曲。

● **密度**：可以设置网格密度。细密的网格可以添加更多的图钉。

● **扩展**：用来设置变形衰减范围。该值越大，变形网格的范围也会相应地越向外扩展，对象的边缘也会越平滑。

● **显示网格**：显示变形网格。取消勾选该选项时，只显示图钉。

● **图钉深度**：选择一个图钉，单击 ⯇ / ⯈ 按钮，可以将其向上层/向下层移动一个堆叠顺序。

● **旋转**：选择"自动"选项，拖曳图钉时图像自动旋转。选择"固定"选项，可在其右侧的文本框中输入旋转角度值。此外，单击一个图钉后，按住 Alt 键会出现变换框，拖曳鼠标也可以旋转图钉。

● **复位 ⟲ / 撤销 ⊘ / 应用 ✓**：单击 ⟲ 按钮，可删除所有图钉，将网格恢复到变形前的状态；单击 ⊘ 按钮或按 Esc 键，可放弃变形操作；单击 ✓ 按钮或按 Enter 键，可以确认变形操作。

4.3.2 实战：校正透视扭曲照片（透视变形）

使用广角镜头拍摄的物体会出现变形，如图4-115所示。"编辑>透视变形"命令可以校正此类照片，效果如图4-116所示。本实战介绍操作方法。

扫码看视频

图4-115　　　　　　图4-116

4.3.3 实战：优惠券（内容识别缩放）

内容识别缩放具有自动识图能力，在缩放时可对人物、动物、建筑等采取保护措施，使其不发生变形，即只对次要内容进行缩放。本实战使用该功能调整饮料瓶的位置，修改版面布局，制作一张优惠券，如图4-117所示。

扫码看视频

图4-117

01 打开素材，如图4-118所示。将鼠标指针移动到"背景"图层的 🔒 图标上，如图4-119所示，单击，将其转换为普通图层。

图4-118

图4-119

02 执行"编辑>内容识别缩放"命令，显示定界框。按住Shift键向左拖曳控制点，横向压缩画面空间，如图4-120所示（如果未按住Shift键，会等比缩放）。按Enter键确认。

03 打开纹样素材，如图4-121所示。执行"编辑>定义图案"命令，将其定义为图案。

图4-120

图4-121

04 切换到饮料瓶文件。单击"图层"面板中的 🌓 按钮打开下拉列表，选择"图案"命令，创建"图案"填充图层，选择定义的图案并调整"缩放"参数，如图4-122所示。按Ctrl+[快捷键，将其移动到饮料瓶下方，如图4-123所示。

图4-122

图4-123

05 打开文字素材，如图4-124所示。使用移动工具 ✛ 将其拖曳到饮料瓶文件中，效果如图4-125所示。

图4-124

图4-125

内容识别缩放选项

进行内容识别缩放时，工具选项栏会显示图4-126所示的选项。

图4-126

- 切换参考点 ☑：勾选后可以显示参考点。
- 参考点定位符 🔲：单击参考点定位符 🔲 上的方块，可以指定缩放图像时要围绕的参考点。
- 使用参考点相关定位 △：单击该按钮，可以指定相对于当前参考点位置的新参考点位置。
- 参考点位置：可输入x轴和y轴像素大小，从而将参考点放置于特定位置。
- 缩放比例：输入宽度（W）和高度（H）的百分比，可以指定图像按原始大小的百分之多少进行缩放。单击保持长宽比按钮 🔗，可以等比缩放图像。
- 数量：可在文本框中输入数值或单击箭头和移动滑块来指定内容识别缩放的百分比。
- 保护：进行内容识别缩放时，如果Photoshop不能识别重要对象，导致其变形，如图4-127所示，可先选择对象如图4-128所示，再将选区保存到通道（Alpha1）中，如图4-129所示，然后进行内容识别缩放，利用Alpha通道保护对象，使其不受影响，如图4-130所示。

图4-127

图4-128

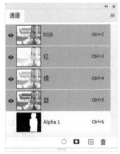
图4-129

图4-130

- 保护肤色 👤：缩放人像时，如图4-131所示，单击该按钮可以保护包含肤色的区域，消除或减弱人像的变形，如图4-132所示。

图4-131

图4-132

4.4 像素、分辨率与图像大小

本节介绍图像的组成元素——像素，详细分析变换、变形及修改图像尺寸等操作如何影响像素数量，以及这些操作对图像产生的影响。在学习过程中，需要掌握很多概念和原理方面的知识。

·PS技术讲堂·

图像的微世界

计算机显示器、电视机、手机、平板电脑等电子设备上显示的数字图像也被称为栅格图像，它们由像素构成，像素（Pixel）是其最小单位。

通常情况下，像素的"个头"非常小。以A4纸为例，在21厘米×29.7厘米大小的幅面中，可以容纳多达8699840个像素。要想看清单个像素，需要借助专门的工具。例如，使用缩放工具 🔍 在窗口中连续单击，当视图放大到3200倍时，画面中会出现一个个小方块，每个方块便是一个像素，如图4-133和图4-134所示。在Photoshop中处理图像时，实际上编辑的就是这些以百万计，甚至千万计的小方块。图像发生的任何改变，都是像素变化的结果，如图4-135所示。

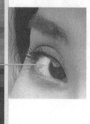

视图比例为100%
图4-133

视图比例放大到3200%，能看清单个像素
图4-134

调色效果及放大视图比例后看到的像素
图4-135

Photoshop中的绘画和图像修饰类工具的笔尖大小、选区的羽化范围、矢量图形的描边宽度、滤镜的应用范围等都以像素为单位。因此，像素还是一种计量单位。以像素为单位主要应用于计算机图形、屏幕显示和网页设计等领域，它可以精确地定位图像中的每个像素点。

·PS技术讲堂·

像素与分辨率的关系

单个像素的"个头"大小并不是固定的，而是取决于分辨率。分辨率以像素/英寸（ppi）来表示，意思是1英寸（1英寸≈2.54厘米）的距离中有多少个像素。例如，分辨率为10像素/英寸，就表示每英寸有10个像素，如图4-136所示；20像素/英寸则表示每英寸有20个像素，如图4-137所示。随着分辨率的增加，每英寸的像素数量也在增加，这意味着单个像素的"个头"在变小。由于像素记录了图像的信息，因此，在同样大小的画面中，像素的"个头"越小，数量就越多，图像的信息也越丰富。

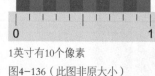

1英寸有10个像素
图4-136（此图非原大小）

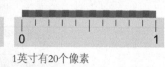

1英寸有20个像素
图4-137（此图非原大小）

分辨率是决定像素数量的关键因素，因此对图像质量有着重要的影响。低分辨率的图像像素较少，细节不足，画面可能显得模糊。相比之下，高分辨率的图像具有更多像素，信息更加丰富，清晰度和细节都更好，如图4-138所示。

反之，当分辨率保持不变（即像素数量不变）时，随着图像尺寸的增大，像素的"个头"也在变大。这会导致马赛克效应越来越明显，图像的质量也随之下降，如图4-139所示。因此，在设置和修改文件的分辨率时，需要慎重操作，最好遵循相应的规范*（88页）*。

分辨率为20像素/英寸 （细节模糊）　分辨率为72像素/英寸 （效果一般）　分辨率为300像素/英寸 （画质清晰）

图4-138

分辨率为72像素/英寸，打印尺寸依次为10厘米×15厘米、20厘米×30厘米、45厘米×30厘米的3幅图像。随着尺寸变大，图像的清晰度逐渐下降

图4-139

要想获取分辨率和图像尺寸这两个重要信息，可以执行"图像>图像大小"命令，打开"图像大小"对话框来查看，如图4-140所示（这是一个A4大小的文件）。

"图像大小"选项组以像素数量为单位描述了图像的大小。在此处可以看到两个数据：图像在"宽度"方向上有2480个像素，"高度"方向上有3508个像素。将它们相乘，可得出像素的总数（8699840）。"图像大小"右侧的数值显示了这些像素所占用的存储空间（24.9MB）。

下方的选项组以长度为单位描述了图像的宽度和高度尺寸（即打印尺寸），并包含分辨率。在这个例子中，图像的分辨率为300像素/英寸，当图像打印到纸上或在计算机屏幕上显示时，其"宽度"为21厘米，"高度"为29.7厘米。

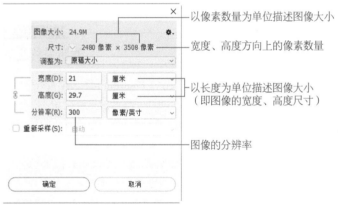

以像素数量为单位描述图像大小

宽度、高度方向上的像素数量

以长度为单位描述图像大小（即图像的宽度、高度尺寸）

图像的分辨率

图4-140

· PS技术讲堂 ·

重新采样之反向联动

如果要修改一幅图像的分辨率，可以执行"图像>图像大小"命令，打开"图像大小"对话框进行设置。在该对话框中，"重新采样"选项非常关键，它决定了像素的总数，以及参数改变后是否会影响图像的画质。

那么，"重新采样"是什么意思呢？可以这样理解：当用数码相机拍摄一张照片时，图像中的每个像素都是原始像素。修改图像的分辨率或尺寸时，Photoshop会对这些原始像素进行采样和分析，然后通过特殊的方法生成新的像素，从而增加像素的总数，或者删除部分原始像素，让像素总数变少。

扫码看视频

当然，Photoshop也可以不对图像重新采样，保持像素数量不变。这需要确保"重新采样"选项未被勾选。在这种情况下，如果提高分辨率，例如从10像素/英寸提高到20像素/英寸，即让1英寸距离里的像素从之前的10个增加到20个，那么每个像素的"个头"就会变小。请注意，在像素总数不变的情况下，像素变小，画面空间就不再需要那么大，这时Photoshop会自动缩小图像尺寸以与之匹配，如图4-141和图4-142所示。

反过来，如果降低分辨率，例如从10像素/英寸调整为5像素/英寸，那么1英寸的距离里只有之前的一半像素数量，每个像素的"个头"都会变大。这时原有的画面空间就不够用了，Photoshop会扩大图像尺寸以提供足够的空间来容纳像素，如图4-143所示。

可以发现，当未勾选"重新采样"选项时，无论是提高还是降低分辨率，像素总数都保持不变（图4-140~图4-143所示的"尺寸"选项，宽度和高度都是100像素×100像素）。这意味着分辨率和图像尺寸之间存在反向联动，一方增加，另一方就会减少。这种反向联动的目的是确保原始像素的数量保持不变，从而保证图像的画质不受分辨率变化的影响。

原始图像
图4-141

提高分辨率时图像尺寸自动减小
图4-142

降低分辨率时图像尺寸自动增大
图4-143

· PS技术讲堂 ·

重新采样之无中生有

勾选"重新采样"选项就授予了Photoshop修改像素数量的权利。此时的"图像大小"对话框中，分辨率和图像尺寸不再相互影响或反向联动。当通过调整分辨率来改变像素的大小时，图像尺寸不会自动扩大或缩小，而是通过另一种方式——减少和增加像素来适应新的画面空间，也就是说会改变原始像素的数量。这样操作会对画质产生影响，具体原因如下。

当提高分辨率时，例如从10像素/英寸提高到20像素/英寸，即1英寸距离里原本的10个像素变为20个像素，每个像素的大小变为之前的一半。然而，图像尺寸未变（因为它与分辨率没有关联），因此每英寸的空间就缺少了10个像素。在这种情况下，Photoshop会对现有像素进行采样，然后通过插值的方法生成新的像素来填补空白部分。图4-144和图4-145所示为提高分辨率的操作，从中可以看到图像尺寸保持不变。

当降低分辨率时，像素变得更大，导致原有的画面空间无法将其容纳。在这种情况下，Photoshop会使用插值运算的方法将超出空间范围的像素筛选出来并删除。因此，勾选"重新采样"选项，就相当于把水龙头的开关交给了Photoshop，它通过增加像素（加水）或减少像素（放水）来保持分辨率与图像尺寸之间的平衡。然而，这种平衡是以画质变差为代价的。可以通过观察"图像大小"对话框顶部的参数来了解情况。如果像素总数减少，如图4-146所示，说明Photoshop删除了一部分像素，即当前图像的信息量减少了。由于像素非常小，通常情况下，删除少量像素不会对图像造成太大损害，因为我们的眼睛难以察觉到差异。然而，增加像素后，情况就不同了，如图4-147所示。由于新的像素是由Photoshop生成的，而非原始像素，因此它们的出现会降低图像的清晰度（详细原因请参见下一小节）。这就像往酒里加水，水越多，酒的味道就越淡。

注意到一个规律了吗？如果未勾选"重新采样"选项，调整任何参数其实都是在调整图像的尺寸；一旦勾选了该选项，Photoshop将改变像素的总数，而不论调整的是哪个参数。

原始图像

图4-144

提高分辨率时图像尺寸不变

图4-145

降低分辨率导致像素总数减少

图4-146

提高分辨率导致像素总数增加

图4-147

· PS技术讲堂 ·

重新采样之无损变换

除调整图像大小外，对图像进行缩放和旋转也会导致重新采样。这是因为这些操作会改变像素的位置，造成某些区域缺少像素，需要新的像素来填充。那么这些新像素从何而来呢？只能由Photoshop生成。然而，这些通过特殊算法生成的像素并不是原始像素，它们不包含原始图像的信息。因此，其数量增多时，图像反而变得模糊，清晰度下降，如图4-148和图4-149（此图为放大图像的操作）所示。

大小为2像素×2像素的原始图像（像素总数为4个）

图4-148

图4-149

将图像放大到4像素×4像素后，像素总数变为16个。在此过程中，Photoshop先对4个原始像素重新采样，之后基于它们生成新的像素。可以看到，此时图像中原始的纯黑和纯白像素已经不见了，这是导致图像变模糊的原因

由于像素是正方形的，这就存在一种特殊情况，即以90°或90°的整数倍旋转图像时，方形像素在方形空间中重新排列，也就是说，原始像素只是转移到了新的位置上，而数量不变。因此，这种操作不会对图像的质量产生影响，如图4-150和图4-151所示。

然而，如果以非90°的角度旋转图像，就会出现方形像素无法填满新位置的情况。这时，Photoshop会用生成的像素来填充空缺部分，而这些像素并不具备与原始像素相同的质量，导致图像的清晰度下降，如图4-152所示。这也提醒我们，当图像在缩放或以非90°及90°的整数倍旋转时，操作次数越多，图像的受损程度越大。

50像素×50像素的原始图像

图4-150

旋转90°，再旋转回来，画质没有丝毫改变

图4-151

旋转45°，再旋转回来，清晰度明显下降，细节变模糊

图4-152

提示

用变换和变形功能编辑图像时，可以在多个步骤操作完成后进行统一确认。例如，旋转、缩放、扭曲等全部完成后再按Enter键进行确认，这样只重新采样一次。如果分步完成，如旋转后按Enter键确认，然后显示定界框进行缩放并确认，之后再进行扭曲，每确认一次都会重新采样，这会给图像造成累积性的损害。

· PS技术讲堂 ·

重新采样之插值方法

扫码看视频

在对图像进行旋转、缩放或修改尺寸、分辨率等操作时，只要涉及改变像素数量，Photoshop就会用插值方法从原始像素中采样，生成新的像素或删除部分原始像素。

这种方法在数码领域中被广泛使用。例如，数码相机、扫描仪等设备有两种分辨率：光学分辨率和插值分辨率，后者具有更高的参数。光学分辨率决定了设备能够捕获的真实信息量。当光学分辨率达到上限时，设备中的软件会通过插值运算的方法提高分辨率，以增加像素。当然，新增加的像素是由设备生成的，并非原始像素，因此实际意义有限。

与数码设备不同，Photoshop提供了多种插值算法，如图4-153所示。其中有的应用了人工智能技术，能够针对不同类型的图像进行处理，使生成的像素更接近于原始信息，因此效果更好，远非数码设备的插值运算可比。

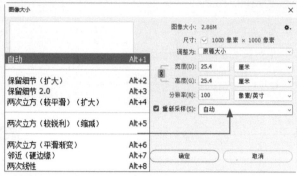

然而，再强大的算法创造出的信息也无法与原始信息的真实性和丰富性相提并论。因此，许多职业摄影师更喜欢使用RAW格式（*电子文档3页*）拍摄照片，而不使用更为常用的JPEG格式，以便在后期处理时有更大的操作空间。当然，有很多方法能降低对图像的损害程度，如多使用智能对象、智能滤镜、调整图层等非破坏性编辑功能，本书后面会逐一介绍。

图4-153

插值方法

- 自动：Photoshop根据文档类型，以及是放大还是缩小文档来选择重新采样的方法。
- 保留细节（扩大）：可在放大图像时使用"减少杂色"滑块消除杂色。
- 保留细节2.0：在调整图像大小时保留重要的细节和纹理，并且不会产生任何扭曲。
- 两次立方（较平滑）（扩大）：一种基于两次立方插值且旨在产生更平滑效果的有效图像放大方法。
- 两次立方（较锐利）（缩减）：一种基于两次立方插值且具有增强锐化效果的有效图像缩小方法。
- 两次立方（平滑渐变）：以周围像素值为依据来分析，精度较高，产生的色调渐变比"邻近（硬边缘）"或"两次线性"更为平滑，但速度较慢。
- 邻近（硬边缘）：一种速度快但精度低的图像像素模拟方法。该方法会在包含未消除锯齿边缘的插图中保留硬边缘并生成较小的文件。但是，这种方法可能产生锯齿状效果，在对图像进行扭曲或缩放时，或者在某个选区上进行多次操作时，这种效果会变得非常明显。
- 两次线性：一种通过平均周围像素颜色值来添加像素的方法，可以生成中等品质的图像。

4.4.1 实战：放大图像并保留细节

放大图像需要增加像素，如果增加的像素更接近原始像素，那么图像的效果就更好。在所有插值方法中，"保留细节2.0"基于人工智能技术，非常适合放大图像时使用，如图4-154所示。缩小图像（即减少像素）时，用"两次立方（较锐利）（缩减）"插值方法效果较好，它还具有锐化功能，如果图像中的某些区域锐化过高，也可尝试使用"两次立方（平滑渐变）"。

图4-154

01 执行"编辑>首选项>技术预览"命令，打开"首选项"对话框，勾选"启用保留细节2.0放大"选项，开启该功能，如图4-155所示，然后关闭对话框。

图4-155

02 执行"图像>图像大小"命令，打开"图像大小"对话框，下面以接近10倍的比例放大图像。将"宽度"设置为170厘米，"高度"会自动调整。在"重新采样"下拉列表中选择"保留细节2.0"，如图4-156所示。观察对话框中的图像缩览图，如果杂色明显，可以调整"减少杂色"参数。目前图像效果还不错，不需要调整，否则会使图像模糊。单击"确定"按钮，完成放大操作。如果使用其他插值方法，效果可能没有那么好，如图4-157和图4-158所示。

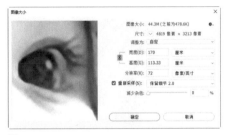

图4-156

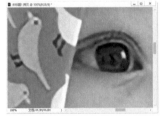

用"保留细节2.0"插值方法放大

图4-157

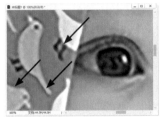

用"自动"插值方法放大

图4-158

4.4.2 实战：超级放大

Neural Filters是一种人工智能滤镜，在放大图像方面有独特之处——可以添加细节以补偿分辨率的损失。需要说明的是，要想使用它，首先要到Adobe官网创建并登录Adobe ID，之后执行"滤镜>Neural Filters"命令并单击♣按钮，从Adobe云端下载滤镜插件，这样才能正常使用。

01 打开素材。执行"滤镜>Neural Filters"命令，打开"Neural Filters"面板，开启"超级缩放"功能，如图4-159所示。将"锐化"值调到最高，在按钮上单击5次，每单击一次，图像就会放大一倍，如图4-160所示。

02 单击"确定"按钮应用滤镜。将视图比例调整到100%，观察原图和缩放效果，如图4-161所示。可以看到，睫毛、眉毛很清晰，皮肤纹理也非常清晰且没有杂色，效果非常好。

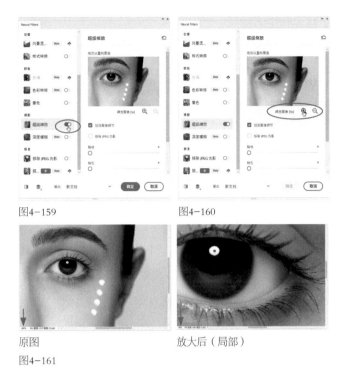

图4-159 图4-160

原图 放大后（局部）

图4-161

4.4.3 实战：调整照片的尺寸和分辨率

了解图像的使用场景对于设计很重要，因为不同用途对图像的尺寸和分辨率的要求各不相同。例如，QQ、微信等社交平台通常需要较小的图像和较低的分辨率，以适应屏幕显示需求并提高上传和下载速度；海报需要较高的分辨率，以获得更好的打印质量。因此，设计师需要根据图像的使用场景和特定要求来修改图像的尺寸和分辨率，以确保其呈现最佳效果。

下面用所学知识将一张大图调整为6英寸×4英寸照片大小。此方法对于修改其他用途的图像同样适用。

01 打开素材，如图4-162所示。执行"图像>图像大小"命令，打开"图像大小"对话框。取消"重新采样"选项的勾选，将"宽度"和"高度"单位改为英寸，如图4-163所示。

图4-162 图4-163

02 当前照片的尺寸变为39.375英寸×26.25英寸。将"宽度"值改为6英寸，"高度"值会自动匹配为4英寸。由于没有重新采样，因此尺寸调小后分辨率也会自动增加，如图4-164所示。

03 当前分辨率（472.5像素/英寸）已远超最佳打印分辨率

图4-164

率（300像素/英寸）。勾选"重新采样"选项（这样可避免降低分辨率时尺寸增大），将分辨率调整为300像素/英寸，再选择"两次立方（较锐利）（缩减）"选项。观察"图像大小"右侧的数值，如图4-165所示。可以看到，照片的尺寸和分辨率调整好以后，文件也由15.3MB减小为6.18MB，减少了占用的存储空间。单击"确定"按钮关闭对话框。执行"文件>存储为"命令，将调整后的照片另存为JPEG格式的文件，原始照片关闭时无须保存。

图4-165

技术看板 最佳分辨率

分辨率设置为多少才合适，取决于图像的用途。例如，用于商业印刷或者打印，分辨率为300像素/英寸即可。虽然高于此参数，图像的细节更丰富，但人的眼睛每英寸最多只能识别300像素（即300ppi），像素多于这个数也毫无意义。所以，打印机设备一般以300像素/英寸为标准。下表是常用的分辨率设定规范，可作为设计工作的参考。

用途	分辨率
用作网站素材	72像素/英寸（ppi）
用于计算机屏幕显示	72像素/英寸（ppi）
用于手机屏幕显示	因手机型号和制造商而异，一般高清屏幕（720p）的图像尺寸为1280像素x720像素，分辨率为72像素/英寸；全高清（1080p）图像尺寸为1920像素x1080像素，分辨率为72像素/英寸
用于喷墨打印	250～300像素/英寸（ppi）
用于照片洗印	300像素/英寸（ppi）

4.4.4 限制图像大小

使用"文件>自动>限制图像"命令可以修改图像的像素数量，将其限制为指定的宽度和高度，但不改变分辨率。

4.4.5 修改画布大小

如果只想修改图像尺寸，而不改变分辨率，无须使用"图像大小"命令，"画布大小"命令更简单易用。

图像尺寸与画布是一个概念，只是叫法不同而已。打开一个文件，如图4-166所示。执行"图像>画布大小"命令，打开"画布大小"对话框。"当前大小"选项组中显示了图像的原始尺寸。在"新建大小"选项组中输入数值可以改变画布尺寸。当数值大于原始尺寸时，画布会增大；反之则减小（即裁剪图像）。

图4-166

选择"相对"选项后，"宽度"和"高度"中的数值将代表实际增加或减少的区域的大小，不再代表整个文件的大小，此时输入正值增大画布，输入负值减小画布。

"定位"选项右侧有一个九宫格，在九宫格左上角单击，它会变为图4-167所示的状态。九宫格中的圆点代表了原始图像的位置，箭头代表的是从图像的哪一边增大或减小画布。箭头向外，表示增大画布，如图4-168所示；箭头向内，则表示减小画布。九宫格的使用有一个规律，即在一个方格上单击，会增减其对角线方向的画布。例如，单击左上角，会改变右下角的画布；单击上面正中间的方格，会改变下面正中间的画布。

图4-167　　　　　图4-168

在"画布扩展颜色"下拉列表中可以选择填充新画布的颜色。如果图像的背景是透明的，则该选项不可使用，因为增加的区域也是透明的。

·PS技术讲堂·

画布与暂存区

在文档窗口中，整个画面范围被称为画布。按Ctrl+-快捷键将视图比例调小后，画布之外会出现灰色区域，如图4-169所示，这个灰色区域被称为暂存区。进行旋转和放大操作时，超出画布范围的图像会被隐藏到暂存区中。使用移动工具 ✛ 可以将图像从暂存区拖曳到画布上进行编辑。暂存区的作用是提供了一种安全机制，确保图像不会被意外删除。其颜色与Photoshop的界面颜色相匹配。如果想改变暂存区的颜色，可以在暂存区单击鼠标右键，打开快捷菜单进行设置。如果想长久保留暂存区中的图像，保存文件时应使用PSD格式，而不能使用不支持图层的格式（如JPEG格式）。如果不想让内容位于暂存区，可以使用"图像>显示全部"命令扩大画布范围，让图像完全显示出来，如图4-170所示。

图4-169　　　　图4-170

4.5 智能对象的花式玩法

智能对象是一种特殊的图层，可以包含位图图像和矢量图形。将普通对象先转换为智能对象再进行变换和变形操作，可以最大程度地减小对图像的损害。智能对象的优势不仅限于此，它还可以替换和更新内容，以及进行还原操作。

·PS技术讲堂·

智能对象的六个优势

非破坏性变换

放大和扭曲会使图像的清晰度变差，而且操作次数越多，对图像的损害就越大。举个例子，如果先旋转图像，然后再倾斜并放大，对于一般图像来说，这意味着原始图像先被旋转一次，然后旋转结果再被倾斜处理，最后倾斜结果再被放大。在每次操作中，都需要重新采样和生成新像素，导致原始像素逐渐减少，进而降低图像的质量。可以说，进行3次操作相当于经历了3次破坏。

相比之下，智能对象可以保留源文件的内容和所有原始特性，同样的操作只会造成一次破坏。例如，进行旋转时，操作应用于原始图像（只需一次采样和生成像素），没有区别；进行倾斜时，则是对原始图像发出指令——旋转+倾斜，而不是对倾斜后的图像，因此仍只需一次采样和生成像素；进行放大操作时，同样是对原始图像发出指令——旋转+倾斜+放大，只需一次采样和生成像素。请注意，无论进行多少次变换，Photoshop都是对原始信息进行采样，因此图像只受到一次破坏，所以其品质远远优于经历多次破坏的一般图像。

此外，在Photoshop中编辑智能对象时，并不直接修改其原始数据，源文件仍保留在计算机硬盘中并以原样存储，因此文件是可以恢复的。也就是说，上述由变换和变形引起的破坏，即使只有一次，对源文件也构不成真正的威胁。

记忆变换参数

除了能最大程度地减小对对象造成的损害，智能对象还有"记忆"参数和恢复原始文件的能力。例如，将智能对象放大200％并旋转−30°后，如图4-171所示，当再次按Ctrl+T快捷键显示定界框时，可以在工具选项栏中看到相应的变换
数据，如图4-172所示。因此，无论做多少次变换，只要将数值都恢复为初始状态，就能将对象复原，如图4-173所示。

图4-171　　　　　　　　　　图4-172　　　　　　　　　　图4-173

与新源文件同步

智能对象在处理文件时采用了类似于排版软件（如InDesign）链接外部图像的方法。可以这样理解：在Photoshop中置入的智能对象与其源文件建立了链接，对智能对象进行的任何处理都不会影响源文件，但如果编辑了源文件，Photoshop中的智能对象就会同步更新。

智能对象的这种特性有什么好处呢？举例来说，如果在Photoshop中使用了一个AI格式的矢量图形（*91页*），当发现图形有需要修改的地方时，按照通常的方法，要先在Illustrator中将图形改好，再重新置入Photoshop文件中。使用智能对象就可以不用这么麻烦了。只要在Photoshop中双击智能对象所在的图层，即可打开Illustrator并加载原始文件，完成编辑并保存后，Photoshop中的智能对象就会自动更新为相同的效果。

自动更新实例

创建智能对象后，可以采用复制智能对象图层的方式创建多个链接实例（即智能对象副本）。当编辑其中一个智能对象时，其他所有链接的实例都会自动更新效果。

智能滤镜

对智能对象应用的滤镜是智能滤镜（*见166页*），它会像图层样式（*36页*）一样附加在图层上，可以修改、隐藏和删除。Camera Raw也可以作为智能滤镜使用，这对摄影师来说非常方便。

保留矢量数据

将矢量文件以智能对象的形式置入Photoshop文件中，矢量数据不会有任何改变。如果不使用智能对象，则Photoshop会将矢量图形栅格化（即将其转换为图像）。

4.5.1　将文件打开为智能对象

执行"文件>打开为智能对象"命令，可以打开文件并将其直接转换为智能对象。智能对象的图层缩览图右下角有状图标，如图4-174和图4-175所示。

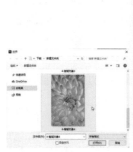

图4-174　　　　　　　　图4-175

4.5.2　实战：制作可更换图片的广告牌

下面制作一个可更换内容的广告牌。从中能学到怎样将图层转换为智能对象、智能对象原始文件的打开方法，以及怎样在Photoshop中置入文件等。

扫码看视频

01 打开素材，如图4-176所示。选择矩形工具 及"形状"选项，创建一个矩形，如图4-177所示。

图4-176　　　　　　　　图4-177

02 执行"图层>智能对象>转换为智能对象"命令，将图层转换为智能对象，如图4-178所示。按Ctrl+T快捷键显示定界框，按住Ctrl键并拖曳4个角的控制点，将其对齐到广告牌边缘，如图4-179所示，按Enter键确认。

图4-178　　　图4-179

提示

如果同时选择了多个图层，可以使用"转换为智能对象"命令将它们打包到一个智能对象中。

---

03 双击智能对象的缩览图，如图4-180所示，或执行"图层>智能对象>编辑内容"命令，打开智能对象的原始文件，如图4-181所示。执行"文件>置入嵌入对象"命令，在打开的对话框中选择素材，如图4-182所示，单击"置入"按钮。按Ctrl+T快捷键显示定界框，调整图像大小，如图4-183所示。

图4-180　　　图4-181

图4-182　　　图4-183

04 将智能对象文件关闭，弹出提示时单击"确定"按钮，图像就会贴到广告牌上，并依照其角度产生透视变形，如图4-184所示。需要更换广告牌内容时，只需双击智能对象图层的缩览图，打开其原始文件后，重新置入图像即可，效果如图4-185所示。

图4-184　　　图4-185

4.5.3 实战：粘贴Illustrator图形

Illustrator是一款矢量软件，在绘图、文字处理等方面的功能比Photoshop强大。很多设计工作需用这两款软件协作才能更好地完成。下面介绍这两款软件的文件交换技巧（要完成这个实战，计算机上需要安装Illustrator）。

01 在Illustrator中打开AI格式素材。使用选择工具▶单击图形，如图4-186所示，按Ctrl+C快捷键复制。

02 在Photoshop中新建或打开一个文件，按Ctrl+V快捷键，打开"粘贴"对话框，在这里可以选择将图形转换为哪种对象。选择"智能对象"选项，如图4-187所示。单击"确定"按钮，可以将矢量图形粘贴为智能对象，如图4-188所示。

图4-186

图4-187　　　图4-188

提示

将Illustrator中的矢量图形直接拖曳到Photoshop文件中，也可以将其创建为智能对象。但是不能选择转换为路径、图像和形状图层。

4.5.4 实战：剃须刀海报（可更新智能对象）

使用"打开为智能对象"命令和"置入嵌入对象"命令所创建的智能对象不会因源文件被修改而自动更新。下面介绍怎样使用可自动更新的智能对象。

01 打开素材，如图4-189所示。执行"文件>置入链接的智能对象"命令，在打开的对话框中选择图像，如图4-190所示，单击"置入"按钮，关闭对话框。将图像拖曳到画面右侧，按Enter键置入，如图4-191所示。执行"文件>存储"命令，将文件保存到计算机的硬盘上。

图4-189　　　　图4-190　　　　图4-191

02 下面来检验智能对象能否自动更新。按Ctrl+O快捷键，打开"打开"对话框，选择智能对象的原始文件，如图4-192所示，将其打开，如图4-193所示。

图4-192　　　　　　　　　　图4-193

03 单击"图层"面板中的 ⊘. 按钮打开下拉列表，选择"渐变映射"命令，创建"渐变映射"调整图层，并设置混合模式为"强光"，如图4-194~图4-196所示。按Ctrl+S快捷键保存文件。另一个文件中的智能对象会更新为与之相同的效果，如图4-197所示。

图4-194　　　　图4-195

图4-196　　　　图4-197

4.5.5　替换智能对象

单击智能对象所在的图层，如图4-198所示，执行"图层>智能对象>替换内容"命令，可使用其他素材替换智能对象，如图4-199所示。如果文件中有与之链接的其他智能对象，也会被一同替换。

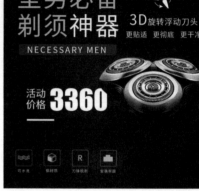

图4-198　　　　　　图4-199

4.5.6　复制智能对象

智能对象的复制方法第1种是单击智能对象所在的图层，按Ctrl+J快捷键或执行"图层>新建>通过拷贝的图层"命令来复制；第2种是将智能对象所在的图层拖曳到"图层"面板中的 ⊞ 按钮上；第3种是选择移动工具 ✛ ，按住Alt键并配合鼠标拖曳智能对象进行复制。

采用以上3种方法复制出的智能对象具有链接属性，当编辑其中任何一个时，其他智能对象会自动更新，如图4-200和图4-201所示。如果要复制出互不影响的非链接智能对象，可单击智能对象所在的图层，执行"图层>智能对象>通过拷贝新建智能对象"命令。

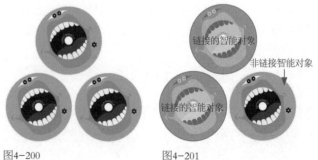

图4-200　　　　　　　　　　图4-201

4.5.7 按照原始格式导出智能对象

将JPEG、TIFF、GIF、EPS、PDF、AI等格式的文件置入为智能对象并进行编辑后，可以执行"图层>智能对象>导出内容"命令，将其按照原始的置入格式导出。如果智能对象是用图层创建的，则会以PSB格式（16页）导出。

4.5.8 撤销应用于智能对象的变换

单击智能对象所在的图层，执行"图层>智能对象>复位变换"命令，即可撤销应用于智能对象的变换，将其恢复为原状。

4.5.9 更新被修改过的智能对象

如果与智能对象链接的外部源文件被修改或丢失，Photoshop中智能对象的图标上会出现提示，如图4-202和图4-203所示。执行"图层>智能对象>更新修改的内容"命令，可更新文件，如图4-204所示。执行"图层>智能对象>更新所有修改的内容"命令，可更新当前文件中所有链接的智能对象。

智能对象源文件被修改　　智能对象源文件丢失　　更新智能对象
图4-202　　　　　　　　图4-203　　　　　　　图4-204

如果只是源文件的名称被修改，可以执行"图层>智能对象>重新链接到文件"命令，打开源文件所在的文件夹，重新链接文件。

如果使用的是来自Creative Cloud Libraries（一种Web服务）中的图形创建的智能对象，会创建一个库链接资源。当该链接资源发生改变时，可以执行"图层>智能对象>重新链接到库图形"命令进行更新。

如果要查看源文件保存的位置，可以执行"图层>智能对象>在资源管理器中显示"命令，系统会自动打开源文件所在的文件夹并将其选取。

4.5.10 避免因源文件丢失而无法使用智能对象

如果不希望因源文件被修改名称、改变存储位置或者被删除等影响Photoshop文件中的智能对象，可以通过下面的方法操作。

打包

执行"文件>打包"命令，将智能对象中的文件保存到计算机的文件夹中。

转换为图层

执行"图层>智能对象>转换为图层"命令，或单击"属性"面板中的"转换为图层"按钮，可以将嵌入或链接的智能对象转换到Photoshop的一个图层中。如果智能对象中包含多个图层，则所有内容都会转换到一个图层组中。

嵌入Photoshop文件中

执行"图层>智能对象>嵌入链接的智能对象"命令，或者在图层上单击鼠标右键打开快捷菜单，执行"嵌入链接的智能对象"命令，如图4-205所示，可以将智能对象嵌入Photoshop文件中，如图4-206所示。在"图层"面板中，采用链接方法置入的智能对象显示 状图标。嵌入文件后，图标变为 状。

图4-205　　　　　　　　　　　图4-206

如果要将所有链接的智能对象都嵌入文件中，可以执行"图层>智能对象>嵌入所有链接的智能对象"命令。

如果要将嵌入的智能对象转换为链接的智能对象，可以执行"图层>智能对象>转换为链接对象"命令。转换时，应用于嵌入的智能对象的变换、滤镜和其他效果将得以保留。

4.5.11 栅格化智能对象

绘画、减淡、加深或仿制等改变像素数据的操作不能用于智能对象。执行"图层>智能对象>栅格化"命令，将其栅格化，即转换成普通图像后，才可进行上述操作。

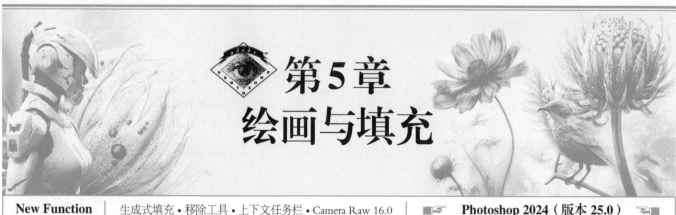

第5章
绘画与填充

| New Function | 生成式填充・移除工具・上下文任务栏・Camera Raw 16.0 | Photoshop 2024（版本 25.0） |

本章简介

本章介绍 Photoshop 中与绘画和填充有关的功能。其中颜色设置的应用比较多，如绘画、调色、编辑蒙版、添加图层样式、使用某些滤镜时，都需要指定颜色。本章内容还涉及绘画类工具、渐变工具和填充图层，以及笔尖的设置方法。

学习目标

通过学习本章内容，读者可以掌握基于不同颜色模式设置颜色的方法。此外，还可以了解笔尖的属性，结合实战学会使用绘画类工具并制作手机壁纸、彩虹、太阳光晕等特效，以及通过不同的填充方法制作四方连续图案、彩色灯光，为衣服贴花等。

学习重点

前景色和背景色的用途
导入和导出笔尖
实战：绘制对称花纹
渐变的样式及应用
实战：用"图案预览"命令制作图案
实战：添加彩色灯光（渐变填充图层）

5.1 绘画初探

在 Photoshop 中，编辑蒙版、修饰照片等都要使用绘画的方法操作，由此可见，Photoshop 中绘画的含义比传统意义上绘画（如绘制动漫、服装画等）的含义更为宽泛。

5.1.1 实战：制作撕纸照片

本实战使用画笔工具 ✐ 制作撕纸效果，如图5-1所示。

01 打开素材，按Ctrl+J快捷键复制"背景"图层。单击"背景"图层，执行"图像>调整>去色"命令，将图像转换为黑白效果。

02 新建一个图层。单击"图层1"，如图5-2所示，按Alt+Ctrl+G快捷键创建剪贴蒙版，如图5-3所示。由于剪贴蒙版的基底图层是空的，当前图层会被隐藏，因此，画面中显示的是黑白图像，如图5-4所示。

图5-1

图5-2

图5-3

图5-4

03 选择画笔工具 ✐，打开工具选项栏中的画笔下拉面板菜单，执行"导入画笔"命令，如图5-5所示，在打开的对话框中选择本书配套资源文件夹中的画笔文件，如图5-6所示，将其加载到画笔下拉面板中。

图5-5　　　　　图5-6

04 选择加载的笔尖，设置"大小"为1200像素，如图5-7所示。将前景色设置为白色，如图5-8所示。单击"图层2"，如图5-9所示。将鼠标指针放在人物面部，并向上拖曳，绘制带有琐碎边缘的图像，如图5-10和图5-11所示。

图5-7　　　　　图5-8　　图5-9

图5-10　　　　图5-11

05 将鼠标指针移动到人物手掌上方，如图5-12所示，向下拖曳进行绘制，如图5-13所示。

图5-12　　　　图5-13

06 按住Ctrl键单击 ⊞ 按钮，在"图层2"下方创建一个图层，如图5-14所示。在接近碎边的上、下位置各单击一下，即可制作出撕边效果，如图5-15所示。

图5-14　　　　　　图5-15

5.1.2 小结

通过前面的实战，我们初步了解了Photoshop中的绘画流程：首先是一系列前期工作，包括选择绘画工具、选取画笔并设置参数（使用其他绘画工具时，还需要设置前景色），之后才进行绘画。本章会详细解读这个流程中的每一个环节。

在Photoshop中，绘画不单指"画画"，由于编辑蒙版和通道、修照片时也要使用绘画类工具，并且要以绘画的方法操作，因此，绘画所涉及的应用还包括图像合成、调色、抠图和修片等。

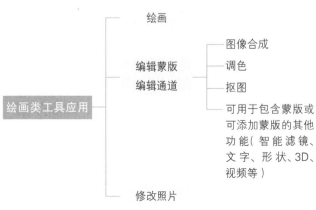

5.2 选取颜色

在Photoshop中进行绘画、创建文字、填充和描边选区、修改蒙版、修饰图像等操作时，需要设置颜色。下面逐一介绍操作方法。

5.2.1 前景色和背景色的用途

"工具"面板底部显示了当前状态下的前景色、背景色及相关操作按钮，如图5-16所示。使用绘画类工具（画笔和铅笔等）绘制线条，使用文字类工具创建文字，以及填充渐变（默认的渐变颜色从前景色开始，到背景色结束）时，会用到前景。背景色通常在使用橡皮擦工具 ✐ 擦除图像时呈现。另外，增大画布时，新增区域以背景色填充。

单击前景色或背景色图标，可以打开"拾色器"对话框设置颜色。单击 ⇄ 按钮（快捷键为X），可将前景色和背景色互换，如图5-17所示。修改前景色和背景色后，如图5-18所示，单击 ⬛ 按钮（快捷键为D）可恢复为默认的黑、白颜色，如图5-19所示。

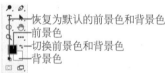
- 恢复为默认的前景色和背景色
- 前景色
- 切换前景色和背景色
- 背景色

图5-16

图5-17　　图5-18　　图5-19

> **提示**
>
> 按Alt+Delete快捷键可以在画布上填充前景色，按Ctrl+Delete快捷键可填充背景色。如果同时按住Shift键操作，则只填充图层中包含像素的区域，不影响透明区域。这就与预先锁定图层的透明区域（*31页*）再填色效果一样。

5.2.2 实战：用拾色器选取颜色

通过"拾色器"对话框可以选取颜色，修改当前颜色的饱和度和亮度，也可以使用专门的印刷色（专色）。

扫码看视频

01 单击"工具"面板中的前景色图标，打开"拾色器"对话框。默认状态下是HSB颜色模型。在渐变条上单击，可选取颜色，如图5-20所示。在色域中单击，可定义所选颜色的饱和度和亮度，如图5-21所示。

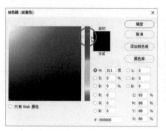

图5-20　　　　　　　　图5-21

02 选中S单选按钮，如图5-22所示。拖曳渐变条上的颜色滑块，可以调整当前颜色的饱和度，如图5-23所示。

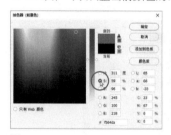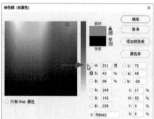

图5-22　　　　　　　　图5-23

03 选中B单选按钮并拖曳颜色滑块，可以调整当前颜色的亮度，如图5-24和图5-25所示。如果知道所需颜色的色值，可在颜色模型右侧的文本框中输入数值，以精确定义颜色。

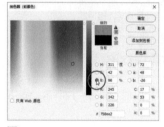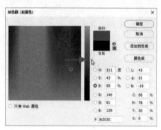

图5-24　　　　　　　　图5-25

04 单击"颜色库"按钮，切换到"颜色库"对话框，如图5-26所示。在"色库"下拉列表中选择一个颜色系统，如图5-27所示，在光谱上选择颜色范围，如图5-28所示，之后在颜色列表中单击需要的颜色，可将其设置为当前颜色，如图5-29所示。如果要切换回"拾色器"对话框，单击"颜色库"对话框右侧的"拾色器"按钮即可。颜色选择好后，单击"确定"按钮或按Enter键关闭对话框，可将其设置为前景色（或背景色）。

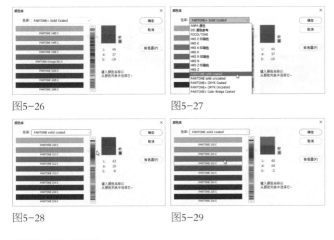

图5-26

图5-27

图5-28

图5-29

“拾色器”对话框

图5-30所示为“拾色器”对话框中的各个选项。

- 色域/当前拾取的颜色/颜色滑块：在色域中拖曳鼠标，可以改变当前拾取的颜色；拖曳颜色滑块可以调整颜色范围。
- 新的/当前：“新的”颜色块中显示的是修改后的最新颜色，“当前”颜色块中显示的是上一次使用的颜色。
- 颜色值：显示了当前设置的值。在各个颜色模型中输入颜色值，可精确定义颜色。此外，在“#”文本框中可以输入十六进制值，例如，000000是黑色，ffffff是白色，ff0000是红色。用这种方法设置网页颜色较为方便。
- 溢色警告▲：如果RGB、HSB和Lab颜色模型中的一些颜色（如霓虹色）在CMYK模型中没有等同的颜色，则会出现溢色警告。出现该警告以后，可以单击它下面的小方块，将溢色颜色替换为CMYK色域（打印机颜色）中与其最为接近的颜色。
- 非Web安全色警告：表示当前设置的颜色不能在网页上准确显示，单击警告下面的小方块，可以将颜色替换为与其最为接近的Web安全颜色。
- 只有Web颜色：只在色域中显示Web安全色。
- 添加到色板：将当前设置的颜色添加到“色板”面板。

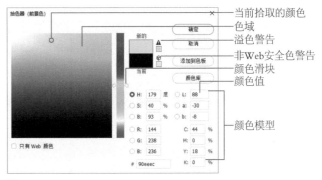

拾色器（前景色）
当前拾取的颜色
色域
溢色警告
非Web安全色警告
颜色滑块
颜色值
颜色模型
新的
当前
确定
取消
添加到色板
颜色库
只有 Web 颜色

图5-30

·PS技术讲堂·

颜色模型

扫码看视频

什么是颜色模型

颜色模型是一种数学模型，它用数字表示方式描述颜色，使我们可以在数码相机、扫描仪、计算机显示器、打印机等设备上获取和呈现颜色。

单击“工具”面板中的背景色图标，打开“拾色器”对话框，如图5-31所示。可以看到，Photoshop中提供了HSB、RGB、Lab和CMYK颜色模型。对于同一种颜色（如白色），不同的颜色模型会采用不同的方式来描述它。例如，HSB模型的数值是0度、0%、100%，Lab模型的数值是100、0、0，RGB模型的数值都是255，CMYK模型的数值都是0%。

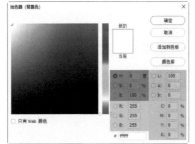

拾色器（背景色）
HSB模型：H为色相，S为饱和度，B为亮度
RGB模型：R为红光，G为绿光，B为蓝光
Lab模型：L为亮度，a为绿色~红色，b为蓝色~黄色
CMYK模型：C为青色油墨，M为洋红色油墨，Y为黄色油墨，K为黑色油墨

图5-31

HSB颜色模型

HSB颜色模型以人类对颜色的感觉为基础描述了色彩的3种基本特性：色相、饱和度和亮度，如图5-32所示。

H代表色相，单位为“度”（即角度）。选择角度作为单位是因为在0度~ 360度的标准色轮上，是按位置描述色相的。例如，0度对应色轮上的红色，如图5-33所示。S代表饱和度，使用从0%（灰色）~100%（完全饱和）的数值来描述。B代表亮度，范围为0%（黑色）~100%（白色）。

RGB颜色模型

RGB颜色模型通过混合红（R）、绿（G）和蓝（B）3种色光来生成颜色（*原理见222页*）。该模型中的数值表示的是这3种色光的强度。当3种色光都关闭时，强度最低（R、G、B值均为0），生成的是黑色。当3种色光达到最强（R、G、B值均为255）时，生成白色（参见图5-31）。当一种色光最强，而其他两种色光关闭时，可以生成纯度最高的颜色。例如，R值为255，G值为0，B值为0时生成纯红色。

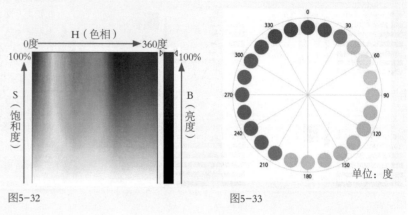

图5-32　　　　　　　　　　　　图5-33

CMYK颜色模型

CMYK颜色模型是通过混合印刷三原色（C代表青色，M代表洋红，Y代表黄色）和黑色（K代表黑色）油墨来生成各种颜色的（*混合方法见222页*）。该模型中的数值代表这4种油墨的含量，并以百分比形式表示。数值越高，表示油墨的颜色越浓；数值越低，表示油墨的颜色越浅。因此，当所有油墨的含量都为0%时，所得到的颜色为白色（参见图5-31）。

Lab颜色模型

Lab颜色模型中的L代表亮度，范围为0（黑色）~100（白色）；a分量表示从绿色到红色的轴，范围为–128 ~ +127；b分量表示从蓝色到黄色的轴，范围也是–128 ~ +127。Lab颜色模型在调色方面有着特殊的表现，具体内容将在第9章中进行详细介绍（*232页*）。

5.2.3 实战：调配颜色（"颜色"面板）

学过水彩和油画的人习惯在调色盘上调配颜料。Photoshop中的"颜色"面板与调色盘类似，也可以通过混合颜色的方法设置颜色。

01 执行"窗口>颜色"命令，打开"颜色"面板。单击前景色块，使前景色处于当前编辑状态，如图5-34所示。如果要编辑背景色，则单击背景色块，也可按X键来进行切换。

02 在R、G、B文本框中输入数值或拖曳滑块，可调配颜色。例如，选取红色，如图5-35所示，之后拖曳G滑块，可向红色中混入绿色，得到橙色，如图5-36所示。

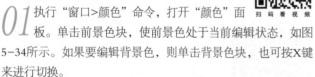

图5-34　　　　图5-35　　　　图5-36

03 在色谱上单击，可采集鼠标指针所指处的颜色，如图5-37所示。在色谱上拖曳鼠标，可动态地采集颜色，如

图5-38所示。

04 在前面学习"拾色器"时，曾采用将色相、饱和度和亮度分开调整的方法来定义颜色，在"颜色"面板中也可以这样操作。打开"颜色"面板的菜单，选择"HSB滑块"命令，此时面板中的3个滑块分别对应H→色相、S→饱和度、B→亮度，如图5-39所示。

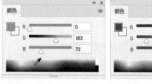

图5-37　　　　图5-38

05 先定义色相。例如，定义黄色，就将H滑块拖曳到黄色区域，如图5-40所示；拖曳S滑块，调整其饱和度（饱和度越高，色彩越鲜艳），如图5-41所示；拖曳B滑块，调整亮度（亮度越高，色彩越明亮），如图5-42所示。

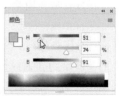

图5-39　　　　　　　　　　图5-40

图5-41

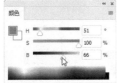
图5-42

图5-47

图5-48

5.2.4 实战：选取颜色（"色板"面板）

"色板"面板中提供了各种常用的颜色，可快速选取。用户也可以将自己调配好的颜色保存到该面板中，作为预设的颜色来使用。

01 "色板"面板顶部一行是最近使用过的颜色，下方是色板组。单击 ❯ 按钮将组展开，单击其中的一个颜色，可将其设置为前景色，如图5-43所示。按住Alt键并单击，可将其设置为背景色，如图5-44所示。

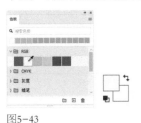
图5-43

图5-44

02 使用"颜色"面板调整前景色，如图5-45所示，单击"色板"面板中的 ⊞ 按钮，可将其保存起来，如图5-46所示。如果面板中有不需要的颜色，可以将其拖曳到面板中的 🗑 按钮上删除。

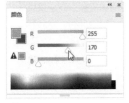
图5-45

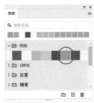
图5-46

03 将鼠标指针停放在一个颜色上，会显示其名称，如图5-47所示。如果想让所有颜色都显示名称，可以执行"色板"面板菜单中的"小列表"命令，如图5-48所示。执行"色板"面板菜单中的"旧版色板"命令，可以加载Photoshop之前版本的色板库，其中包含了ANPA、PANTONE等常用专色。添加、删除或载入色板库后，可以执行面板菜单中的"复位色板"命令，让"色板"面板恢复为默认的颜色，以减少内存的占用。

5.2.5 实战：从图像中拾取颜色（吸管工具）

色彩在任何设计中都比较重要，然而想搭配出恰当的色彩组合并不是一件容易的事。在学习色彩设计的过程中，观摩和借鉴优秀的作品，从中获取灵感，是一种有效的途径，如图5-49所示。

摘自本书附赠资源《设计基础课——UI设计配色方案》
图5-49

如果图像中有可供借鉴的配色，可以用吸管工具 从中拾取，如图5-50所示。拾取的颜色可以保存到"色板"面板中，以便将来作为参考。以此方法积累和整理配色方案，就可以建立自己的颜色库。

图5-50

吸管工具选项栏

使用画笔工具、铅笔工具、渐变工具、油漆桶工具等绘画类工具时，可以按住Alt键临时切换为吸管工具 🖊，拾取颜色后，放开Alt键会恢复为原工具。这是一个非常有用的技巧。另外，颜色取样范围也很重要，如图5-51所示，它决定

了吸管工具  所拾取的颜色的准确度。

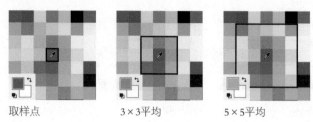

图5-51

图5-52

- 取样大小：用来设置吸管工具的取样范围，部分效果如图5-52所示。选择"取样点"，可以拾取鼠标指针所在位置像素的精确颜色；选择"3×3平均"，可以拾取鼠标指针所在位置3个像素区域内的平均颜色；选择"5×5平均"，可以拾取鼠标指针所在位置5个像素区域内的平均颜色。其他选项以此类推。需要注意的是，吸管工具的"取样大小"会同时影响魔棒工具的"取样大小"*(64页)*。

- 样本：选择"当前图层"时只在当前图层上取样，选择"所有图层"时可以在所有图层上取样。

- 显示取样环：拾取颜色时显示取样环。

5.3 画笔笔尖

　　传统绘画中，每个画种都有专用的工具、纸张和颜料。而使用Photoshop绘画时，只需要一个工具，通过更换笔尖就能表现铅笔、炭笔、水彩笔、油画笔等不同的笔触效果，以及各种细节，如颜色晕染、颜料颗粒、纸张纹理等。了解画笔笔尖的种类和参数，有助于帮助我们更好地表现绘画效果。

← · PS技术讲堂 · →

什么是笔尖，怎样用好笔尖

　　在Photoshop中开始绘画之前，需要调好"颜料"，也就是设置好前景色。然而，前景色只呈现颜料中的色彩部分，而颜料的特性，例如像铅笔那样呈现颗粒痕迹，像马克笔那样色彩流畅；像水彩那样稀薄透明，像水粉那样厚重、具有覆盖力等，则要通过特定的笔尖才能准确地表现出来，如图5-53和图5-54所示。

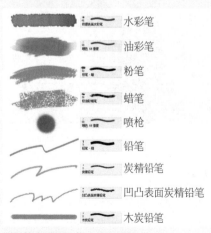

水彩笔
油彩笔
粉笔
蜡笔
喷枪
铅笔
炭精铅笔
凹凸表面炭精铅笔
木炭铅笔

不同笔尖模拟的传统绘画笔触

图5-53

用涂抹工具 抹出发丝

用橡皮擦工具 擦线条

用自定义画笔绘制裙子

用硬边圆笔尖绘制裙摆

用半湿描油彩笔笔尖绘制大色块

用橡皮擦工具 擦出透明效果

用Photoshop绘画工具及各种笔尖绘制的服装画

图5-54

Photoshop中的笔尖分为五大类：圆形笔尖、图像样本笔尖、硬毛刷笔尖、侵蚀笔尖和喷枪笔尖，如图5-55所示。圆形笔尖是最常用的标准笔尖，适合绘画、修改蒙版和通道。图像样本笔尖是使用图像定义的，通常在表现特殊效果时使用。其他几种笔尖用于模拟真实绘画工具的笔触效果。

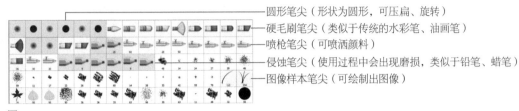

图5-55

选择笔尖后，还需要对其参数进行调整。这一步很重要，因为在大多数情况下，笔尖的默认效果无法满足我们的个性化需求。例如，对于"炭纸蜡笔"笔尖，如图5-56所示，它能真实地再现蜡笔的各种特征。然而，如果想要在半干未干的水彩上使用蜡笔进行勾勒和涂抹，当前的笔尖的覆盖力就显得过强了。因为在潮湿的颜料上，蜡笔很难上色。为了减少蜡笔的覆盖区域，可以通过调整"散布"值来增加笔触中的留白，从而更好地呈现画面底色的水彩效果，如图5-57所示。

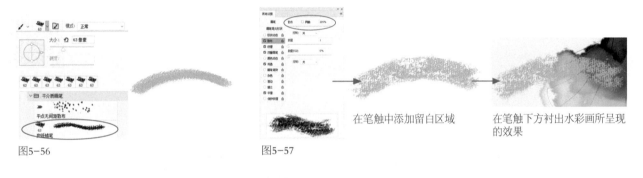

图5-56   图5-57   在笔触中添加留白区域   在笔触下方衬出水彩画所呈现的效果

·PS技术讲堂·

可更换笔尖的工具

图5-58所示是Photoshop中可以更换笔尖的工具，其中包含了绝大多数绘画类和修饰类工具。选择一个工具后，为它"安装"一个笔尖，再根据需要修改参数，它便成为我们"私人定制"的专属画笔。

"画笔"面板、"画笔设置"面板和画笔下拉面板都提供了笔尖。前两个面板在"窗口"菜单中打开，画笔下拉面板可通过在画布上单击鼠标右键打开，或者单击工具选项栏中的 ∨ 按钮将其打开，如图5-59所示。在"画笔"面板中可以选择笔尖，并调整笔尖的大小。画笔下拉面板比"画笔"面板多了"硬度""圆度""角度"3个选项。"画笔设置"面板选项最多，如图5-60所示。

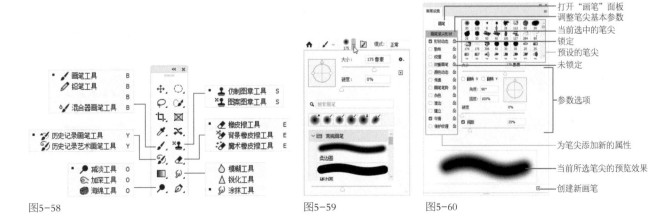

图5-58   图5-59   图5-60

使用"画笔设置"面板时，单击左侧列表中的一个属性的名称，使其处于勾选状态，此时面板右侧就会显示该属性的具体选项，如图5-61所示。需要注意的是，如果单击名称前面的复选框，也可以开启相应的功能，但不会显示选项，如图5-62所示。

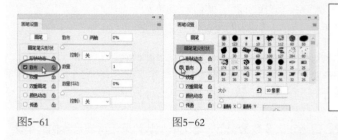

图5-61　　　　图5-62

> **提示**
>
> "画笔设置"面板中显示锁定图标🔒时，表示当前画笔的笔尖形状属性（形状动态、散布、纹理等）为锁定状态，单击该图标即可取消锁定（图标会变为🔓状）。如果对一个预设的画笔进行了调整，可单击➕按钮，将其保存为一个新的预设画笔。

· PS技术讲堂 ·

导入和导出笔尖

位于"画笔"面板上方的一行笔尖是最近使用过的笔尖，其下方是画笔组，如图5-63所示。单击组左侧的〉按钮，可以展开组。拖曳面板底部的滑块，可以调整笔尖的预览图的大小，如图5-64所示。

扫码看视频

图5-63　　　　　　　　　　　图5-64

单击面板右上角的 ≡ 按钮，打开面板菜单，如图5-65所示。执行"导入画笔"命令，可以导入计算机中的画笔资源，如图5-66和图5-67所示。如果从网上下载了画笔（也称笔刷），也可以使用该命令加载到Photoshop中。执行"获取更多画笔"命令，可链接到Adobe网站下载来自凯尔·T·韦伯斯特（Kyle T. Webster）的独家画笔。需要注意的是，加载过多的笔尖会占用系统资源，影响Photoshop的运行速度。因此，最好在使用时导入，不需要时执行面板菜单中的"恢复默认画笔"命令，将其删除，让面板恢复为默认状态。

如果想将自己常用的笔尖创建为一个画笔库，以便于使用，或者为以后软件升级时能将其加载到新版软件中，可以按住Ctrl键并单击所需笔尖将其选取，如图5-68所示，再通过面板菜单中的"导出选中的画笔"命令导出。

图5-65　　　　图5-66　　　　　　　　　　図5-67　　　　　　図5-68

5.3.1 通用选项

选择一个笔尖后，单击"画笔设置"面板左侧列表中的"画笔笔尖形状"选项，可在面板右侧的选项区域调整所选笔尖的基本参数，如图5-69所示。

图5-69

- 大小：用来设置画笔的大小，范围为1~5000像素。
- 翻转X/翻转Y：可以让笔尖沿 x 轴（即水平方向）翻转，或者沿 y 轴（即垂直方向）翻转，如图5-70所示。

原笔尖　　　　勾选"翻转X"选项　　勾选"翻转Y"选项

图5-70

- 角度：用来设置椭圆状笔尖和图像样本笔尖的旋转角度。可以在文本框中输入角度值，也可以拖曳箭头进行调整，如图5-71所示。

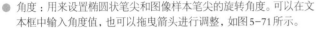

图5-71

- 圆度：用来设置画笔长轴和短轴之间的百分比。可以在文本框中输入数值，也可以拖曳控制点来调整。当该值为100%时，笔尖为圆形，设置为其他值时笔尖会被压扁，如图5-72所示。

图5-72

- 硬度：对于圆形笔尖和喷枪笔尖，该选项可以控制画笔硬度中心的大小，该值降低，画笔的边缘越柔和，色彩越淡，如图5-73和图5-74所示。对于硬毛刷笔尖，该选项可以控制毛刷的灵活度，该值较低时，画笔的形状更容易变形，如图5-75所示。图像样本笔尖不能设置硬度。

圆形笔尖：直径为30像素，硬度分别为100%、50%、1%

图5-73

喷枪笔尖：直径为80像素，硬度分别为100%、50%、1%

图5-74

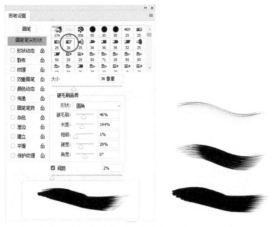

硬毛刷笔尖：直径为36像素，硬度分别为100%、50%、1%

图5-75

- 间距：用于控制描边中两个画笔笔迹之间的距离。以圆形笔尖为例，它绘制的线条其实是由一连串的圆点连接而成的，"间距"可以控制各个圆点的距离，如图5-76所示。取消该选项的勾选时，鼠标的移动速度越快，间距越大。

间距1%　　　　间距100%　　　　间距200%

图5-76

5.3.2 硬毛刷笔尖选项

硬毛刷笔尖可以绘制出十分逼真、自然的笔触，如图5-77所示。

- 形状：该下拉列表中有10种形状可供选择，它们与预设的笔尖一一对应。
- 硬毛刷：可以控制整体毛刷的浓度。
- 长度/粗细：可以修改毛刷的长度和宽度。
- 硬度：可以控制毛刷的灵活度。该值较低时，画笔容易变形。如果要在使用鼠标时使描边创建发生变化，可调整硬度设置。
- 角度：可以确定使用鼠标绘画时的画笔笔尖角度。

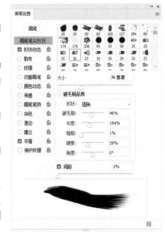

图5-77

5.3.3 侵蚀笔尖选项

侵蚀笔尖类似于铅笔和蜡笔，如图5-78所示。它能随着绘制时间的推移而自然磨损。

- 柔和度：用于控制磨损率。可以输入一个百分比值，或拖曳滑块来调整。
- 形状：可以从下拉列表中选择笔尖形状。
- 锐化笔尖：单击该按钮，可以将笔尖恢复为原始的锐化程度。

图5-78

5.3.4 喷枪笔尖选项

喷枪笔尖通过3D锥形喷溅的方式来复制喷罐，如图5-79所示。使用数位板的用户可以通过修改钢笔压力来改变喷洒的扩散程度。

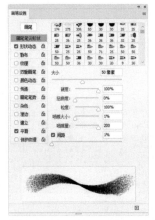

> —— 提示 ——
> 使用硬毛刷笔尖、侵蚀笔尖和喷枪笔尖时，可单击"画笔设置"面板左侧的"画笔笔势"选项并设置参数，以控制画笔的倾斜角度、旋转角度和压力。这些设置可以模拟压感笔，让用户获得更真实的手绘体验。

图5-79

- 硬度：用于控制画笔硬度中心的大小。
- 扭曲度：用于控制扭曲以应用于油彩的喷溅。
- 粒度：用于控制油彩液滴的粒状外观。
- 喷溅大小/喷溅量：用于控制油彩液滴的大小及数量。

5.3.5 让笔迹产生动态变化

在"画笔设置"面板左侧的选项列表中，"形状动态""散布""纹理""颜色动态""传递"选项都包含抖动"控制"选项，如图5-80和图5-81所示。虽然名称不太一样，但用途相同。抖动设置的意义在于：让画笔的大小、角

度、圆度，以及画笔笔迹的散布方式、纹理深度、色彩和不透明度等产生变化。抖动值越高，变化范围越大。

单击"控制"选项右侧的 ∨ 按钮，打开下拉列表，如图5-82所示。

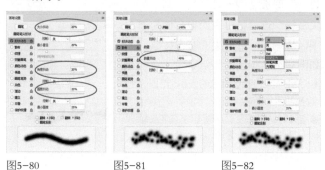

图5-80   图5-81   图5-82

"关"选项表示不对抖动进行控制，而不是关闭抖动的意思。选择其他几个选项时，抖动的变化范围会被限定在抖动选项所设置的数值到最小选项所设置的数值之间。

以圆形笔尖为例，选择图5-83所示的笔尖，调整其"形状动态"选项，以便让圆点大小产生变化。如果设置"大小抖动"选项为50%，30像素的笔尖最大圆点为30像素，最小圆点为15像素（30像素×50%），那么圆点大小的变化范围就是15~30像素。在此基础上，"最小直径"选项会进一步地控制最小圆点的大小。例如，将其设置为10%，最小圆点为3像素（30像素×10%），如图5-84所示。如果将"最小直径"选项设置为100%，则最小的圆点为30像素（30像素×100%），在这种状态下，最小圆点与最大圆点相同，其结果相当于关闭了"大小抖动"选项，笔尖大小不会发生变化，如图5-85所示。

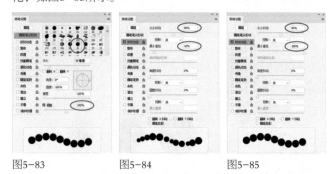

图5-83   图5-84   图5-85

使用"渐隐"选项可以对抖动进行控制，让抖动逐渐减弱，笔迹呈逐渐淡出效果。例如，将"渐隐"选项设置为5，"最小直径"选项设置为0%，绘制出第5个圆点之后，最小直径会变为0，此时无论笔迹有多长，都会在第5个圆点之后消失，如图5-86所示。如果增大"最小直径"选项，例如，将其设置为20%，则第5个圆点之后的圆点的最小直径会变为画笔大小的20%，即6像素（30像素×20%），如图5-87所示。

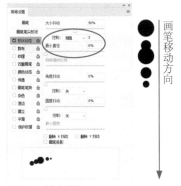

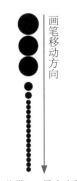

渐隐5，最小直径0%
图5-86

渐隐5，最小直径20%
图5-87

5.3.6 改变笔尖的形状

　　"形状动态"属性可以改变笔尖的形状，让画笔的大小、圆度等产生随机变化，如图5-88所示。图5-89所示为"形状动态"属性所包含的选项。"大小抖动""最小直径"选项可参阅5.3.5小节。其他选项如下。

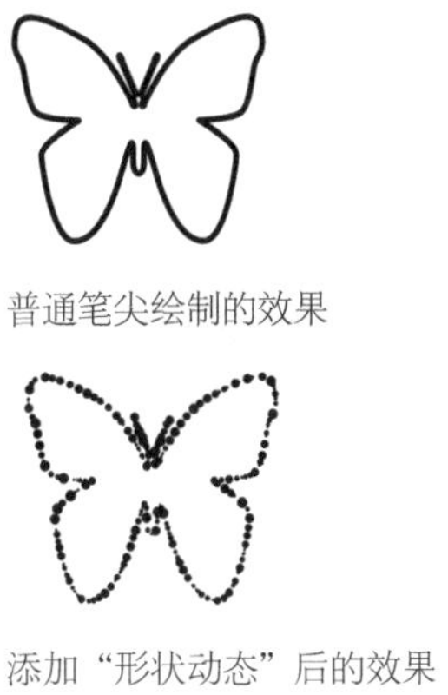

普通笔尖绘制的效果

添加"形状动态"后的效果

图5-88　　　　　　　　　图5-89

● 倾斜缩放比例：可以设置笔尖的倾斜比例。

● 角度抖动：可以让笔尖的角度发生变化，如图5-90所示。

角度抖动30%
图5-90

● 圆度抖动／最小圆度："圆度抖动"选项可以让笔尖的圆度发生变化，如图5-91所示。"最小圆度"选项可以调整圆度变化范围。

圆度抖动50%
图5-91

● 翻转X抖动／翻转Y抖动：可以让笔尖在水平／垂直方向上产生翻转变化。

● 画笔投影：使用压感笔绘画时，可通过笔的倾斜和旋转来改变笔尖形状。

5.3.7 让笔迹呈现发散效果

　　笔尖由基本的图像单元组成，进行绘制时，各个图像单元的间隔非常小，通常为其自身大小的1%~5%，图像之间的衔接十分紧密，这样我们看到的就是一条绘画笔迹，而非一个个的图像。例如，将图5-92所示的笔尖"间距"值调大，就能看清单个笔尖图像，如图5-93所示。

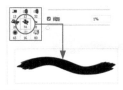

图5-92　　　　　　　　　图5-93

　　由此可见，增大笔尖的"间距"值，可以让笔迹发散开。但这种效果是固定的和有规律的，并不自然。更好的办法是勾选"画笔设置"面板左侧列表的"散布"选项，并设置参数，让画笔的笔迹在鼠标运行轨迹周围随机发散，如图5-94所示。

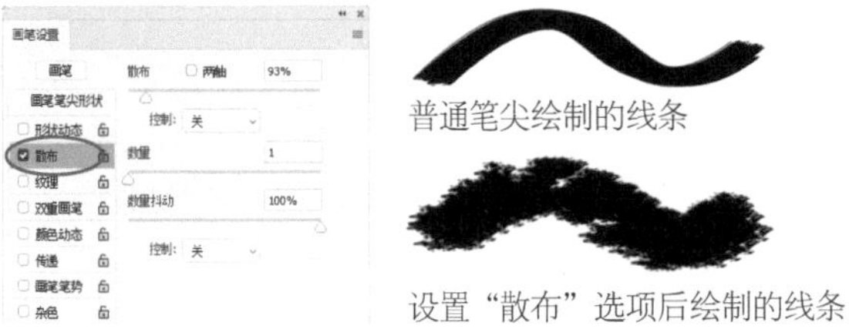

普通笔尖绘制的线条

设置"散布"选项后绘制的线条

图5-94

　　如果想控制发散程度，可以通过"散布"选项来调节。例如，选择圆形笔尖，将"散布"选项设置为100%，散布范围就不会超过画笔大小的100%。勾选"两轴"选项，画笔的笔迹会跟随鼠标指针的运行轨迹径向分布，笔迹会出现重叠，如图5-95所示。如果不希望出现过多的重复笔迹，可以将"数量"值调小。

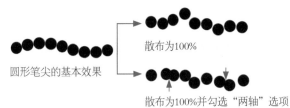

圆形笔尖的基本效果

散布为100%

散布为100%并勾选"两轴"选项

图5-95

5.3.8 让笔迹中出现纹理

想要在具有纹理的画纸上展现绘画效果，如图5-96所示，可以通过3种方法来实现。第1种方法是使用画纸素材，将画稿放置在其上方，设置混合模式为"正片叠底"，让纹理能透过画稿显示出来；第2种方法是使用"纹理化"滤镜制作纹理效果；第3种方法是调整笔尖参数后再进行绘画，让笔迹中出现纹理，其效果就像在带纹理的画纸上作画一样，如图5-97所示。

图5-96

普通笔尖的绘画效果　　　添加纹理后的绘画效果

图5-97

如果希望在笔迹中加入纹理，可以单击"画笔设置"面板左侧列表中的"纹理"属性，再单击图案缩览图右侧的按钮，在打开的下拉面板中选择纹理图案，如图5-98所示。

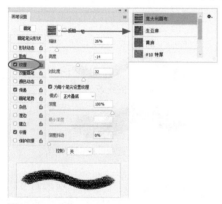

图5-98

有两个选项需要特别解释一下。首先是"为每个笔尖设置纹理"选项，它会让每个笔迹都呈现出纹理变化，尤其是在同一区域反复涂抹时，效果更为明显，如图5-99所示。取消勾选该选项，则可以绘制出无缝连接的图案，如图5-100所示。

图5-99　　　　　　图5-100

其次是"深度"选项，它可以控制颜料渗入纹理中的深度。当该值为0%时，纹理中的所有点都接收相同数量的颜料，导致图案被隐藏，如图5-101所示。当该值为100%时，

纹理中的暗点不会接收颜料，如图5-102所示。

深度0%　　　　　　深度100%

图5-101　　　　　　图5-102

其他选项如下。

● 设置纹理/反相：单击图案缩览图右侧的按钮，可以在打开的下拉面板中选择一个图案，将其设置为纹理；勾选"反相"选项，可基于图案中的色调反转纹理中的亮点和暗点。

● 缩放：用来缩放图案，如图5-103和图5-104所示。

缩放100%　　　　　　缩放200%

图5-103　　　　　　图5-104

● 亮度/对比度：可调整纹理的亮度和对比度。

● 模式：在该下拉列表中可以选择纹理图案与前景色之间的混合模式。如果绘制不出纹理效果，可以尝试改变混合模式。

● 最小深度：用来指定当"控制"为"渐隐""钢笔压力""钢笔斜度""光笔轮"，并勾选"为每个笔尖设置纹理"时油彩可渗入的最小深度，如图5-105和图5-106所示。

图5-105　　　　　　图5-106

● 深度抖动：用来设置纹理抖动的最大百分比，如图5-107和图5-108所示。只有勾选"为每个笔尖设置纹理"选项后，该选项才可以使用。如果要指定如何控制画笔笔迹的深度变化，可以在"控制"下拉列表中选择一个选项。

图5-107　　　　　　图5-108

5.3.9 双笔尖绘画

在"画笔笔尖形状"选项面板中选择一个笔尖，如图

5-109所示,从"双重画笔"选项面板中选择另一个笔尖,可启用双重画笔,如图5-110所示。这相当于为画笔同时安装了两个笔尖,因此一次可绘制出两种笔迹(只显示其重叠部分)。

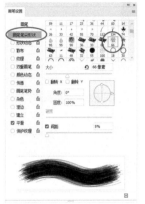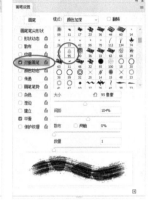

图5-109　　　　　　　図5-110

- 模式:可以选择两种笔尖在组合时使用的混合模式。
- 间距:用来控制描边中双笔尖画笔笔迹之间的距离。
- 散布:用来指定描边中双笔尖画笔笔迹的分布方式。如果勾选"两轴"选项,双笔尖画笔笔迹按径向分布;取消勾选,则双笔尖画笔笔迹垂直于描边路径分布。
- 数量:用来指定在每个间距应用的双笔尖笔迹数量。

5.3.10　一笔画出多种颜色

使用传统画笔绘画时,在画笔上多蘸几种颜料可以画出多种颜色。在Photoshop中想一笔画出多种颜色,需要为颜色添加动态控制。操作时选择"画笔设置"面板左侧的"颜色动态"选项,然后在面板右侧调整参数,如图5-111所示。

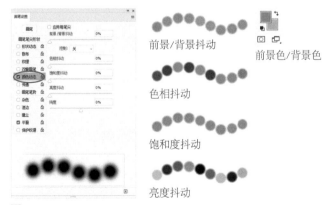

图5-111

其中的几个参数的名称中都有"抖动"二字。前面介绍过,"抖动"就是让某种属性发生变化,因此,"前景/背景抖动"的意思是让"颜料"在前景色和背景色之间改变颜色,其他3个"抖动"可以让颜色的色相、饱和度和亮度产生变化。

"纯度"选项用于控制色彩的饱和度。该值越大,色彩的饱和度越高,越鲜亮。

"应用每笔尖"选项用来控制笔迹的变化。勾选该选项以后,绘制时可以让笔迹中的每一个基本图像单元都发生变化。取消勾选,则每绘制一次会变化一次,但绘制过程中不会改变,如图5-112和图5-113所示。

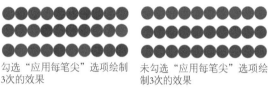

勾选"应用每笔尖"选项绘制　　未勾选"应用每笔尖"选项绘
3次的效果　　　　　　　　　　制3次的效果

图5-112　　　　　　　　　　　图5-113

5.3.11　改变不透明度和流量

"传递"属性用来设置油彩在描边路线中的变化方式和程度,如图5-114所示。如果配置了数位板和压感笔,还可以使用"湿度抖动"和"混合抖动"这两个选项。

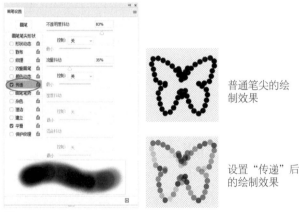

普通笔尖的绘制效果

设置"传递"后的绘制效果

图5-114

- 不透明度抖动:用来设置画笔笔迹中油彩不透明度的变化程度。
- 流量抖动:用来设置画笔笔迹中油彩流量的变化程度。

5.3.12　控制特殊笔尖的倾斜、旋转和压力

使用硬毛刷笔尖、侵蚀笔尖和喷枪笔尖时,如果想像压感笔那样绘制出更接近于手绘的效果,可以通过"画笔笔势"属性调整画笔的倾斜角度、旋转角度和压力,如图5-115所示。

普通硬毛刷笔尖
的绘制效果

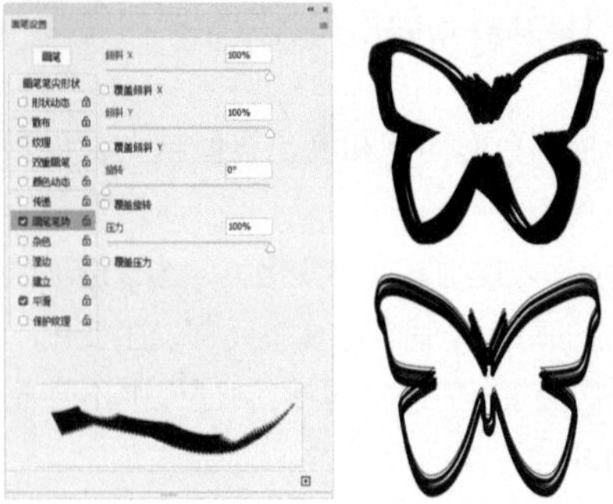

设置"画笔笔势"
后的绘制效果

图5-115

- 倾斜 X/ 倾斜 Y："倾斜 X"用于确定画笔从左向右倾斜的角度，"倾斜 Y"用于确定画笔从前向后倾斜的角度。

- 旋转：控制笔尖的旋转角度。

- 压力：控制应用于画布上画笔的压力，效果如图5-116所示。如果使用数位板，当启用各个覆盖选项后，将屏蔽数位板压力和光笔角度等方面的感应反馈，并依据当前设置的画笔参数产生变化。

压力30%   压力60%

图5-116

5.3.13 其他选项

"画笔设置"面板下方的"杂色""湿边""建立""平滑""保护纹理"没有可供调整的数值，如果需要

启用某个选项，将其勾选即可。

- 杂色：在画笔笔迹中添加干扰，形成杂点。画笔的硬度值越低，杂点越多，如图5-117所示。

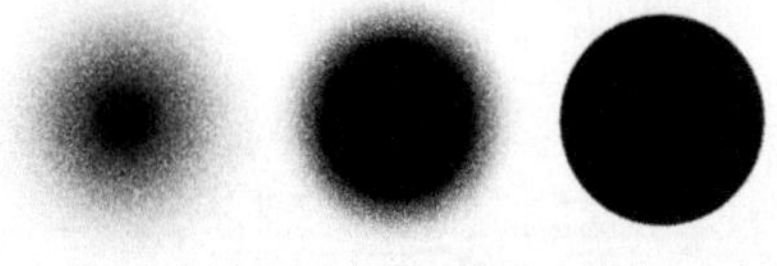

硬度值分别为0%、50%、100%

图5-117

- 湿边：画笔中心的不透明度变为60%，越靠近边缘颜色越浓，效果类似于水彩笔。画笔的硬度值会影响湿边范围，如图5-118所示。

硬度值分别为0%、50%、100%

图5-118

- 建立：将渐变色调应用于图像，同时模拟传统的喷枪技术。该选项与工具选项栏中的喷枪选项相对应，勾选该选项，或单击工具选项栏中的喷枪按钮 ，都能启用喷枪功能。

- 平滑：在画笔描边中生成更平滑的曲线。使用压感笔进行快速绘画时，该选项非常有用。

- 保护纹理：将相同图案和缩放比例应用于具有纹理的所有画笔预设。选择该选项后，使用多个纹理画笔笔尖绘画时，可以模拟出一致的画布纹理。

5.4 绘画工具

画笔工具、铅笔工具、橡皮擦工具、颜色替换工具、涂抹工具、混合器画笔工具、历史记录画笔工具和历史记录艺术画笔工具是 Photoshop 中经常使用的绘画工具，可以绘制图画和修改像素。

5.4.1 画笔工具

画笔工具 使用前景色进行绘画。只要笔尖选用得当，常见的绘画笔触都可用它表现出来。该工具还可以用于修改图层蒙版和通道。

画笔工具选项栏

图5-119所示为画笔工具 的选项栏。其中"平滑"选项和绘画对称按钮 参见后面章节（115页、116页）。

图5-119

- 模式：可以选择画笔笔迹颜色与下层像素的混合模式。

- 不透明度：用来设置画笔的不透明度。该值低于100%时，所绘内容会呈现一定的透明效果，笔迹重叠处会显示重叠效果，如图5-120所示。使用画笔工具 时，每单击一次便被视为绘制一次，因此，按住鼠标左键不放，则无论在一个区域怎样涂抹，都被视为绘制一次。这样操作笔迹不会重叠。

- 流量：用来设置颜色的应用速率。"不透明度"选项中的数值决定了颜色不透明度的上限，也就是说，在某个区域进行绘画时，如果一直按住鼠标左键不放，颜色量将根据流动速率增大，直至达到不

透明度设置的值。例如，将"不透明度"和"流量"都设置为60%，在某个区域一直按住鼠标左键不放并反复拖曳，颜色量将以60%的应用速率逐渐增加（其间，画笔的笔迹会出现重叠效果），并最终达到"不透明度"选项所设置的数值，如图5-121所示。除非在绘制过程中释放鼠标左键，否则无论在一个区域绘制多少次，颜色的不透明度都不会超过60%（即"不透明度"选项所设置的上限）。

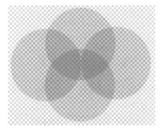
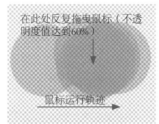

图5-120　　　　　　　　图5-121

● 喷枪 ：单击该按钮，可以开启喷枪功能，此后在一处位置单击时，按住鼠标左键的时间越长，颜色堆积就会越多。"流量"设置得越高，颜色堆积的速度越快，直至达到所设定的"不透明度"值。"流量"值较低时，会以缓慢的速度堆积颜色，直至达到"不透明度"值。再次单击该按钮可以关闭喷枪功能。

● 角度 ：与"画笔设置"面板中的"角度"选项相同，可以调整笔尖的角度。

● 绘图板压力按钮 ：单击这两个按钮后，用数位板绘画时，光笔压力可覆盖"画笔"面板中的不透明度和大小设置。

5.4.2 实战：将照片改成素描画

由于Photoshop允许用户创建和使用自定义的笔尖，于是就有许多设计团队甚至个人开发了各种各样的笔尖资源，并在网络上共享（网上也称"笔刷"或"画笔库"）。使用这些资源可以快速地实现特定的效果，如火焰、水滴、粉尘等，在一定程度上弥补了Photoshop自带笔尖的不足。本实战学习如何导入外部画笔库，并用素描笔尖将照片改造成素描画，如图5-122所示。

扫码看视频

图5-122

01 打开素材。按Ctrl+J快捷键复制"背景"图层。执行"图像>调整>通道混合器"命令，打开"通道混合器"对话框，勾选"单色"选项，如图5-123所示，将照片转换为黑白效果。执行"图像>调整>亮度/对比度"命令，强化高光与阴影的对比，如图5-124和图5-125所示。

图5-123　　　　图5-124　　　　图5-125

02 新建一个图层。将前景色设置为白色，按Alt+Delete快捷键填色。单击 按钮添加图层蒙版。选择画笔工具 ，打开工具选项栏中的画笔下拉面板菜单，执行"导入画笔"命令，如图5-126所示，在打开的对话框中选择配套资源文件夹中的画笔文件，如图5-127所示，将其加载到Photoshop中。

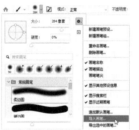

图5-126　　　　　　　　图5-127

03 选择"素描画笔5"，如图5-128所示，设置"角度"为110°，"间距"为3%，如图5-129所示。在工具选项栏中设置画笔工具 的"不透明度"为15%，"流量"为70%，绘制倾斜线条，如图5-130所示。像绘制素描画一样铺上调子，表现明暗，直到人像越来越清晰，如图5-131所示。虽然用鼠标直接绘制直线较难操作，但有一个技巧很管用：在一处位置单击，然后按住Shift键在另一处单击，便可绘制出直线。

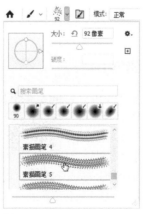
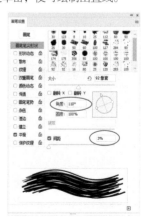

图5-128　　　　　　　　图5-129

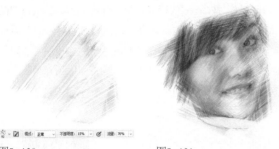

图5-130　　　　　　　　图5-131

04 头发、眼睛、鼻子投影处和嘴角处应多画线，表现出明暗关系，使人物更加生动，如图5-132和图5-133所示。

图5-132　　　　　　　　图5-133

05 选择减淡工具 🔍，设置画笔大小为200像素，"曝光度"为30%，在面部涂抹进行提亮。选择加深工具 👆，增加暗部的调子，使画面层次丰富。最后，可以加一个签名。完成后的效果如图5-134所示。

图5-134

5.4.3 实战：美女变萌猫（铅笔工具）

使用画笔工具 🖌 及硬边圆笔尖所绘制的线条，如果放大观察，会看到其边缘是柔和的，而非硬边。铅笔工具 ✏ 能绘制真正意义上的硬边效果。由于无法绘制柔边，导致其应用场景相对较少，但它也有独特之处。当文件的分辨率较低时，使用铅笔工具 ✏ 绘制的线条会出现锯齿，这正是像素画的基本特征。因此，该工具可用于绘制像素画，如图5-135所示。

扫码看视频

22.6度斜线　30度斜线　45度斜线　90度直线　弧线　　像素画

图5-135

铅笔工具 ✏ 具有快速绘画的特点，非常适合快速呈现创意，也可用于绘制草稿和描边路径。本实战使用该工具修改照片，表现创意，如图5-136所示。

图5-136

> **提示**
>
> 铅笔工具 ✏ 选项栏中除"自动抹除"选项外，其他均与画笔工具 🖌 相同。勾选该选项后，拖曳鼠标时，如果鼠标指针的中心在包含前景色的区域上，可将该区域涂抹成背景色；在不包含前景色的区域上，可将该区域涂抹成前景色。

5.4.4 橡皮擦工具

橡皮擦工具 ✏ 具有双重身份，既可擦除图像，也能像画笔工具或铅笔工具那样绘画，具体扮演哪个角色取决于图层。编辑普通图层时，它可以擦除图像，如图5-137所示；编辑"背景"图层或锁定了透明区域（即单击了"图层"面板中的 ▦ 按钮）的图层，则能像画笔工具 🖌 一样绘画，如图5-138所示。但所绘颜色为背景色，而不是前景色。由于该工具会破坏图像，因此最好使用图层蒙版+画笔工具 🖌 *（139页）* 这种非破坏性的组合来进行替代。

 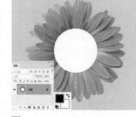

图5-137　　　　　　　图5-138

橡皮擦工具选项栏

图5-139所示为橡皮擦工具 ✏ 的选项栏。

图5-139

- 模式：选择"画笔"，可以像画笔工具一样创建柔边效果，如图5-140所示；选择"铅笔"，可以像铅笔工具一样创建硬边效果，如图5-141所示；选择"块"，橡皮擦工具会变为一个固定大小的硬边方块，如图5-142所示。

| 图5-140 | 图5-141 | 图5-142 |

- 不透明度：用来设置擦除强度，100%的不透明度可以完全擦除像素，较低的不透明度将部分擦除像素。将"模式"设置为"块"时，不能使用该选项。

- 流量：用来控制工具的涂抹速度。

- 抹到历史记录：与历史记录画笔工具的作用相同。勾选该选项后，在"历史记录"面板中选择一个状态或快照，在擦除时，可以将图像恢复为指定状态。

5.4.5 实战：绘制美瞳及眼影（颜色替换工具）

本实战使用颜色替换工具🖌画美瞳和眼影，如图5-143所示。该工具可以用前景色替换鼠标指针所在位置的颜色，适合小范围的，局部的颜色修改。

扫码看视频

图5-143

01 按Ctrl+J快捷键，复制"背景"图层，以免破坏原始图像。将前景色调整为蓝色，如图5-144所示。

02 选择颜色替换工具🖌，选取一个柔边圆笔尖并单击连续按钮🖌，

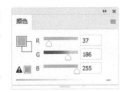

图5-144

将"容差"设置为100%，如图5-145所示。在眼珠上拖曳鼠标，替换颜色，如图5-146所示。注意，鼠标指针中心的"十"字线不要碰到眼白和眼部周围的皮肤。

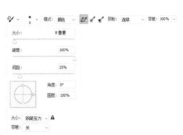

| 图5-145 | 图5-146 |

03 新建一个图层，设置混合模式为"正片叠底"，如图5-147所示。选择画笔工具🖌，将"不透明度"调整为10%左右，在眼睛上方绘制一层淡淡的眼影，如图5-148所示。将"不透明度"提高到30%，对眼窝深处的颜色进行加深处理，如图5-149和图5-150所示。

| 图5-147 | 图5-148 |

| 图5-149 | 图5-150 |

颜色替换工具选项栏

- 模式：用来设置可替换的颜色属性，包括"色相""饱和度""颜色""明度"。默认为"颜色"，表示同时替换色相、饱和度和明度。

- 取样：用来设置颜色的取样方式。单击连续按钮🖌后，在拖曳鼠标时可连续对颜色取样；单击一次按钮🖌后，只替换包含第一次单击的颜色区域中的目标颜色；单击背景色板按钮🖌后，只替换包含当前背景色的区域。

- 限制：选择"不连续"，只替换出现在鼠标指针下的样本颜色；选择"连续"，可替换与鼠标指针（即圆形画笔中心的"十"字线）挨着的

且与鼠标指针所在位置颜色相近的其他颜色；选择"查找边缘"，可替换包含样本颜色的连接区域，同时保留形状边缘的锐化程度。

● 容差：颜色替换工具只替换鼠标单击点颜色容差范围内的颜色，容差值越大，对颜色相似性的要求就越低，可替换的颜色范围越广。

● 消除锯齿：勾选该选项，可以为校正的区域定义平滑的边缘，从而消除锯齿。

5.4.6 涂抹工具

涂抹工具 ✋ 通过拖曳鼠标的方法使用。Photoshop会拾取鼠标单击点的颜色，并沿着鼠标指针的轨迹扩展颜色，效果与我们用手指在调色板上滑动使颜料混合差不多。在画面中，"手指"留下的划痕、颜料的相互融合，以及涂抹效果缓慢地呈现等，都能带给我们非常强的真实感。

涂抹工具选项栏

图5-151所示为涂抹工具 ✋ 的选项栏。

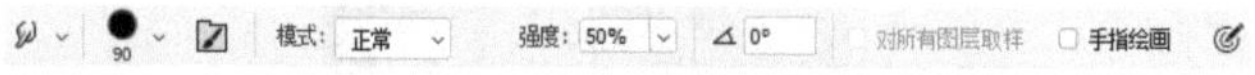

图5-151

● 模式：提供了"变亮""变暗""颜色"等绘画模式。

● 强度："强度"值越高，可以将鼠标单击点下方的颜色拉得越长；"强度"值越低，相应颜色的涂抹痕迹也会越短。

● 对所有图层取样：如果文件中包含多个图层，勾选该选项，可以从所有可见图层中取样；取消勾选，则只从当前图层中取样。

● 手指绘画：勾选该选项后，将使用前景色进行涂抹，效果类似于我们先用手指蘸一点颜料，再去混合其他颜料，如图5-152所示；取消勾选该选项，则从鼠标单击点处图像的颜色展开涂抹，如图5-153所示。

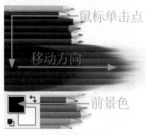

勾选"手指绘画"选项

图5-152

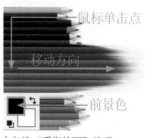

未勾选"手指绘画"选项

图5-153

5.4.7 实战：运动轨迹特效（混合器画笔工具）

混合器画笔工具 ✍ 是增强版的涂抹工具 ✋，它不仅能混合图像中的颜色，还能让画笔上的颜色（颜色）混合，并模拟不同湿度的颜料生成的绘画痕迹。

扫码看视频

本实战使用混合器画笔工具 ✍ 绘制女孩的运动轨迹拖尾特效，如图5-154所示。在对图像进行取样及绘画时，由于鼠标指针的位置不同，所绘制的图像也会有所差别，因此，只要效果差不多就行，不必与书上完全一致。

图5-154

01 打开素材，如图5-155所示。选择混合器画笔工具 ✍，在工具选项栏中设置"潮湿"值为0%，取消勾选"对所有图层取样"选项，单击 按钮打开下拉列表，选择"载入画笔"命令，如图5-156所示。

图5-155

图5-156

02 单击"女孩"图层，如图5-157所示。将鼠标指针移到下方的鞋子上，按 [键和] 键将笔尖调整为图5-158所示的大小。按住Alt键单击，进行取样。按住Ctrl键单击"图层"面板中的 ⊞ 按钮，在"女孩"图层下方创建一个图层。将笔尖调大，如图5-159所示，沿图5-160所示的轨迹拖曳鼠标绘制一条线。用橡皮擦工具 ✐ 将鞋子后方多余的线擦除，如图5-161所示。

图5-157

图5-158 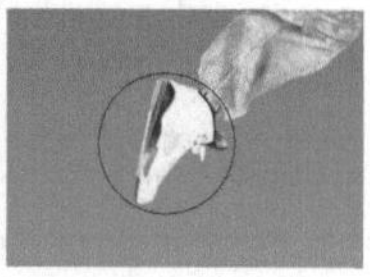　　　　图5-159

图5-160　　　　　　　　图5-161

03 重新选择"女孩"图层，如图5-162所示。选择混合器画笔工具 ✎，将鼠标指针移动到图5-163所示的位置，按住Alt键单击，进行取样。

图5-162　　　　　　图5-163

04 按住Ctrl键单击"图层"面板中的 🞤 按钮创建图层。放开Alt键，将笔尖调大，绘制第2条线，如图5-164所示。采用同样的方法在另一只鞋子和上衣上取样，之后绘制线条，如图5-165和图5-166所示。

图5-164

图5-165　　　　　　　　图5-166

05 在"女孩"图层下方创建一个图层，设置其混合模式为"叠加"，如图5-167所示。选择画笔工具 ✎，将工具的"不透明度"设置为10%，在深色区域涂抹黑色，对色调进行加深处理，效果如图5-168所示。

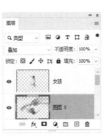

图5-167　　　　　　　　图5-168

颜色取样方式

混合器画笔工具 ✎ 通过3种方法对颜色进行取样，如图5-169所示。选择"载入画笔"命令，可拾取单击点的颜色并沿着鼠标指针的移动轨迹进行扩展，如图5-170所示。这与涂抹工具 ✎ 所创建的效果基本相同。

选择"只载入纯色"命令，然后单击 ˙ 按钮左侧的颜色块（也称"储槽"，用于储存颜色），打开"拾色器"对话框设置颜色，可以用所选颜色进行涂抹，如图5-171所示。这与使用涂抹工具 ✎ 时勾选"手指绘画"选项并用前景色进行涂抹的效果是一样的。

图5-169　　　　图5-170　　　　图5-171

第3种方法是涂抹采集的图像。操作时先选择"清理画笔"命令，清空储槽，然后按住Alt键并单击一处图像，如图5-172所示，将其载入储槽，最后用它来涂抹，效果如图5-173所示。

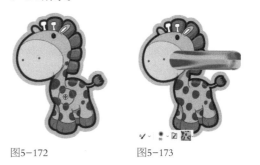

图5-172　　　　　　　　图5-173

其他选项

● 每次描边后载入画笔 ✎：如果想要每一笔（即拖曳鼠标一次）都使用储槽里的颜色（或拾取的图像）涂抹，可单击该按钮。

● 每次描边后清理画笔 ✗：如果想要在每一笔后都自动清空储槽，

可单击该按钮。

● 预设：选择一种预设，可在鼠标拖曳过程中模拟不同湿度的颜料所产生的绘画痕迹，如图5-174和图5-175所示。

湿润，浅混合
图5-174

非常潮湿，深混合
图5-175

● 潮湿：控制画笔从图像中拾取的颜料量。较高的设置会产生较长的绘画条痕，如图5-176和图5-177所示。

潮湿30%
图5-176

潮湿100%
图5-177

● 载入：用来指定储槽中载入的油彩量。载入速率较低时，绘画描边干燥的速度会更快，如图5-178和图5-179所示。

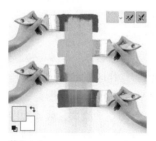
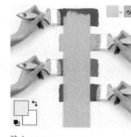

载入1%
图5-178

载入100%
图5-179

● 混合：控制图像颜料量同储槽颜料量的比例。当比例为100%时，所有颜料都将从图像中拾取；比例为0%时，所有颜料来自储槽。不过"潮湿"设置仍然会决定颜料在图像上的混合方式。

● 流量：控制将鼠标指针移动到某个区域上方时应用颜色的速率。

● 喷枪 ⬕：单击该按钮后，按住鼠标左键（不拖曳）可逐渐增加颜色。

● 设置描边平滑度 ⟳：较高的设置可以减少描边的抖动。

5.4.8 历史记录画笔/历史记录艺术画笔工具

历史记录画笔工具 ⬔ 和"历史记录"面板（21页）有一些相似之处，它们都能让图像呈现编辑过程中的某一步骤状

态。但"历史记录"面板只能进行整体恢复，适用于撤销操作。而历史记录画笔工具 ⬔ 还可进行局部恢复。

如果想在图像恢复的同时进行艺术化处理，创造独特的效果，可以使用历史记录艺术画笔工具 ⬔ 操作。这两个工具需要配合"历史记录"面板使用。例如，打开一幅图像，如图5-180所示。用"镜头模糊"滤镜对画面进行模糊，如图5-181所示。在"历史记录"面板中的步骤前面单击，所选步骤的左侧会显示历史记录画笔的源图标 ⬔，如图5-182所示，使用历史记录画笔工具 ⬔ 在前方的荷花和荷叶上涂抹，将其恢复到所选历史步骤阶段，可创建主景清晰、背景模糊的大光圈镜头拍摄效果，如图5-183所示。

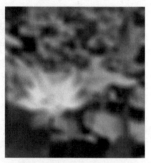

图5-180

图5-181

图5-182

图5-183

历史记录艺术画笔工具选项栏

图5-184所示为历史记录艺术画笔工具 ⬔ 的选项栏。其中的"模式""不透明度"与画笔工具相同。

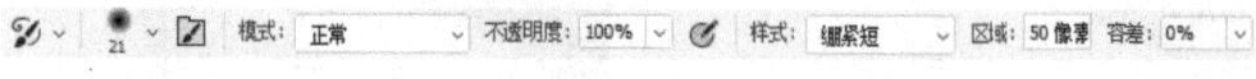

图5-184

● 样式：可在下拉列表中选择一个选项来控制绘画描边的形状，包括"绷紧短""绷紧中""绷紧长"等。

● 区域：用来设置绘画描边所覆盖的区域。该值越高，覆盖的区域越广，描边的数量也越多。

● 容差：用来限定可应用绘画描边的区域。低"容差"可用于在图像中的任何地方绘制无数条描边，高"容差"会将绘画描边限定在与源状态或快照中的颜色明显不同的区域。

5.5 绘画技巧

绘画操作需要不断地重复鼠标单击动作，如果条件允许，最好使用数位板绘画，以减轻操作强度。此外，绘画时运用下面的技巧，也能提高操作效率。

5.5.1 像转动画纸一样旋转画面

绘画或修饰图像时，如果想要从不同的角度观察和处理图像，可以使用旋转视图工具 🔄 对画布进行旋转，就像在纸上画画时旋转纸张一样，如图5-185所示。

图5-185

拖曳鼠标时，画布上会出现一个罗盘，红色指针指向北方。如果要进行精确旋转，可以在工具选项栏的"旋转角度"文本框中输入角度值并按Enter键。打开多幅图像后，勾选"旋转所有窗口"选项可同时旋转所有窗口。单击"复位视图"按钮或按Esc键，可将画布恢复到原始角度。

> **提示**
>
> 旋转视图工具 🔄 旋转的是画面而非图像。要真正旋转图像，可以执行"图像>图像旋转"子菜单中的命令，将图像以90°或90°的整数倍旋转。使用其中的"任意角度"命令还可自定义旋转角度。如果想让视图翻转，可以执行"视图>水平翻转"命令。

5.5.2 巧用快捷键，绘画更轻松

绘画类和修饰类工具中，凡是像画笔工具 ✏ 那样使用的，都适用于以下技巧。

- 画笔大小调节：按] 键，可以将笔尖调大；按 [键，可以将笔尖调小。
- 画笔硬度调节：如果当前使用的是硬边圆、柔边圆和书法笔尖，按 Shift+ [快捷键，可以减小画笔硬度；按 Shift+] 快捷键，可以增大画笔硬度。
- 不透明度调节：对于绘画类和修饰类工具，如果其工具选项栏中包含"不透明度"选项，则按键盘中的数字键便可修改不透明度值。例

如，按1键，工具的不透明度变为10%；按7、5键，不透明度变为75%；按0键，不透明度恢复为100%。
- 更换笔尖：使用快捷键可更换笔尖，不必在"画笔"或"画笔设置"等面板中选取。例如，按 > 键，可以切换为与之相邻的下一个笔尖；按 < 键，可以切换为与之相邻的上一个笔尖。
- 绘制直线：使用画笔工具 ✏、铅笔工具 ✏、混合器画笔工具 ✏、橡皮擦工具 ✏、背景橡皮擦工具 ✏ 时，单击后，按住 Shift 键并在另一位置单击，两点之间会以直线连接。此外，按住 Shift 键还可以绘制水平、垂直或以45°角为增量的直线。

5.5.3 开启智能平滑，让线条更流畅

对于以绘画形式使用的工具，可以对绘画笔迹进行智能平滑，让线条更加流畅。以画笔工具 ✏ 为例，将"平滑"值调高以后，单击 ⚙ 按钮打开下拉面板，可以选择一种平滑模式，如图5-186所示。

- 拉绳模式：在该模式下，拖曳鼠标时，会显示一个玫红色的圆圈和一条玫红色的线，圆圈代表平滑半径，线则是拉绳（也称画笔带）。拖曳时，拉绳会拉紧，此时便可描绘出线条，如图5-187所示。在拉绳的引导下，线条更加流畅，绘制折线也变得非常容易。在这种模式下，在平滑半径之内拖曳鼠标不会留下任何标记。

- 描边补齐：它的作用是，当快速拖曳鼠标至某一点时，如图5-188所示，只要按住鼠标左键不放，线条就会沿着拉绳慢慢地追随过来，直至到达鼠标指针所在处，如图5-189所示。如果这中间放开了鼠标，则线条会停止追随。若禁用此模式，鼠标指针停止移动时会马上停止绘画。

图5-186 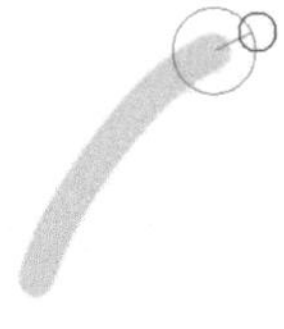　　图5-187

图5-188 　　图5-189

- 补齐描边末端：在线条沿着拉绳追随的过程中释放鼠标左键时，线条不会停止，而是迅速到达鼠标指针所在的位置。

- 调整缩放：通过调整平滑度，可以防止抖动描边。在放大文件时减小平滑度，在缩小文件时增加平滑度。

5.5.4 实战：绘制对称花纹

画笔工具 ✎、铅笔工具 ✎ 和橡皮擦工具 ✐
可以基于对称的路径绘制出对称花纹，如图5-190
所示。利用这项功能也能轻松地画出人脸、汽
车、动物等具有对称结构的图像。

图5-190

01 选择画笔工具 ✎ 及硬边圆笔尖，调整笔尖大小。单击 ❀
按钮，打开下拉列表，选择"曼陀罗"命令，如图5-191
所示，在弹出的对话框中将"段计数"设置为10，如图5-192所
示，生成10段对称路径，如图5-193所示，按Enter键确认。

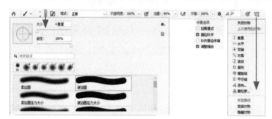
图5-191

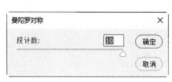
图5-192　　　　　　　　图5-193

02 创建3个图层。按照图5-194~图5-196所示的方法，在每
个图层上绘制一根线条，鼠标指针的移动方向是从外向
内移动。

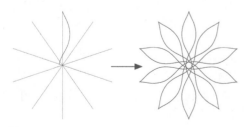
图5-194

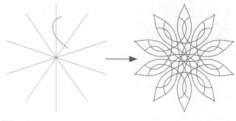
图5-195

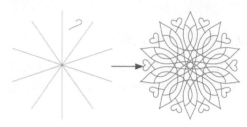
图5-196

03 将前景色设置为深蓝色，单击"背景"图层，按Alt+Delete
快捷键填色。按住Ctrl键并单击选择3个线条图层，如图
5-197所示，按Ctrl+G快捷键将其编入图层组。单击"图层"面板
底部的 ⬤ 按钮打开下拉列表，选择"渐变"命令，创建渐变填充
图层，设置渐变颜色，如图5-198所示。

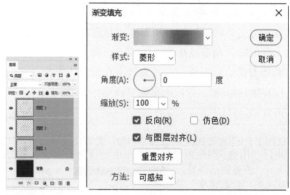
图5-197　　　　　　图5-198

04 按Alt+Ctrl+G快捷键创建剪贴蒙版，限定渐变颜色，使其
只应用于图层组，不会影响背景，如图5-199和图5-200
所示。

图5-199　　　　　图5-200

5.6 填充渐变

渐变能创建色彩的平滑过渡效果。在设计中，通过渐变强调作品的重点或突出视觉焦点，是界面、海报和品牌标识等设计的常用手段。渐变还可以表现立体效果，模拟光线的照射和投影，让商品、按钮、图标和界面元素看起来更加逼真，更有质感。Photoshop 中的渐变可用于填充画面、图层蒙版、快速蒙版和通道。此外，图层样式、调整图层和填充图层也包含渐变类选项。

· PS技术讲堂 ·

渐变的样式及应用

扫码看视频

当一种颜色的明度或饱和度逐渐变化，或者两种或多种颜色平滑过渡时，就会产生渐变效果。渐变是连接色彩的桥梁，例如，明度较大的两种色彩相邻时会产生冲突，在其间以渐变色连接，就能抵消冲突。渐变也是丰富画面内容的要素，对于一些很简洁的设计，如果用它作为底色，就不会显得平淡和单调。图5-201所示为渐变在平面设计、海报和插画上的应用。

径向渐变的紫色球体与葡萄相映成趣

渐变图形与图像结合，透出的是浓浓的矢量画风

以单色渐变（此图为径向渐变）为背景是平面广告的常用手段

多色渐变（线性渐变）

设置了混合模式的渐变，可以互相叠透，效果更加丰富

用渐变填充图层或调整图层配合混合模式，可以制作此类效果

有了渐变，简洁的画面元素也一样精彩

图5-201

在Photoshop中，渐变可以通过渐变工具 ▣ 、渐变填充图层、渐变映射调整图层和图层样式（描边、内发光、渐变叠加和外发光效果）来添加和使用。使用渐变工具 ▣ 可以在图像、图层蒙版、快速蒙版和通道等不同的对象上填充渐变，其他几种只用于特定的图层。

渐变有5种样式，可在工具选项栏中选取。图5-202所示为使用渐变工具 ■ 填充的渐变（线段起点代表渐变的起点，线段终点箭头代表渐变的终点，箭头方向代表鼠标的移动方向）。其中，线性渐变从鼠标指针起点开始到终点结束，如果未横跨整个图像区域，则其外部会以渐变的起始颜色和终止颜色填充，其他几种渐变以鼠标指针起始点为中心展开。

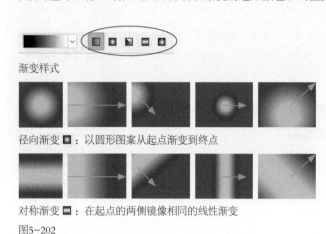

渐变样式

径向渐变 ■：以圆形图案从起点渐变到终点

对称渐变 ■：在起点的两侧镜像相同的线性渐变

图5-202

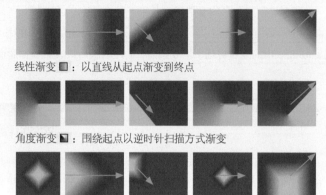

线性渐变 ■：以直线从起点渐变到终点

角度渐变 ■：围绕起点以逆时针扫描方式渐变

菱形渐变 ■：遮蔽菱形图案从中间到外边角的部分

5.6.1 渐变工具选项栏

图5-203所示为渐变工具 ■ 的选项栏。

图5-203

- 模式/不透明度：用来设置渐变颜色的混合模式和不透明度。
- 反向：可以转换渐变中颜色的顺序，如图5-204和图5-205所示。

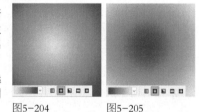

- 仿色：勾选该选项，渐变效果会更加平滑。主要用于防止打印时出现条带化现象。
- 透明区域：勾选该选项，可以创建包含透明像素的渐变。

图5-204　　图5-205

- 方法：在该选项的下拉列表中可以选择渐变的插值方法。"可感知"选项是默认方法，显示了与人类如何感知光在物理世界中混合最为接近的渐变，如日落或日出的天空；"线性"常用于 Illustrator 等软件，可以显示更接近自然光显示效果的渐变，在某些色彩空间中，该方法可提供更富于变化的结果；"古典"可保留 Photoshop 过去版本渐变的填充方法。

5.6.2 "渐变"面板及下拉面板

单击渐变工具 ■ 选项栏中的 ∨ 按钮，可以打开渐变下拉面板，如图5-206所示。在该面板及"渐变"面板中，都有预设的渐变颜色可以使用，如图5-207所示。

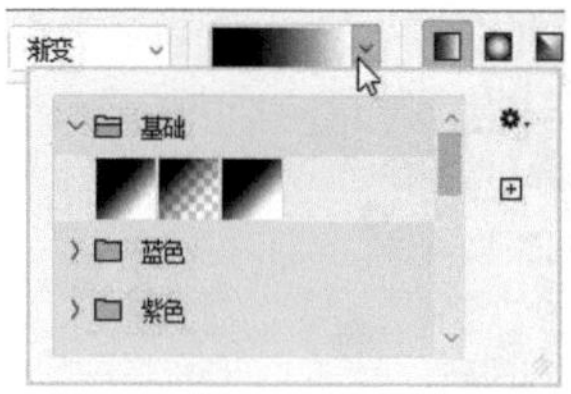

图5-206　　　　　图5-207

在一个渐变色块上单击鼠标右键，打开快捷菜单，如图5-208所示，执行"重命名渐变"命令，可以打开"渐变名称"对话框修改渐变名称。执行"删除渐变"命令，可删除当前渐变。按住Ctrl键单击多个渐变，将它们选取，如图5-209所示，执行"导出所选渐变"命令，或单击"渐变编辑器"对话框中的"导出"按钮，可以将它们保存为一个渐变库。执行"新建渐变组"命令，可以将它们添加到单独的渐变组中，如图5-210所示。

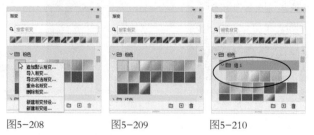

图5-208　　　图5-209　　　图5-210

5.6.3 渐变编辑器

如果想自定义渐变颜色，可以在渐变工具 ■ 的选项栏中选择"经典渐变"选项并单击渐变颜色条，如图5-211所示，打开"渐变编辑器"对话框进行设置。

图5-211

设置渐变颜色

在"预设"选项中选择一个预设的渐变，它会出现在下方的渐变颜色条上，如图5-212所示。渐变颜色条最左侧的色标是渐变的起点颜色，最右侧是终点颜色。下方的◆图标是色标，单击色标，可将其选取，如图5-213所示。

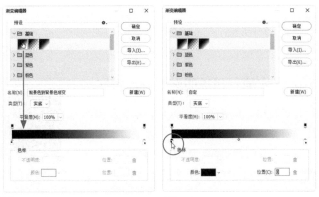

图5-212　　　　　　　图5-213

选择色标后，单击"颜色"选项右侧的颜色块，或双击该色标都可以打开"拾色器"对话框修改色标颜色，通过这种方法可以修改渐变的颜色，如图5-214和图5-215所示。

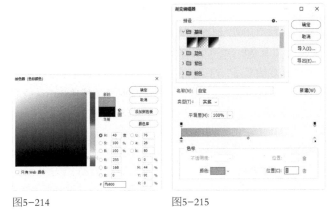

图5-214　　　　　　　图5-215

在渐变颜色条下方单击可以添加新的色标，如图5-216所示。拖曳色标（也可在"位置"文本框中输入数值），可以改变颜色的混合位置，如图5-217所示。拖曳两个色标之间的菱形图标（中点），可以调整该点两侧颜色的混合位置，如图5-218所示。选择一个色标后，单击"删除"按钮，或将色标拖曳到渐变颜色条外，可将其删除，如图5-219所示。

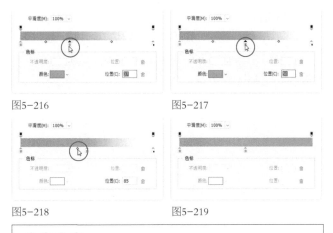

图5-216　　　　　　　图5-217

图5-218 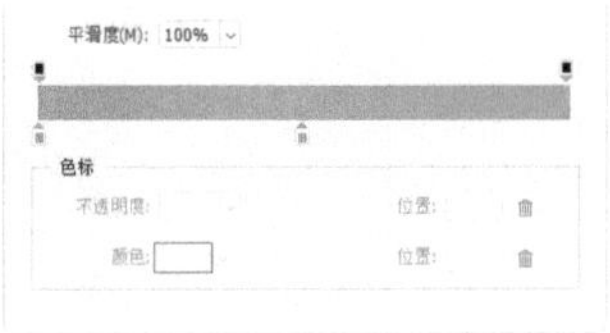　　　　　　　图5-219

> **技术看板　将渐变保存为预设**
>
> 调整渐变颜色后，在"名称"选项中输入名称，单击"新建"按钮，可将其保存到渐变列表中成为一个预设。该渐变还会同时保存到渐变下拉面板和"渐变"面板中。

杂色渐变

在"渐变类型"下拉列表中选择"杂色"，可以显示杂色渐变选项，如图5-220所示。杂色渐变会添加随机分布的颜色，因而变化效果更加丰富。

● 粗糙度：用来设置渐变的粗糙度。该值越高，颜色的层次越丰富，但颜色间的过渡越粗糙，如图5-221所示。

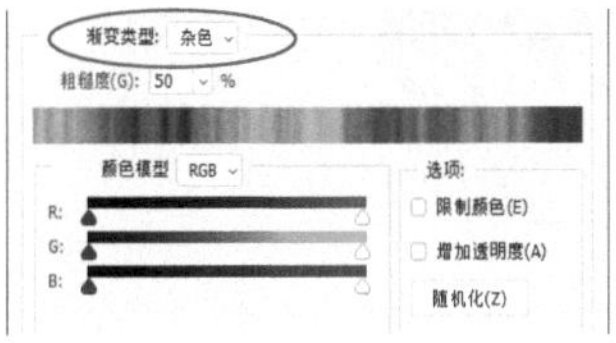

图5-220　　　　　　　图5-221

● 颜色模型：在下拉列表中可以选择一种颜色模型来设置渐变，包括RGB、HSB和LAB。每种颜色模型都有对应的颜色滑块。

● 限制颜色：可以将颜色限制在可以打印的范围内。

● 增加透明度：可以向杂色渐变中添加透明像素。

● 随机化：每单击一次该按钮，就会随机生成一个新的渐变颜色。

5.6.4 实战：绚丽手机壁纸

本实战使用渐变制作手机壁纸，并通过混合模式让渐变产生绚丽的变幻效果。由于图像的用途不同，对尺寸和分辨率的要求也不相同。例如，iPhone 13的界面尺寸为1170像素×2532像素，Android的界面大小则为1080像素×1920像素，这些要求都是硬性的，不能有丝毫偏差。本实战使用文件预设来确保设

扫码看视频

计符合规范。

01 按Ctrl+N快捷键，打开"新建文档"对话框，选择"移动设备"选项卡中的"iPhone X"预设，创建手机屏幕大小的文件，如图5-222所示。

图5-222

02 打开"渐变"面板菜单，执行"旧版渐变"命令，如图5-223所示，加载该渐变库。选择图5-224所示的渐变。选择渐变工具 ，单击菱形渐变按钮 ，设置混合模式为"差值"，按照图5-225所示的位置及先后顺序拖曳色标填充渐变（操作时需按住Shift键）。由于使用了"差值"，进行第2次和第4次填充时颜色会反相。

图5-223　　　　图5-224

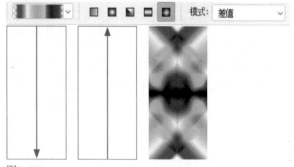

图5-225

> **提示**
>
> 按住Shift键并拖曳鼠标，可以以水平、垂直或45°角为增量填充渐变。

03 单击角度渐变按钮 ，按住Shift键并拖曳鼠标填充渐变色，如图5-226所示。添加电池、信号等图标及主题文字等素材，效果如图5-227所示。

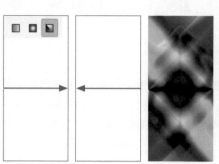

图5-226　　　　　　　　　　　　　图5-227

5.6.5 实战：用透明渐变制作彩虹

扫码看视频

渐变颜色间留有透明区域，渐变颜色不会完全覆盖画面，便可生成透明渐变。本实战使用这种渐变制作彩虹，如图5-228所示。

图5-228

01 单击"图层"面板中的 按钮，新建一个图层。选择渐变工具 ，单击工具选项栏中的 按钮及渐变颜色条，打开"渐变编辑器"对话框，选择透明渐变，调整渐变色标的位置，让黄色的范围大一些，如图5-229所示。按住Shift键沿垂直方向拖曳鼠标（距离短一些）填充渐变，如图5-230所示。

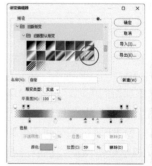

图5-229　　　　　　图5-230

02 执行"编辑>变换>变形"命令，然后在工具选项栏中选取"拱形"选项，如图5-231所示。将变形网格上的控制点向下拖曳，让弯曲弧度平滑一些，如图5-232所示。

图5-231　　　　　图5-232

03 按Ctrl+T快捷键显示定界框，调整彩虹的角度和位置，如图5-233所示。执行"滤镜>模糊>高斯模糊"命令，进行模糊处理，如图5-234所示。

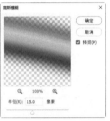

图5-233　　　　　图5-234

04 设置图层的混合模式为"滤色"。单击 ▣ 按钮，添加蒙版，使用画笔工具 ✎ 在机尾处的彩虹上涂抹黑色，通过蒙版将其隐藏，如图5-235和图5-236所示。

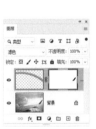

图5-235　　　　　图5-236

05 按Ctrl+J快捷键复制彩虹。将混合模式设置为"柔光"，"不透明度"设置为50%，如图5-237和图5-238所示。

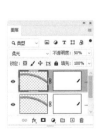

图5-237　　　　　图5-238

编辑透明渐变

在渐变颜色条的上方单击，可以添加不透明度色标。降低"不透明度"值，会让色标的颜色呈现透明效果，用此方法即可得到透明渐变，如图5-239和图5-240所示。

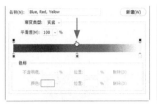

图5-239　　　　　图5-240

在编辑方法上，不透明度色标与实色渐变的色标基本相同。例如，可通过拖曳或在"位置"文本框中输入数值，调整色标的位置；拖曳中点（菱形图标）扩展和收缩不透明度范围；将色标拖曳到渐变颜色条外，可将其删除。

5.6.6　实战：制作夕阳和镜头光晕效果

当光线在镜头中反射和散射时，会产生镜头眩光，在图像中生成斑点或阳光光环，这便是镜头光晕。镜头光晕可以为照片增添梦幻般的气氛，如图5-241所示。

扫码看视频

图5-241

01 新建一个图层。选择渐变工具 ▣，单击工具选项栏中的 ▣ 按钮及渐变颜色条，打开"渐变编辑器"对话框，设置渐变颜色，如图5-242所示。在人物面部右侧填充渐变，如图5-243所示。

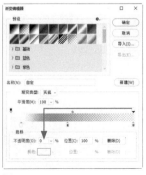

图5-242　　　　　图5-243

02 设置图层的混合模式为"滤色"，按Ctrl+J快捷键复制，如图5-244所示。新建一个图层，填充渐变，如图5-245所示，将该图层的混合模式也设置为"滤色"，效果如图5-246所示。

图5-244　　　　图5-245　　　　图5-246

03 按住Alt键并单击"图层"面板中的■按钮，打开"新建图层"对话框，具体设置如图5-247所示，创建一个"叠加"模式的中性色图层。执行"滤镜>渲染>镜头光晕"命令，在热气球右侧添加光晕，如图5-248所示。如果光晕位置不准确，可以用移动工具◆调整。

图5-247　　　　　　　　图5-248

04 按两次Ctrl+J快捷键复制图层，让光晕更清晰，如图5-249和图5-250所示。再按一次Ctrl+J快捷键复制图层，将这一层光晕移动到照片左下角，如图5-251所示。

图5-249　　　　图5-250　　　　图5-251

5.6.7 实战：炫彩气球字

本实战制作炫彩气球特效字，如图5-252所示。首先制作两个填充了渐变色的圆球，再

扫码看视频

利用混合器画笔工具✔的采集功能将渐变设置为图像样本，通过对路径进行描边，将渐变颜色应用到路径所划定的"路线"上，进而生成特效字。

图5-252

01 打开背景素材。新建一个图层。选择椭圆选框工具○，按住Shift键并拖曳鼠标创建圆形选区，如图5-253所示（观察鼠标指针旁边的提示，圆形大小在15毫米左右即可）。

图5-253

02 选择渐变工具■，单击工具选项栏中的■按钮。单击渐变颜色条，如图5-254所示，打开"渐变编辑器"对话框，单击渐变色标，打开"拾色器"对话框调整颜色，将两个色标分别设置为天蓝色（R31,G210,B255）和紫色（R217,G38,B255），如图5-255所示。

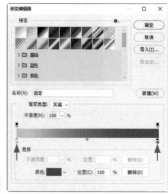

图5-254　　　　　　图5-255

03 在选区内拖曳鼠标填充渐变，如图5-256所示。选择椭圆选框工具○，将鼠标指针放在选区内，进行拖曳，向右移动选区，如图5-257所示。

图5-256　　　　图5-257

04 再次打开"渐变编辑器"对话框。在渐变颜色条下方单击，添加一个色标，然后单击3个色标，将它们的颜色分别调整为黄色（R255,G239,B151）、橘黄色（R255,G84,B0）和橘红色（R255,G104,B101），如图5-258所示。在选区内填充渐变色，如图5-259所示。双击当前图层的名称，将其修改为"渐变球"。

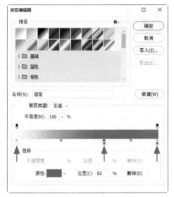
图5-258

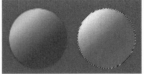
图5-259

05 选择混合器画笔工具 ✔ 和硬边圆笔尖（大小为160像素）并单击 ✔ 按钮，选择"干燥，深描"预设及设置其他参数，如图5-260所示。打开"画笔设置"面板，将"间距"设置为1%，如图5-261所示。将鼠标指针放在蓝色球体上，鼠标指针不要超出球体（若超出，可按 [键将笔尖调小），如图5-262所示。

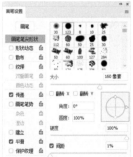
图5-260

图5-261

图5-262

06 按住Alt键单击进行取样。新建一个图层。打开"路径"面板，单击"路径2"，画面中会显示心形，如图5-263和图5-264所示。

图5-263

图5-264

07 按住Alt键并单击"路径"面板中的 ○ 按钮，打开"描边路径"对话框，选择"✔ 混合器画笔工具"选项，如图5-265所示，单击"确定"按钮为路径描边，如图5-266所示。

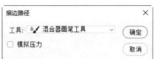
图5-265

图5-266

08 双击当前图层，打开"图层样式"对话框，添加"外发光"和"投影"效果，如图5-267~图5-269所示。

图5-267

图5-268

图5-269

09 单击"渐变球"图层。将鼠标指针放在橙色球体上，按 [键将笔尖调小，使笔尖位于球体内部，如图5-270所示。按住Alt键单击进行取样。将笔尖大小设置为45像素，如图5-271所示。

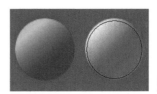
图5-270

图5-271

10 新建一个图层，按Ctrl+]快捷键，将其移动到顶层。单击"路径1"，如图5-272所示，再单击 ○ 按钮，为路径描边，如图5-273所示。将"渐变球"图层隐藏，按Ctrl+H快捷键隐藏路径。

图5-276

图5-272　　　　　　　图5-273

11 双击当前图层，打开"图层样式"对话框，添加"外发光"和"投影"效果，如图5-274~图5-276所示。

5.6.8　加载渐变库

要想将下载或本书附赠的渐变库加载到Photoshop中，可以执行"渐变"面板菜单中的"导入渐变"命令，或单击"渐变编辑器"对话框中的"导入"按钮，打开"载入"对话框进行加载，如图5-277和图5-278所示。

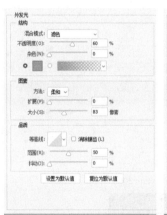

图5-274

图5-275

图5-277　　　　　　　图5-278

加载或删除渐变后，如果想要恢复为默认的渐变，可以执行"渐变"面板菜单中的"复位渐变"命令。

5.7 填充颜色和图案

渐变工具、油漆桶工具、图案图章工具、"填充"命令，以及填充图层可在画布上、选区内、图层蒙版、快速蒙版和通道中填充渐变、颜色或图案。此外，"图层样式"和形状图层（*305页*）也包含填充选项。

5.7.1　实战：彩色卡通画（油漆桶工具）

油漆桶工具 ◇ 是一个增加了填充功能的魔棒。使用该工具在画布上单击时，可以像魔棒工具 ✦（*63页*）那样识别"容差"范围内的图像，之后用颜色或图案进行填充。图5-279所示为本实战的卡通画素材，图5-280所示为使用油漆桶工具 ◇ 填充颜色和图案后的效果，图5-281所示为将卡通画用在手机壳上的设计效果。

扫码看视频

图5-279 　　　　图5-280 　　　　图5-281

—— 提示 ——

使用画笔、滤镜编辑图像，或进行了填充、颜色调整、添加图层效果等操作以后，执行"编辑>渐隐"命令，可以修改效果的不透明度和混合模式。

油漆桶工具选项栏

图5-282所示为油漆桶工具 的选项栏。

图5-282

● 填充内容：可以选择"前景"或"图案"进行填充。

● 模式/不透明度：用来设置填充内容的混合模式和不透明度。将"模式"设置为"颜色"时，填充颜色不会破坏图像中原有的阴影和细节。

● 容差：使用油漆桶工具 在画布上单击，可填充与鼠标单击点颜色相似的区域。对于颜色相似程度的判定取决于"容差"的大小。"容差"值低，只填充与鼠标单击点颜色非常相似的区域；"容差"值越高，对颜色相似程度的要求越低，填充的颜色范围越大。

● 消除锯齿：勾选该选项，可以平滑填充选区的边缘。

● 连续的：勾选该选项，只填充与鼠标单击点相邻的像素；取消勾选时，可填充图像中的所有相似像素。

5.7.2 实战：四方连续图案（"填充"命令）

图案是有装饰性的、结构整齐的花纹或图形，可以使版面更加华丽，也能为简单的设计内容增加变化，如图5-283所示。

图5-283

Photoshop中的"填充"命令包含"脚本"功能，使用该命令可以快速制作四方连续图案。四方连续图案是将一个或几个装饰元素组成基本单位纹样，进行上下左右4个方向反复排列的、可无限扩展的纹样，常用作服装图案。

01 打开素材，如图5-284所示。图像边界上有一圈边框，按Ctrl+A快捷键全选，执行"选择>修改>收缩"命令，打开"收缩选区"对话框。由于是从边界处开始收缩选区，因此需要勾选"应用画布边界的效果"选项，之后设置"收缩量"为5像素，如图5-285所示。单击"确定"按钮关闭对话框。图5-286和图5-287所示为收缩前后的选区对比效果。

图5-284 　　　　　　　图5-285

图5-286 　　　　　　　图5-287

02 执行"编辑>定义图案"命令，将花纹定义为图案，如图5-288所示。

图5-288

03 新建一个A4大小的文件。执行"编辑>填充"命令，打开"填充"对话框，选择"图案"选项及自定义的图案，然后选择"脚本"及"砖形填充"选项，如图5-289所示，单击"确定"按钮，打开"砖形填充"对话框，设置参数，如图5-290所示，单击"确定"按钮，填充图案，如图5-291所示。

图5-289

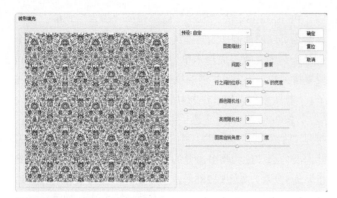

图5-290

图5-291

提示

"填充"对话框中提供了6种脚本图案,可以让图案像砖块一样错位排列、进行十字交叉、沿螺旋线排列、对称填充或者随机排布,变化效果非常丰富。

"填充"对话框选项

　　"填充"命令主要用于在选区内填充,没有选区时会填充整幅图像。该命令除提供了前景色、背景色、自定义颜色和图案外,还包含历史记录和内容识别等选项。如果只是想要填充前景,可以按Alt+Delete快捷键操作(按Ctrl+Delete快捷键可直接填充背景色),不必使用该命令。

● 内容:在下拉列表中可以选择"前景色""背景色""图案"等作为填充内容。如果选择"内容识别"选项,会启用"颜色适应"选项,此时可通过某种算法将填充颜色与周围颜色混合。例如,用矩形选框工具选取蜜蜂及其周围的向日葵,如图5-292所示,使用"填充"命令(选择"内容识别"选项)填充,Photoshop会用选区附近的向日葵填充选区,并对光影、色调等进行融和处理,该处就像是原本不存在蜜蜂一样,如图5-293所示。

图5-292　　　　　　图5-293

● 模式/不透明度:用来设置填充内容的混合模式和不透明度。

● 保留透明区域:只填充图层中包含像素的区域。

5.7.3 实战:用"图案预览"命令制作图案

　　四方连续图案的特点是各个图案单元之间能够无缝衔接。前一个实战使用了现成的素材,所以没有出现错位的问题。如果没有类似的素材,可以用本实战介绍的方法,即借助"图案预览"命令找到图案单元的衔接位置。

01 创建一个30厘米×30厘米、分辨率为72像素/英寸的文件。下面创建一个基本图案单元。为确保填充后各图案单元能无缝衔接,构成循环图案,执行"视图>图案预览"命令开启图案预览,连续按Ctrl+−快捷键,将视图比例调小。

02 打开素材,如图5-294所示。选择移动工具✛,将鼠标指针移动到图像上方,按住Ctrl键单击,用这种方法选择图像所在的图层,如图5-295所示。

图5-294　　　　　　　　图5-295

03 将所选图像拖曳到新建的文档中,到达该文档时,先按住Shift键,当鼠标指针移动到蓝色矩形框(代表画布范围)内时再释放Shift键和鼠标左键,这样拖入的图像会位于画面中心,否则位于蓝色矩形框外的图像会被裁剪掉。拖入图像后,画布外会实时显示拼贴效果,如图5-296所示。此时可以随意移动图案位置,图案会保持完好无损,如图5-297所示。

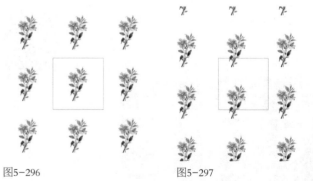

图5-296　　　　　　　　图5-297

04 切换到素材文件,按住Ctrl键单击图像,如图5-298所示,选取其所在的图层,将图像拖曳到新建的文档中(到达该文档时需按住Shift键),如图5-299所示。

图5-298　　　　　　　　　　图5-299

05 按Ctrl+T快捷键显示定界框，拖曳控制点将图像放大，如图5-300所示。将图像移动到图5-301所示的位置。按Enter键确认。

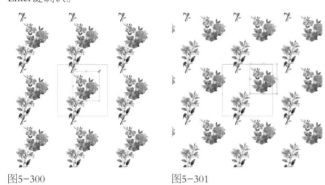

图5-300　　　　　　　　　　图5-301

06 采用同样的方法将其他素材也拖入文件中，如图5-302所示。执行"编辑>定义图案"命令，将当前图像定义为图案。

07 新建一个A4大小的文件。选择油漆桶工具 🪣并在工具选项栏中选择"图案"选项，打开"图案"下拉面板，选择自定义的图案，如图5-303所示，在画面中单击进行填充，如图5-304所示。

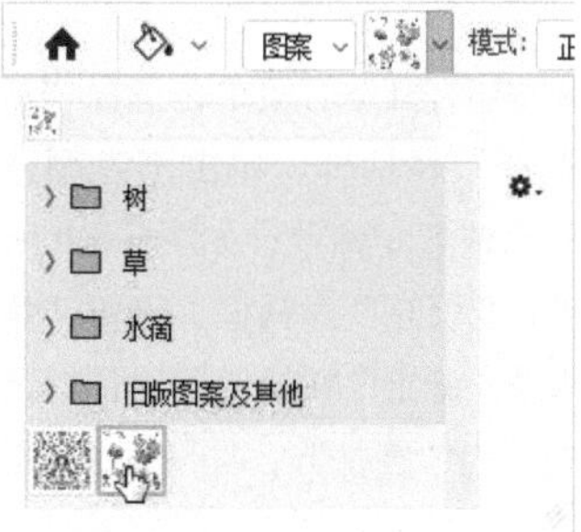

图5-302

图5-303 　　　　　　图5-304

5.7.4　用图案图章工具绘制图案

油漆桶工具 🪣和"填充"命令只能在选中的区域或整幅图像上填充图案，图案图章工具 🔖可以像画笔工具 🖌那样使用，在所绘之处创建图案，如图5-305和图5-306所示。

图5-305　　　　　　　　图5-306

图案图章工具选项栏

图5-307所示为图案图章工具 🔖的选项栏，其中的"模式""不透明度""流量""喷枪"等选项与画笔工具 🖌相同，其他选项如下。

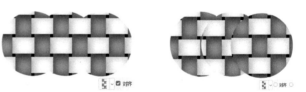

图5-307

● 对齐：勾选该选项后，不论单击多少次，图案都会保持连续，如图5-308所示。取消勾选时，每次单击都会重新应用图案，如图5-309所示。

图5-308　　　　　　　　　图5-309

● 印象派效果：勾选该选项后，可以模拟出印象派效果的图案，如图5-310和图5-311所示。

柔边圆笔尖绘制的印象派效果　　　　硬边圆笔尖绘制的印象派效果
图5-310　　　　　　　　　图5-311

● 图案下拉面板：单击 ⌄按钮，可以打开图案下拉面板。

127

5.8 填充图层

填充图层是一种只承载纯色、渐变和图案3种对象的图层，通过设置混合模式和不透明度，可以改善其他对象的颜色或创建混合效果。创建后还可以执行"图层 > 图层内容"命令，或双击图层来修改填充内容。

5.8.1 实战：制作发黄旧照片（纯色填充图层）

本实战使用填充图层和混合模式制作旧照片，如图5-312所示。

图5-312

01 打开"图层>新建填充图层"子菜单，或单击"图层"面板中的 ◯ 按钮打开下拉菜单，选择"纯色"命令，如图5-313所示，打开"拾色器"对话框，设置颜色为浅酱色（R138，G123，B92），如图5-314所示，单击"确定"按钮关闭对话框，创建填充图层。

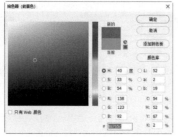

图5-313　　　　　　　图5-314

02 将混合模式设置为"颜色"，为下方图像上色，如图5-315和图5-316所示。

图5-315　　　　图5-316

03 打开纹理素材，如图5-317所示。使用移动工具 ✛ 将其拖入照片文件，设置混合模式为"柔光"，"不透明度"为70%，即可在照片上生成划痕效果，如图5-318所示。

图5-317　　　　　　图5-318

5.8.2 实战：添加彩色灯光（渐变填充图层）

本实战使用渐变填充图层将洋红色、绿色两种颜色的渐变叠加到画面中，再配合混合模式，制作出来自两个方向的彩光，效果如图5-319所示。

图5-319

01 单击"图层"面板中的 ◯ 按钮打开下拉菜单，选择"渐变"命令，打开"渐变填充"对话框。单击渐变颜色条，打开"渐变编辑器"对话框调整渐变颜色，如图5-320所示。单击"确定"按钮，返回"渐变填充"对话框，设置"角度"为0度，如图5-321所示，单击"确定"按钮关闭对话框，创建渐变填充图层。设置混合模式为"叠加"，如图5-322所示，效果如图5-323所示。

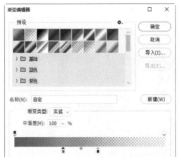

图5-320

图5-321

图5-328

图5-329

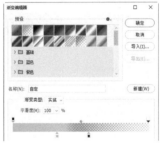

图5-322

图5-323

02 再创建一个渐变填充图层，设置渐变颜色及图层混合模式，如图5-324~图5-327所示。

5.8.3 实战：为衣服贴图案（图案填充图层）

本实战介绍图案填充图层的创建和修改方法。如果有合适的图像，可以使用"编辑>定义图案"命令，将其定义为图案，再进行填充，如图5-330所示。

扫码看视频

图5-324

图5-325

将图像定义为图案

选择白T恤

> **提示**
>
> 使用"编辑>定义图案"命令，可以将任意图像定义为图案。所创建的图案会保存到"图案"面板中，并同时出现在油漆桶工具、图案图章工具、修复画笔工具和修补工具选项栏的下拉面板，以及"填充"命令和"图层样式"对话框中。

图5-326

图5-327

03 按Shift+Alt+Ctrl+E快捷键将当前效果盖印到一个新的图层中，修改混合模式和不透明度，如图5-328和图5-329所示。

创建图案填充图层　衣服效果

图5-330

也可以使用Photoshop中的预设图案，如图5-331和图5-332所示。

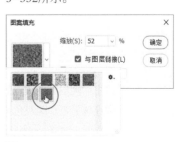

图5-331

图5-332

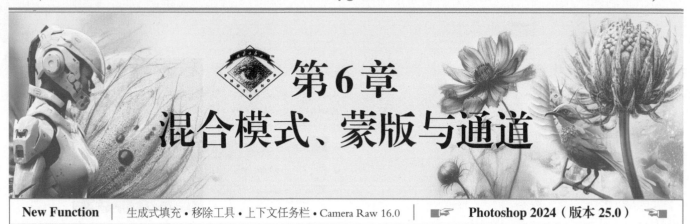

第6章
混合模式、蒙版与通道

New Function | 生成式填充 • 移除工具 • 上下文任务栏 • Camera Raw 16.0 | ☞ **Photoshop 2024（版本 25.0）** ☜

本章简介

本章介绍与图像合成有关的功能，包括不透明度、混合模式、各种蒙版、高级混合选项、图框工具等。它们都是非破坏性编辑功能，即可不破坏原始文件而创建合成效果。本章的结尾部分会简要介绍通道的用途、种类和基本操作方法。本章的内容较为重要，因为除图像合成外，调色、修饰照片、制作特效等也会用到这些功能。

学习目标

图像合成是 Photoshop 的主要应用方向，也是各种设计行业普遍应用的技术。读者可结合实战练习，及重要功能的原理分析，真正理解和掌握合成图像的各种方法。

学习重点

实战：多重曝光效果
混合模式详解及效果演示
实战：瓶中夕阳好
图层蒙版的原理与使用规则
剪贴蒙版的特征及结构
实战：像素拉伸特效
实战：定制T恤图案
实战：制作抖音效果

6.1 不透明度与混合模式

不透明度与混合模式都能让图层中承载的图像或其他对象产生混合效果，在图像合成、特效制作方面有很大用处。图像合成最能展现 Photoshop 中的魔法，也最考验设计师的创意能力和技术水平。

6.1.1 实战：多重曝光效果

本实战制作一张多重曝光照片，如图6-1所示。读者可初步了解混合模式和图层蒙版的使用方法。

扫码看视频

图6-1

01 选择移动工具 ✛，将素材拖入人像文件中，设置混合模式为"变亮"，如图6-2和图6-3所示。

02 单击"图层"面板中的 ▢ 按钮，添加图层蒙版。选择画笔工具 ✎ 及柔边圆笔尖，在画面中涂抹黑色和深灰色（可用数字键调整工具的不透明度），对蒙版进行编辑，处理好建筑与人像的衔接，如图6-4和图6-5所示。

图6-2　　　　图6-3

图6-4　　　　图6-5

03 单击"调整"面板中的 按钮，创建"渐变映射"调整图层，设置渐变色，如图6-6所示。将调整图层的混合模式设置为"滤色"，使整张照片的颜色为暖黄色，如图6-7和图6-8所示。

图6-6　　　　图6-7　　　　图6-8

6.1.2 小结

多重曝光是摄影中采用两次或多次独立曝光并重叠起来组成一张照片的技术，可以在一张照片中展现双重或多重影像，如图6-9和图6-10所示。

摄影师布兰登·基德韦尔（Brandon Kidwell）作品　　摄影师高桥美纪（Miki Takahashi）作品

图6-9　　　　　　　　　图6-10

用图层蒙版制作多重曝光效果十分简单，再配合混合模式，就不单单是影像的叠加，还能表现丰富的色彩变化。前面的实战即是一例。

在Photoshop中，任何对象都可以应用蒙版、不透明度和混合模式。这些功能是本章要学习的内容，它们能让图层中的对象呈现特殊效果，但不会真正改变对象。

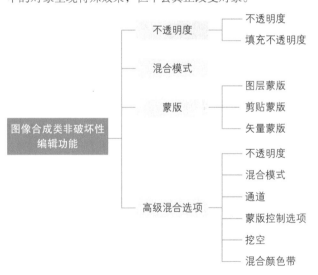

不透明度比较容易理解，而且只有两种，只要弄清楚它们的区别，使用时就不会出错。

蒙版有很多种，本章介绍的是用于遮挡对象的蒙版，即图层蒙版、剪贴蒙版、矢量蒙版和混合颜色带。这些蒙版与不透明度的用途相同，都能让图像呈现透明效果，只是蒙版的可控性更强，编辑方法更多。

混合模式因原理晦涩难懂而具有一定的难度。但在实际操作中，只有"正片叠底""叠加""柔光"几种模式较为常用，所以也不难学。其实懂不懂它们的原理都能用好混合模式，因为它们的效果非常直观，修改起来也方便。

高级混合选项包含了不透明度、混合模式、通道和蒙版的控制选项，并提供了混合颜色带。混合颜色带也是一种蒙版，在修图、抠图方面用途很广。

学会了以上这些，用Photoshop做图像合成就不在话下了。

·PS技术讲堂·

两种不透明度的区别及应用方向

扫码看视频

两种不透明度的区别

应用于图层的不透明度有两种——不透明度和填充不透明度，它们能赋予图层中的对象透明效果，使位于其下方的图层内容展现并与之叠加。

二者的区别在于：“不透明度”对所有对象一视同仁，而“填充不透明度”（即“填充”选项）会有所区分，它对图层样式和形状图层的描边不起作用，我们也可将其视为Photoshop对这两种对象的保护。例如，图6-11所示为一个形状图层，形状的内部填充了颜色，形状轮廓设置了描边，整个图层还添加了“外发光”效果。当调整“不透明度”值时，会对当前图层中的所有内容产生影响，包括填色、描边和“外发光”效果，如图6-12所示。而调整“填充”值时，只有填色变得透明，描边和“外发光”效果都保持原样，如图6-13所示。也就是说，“填充不透明度”对这两种对象无效。

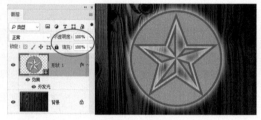

图6-11

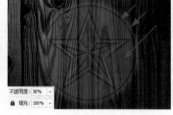

图6-12

图6-13

不透明度的应用方向

除“图层”面板外，其他一些命令和工具也可以设置不透明度（不能设置填充不透明度）。对这些功能进行归纳和梳理之后，不透明度的主要应用方向就明朗了。

首先是用于图层。除“背景”图层外的任何图层都可以调整不透明度，因此，不透明度决定了图层内容、调整指令（调整图层和填充图层），以及附加在图层上的效果（图层样式）和智能滤镜的显示程度。

其次是与填色有关。当使用“填充”“描边”命令，以及渐变工具■时，不透明度（“不透明度”选项）可以控制所填充的颜色及渐变的显示程度。图6-14和图6-15所示为渐变不透明度的作用。

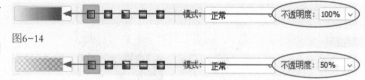

图6-14

图6-15

再有就是绘画方面。在绘画类工具中，画笔工具 ✔、铅笔工具 ✐、历史记录画笔工具 ✔、历史记录艺术画笔工具 ✔ 和橡皮擦工具 ✐ 都有“不透明度”选项，它决定了所绘颜色和像素的显示程度。此外，使用形状类工具（307页）时，在工具选项栏中选择“像素”选项（305页）后，也可以设置不透明度，其作用与绘画类工具相同。

不透明度的使用技巧

不透明度以百分比的形式表示，100%表示完全不透明，0%为完全透明，中间的数值代表半透明。数值越低，透明度越高。使用包含“不透明度”选项的绘画类工具（如画笔工具 ✔、渐变工具 ■）时，按数字键可以修改工具的不透明度。例如，按5键，工具的不透明度会变为50%；连按两次5键，不透明度变为55%；按0键，不透明度恢复为100%。使用非绘画类工具时，所按数字键调整的是当前图层的不透明度。

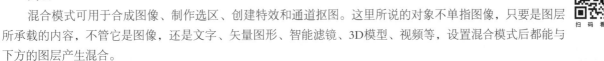

混合模式会影响哪些功能

图层

混合模式可用于合成图像、制作选区、创建特效和通道抠图。这里所说的对象不单指图像，只要是图层所承载的内容，不管它是图像，还是文字、矢量图形、智能滤镜、3D模型、视频等，设置混合模式后都能与下方的图层产生混合。

与不透明度类似，混合模式在图层上的应用也较多，同样是除"背景"图层外的其他图层都可进行设置。但二者的区别也很明显，不透明度所创建的混合是由于对象变得透明而互相叠透产生的效果，而混合模式会使用特殊的算法改变混合结果，因而效果更加丰富。

图层组

图层组的默认模式为"穿透"，它表示组无混合属性，相当于普通图层的"正常"模式，如图6-16所示。设置为其他模式时，组中的图层都采用此模式与下方的图层混合，如图6-17所示。

图6-16

图6-17

工具和命令

让我们来看一个合成案例，其中包含两个图层。首先将人像（"图层1"）抠图并添加到红叶背景中。接下来的操作：创建一个圆形选区，选择"图层1"，执行"编辑>描边"命令，为选区添加蓝色描边。当使用"正常"模式进行描边时，蓝色圆圈将覆盖住人像，如图6-18所示。如果使用其他模式，如"饱和度"模式，就能产生混合效果，不过这只会影响到"图层1"，不会与下方的"背景"图层混合，如图6-19所示。如果新建一个图层，并将描边应用于该图层，然后将混合模式设置为"饱和度"，如图6-20所示，可以看到蓝色圆圈与下方的所有图层都发生了混合。

使用"描边"命令及"正常"模式对选区进行描边

图6-18

使用"描边"命令及"饱和度"模式对选区进行描边

图6-19

与"背景"图层混合

与"图层1"混合

将描边应用于新建的图层后修改混合模式

图6-20

通过以上对比可以得出结论："描边"命令的混合模式仅影响当前图层中的现有像素，与其他图层没有关联。在绘画和修饰类工具的选项栏，以及"渐隐"和"填充"命令中，混合模式的用途与"描边"命令类似。但"图层样式"对话框中的混合模式是个例外，它会影响当前图层和下方第一个与其像素发生重叠的图层。

通道

"应用图像"和"计算"命令可以将混合模式引入通道，让通道产生混合效果。由于目前我们掌握的知识还比较有限，暂时无法理解它的用处，因此这里不作具体说明。在"第13章 抠图技术"中会详细介绍，而且还会有用通道混合方法抠图的实战。

"背后"模式与"清除"模式

"图层"面板、绘画和修饰类工具的选项栏、"图层样式"对话框，以及"填充""描边""计算""应用图像"等命令都有混合模式选项，足见其在Photoshop中的重要性。接下来将介绍每一种混合模式的原理和效果。然而，有两种特殊的混合模式需要先说一下，因为它们很少被人提及，它们就是"背后"模式和"清除"模式。这两种模式只适用于绘画类工具、"描边"命令和"填充"命令。当使用形状类工具时，在工具选项栏中选择"像素"选项后，"模式"下拉列表中也包含这两种模式，如图6-21所示。

图6-21

"背后"模式的作用：仅在图层的透明部分进行编辑或绘画。在正常情况下，使用画笔工具 ✏ 时，所绘制的线条或图案会覆盖原有图像，如图6-22所示。而在"背后"模式下，绘画仅作用于透明区域，不影响图像本身，就像是在位于下方的图层中绘画一样，如图6-23所示。

图6-22

图6-23

在"清除"模式下，当前工具或命令将变成橡皮擦工具 ✐ ，用于擦除像素。例如，将画笔工具 ✏ 设置为"清除"模式并将"不透明度"调整为100%后，在画布上涂抹时，会擦掉图像内容，如图6-24所示。如果不透明度小于100%，则可以部分擦除像素，效果类似于降低图层的不透明度。

需要注意的是，这两种模式仅适用于未锁定透明区域的图层。如果单击"图层"面板中的 ▨ 按钮将透明区域锁定（31页），这两种模式就无法使用了。

图6-24

6.1.3 混合模式详解及效果演示

单击"图层"面板中的一个图层，将其选中之后，单击混合模式右侧的 ∨ 按钮，打开下拉列表，可以为当前图层选择混合模式。当鼠标指针在各个模式上移动时，文档窗口会实时显示混合效果。在该列表上双击，之后滚动鼠标滚轮，或按↓、↑键，可依次切换各个模式（工具选项栏中的"混合模式"选项也可采用此方法操作）。

混合模式可以创建不同的视觉效果，在图像编辑软件中有着广泛的应用。但不同的软件，其混合模式的数量会有一些不同。Photoshop中的混合模式较多，共有27种，分为6组，如图6-25所示。

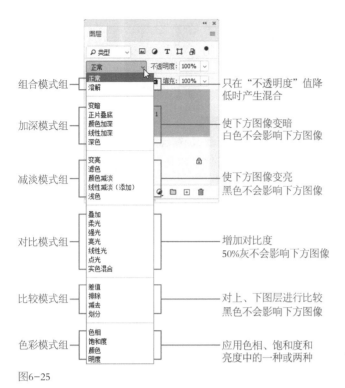

组合模式组 —— 正常
溶解 —— 只在"不透明度"值降低时产生混合

加深模式组 —— 变暗
正片叠底
颜色加深
线性加深
深色 —— 使下方图像变暗
白色不会影响下方图像

减淡模式组 —— 变亮
滤色
颜色减淡
线性减淡（添加）
浅色 —— 使下方图像变亮
黑色不会影响下方图像

对比模式组 —— 叠加
柔光
强光
亮光
线性光
点光
实色混合 —— 增加对比度
50%灰不会影响下方图像

比较模式组 —— 差值
排除
减去
划分 —— 对上、下图层进行比较
黑色不会影响下方图像

色彩模式组 —— 色相
饱和度
颜色
明度 —— 应用色相、饱和度和亮度中的一种或两种

图6-25

为了直观地再现混合模式的效果，接下来将使用图6-26所示的文件，通过改变"图层1"的混合模式来演示它与"背景"图层产生的混合效果。需要注意的是，部分混合模式会隐藏中性色（黑、白和50%灰）（187页），使其失去作用。此外，"点光""变亮""色相""饱和度""颜色""明度"模式对上、下层相同的图像不起作用。

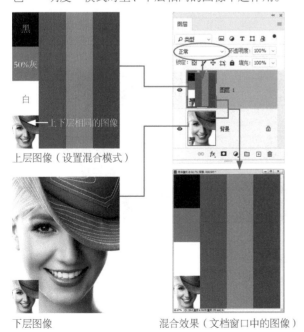

上层图像（设置混合模式）
下层图像
图6-26
混合效果（文档窗口中的图像）

组合模式组

● 正常：默认的混合模式，当图层的不透明度为100%时，完全遮盖下面的图像，如图6-27所示。降低图层的不透明度，可以使其与下面的图层混合。

● 溶解：设置为该模式并降低图层的不透明度后，可以使半透明区域上的像素离散，生成点状颗粒效果，如图6-28所示。

图6-27　　　　图6-28

加深模式组

加深模式组能使图像变暗。当前图层中的白色不会对下方图层产生影响，但比白色暗的像素会加深下方图层的像素。

● 变暗：比较两个图层，当前图层中较亮的像素会被底层较暗的像素替换，亮度值比底层像素低的像素保持不变，如图6-29所示。

● 正片叠底：当前图层中的像素与底层的白色混合时保持不变，与底层的黑色混合时则被其替换，混合结果是整体图像会变暗，如图6-30所示。

图6-29　　　　图6-30

● 颜色加深：通过增加对比度来加强深色区域，底层图像的白色保持不变，如图6-31所示。

● 线性加深：通过降低亮度使像素变暗，它与"正片叠底"模式的效果相似，但可以保留底层图像更多的颜色信息，如图6-32所示。

● 深色：比较两个图层的所有通道值的总和并显示值较小的颜色，不会生成第3种颜色，如图6-33所示。

图6-31　　　　图6-32　　　　图6-33

减淡模式组

减淡模式组与加深模式组的效果相反，能让下方的图像变亮。当前图层中的黑色不会影响下方图层，比黑色亮的像素会加亮下方像素。

● 变亮：与"变暗"模式的效果相反，当前图层中较亮的像素会替换底层较暗的像素，而较暗的像素则被底层较亮的像素替换，如图6-34所示。

● 滤色：与"正片叠底"模式的效果相反，它可以使图像产生漂白的效果，类似于多个摄影幻灯片在彼此之上投影，如图6-35所示。

图6-34　　　　　　图6-35

● 颜色减淡：与"颜色加深"模式的效果相反，即减小对比度来提亮底层的图像，并使颜色变得更加饱和，如图6-36所示。

● 线性减淡（添加）：与"线性加深"模式的效果相反，它通过增加亮度来减淡颜色，提亮效果比"滤色"和"颜色减淡"模式都强烈，如图6-37所示。

● 浅色：比较两个图层的所有通道值的总和并显示值较大的颜色，不会生成第3种颜色，如图6-38所示。

图6-36　　　　　图6-37　　　　　图6-38

对比模式组

对比模式组可以增加下层图像的对比度。在混合时，50%灰色不会对下方图层产生影响，亮度值高于50%灰色的像素会使下方像素变亮，亮度值低于50%灰色的像素会使下方像素变暗。

● 叠加：可增强图像的颜色，并保持底层图像的高光和暗调，如图6-39所示。

● 柔光：当前图层中的颜色决定了图像是变亮还是变暗，如果当前图层中的像素比50%灰色亮，则图像变亮；如果当前图层中的像素比50%灰色暗，则图像变暗。该模式产生的效果与发散的聚光灯照在图像上相似，如图6-40所示。

● 强光：当前图层中比50%灰色亮的像素会使图像变亮，比50%灰色暗的像素会使图像变暗。该模式产生的效果与耀眼的聚光灯照在图像上相似，如图6-41所示。

图6-39　　　　　图6-40　　　　　图6-41

● 亮光：如果当前图层中的像素比50%灰色亮，可通过减小对比度的方式使图像变亮；如果当前图层中的像素比50%灰色暗，则可以通过增大对比度的方式使图像变暗。该模式可以使混合后的颜色更加饱和，如图6-42所示。

● 线性光：如果当前图层中的像素比50%灰色亮，可通过增加亮度使图像变亮；如果当前图层中的像素比50%灰色暗，则可通过减小亮度使图像变暗。与"强光"模式相比，"线性光"模式可以使图像产生更高的对比度，如图6-43所示。

图6-42　　　　　　　图6-43

● 点光：如果当前图层中的像素比50%灰色亮，可以替换暗的像素；如果当前图层中的像素比50%灰色暗，则替换亮的像素。这在向图像中添加特殊效果时非常有用，如图6-44所示。

● 实色混合：如果当前图层中的像素比50%灰色亮，会使底层图像变亮；如果当前图层中的像素比50%灰色暗，则会使底层图像变暗。该模式通常会使图像产生色调分离效果，如图6-45所示。

图6-44　　　　　　　图6-45

比较模式组

比较模式组会比较当前图层与下方图层，将相同的区域变为黑色，不同的区域显示为灰色或彩色。如果当前图层中包含白色，那么白色会使下层像素反相，黑色不会对下层像素产生影响。

● 差值：当前图层的白色区域会使底层图像产生反相效果，黑色区域不会对底层图像产生影响，如图6-46所示。

● 排除：与"差值"模式的原理基本相似，但该模式可以创建对比度更低的混合效果，如图6-47所示。

● 减去：可以从目标通道中相应的像素上减去源通道中的像素，如图6-48所示。

● 划分：查看每个通道中的颜色信息，从基色（原稿颜色）中划分混合色（通过绘画或编辑工具应用的颜色），如图6-49所示。

图6-46

图6-47

图6-48

图6-49

色彩模式组

对于色彩模式组，Photoshop会对色相、饱和度和亮度进行筛选，然后将其中的一种或两种应用到混合后的图像中，而上、下层中相同的图像不会发生改变。

● 色相：将当前图层的色相应用到底层图像的亮度和饱和度中，可以改变底层图像的色相，但不会影响其亮度和饱和度。对于黑色、白色和灰色区域，该模式不起作用，如图6-50所示。

● 饱和度：将当前图层的饱和度应用到底层图像的亮度和色相中，可以改变底层图像的饱和度，但不会影响其亮度和色相，如图6-51所示。

图6-50

图6-51

● 颜色：将当前图层的色相与饱和度应用到底层图像中，但保持底层图像的亮度不变，如图6-52所示。

● 明度：将当前图层的亮度应用于底层图像的颜色中，可以改变底层图像的亮度，但不会对其色相与饱和度产生影响，如图6-53所示。

图6-52　　　　图6-53

6.1.4 实战：镜片反射效果

扫码看视频

本实战使用混合模式和图层蒙版等制作镜片反射彩灯效果，如图6-54所示。

图6-54

01 使用移动工具 ✛ 将光斑素材拖入人物文件，并调整大小，如图6-55所示。在"图层"面板中设置混合模式为"滤色"，效果如图6-56所示。

图6-55　　　　图6-56

02 单击"图层"面板中的 ▣ 按钮添加蒙版。选择画笔工具 ✐ 及硬边圆笔尖，在镜片外的光斑处涂抹黑色，通过蒙版将多余的光斑隐藏，如图6-57和图6-58所示。

03 按Ctrl+J快捷键复制图层。按Ctrl+T快捷键显示定界框，将图像旋转一定的角度并移动位置，使用画笔工具 ✐ 修改蒙版，如图6-59和图6-60所示。

图6-57

图6-58

图6-59

图6-60

6.1.5 实战：为矿泉水瓶贴标

本实战使用混合模式及图像混合技巧，将标志贴在矿泉水瓶上，创建真实的合成效果，如图6-61所示。

扫码看视频

图6-61

01 打开矿泉水瓶和标志素材，如图6-62和图6-63所示。当前操作的是矿泉水瓶文件。

图6-62　　　　　图6-63

02 按Ctrl+J快捷键复制图像。按Shift+Ctrl+U快捷键去色，如图6-64和图6-65所示。

图6-64　　　　　图6-65

03 使用移动工具 ✛ 将标志拖曳到矿泉水瓶文件中，如图6-66所示。按Ctrl+[快捷键，向下移动一个堆叠顺序，如图6-67所示。

图6-66　　　　　图6-67

04 单击黑白图像，设置混合模式为"线性光"，"不透明度"为60%，如图6-68和图6-69所示。

图6-68　　　　　图6-69

05 按Alt+Ctrl+G快捷键创建剪贴蒙版，将此图像的显示范围限定在标志内部，如图6-70和图6-71所示。

图6-70　　　　　图6-71

6.2 图层蒙版

图层蒙版、剪贴蒙版和矢量蒙版同属于非破坏性编辑功能，也是重要的影像合成工具。其中图层蒙版用处最大，本节介绍其原理和使用方法。

6.2.1 实战：瓶中夕阳好

下面使用图层蒙版和剪贴蒙版等合成一幅图像，如图6-72所示。为了使效果更加逼真，需要处理好素材的透视、光照、颜色和投影等，使各种要素相互匹配。

扫码看视频

图6-72

01 打开素材。单击"调整"面板中的 ▦ 按钮，创建"色相/饱和度"调整图层，分别调整"绿色"和"全图"参数，修改瓶子的颜色，如图6-73~图6-75所示。

图6-73　　　　　　　图6-74

图6-75

02 使用画笔工具 ✏ （柔边圆笔尖，不透明度为30％）在瓶子暗部和瓶塞处涂抹黑色，通过修改调整图层的蒙版使涂抹区域恢复原样，如图6-76和图6-77所示。

图6-76　　　　　　图6-77

03 选择魔棒工具 ✦ ，按住Shift键并在背景上单击，将背景全部选取，如图6-78所示。按Shift+Ctrl+I快捷键反选，选中瓶子。按Shift+Ctrl+C快捷键合并复制选区内的图像，再按Ctrl+V快捷键粘贴到一个新的图层中，如图6-79所示。

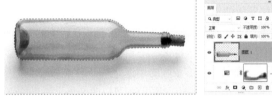

图6-78　　　　　　　　　图6-79

04 将另一个素材拖入瓶子文件中，如图6-80所示。执行"图层>创建剪贴蒙版"命令（快捷键为Alt+Ctrl+G），将其与瓶子图像创建为一个剪贴蒙版组，瓶子之外的风景会被隐藏，如图6-81所示。

图6-80　　　　　　　　图6-81

05 单击"图层"面板中的 ▣ 按钮，为当前图层添加图层蒙版。使用画笔工具 ✏ （柔边圆笔尖，不透明度为30％）在瓶子的两边和风景图片的周围涂抹黑色，将图像隐藏，使风景与瓶子的融合效果自然、真实，如图6-82和图6-83所示。按住Ctrl键并单击瓶子和风景图层，将它们选取，如图6-84所示，按Alt+Ctrl+E快捷键，将图像盖印到一个新的图层中。按Ctrl+T快捷键显示定界框，单击鼠标右键，打开快捷菜单，选择"垂

直翻转"命令，将盖印图像翻转并拖曳到瓶子的下面，使其成为倒影，如图6-85所示。

图6-82

图6-83

图6-84

图6-85

06 在"图层"面板中将倒影的"不透明度"设置为30%。单击 ▣ 按钮添加蒙版。选择渐变工具 ▣，填充默认的"前景色到背景色"线性渐变，让图像下半部分的倒影变淡并逐渐消失，如图6-86和图6-87所示。

图6-86　　图6-87

· PS技术讲堂 ·

图层蒙版的原理与使用规则

图层蒙版的重要性

图层搭建起了Photoshop这座"大厦"，相当于Photoshop的"骨骼"。而图层蒙版则是Photoshop的"灵魂"，几乎所有类型的图层都支持它，就连创建填充图层、调整图层，以及应用智能滤镜时，都会自动添加图层蒙版。

合成影像只是图层蒙版的用途之一。对于特殊类型的图层，如调整图层，图层蒙版可以控制调整范围和强度（*175页*）；在应用智能滤镜时，图层蒙版可以改变滤镜效果的不透明度和有效区域（*168页*）。

扫码看视频

图层蒙版的原理

图层蒙版实际上是一张灰度图像，包含了从黑色到白色的256个灰度级别。它附加在图层上并对图层内容进行遮挡，使其隐藏或呈现透明效果，但蒙版本身并不可见。

初次接触图层蒙版的人可能对这种间接影响图层的方式不太熟悉。为便于理解，我们可将其看作一种能够对不透明度进行分区调节的工具，这样就能看清其本质特征了。下面介绍图层蒙版的原理和使用规律。

在蒙版图像中，黑色、白色和灰色控制着图层内容的显示。黑色区域完全遮挡图层内容，相当于将图层的"不透明度"设置为0%；白色区域完全显示图层内容，相当于将图层的"不透明度"设置为100%；灰色区域的遮挡程度介于黑色和白色之间，因此图层内容会呈现出透明效果（灰色越深，透明度越高），即灰色区域的"不透明度"被蒙版设置为1%~99%。

图6-88展示了上述几种情况。从中可以看到，图层蒙版可以让图像呈现出不同的透明效果，这是用"不透明度"选项无法实现的，因为"不透明度"控制的是整个图层，无法实现

在黑白渐变区域，图像从完全隐藏到完全显示　白色处对应的图像完全显示　灰色使图像呈现透明效果　黑色完全遮挡图像　　被蒙版遮挡的图像　图层蒙版

图6-88

分区调节。由此可以总结出图层蒙版的使用规律：想要隐藏某些内容，可将蒙版中相应的区域涂黑；如果想要重新显示它们，就将蒙版涂成白色；要获得半透明效果，则将蒙版涂成灰色即可。

哪些工具可以编辑图层蒙版

图层蒙版既然是一种灰度图像，那么它就属于位图，因此，除矢量工具外，绘画类、修饰类和选区类工具及滤镜都可用于编辑它。其中最常用的工具有两个，即画笔工具 ✐ 和渐变工具 ▇ 。画笔工具 ✐ 灵活度高，可以控制任意区域的透明度，相当于"步枪点射"，指向精准，能各个击破，如图6-89所示；渐变工具 ▇ 可以在更大范围创建平滑的融合效果，相当于"机枪扫射"，覆盖面大，快速而有效，如图6-90所示。

如果将图层蒙版与另外两种常用的蒙版——矢量蒙版和剪贴蒙版进行比较，在定义图层显示范围方面它们不分伯仲，各有优势。但在透明度的控制上，图层蒙版最强大，也最方便。另外，图层蒙版的编辑工具更是远远多于其他两种蒙版。

认准当前编辑的对象

当一个图层中既有图像（或其他内容，如文字等）又有蒙版时，就需要确认当前编辑的对象。例如，当图像的四角有边框时，如图6-91所示，当前操作就会应用于图像。如果要编辑蒙版，应单击蒙版缩览图（将边框转移给它），如图6-92所示，再进行编辑。如果是刚刚创建的图层蒙版，则无须转换，直接编辑即可。

图6-89

图6-90

图6-91

图6-92

6.2.2 创建图层蒙版

单击图层后，单击"图层"面板中的 ▢ 按钮，或执行"图层>图层蒙版>显示全部"命令，可为其添加一个完全显示图层内容的白色蒙版；按住Alt键并单击 ▢ 按钮，或执行"图层>图层蒙版>隐藏全部"命令，则会添加一个完全隐藏图层内容的黑色蒙版。

如果图层中包含透明区域，执行"图层>图层蒙版>从透明区域"命令，可以创建一个隐藏透明区域的蒙版。

图6-93

如果创建了选区，如图6-93所示，单击 ▢ 按钮，或执行"图层>图层蒙版>显示选区"命令，可以从选区中生成蒙版，如图6-94所示。执行

图6-94

"图层>图层蒙版>隐藏选区"命令，则会将原选区内的图像隐藏。

6.2.3 链接图层内容与蒙版

蒙版和图像缩览图中间有一个 🔗 图标，如图6-95所示，它表示蒙版与图像处于链接状态，此时进行变换操作，如旋转、缩放，蒙版会与图像一同变换，就像处于链接状态的图层（*31页*）一样。如果想单独移动或变换其中的一个，可单击 🔗 图标，或执行"图层>图层蒙版>取消链接"命令，取消链接，如图6-96所示。需要重新链接时，在原图标处单击即可。

图6-95

图6-96

6.2.4 复制与转移蒙版

按住Alt键，将一个图层的蒙版拖曳给另一个图层，可将蒙版复制给目标图层，如图6-97和图6-98所示。如果操作时没有按住Alt键，则会将蒙版转移给对方，原图层不再有蒙版，如图6-99所示。

图6-97　　　图6-98　　　图6-99

6.2.5 显示蒙版图像与停用蒙版

用图层蒙版抠图或进行其他编辑时，如果想查看蒙版边缘的详细情况，可以按住Alt键单击蒙版缩览图，在文档窗口中显示蒙版图像，如图6-100所示。

如果想观察原图，即被蒙版遮挡前的图像，可以按住Shift键并单击蒙版缩览图（相当于执行"图层>图层蒙版>停用"命令），暂时停用蒙版，它上方会出现一个红色的

"×"，如图6-101所示。单击蒙版缩览图，可恢复蒙版。用同样的方法操作，可以恢复显示图像和蒙版遮盖效果。

图6-100

图6-101

6.2.6 应用与删除蒙版

执行"图层>图层蒙版>应用"命令，可以将蒙版及其遮盖的图像删除。执行"图层>图层蒙版>删除"命令，将蒙版缩览图拖曳到"图层"面板中的 🗑 按钮上，可以保留图像，只删除图层蒙版。

6.3 剪贴蒙版

图层蒙版只对一个图层有效，而剪贴蒙版可以处理多个图层。由于剪贴蒙版是用一个图层控制其上方多个图层的，因此具有连续性的特点，调整图层的堆叠顺序时应加以注意，否则会将其解散。

6.3.1 实战：人在文字中

下面用文字定义笔尖并进行绘画，通过剪贴蒙版控制人像显示，如图6-102所示。

单击"背景"图层右侧的 🔒 按钮，如图6-103所示，将其转换为普通图层。单击

扫 码 看 视 频

图6-102

● 按钮打开下拉菜单，选择"渐变"命令，打开"渐变填充"对话框，选择图6-104所示的渐变颜色，创建渐变填充图层。

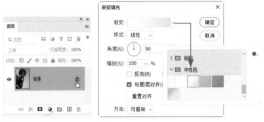

图6-103　　　　图6-104

02 将渐变填充图层拖曳到最下方，如图6-105所示。新建一个图层。按住Alt键，在图6-106所示的图层分隔线上单击，创建剪贴蒙版，如图6-107所示。

图6-105　　　图6-106　　　图6-107

03 新建一个文件。选择横排文字工具 **T** ，在工具选项栏中选择字体并设置文字大小和颜色，如图6-108所示，然后输入文字，如图6-109所示。执行"编辑>定义画笔预设"命令，将文字定义为画笔笔尖，如图6-110所示。

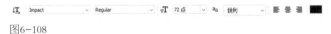

图6-108

图6-109　　　　　　图6-110

提示

使用矩形选框工具 ▭ 选取部分对象后，执行"定义画笔预设"命令，可将所选部分定义为画笔笔尖。笔尖是灰度图像，若想呈现色彩，在使用时需设置前景色。

---

04 选择画笔工具 ✎ 及新定义的笔尖，在"画笔设置"面板中将"间距"设置为200%，如图6-111所示。单击面板左侧的"形状动态"和"散布"属性，并设置参数，如图6-112和图6-113所示。切换到人物文件中，拖曳鼠标绘制文字。由于创建了剪贴蒙版，文字内显示的是上层人像，如图6-114所示。

05 通过 [键和] 键调整笔尖大小，继续绘制。人物面部用大笔尖绘制，背景用小笔尖绘制。也可暂时取消勾选"形状动态"和"散布"属性，以便将面部绘制完整。另外，可以使用移动工具 ✛ 将人物所在的图层向中间移动，如图6-115所示。单击渐变填充图层，按Ctrl+J快捷键复制，按Shift+Ctrl+]快

捷键将复制的图层移至顶层，设置混合模式为"滤色"，如图6-116所示。

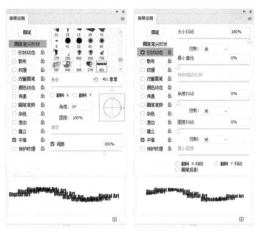

图6-111　　　　　　　图6-112

图6-113　　　　　　　图6-114

图6-115　　　　　　　图6-116

06 单击"渐变"面板中的预设渐变，如图6-117所示，用它替换原有渐变。双击渐变填充图层的缩览图，在打开的对话框中将"角度"设置为0度，如图6-118和图6-119所示。

图6-117

图6-118

图6-119

· PS技术讲堂 ·

剪贴蒙版的特征、结构及使用规律

剪贴蒙版的特征

剪贴蒙版的特征非常明显，如果我们看到图形、文字或人物轮廓内部有其他图像内容，那么大概率是用剪贴蒙版制作的，如图6-120所示。剪贴蒙版在电影海报中运用得较多，如图6-121所示。在平面设计中，用剪贴蒙版将文字与图像做一个简单的合成，也能快速呈现生动有趣的效果，如图6-122所示。

剪贴蒙版的结构

图层蒙版（包括后面将介绍的矢量蒙版）是"单兵作战"（即只用于一个图层），最多是"二人小组"（一个图层可同时添加图层蒙版和矢量蒙版）。剪贴蒙版则可以用一个图层控制多个图层的显示范围，是成组出现的，就像一个"行动小队"。

图6-120　　　　　图6-121　　　　　图6-122

在剪贴蒙版组中，最下面的图层叫作基底图层（名称带下画线），上方的图层是内容图层（带有 图标并指向基底图层），如图6-123所示。基底图层是整个团队的"队长"，所有成员都听从它的指挥。

剪贴蒙版的使用规律

基底图层的透明区域是蒙版（相当于图层蒙版中的黑色），可以将内容图层中的对象隐藏。也就是说，在内容图层中，位于基底图层非透明区域的部分才可见，其他区域会被隐藏起来。因此，移动基底图层时，内容图层的显示状况也会随之改变，如图6-124所示。

内容图层
剪贴蒙版组
基底图层

图6-123

图6-124

基底图层中对象的不透明度决定了内容图层的显示程度。它的规律很简单：当基底图层中对象的不透明度为100%时，内容图层中相应区域完全显示；如果将不透明度降低为0%，那么这个区域就会完全透明，内容图层中的内容将被完全遮挡；而当基底图层中对象的不透明度介于1%和99%之间时，内容图层会呈现相应的透明效果，如图6-125所示。需要注意的是，只有上下相邻的图层才能创建剪贴蒙版，而且基底图层必须位于内容图层的下方，不能脱离"团队"，否则剪贴蒙版组会被解散。

图6-125

6.3.2 将图层移入、移出剪贴蒙版组

将一个图层拖曳到基底图层上方，可将其加入剪贴蒙版组中。将内容图层拖出剪贴蒙版组，可将其从剪贴蒙版组中释放出来。

6.3.3 释放剪贴蒙版

选择基底图层正上方的内容图层，如图6-126所示，执行"图层>释放剪贴蒙版"命令（快捷键为Alt+Ctrl+G），可以解散剪贴蒙版组，释放所有图层，如图6-127所示。

图6-126　　　　图6-127

如果要释放单个内容图层，可以采用拖曳的方法将其拖出剪贴蒙版组。需要释放多个内容图层，并且它们位于整个剪贴蒙版组的顶层时，可以单击其中最下面的一个图层，按Alt+Ctrl+G快捷键将它们一同释放。

6.3.4 实战：制作像素拉伸特效

本实战制作像素拉伸特效，如图6-128所示。其中用到的功能较多，如剪贴蒙版、图层蒙版、对齐、智能对象和变形功能等。

扫 码 看 视 频

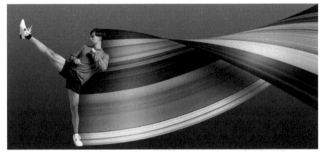

图6-128

01 打开素材。这是抠好的图像，即原图背景已被去除（*抠图方法见366页*）。按Ctrl+R快捷键显示标尺。从标尺上拖曳出参考线，对图像进行划分，如图6-129所示。单击人像所在的图层，如图6-130所示。

图6-129　　　　　　　图6-130

02 选择矩形选框工具，将鼠标指针移动到最左侧的纵向参考线上，向上拖曳创建选区，如图6-131所示。按Ctrl+J快捷键将所选图像复制到新的图层中，如图6-132所示。

图6-131   图6-132

03 采用与上一步相同的方法，选取图6-133和图6-134所示的图像，并复制到单独的图层中。

图6-133   图6-134

─── 提示 ───

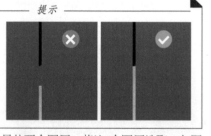

这3条线首尾一定要衔接上，可以多选取一些，让它们互相重叠，但不能少选，否则图形之间会有空隙。

04 按住Ctrl键单击另外两个图层，将这3个图层选取，如图6-135所示。选择移动工具✛，单击工具选项栏中的 ┣ 按钮，如图6-136所示，让这几个图层左对齐。按Ctrl+E快捷键合并图层。按Ctrl+；快捷键隐藏参考线。

图6-135   图6-136

05 执行"图像>画布大小"命令，打开对话框后，设置参数并单击"定位"选项中的按钮，如图6-137所示，向右扩展画布，如图6-138所示。

图6-137   图6-138

06 按几次Ctrl+－快捷键，将视图比例调小。按Ctrl+T快捷键显示定界框，按住Shift键拖曳控制点，向右拉伸图像，如图6-139所示。

图6-139

07 按Enter键确认变换。按Ctrl+[快捷键将当前图层移动到人像后方，如图6-140所示。按Ctrl+A快捷键全选，执行"图像>裁剪"命令，将画布之外的图像裁掉。执行"图层>智能对象>转换为智能对象"命令，创建智能对象。

图6-140

08 执行"编辑>变换>变形"命令，显示变形网格，拖曳网格控制点，让图像翻转，如图6-141~图6-144所示。

图6-141

图6-142

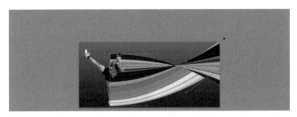

图6-143

图6-144

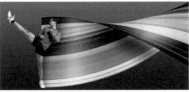

图6-147　　　　　图6-148

11 单击"调整"面板中的■按钮，创建"曲线"调整图层，将其也加入剪贴蒙版组中。向下拖曳曲线，将色调调暗，如图6-149和图6-150所示。

09 创建一个图层，按Alt+Ctrl+G快捷键，将它与下方图层创建为一个剪贴蒙版组，如图6-145所示。选择画笔工具 ✐ 及柔边圆笔尖，将工具的"不透明度"设置为10%左右，在人像及翻转的图像下方涂抹黑色，绘制出阴影，如图6-146所示。

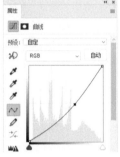

图6-149　　　　　图6-150

12 选择"图层4"并添加图层蒙版，如图6-151所示。使用画笔工具 ✐ 在人物脸部左侧多余的图像上涂抹黑色，如图6-152所示。

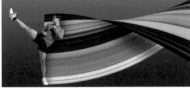

图6-145　　　　　图6-146

10 创建一个图层，设置混合模式为"滤色"，按Alt+Ctrl+G快捷键创建剪贴蒙版，如图6-147所示。按X键，将前景色切换为白色，绘制高光，如图6-148所示。

图6-151　　　　　图6-152

6.4 矢量蒙版

　　矢量蒙版是通过矢量图形控制图层内容显示范围的蒙版，它将矢量图形引入"图像世界"，增加了蒙版的多样性。本节介绍如何使用现成的图形创建和编辑矢量蒙版。而矢量图形的绘制方法，将在"第12章 路径与 App 及 UI 设计"中详细介绍。

6.4.1 实战：制作足球创意海报

　　Photoshop中预设了很多图形，如动物、花卉、小船和各种常用符号，而且还可以加载外

扫码看视频

部图形库。本实战学习如何从现有的图形（即路径）中创建矢量蒙版，实战效果如图6-153所示。

图6-153

01 选择"树叶"图层，如图6-154所示。单击"路径"面板中的路径图层，如图6-155所示。

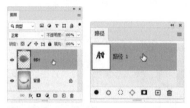

图6-154　　　　图6-155

02 按住Ctrl键并单击"图层"面板中的 ▣ 按钮，基于当前路径创建矢量蒙版，如图6-156和图6-157所示。

03 按住Ctrl键并单击 ⊞ 按钮，在"树叶"图层下方新建一个图层。按住Ctrl键并单击蒙版，如图6-158所示，载入人物选区。

图6-156　　　　图6-157　　　　图6-158

04 执行"编辑>描边"命令，打开"描边"对话框，将描边颜色设置为深绿色，"宽度"设置为4像素，"位置"选择"内部"，如图6-159所示，对选区进行描边。按Ctrl+D快捷键取消选择。选择移动工具 ✛ ，按几下→键和↓键，将描边图像向右下方稍微移动一些。

05 新建一个图层。使用画笔工具 ✐ 在足球运动员脚部绘制阴影，如图6-160所示。

图6-159　　　　　　　　　　图6-160

·PS技术讲堂·

金刚不坏之身

　　图层蒙版和剪贴蒙版都是基于像素的蒙版，它们使用像素的亮度信息控制图层中对象的显示范围。而矢量蒙版则不同，它利用矢量图形来定义显示范围。矢量图形与分辨率无关（304页），因此矢量蒙版无论怎样缩放、旋转和扭曲，其轮廓都能保持平滑（仅限于蒙版，不包括图层中的对象），就像具有"金刚不坏之身"一样。

扫码看视频

　　拥有图形化的轮廓是矢量蒙版的基本外观特征。我们可以使用钢笔工具 ✐（312页）和各种形状工具（307页）绘制蒙版中的图形，如图6-161所示。用矢量工具并结合路径运算，还可以在蒙版中添加或减去图形，如图6-162所示。

　　一个图层可以同时拥有一个图层蒙版和一个矢量蒙版，在这种"一半是火焰，一半是海水"的状态下，对象只会在两个蒙版相交的区域内显示，如图6-163所示。这种组合利用了图层蒙版和矢量蒙版的特点，可以创造出更丰富的效果。

图6-161　　　　　　　图6-162　　　　　　　图6-163

在"属性"面板中，调整"密度"选项可以改变矢量蒙版的整体遮挡强度，减小该值，就相当于降低了矢量蒙版的不透明度，如图6-164所示。"羽化"选项可以控制蒙版边缘的柔化程度，生成柔和的过渡效果，如图6-165所示。"属性"面板对于矢量蒙版意义非凡，因为除了它之外，没有任何一种工具能单独调整矢量蒙版的不透明度（遮挡程度），更不可能进行羽化。

图6-164

图6-165

6.4.2 实战：创建矢量蒙版

矢量蒙版通过3种方法创建。第1种方法是使用自定形状工具 ✿ 或其他工具创建路径，如图6-166和图6-167所示，执行"图层>矢量蒙版>当前路径"命令或按住Ctrl键并单击"图层"面板中的 ▣ 按钮，基于路径生成矢量蒙版，路径外的图像会被蒙版遮挡，如图6-168和图6-169所示。

图6-166　　　　　　图6-167

图6-168　　　　　　图6-169

第2种方法是执行"图层>矢量蒙版>显示全部"命令，创建一个显示全部填充内容的矢量蒙版，它类似于空白的图层蒙版。第3种方法是执行"图层>矢量蒙版>隐藏全部"命令，创建隐藏全部图层内容的矢量蒙版。

如果当前图层中已有图层蒙版，单击 ▣ 按钮可直接创建矢量蒙版。如果要查看原始对象，可按住Shift键并单击蒙版或执行"图层>矢量蒙版>停用"命令，暂时停用蒙版。

6.4.3 实战：在矢量蒙版中添加形状

单击矢量蒙版缩览图，切换到蒙版编辑状态，其缩览图外侧会出现一个外框，如图6-170所示，选择形状类工具，在工具选项栏中单击一个形状运算按钮，之后便可在蒙版中添加图形，如图6-171所示。

图6-170　　　　图6-171

6.4.4 实战：移动和变换矢量蒙版中的形状

单击矢量蒙版缩览图，使用路径选择工具 ▶ 拖曳图形可将其移动。按住Alt键并拖曳，则可复制图形。按Delete键，可将所选图形删除。

如果要对图形进行变换，可以按Ctrl+T快捷键显示定界框，拖曳定界框或控制点，方法与图像变换（74页）相同，按Enter键可进行确认。如果想单独变换图像或蒙版，可以单击矢量蒙版与图像缩览图之间的链接图标 ⑧，或执行"图层>矢量蒙版>取消链接"命令取消链接，再进行操作。

6.4.5 将矢量蒙版转换为图层蒙版

执行"图层>栅格化>矢量蒙版"命令，可以将矢量蒙版转换为图层蒙版。如果图层中同时包含图层蒙版和矢量蒙版，如图6-172和图6-173所示，则转换之后，会从两个蒙版的交集部分生成最终的图层蒙版，并且不会改变遮挡范围，如图6-174所示。

6.4.6 删除矢量蒙版

选择矢量蒙版，如图6-175所示，执行"图层>矢量蒙版>删除"命令，可将其删除，如图6-176所示。也可将矢量蒙版拖曳到 🗑 按钮上进行删除，如图6-177所示。

图6-175　　　　图6-176　　　　图6-177

图6-172　　　图6-173　　　　图6-174

6.5 高级混合选项

"图层样式"对话框中有个很不起眼却颇为复杂的选项面板——"混合选项"，它就像 Photoshop 影像合成功能的"总控室"一样，控制着混合模式、不透明度、通道、混合颜色带和各种蒙版。

6.5.1 实战：瞬间打造错位影像

双击一个图层，或单击图层并执行"图层>图层样式>混合选项"命令，打开"图层样式"对话框并显示"混合选项"。在这其中，"混合模式"、"不透明度"和"填充不透明度"选项与"图层"面板中的选项用途相同，如图6-178所示。

扫码看视频

可以控制通道是否显示。例如，RGB图像中的颜色是由红（R）、绿（G）和蓝（B）3个颜色通道混合而成的，如图6-179所示。如果取消一个通道的勾选，该通道就不参与混合，导致图像颜色发生改变，如图6-180所示。至于变化规律，"第9章 色彩调整"中会介绍，这里了解选项的用途即可。当文件中只有一个图层时，减少通道与在"通道"面板中隐藏一个颜色通道效果完全一样。如果文件中包含多个图层，则减少通道时，既改变图像颜色，也会让上、下图层之间产生奇妙的混合效果，如图6-181所示。

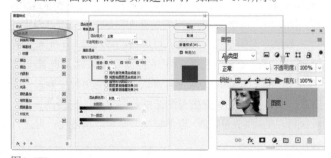

图6-178

"通道"选项与各个颜色通道（*161页、221页*）相对应，

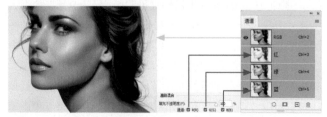

图6-179

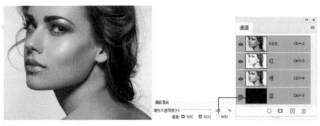

图6-180

图6-181

提示

设置"混合选项"后的图层会显示 图标。

01 图6-182和图6-183所示为本实战的素材。使用移动工具 将素材拖曳到同一个文件中，如图6-184所示。注意上下堆叠顺序。

03 单击"调整"面板中的 按钮，创建"色阶"调整图层。分别选择红、蓝通道，拖曳滑块或输入数值，对色阶进行调整，将照片的色彩转换成蓝色和洋红色，如图6-187~图6-189所示。

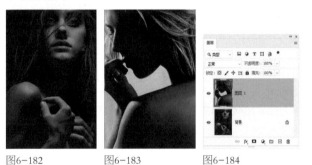

图6-182　　图6-183　　图6-184

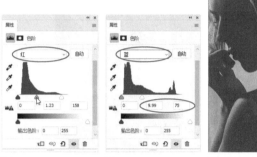

图6-187　　　图6-188　　　图6-189

02 双击"图层1"，打开"图层样式"对话框。取消"R"选项的勾选，不让红通道参与混合，这样下层图像就会显现出来，如图6-185和图6-186所示。单击"确定"按钮关闭对话框。

04 色彩感增强后，图像细节却减少了。单击"调整"面板中的 按钮，创建"颜色查找"调整图层，将饱和度降下来，恢复图像细节，如图6-190和图6-191所示。

图6-185　　　　　　图6-186

图6-190　　　　　　图6-191

05 图像左下方人物肩膀和手叠加的地方看上去不太舒服，需要处理。创建一个图层，将其拖曳到"背景"图层的上方，如图6-192所示。选择画笔工具 及柔边圆笔尖，在人物肩膀等处涂抹黑色，将底层图像隐藏，如图6-193所示。

图6-192　　　　图6-193

6.5.2 实战：用挖空功能制作拼贴照片

挖空功能可以创建这样的效果：让下方图层穿透上方图层显示出来，效果类似于用图层蒙版将上方图层的某些区域遮盖住。它虽然没有图层蒙版强大，但可以更快速地合成图像，如图6-194所示。

扫码看视频

图6-194

01 单击"调整"面板中的 ■ 按钮，创建"渐变映射"调整图层，并设置混合模式为"正片叠底"，如图6-195~图6-197所示。

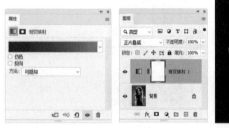

图6-195　　　　图6-196　　　　图6-197

02 选择矩形工具 □，在工具选项栏中选择"形状"选项，设置填充颜色为白色，拖曳鼠标，创建矩形形状图层，如图6-198和图6-199所示。

图6-198　　　　图6-199

03 执行"图层>图层样式>投影"命令，添加"投影"效果，如图6-200所示。新建一个图层。再创建一个矩形形状图层，设置填充颜色为灰色，如图6-201所示。

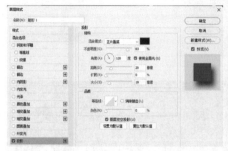

图6-200　　　　　　　　　　图6-201

04 双击该图层，打开"图层样式"对话框。将"填充不透明度"设置为0%，在"挖空"下拉列表中选择"深"选项，如图6-202所示，让"背景"图层中的原始图像显现出来，如图6-203所示。

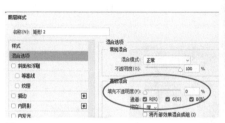

图6-202　　　　　　　　　　图6-203

05 按住Ctrl键并单击下方的形状图层，将它们一同选取，如图6-204所示，按Ctrl+G快捷键编入图层组，如图6-205所示。按Ctrl+T快捷键显示定界框，拖曳控制点，将图形旋转一定的角度，如图6-206所示，按Enter键确认。

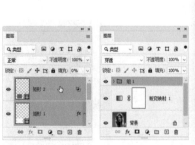

图6-204　　　　图6-205　　　　图6-206

06 按Ctrl+J快捷键复制图层组，如图6-207所示。按Ctrl+T快捷键显示定界框，调整图形的角度、位置及大小，如图6-208所示。采用同样的方法操作几次，复制出更多的图形，如图6-209所示。

图6-207　　　　图6-208　　　　图6-209

挖空技巧

要创建挖空效果，图层的顺序必须正确，即首先将要挖空的图层放到被穿透的图层之上，然后将需要显示的图层设置为"背景"图层，如图6-210所示。

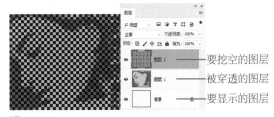

→ 要挖空的图层
→ 被穿透的图层
→ 要显示的图层

图6-210

图层顺序调整好后，双击要挖空的图层，打开"图层样式"对话框，减小"填充不透明度"值，并在"挖空"下拉列表中选择一个选项。选择"无"选项，表示不创建挖空；选择"浅"或"深"选项，都能挖空到"背景"图层，如图6-211所示。如果没有"背景"图层，则无论选择哪一个选项，都挖空到透明区域，如图6-212所示。

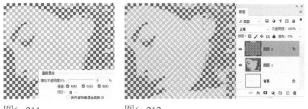

图6-211　　　　　　　图6-212

如果图层添加了"内发光""颜色叠加""渐变叠加""图案叠加"等效果，可以通过"将内部效果混合成组"选项来控制效果是否显示，如图6-213和图6-214所示。

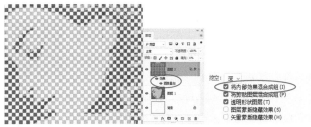

勾选"将内部效果混合成组"选项

图6-213

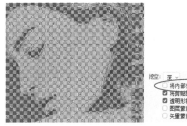

取消勾选"将内部效果混合成组"选项

图6-214

另外，"透明形状图层"选项可以限制图层样式和挖空范围。该选项默认为勾选状态，此时图层样式或挖空范围被限定在图层的不透明区域。取消勾选，会在整个图层的范围内应用效果。

6.5.3 改变剪贴蒙版组的混合方法

剪贴蒙版组是一个"小团队"，其核心成员是基底图层*（144页）*。当基底图层为"正常"模式时，所有内容图层都使用其自身的混合模式。如果将基底图层设置为其他模式，则所有内容图层都会使用此模式与下方图层混合。取消勾选"将剪贴图层混合成组"选项可以改变这个规则，在这种状态下，基层图层的混合模式只影响自身。

6.5.4 控制矢量蒙版中的效果范围

为矢量蒙版所在的图层添加效果后，可以在"高级混合"选项组中控制效果是否在蒙版区域显示。例如，勾选"矢量蒙版隐藏效果"选项，可以隐藏效果，如图6-215所示；取消勾选，效果会在矢量蒙版区域内显示，如图6-216所示。

图6-215　　　　　　　图6-216

6.5.5 实战：制作真实的嵌套效果

为图层蒙版所在的图层添加图层样式后，可以用"高级混合"选项组控制效果的范围。本实战使用该功能制作正确的文字嵌套效果，

扫码看视频

如图6-217所示。

图6-217

01 创建一个10厘米×10厘米、300像素/英寸的文件。选择横排文字工具 **T**，在工具选项栏中选择字体并设置文字大小，在画布上单击并输入文字"P"。

02 打开"样式"面板菜单，执行"旧版样式及其他"命令，加载旧版样式库。在"Web样式"组中单击图6-218所示的样式，为文字添加该效果，如图6-219所示。按Ctrl+J快捷键复制图层，双击缩览图选取文字，如图6-220和图6-221所示。

图6-218　　　　图6-219

图6-220　　　　图6-221

03 输入大写的"S"，如图6-222所示。按Ctrl+A快捷键全选，在工具选项栏中将文字大小设置为150点，如图6-223所示。按Ctrl+Enter快捷键结束文字的编辑。

图6-222　　　　图6-223

04 执行"图层>图层样式>缩放效果"命令，在对话框中进行设置，如图6-224所示，将效果按比例缩小，使之与文

字"S"的大小相匹配，如图6-225所示。

图6-224　　　　　　　　　图6-225

05 按Ctrl+T快捷键显示定界框，在定界框外拖曳旋转文字。将鼠标指针放在定界框内，进行拖曳，移动文字的位置，效果如图6-226所示，按Enter键确认。

06 单击 ■ 按钮添加图层蒙版，按住Ctrl键并单击文字"P"的缩览图载入选区，如图6-227和图6-228所示。

图6-226　　　　　图6-227　　　　　图6-228

07 使用画笔工具 ✐ 在两个文字的相交处涂抹黑色，如图6-229所示。按Ctrl+D快捷键取消选择。可以看到，文字相交处有很深的压痕，这种嵌套效果显然不真实。双击文字"S"所在的图层，打开"图层样式"对话框，勾选"图层蒙版隐藏效果"选项，如图6-230所示，将该区域的效果隐藏，如图6-231所示。使用渐变工具 ■ 为"背景"图层添加渐变效果，在颜色的衬托下，金属看起来更有质感。

图6-229　　　　　图6-230　　　　　图6-231

6.5.6 实战：制作雨窗

"图层样式"对话框中的混合颜色带是Photoshop中元老级的合成功能，它是一种蒙版，能依据像素的亮度信息决定其显示或隐藏。混合颜色带也常用于抠图（351页）。下面学习怎样使用它合成图像，制作雨窗效果，如图6-232所示。由于要让窗上呈现文字和爱心图形，单靠混合模式叠加上去，水珠太少且细节不足，效果并不理想，因此这里需要

扫码看视频

使用混合颜色带让更多的水珠透出来。

图6-232

01 使用移动工具 ✛ 将雨滴素材拖入人物文件中，设置混合模式为"滤色"，如图6-233和图6-234所示。

图6-233　　　图6-234

02 单击"调整"面板中的 ❂ 按钮，创建"亮度/对比度"调整图层，将色调调暗，如图6-235所示，水珠在较暗的背景上效果更加清晰。将"亮度/对比度"调整图层拖曳到"背景"图层上方，效果如图6-236所示。

图6-235　　　图6-236

03 使用渐变工具 ▮ 填充黑白线性渐变，通过蒙版遮挡让画面下方的图像恢复亮度，如图6-237和图6-238所示。

图6-237　　　图6-238

04 添加图形素材，如图6-239所示。设置混合模式为"柔光"，效果如图6-240所示。

图6-239　　　　　　图6-240

05 双击当前图层，如图6-241所示，打开"图层样式"对话框。按住Alt键并单击"下一图层"选项中的白色滑块，如图6-242所示，将其一分为二，分别拖曳这两个滑块进行调整，如图6-243所示，这样就能让更多的雨滴显现出来，如图6-244所示。

图6-241　　　　　　图6-242

图6-243　　　　　　图6-244

6.5.7 实战：定制T恤图案

本实战使用混合模式和混合颜色带在T恤上贴插画，如图6-245所示。

扫 码 看 视 频

图6-245

01 使用快速选择工具 ✓ 选取T恤，如图6-246所示。若有多选的地方，可按住Alt键在其上方拖曳，将其排除到选区之外，漏选的地方可以按住Shift键拖曳，添加到选区中。

02 选择多边形套索工具 ✓，按住Alt键在雨伞杆处创建选区，将雨伞杆排除到选区之外，如图6-247所示。

图6-246　　　　　　　图6-247

03 按Ctrl+J快捷键将选中的图像复制到新的图层中。打开插画素材，如图6-248所示，使用移动工具 ✛ 将其拖入人物文件中。

04 按Alt+Ctrl+G快捷键创建剪贴蒙版，效果如图6-249所示。设置混合模式为"正片叠底"，双击当前图层，如图6-250所示，打开"图层样式"对话框。

图6-248

图6-249　　　　图6-250

05 按住Alt键并单击"下一图层"选项中的白色滑块，将其一分为二并进行拖曳，如图6-251所示，衣服的明暗关系会在插画图像上体现出来，如图6-252所示。

图6-251　　　　　　　图6-252

06 使用套索工具 ◯ 选取交通锥，如图6-253所示。执行"编辑>生成式填充"命令，单击"生成"按钮，将交通锥消除，如图6-254所示。

图6-253　　　　　　　图6-254

·PS技术讲堂·

读懂混合颜色带中的数字

控制本图层中的像素

在众多蒙版中，混合颜色带最为"低调"，甚至很多人不知道有这样一个功能存在。混合颜色带的独特之处在于：既能隐藏当前图层中的像素，也能让下一图层中的像素穿透当前图层显示出来，也可以同时隐藏当前图层和下一图层的部分像素，这是其他蒙版无法做到的。

扫码看视频

以图6-255所示的图像为例，这是一个分层文件，双击"图层1"，打开"图层样式"对话框，可以看到"混合颜色带"选项。在操作时需要通过拖曳滑块来定义亮度范围，因为"混合颜色带"没有具体的参数可供设置。

在"混合颜色带"选项组中，"本图层"选项指的是当前正在编辑的图层（即双击的图层），"下一图层"选项是指当前图层下方的第一个图层。"本图层"和"下一图层"下方都有一个黑白渐变条，渐变条上还标有数字。黑白渐变条代表图像的色调范围，从0（黑）到255（白），共256级色阶。黑色滑块位于渐变条左端（数字为0），用于定义亮度范围的最低值；白色滑块位于渐变条右端（数字为255），用于定义亮度范围的最高值，如图6-256所示。

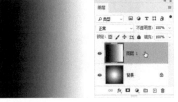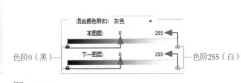

图6-255　　　　　　　　　　　　图6-256

拖曳"本图层"滑块，可以隐藏当前图层中的像素，这样"下一图层"中的像素就会显示出来。当向右拖曳黑色滑块时，它会从黑色色阶下方移动到灰色色阶下方。此时，所有亮度值低于滑块当前位置的像素都会被隐藏。拖曳滑块时，其上方的数字也会随之改变，通过观察这个数字，可以知道图像中隐藏了哪些像素。根据当前的结果，数字显示为100，如图6-257所示，这说明亮度值为0~100的像素被隐藏了。

如果拖曳白色滑块，将会隐藏亮度值高于滑块所在位置的像素，因此，图6-258所示滑块所对应的数字是200，就表示亮度值为200~255的像素被隐藏了。

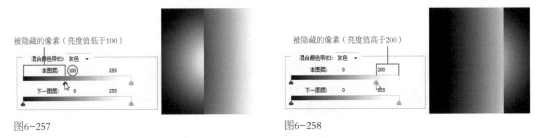

图6-257　　　　　　　　　　　　　　　　图6-258

让下方图层中的像素显现

"下一图层"是指当前图层下方的第一个图层，拖曳"下一图层"滑块，可以让该图层中的像素穿透当前图层显示出来。例如，将黑色滑块拖曳到100处，那么亮度值为0~100的像素就会穿透当前图层显示出来，如图6-259所示。如果将白色滑块拖曳到200处，则显示的是亮度值为200~255的像素，如图6-260所示。

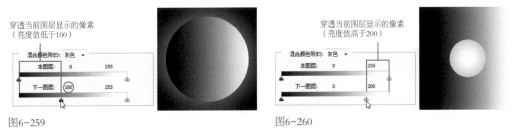

图6-259　　　　　　　　　　　　　　　　图6-260

·PS技术讲堂·

像图层蒙版一样创建半透明区域

在图层蒙版中，灰色能使对象呈现透明效果。混合颜色带也能创建类似的透明区域，操作方法如下：按住Alt键并单击一个滑块，这样可将它拆分为两个滑块，将这两个滑块拉开一定距离，它们中间的像素就呈现半透明效果。例如，图6-261所示的"下一图层"滑块位置分别在120和200处，这意味着亮度值为120~255的像素会穿透当前图层显示出来，其中

200~255范围内的像素完全显示，120~200范围内的像素则呈现半透明效果（色调值越低，像素越透明）。

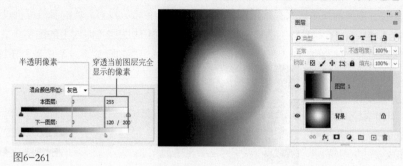

图6-261

6.6 图框

图框工具与剪贴蒙版的用途类似。使用该工具创建图像框架（即图框）后，可以通过拖曳或置入的方法让图像在图框内显示。通过调整图框的尺寸、位置和角度，可以自由地改变图像在框架中的显示方式，而无须实际裁剪原始图像。

$6.6.1$ 实战：餐饮App版面设计

图框工具⊠特别适合在图文混排的版面中使用，如图6-262所示。这是一个极简风格的餐饮App版面，给人以典雅、高级的视觉感受。

扫码看视频

图6-262

01 选择图框工具⊠，在工具选项栏中单击图6-263所示的按钮。按住Shift键拖曳鼠标创建圆形图框，如图6-264所示，按住Alt键向右拖曳圆形进行复制，如图6-265所示。

图6-263

图6-264 　　　　　　　图6-265

02 按住Ctrl键单击图框图层，将其全部选取，如图6-266所示，执行"图层>分布>水平居中"命令，让图层按照相同的间距分布，如图6-267所示。

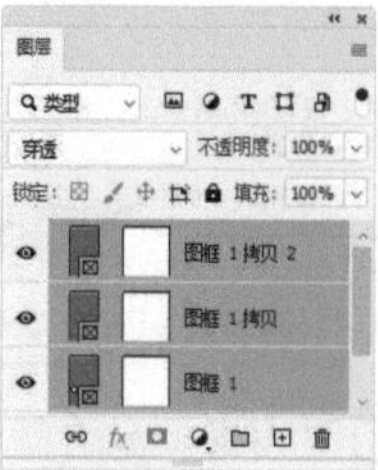

图6-266 　　　　图6-267

03 单击图框缩览图，如图6-268所示，执行"文件>置入嵌入对象"命令，在图框中置入图像，如图6-269所示。

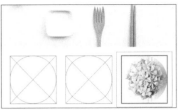

图6-268 图6-269

04 采用同样的方法在其他图框中置入素材，如图6-270和图6-271所示。

图6-270 图6-271

6.6.2 创建与编辑图框

选择图框工具 ⊠ 后，在图像上方拖曳鼠标创建图框，或执行"图层>新建>来自图层的画框"命令，可以将图框外的图像隐藏，同时当前图像会转换为智能对象。

图框的基本形状为矩形和圆形。使用钢笔工具 ⌀ 、自定形状工具 ✿ 等创建形状图层后，执行"图层>新建>转换为图框"命令，可将形状转换为图框，如图6-272所示。

图框的最大优点是换图方便。例如，执行"文件"菜单中的"置入链接的对象"或者"置入嵌入的对象"命令，可以在图框中置入其他图像，如图6-273所示。将图像拖曳到"图层"面板中的图框图层上，可以替换图框内的对象。

图6-272 图6-273

6.6.3 实战：将文字转换为图框

01 按Ctrl+J快捷键复制"背景"图层。在当前图层下方创建图层。使用矩形选框工具 ⬚ 选取右半边图像，如图6-274所示。按Alt+Delete快捷键填充前景色（黑色），如图6-275所示。取消选择图像。

扫码看视频

图6-274 图6-275

02 使用横排文字工具 **T** 输入文字，如图6-276所示。执行"图层>新建>转换为图框"命令，将文字转换为图框，如图6-277所示。

图6-276 图6-277

03 单击"调整"面板中的 ■ 按钮，创建"渐变映射"调整图层，选取预设渐变，如图6-278所示。设置该图层的混合模式为"滤色"。

04 单击"调整"面板中的 ▦ 按钮，创建"曲线"调整图层，将色调调暗，如图6-279和图6-280所示。

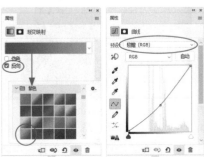

图6-278 图6-279 图6-280

6.7 通道

Photoshop 中有 3 种通道：Alpha 通道、颜色通道和专色通道，它们分别与选区、色彩和图像内容有关，可用于抠图、调色和制作特效。本节介绍通道的种类和基本操作方法。

6.7.1 实战：制作抖音效果

颜色通道保存了图像内容和颜色信息，对其进行位移可以制作类似套印不准的错位效果，即当今流行的抖音风。

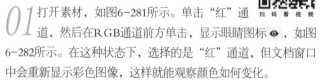

01 打开素材，如图6-281所示。单击"红"通道，然后在RGB通道前方单击，显示眼睛图标 ⊙，如图6-282所示。在这种状态下，选择的是"红"通道，但文档窗口中会重新显示彩色图像，这样就能观察颜色如何变化。

图6-281　　　　图6-282

02 使用移动工具 ⊕ 向右下方拖曳图像，如图6-283所示。单击"蓝"通道，向右上方拖曳，如图6-284和图6-285所示。如果弹出提示信息"不能使用移动工具"，可以先按Ctrl+A快捷键全选，再进行拖曳。

图6-283　　　　图6-284　　　　图6-285

03 选择裁剪工具 ⌷ 并在工具选项栏中选择"原始比例"选项，在画面中单击显示裁剪框，拖曳左上角的控制点调整画面，如图6-286所示。按Enter键，将画面边缘的重影图像裁掉，如图6-287所示。

图6-286　　　　图6-287

6.7.2 "通道"面板

打开一幅图像后，"通道"面板中会显示其通道信息，如图6-288所示。通道名称左侧是通道内容的缩览图，编辑图像时，缩览图会自动更新。

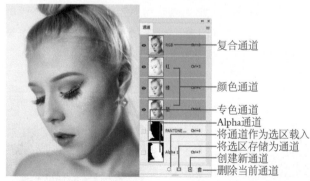

图6-288

如果要编辑通道，可单击它，如图6-289所示，此时文档窗口中将显示所选通道中的灰度图像。如果要同时选取多个颜色通道，如图6-290所示，可以按住Shift键并分别单击它们。结束通道的编辑以后，单击面板顶部的复合通道，如图6-291所示，可重新显示其他颜色通道，并在文档窗口中恢复彩色图像。

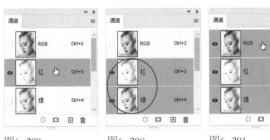

图6-289　　　　图6-290　　　　图6-291

提示

按Ctrl+数字键可以选择通道。例如，按Ctrl+3、Ctrl+4和Ctrl+5快捷键，可以分别选择红、绿、蓝通道（文件为RGB模式）；按Ctrl+6快捷键，可以选择蓝通道下方的通道；按Ctrl+2快捷键，可以返回RGB复合通道。

"通道"面板按钮

- 将通道作为选区载入 ⟨⟩：单击一个通道，再单击该按钮，可以将通道中的选区加载到画布上。
- 将选区存储为通道 ▣：创建选区后，单击该按钮，可以将选区保存在Alpha通道中。
- 创建新通道 ⊞：单击该按钮，可以创建Alpha通道。将一个通道拖曳到 ⊞ 按钮上，可复制该通道。
- 删除当前通道 🗑：选择一个通道并单击该按钮，或者将一个通道拖曳到该按钮上，可将其删除。

提示

复合通道不能进行重命名、复制和删除操作。颜色通道不能重命名，但可以复制和删除，只是删除以后，图像会变为多通道模式。

6.7.3 颜色通道

颜色通道就像摄影胶片，记录了图像内容和颜色信息。图像的颜色模式（218页）决定了颜色通道的种类和数量。例如，RGB模式的图像包含红、绿、蓝和一个用于编辑图像内容的复合通道；CMYK模式的图像包含青色、洋红、黄色、黑色和一个复合通道；Lab模式的图像包含明度、a、b和一个复合通道；灰度模式，以及位图、双色调和索引颜色模式的图像只有一个通道。

6.7.4 Alpha通道

Alpha通道是后添加的，它有3种用途：一是保存选区，二是可以将选区转换为灰度图像，三是可以从Alpha通道中载入选区（58页）。

6.7.5 专色通道

专色通道用来存储印刷用的专色。专色是预混油墨，如金银色油墨、荧光油墨等，用于替代或补充普通的印刷色（CMYK）油墨。

需要创建专色通道时，首先可以创建选区以划定专色范围，如图6-292所示，然后打开"通道"面板菜单，执行"新建专色通道"命令，打开"新建专色通道"对话框，单击"颜色"色块，如图6-293所示，打开"拾色器"对话框选择一种专色，即可创建专色通道并用专色填充选中的区域，如图6-294和图6-295所示。

图6-292　　　　图6-293

图6-294　　　　图6-295

提示

专色通道以专色的名称命名，不要修改"新建专色通道"对话框中专色的"名称"，否则以后文件可能无法打印。

6.7.6 实战：制作专色印刷图像

删除一个颜色通道时，图像会自动转换为多通道模式。采用这种方法可以制作印刷用专色图像，如图6-296所示。

扫码看视频

图6-296

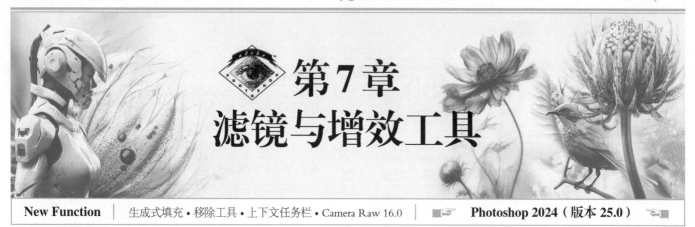

第7章
滤镜与增效工具

New Function | 生成式填充 • 移除工具 • 上下文任务栏 • Camera Raw 16.0 | ☞ **Photoshop 2024（版本 25.0）**

本章简介

本章介绍滤镜和增效工具的使用方法及操作技巧。关于 Photoshop 各个滤镜的详细说明，在附赠资源的滤镜电子书中，如需了解，可查看电子书。

学习目标

在 Photoshop 中，滤镜可用于制作特效、编辑数码照片（校正照片中的镜头缺陷、制作各种镜头特效）、编辑蒙版和通道等。通过本章的学习，应了解滤镜的使用规则和技巧，掌握智能滤镜的使用方法，以便为后面的实战练习打好基础。

学习重点

实战：巧变铜手
滤镜的使用规则和技巧
Neural Filters滤镜项目
智能滤镜如何智能
实战：解体消散特效

7.1 滤镜初探

　　滤镜在 Photoshop 中的用途非常广泛，可以制作特效、调整照片、磨皮、抠图等。它就像是 Photoshop 中的"魔法师"，只要"随手"一变，就能让图像呈现令人惊叹的效果。

7.1.1 实战：巧变铜手

　　本实例制作一只铜手。先用滤镜生成金属质感，再通过混合模式表现金属的光泽。图7-1所示为本实例在橱窗上的应用。

01 打开素材。单击"路径 1"，在画布上显示路径，如图7-2和图7-3所示。单击 ○ 按钮，从路径中加载选区。连续按3次Ctrl+J快捷键，将选区内的图像复制到新的图层中。

02 修改图层名称，如图7-4所示。选择"颜色"图层，将其他两个图层隐藏，如图7-5所示。设置前景色为棕色（R148,G91,B31），背景色为深棕色（R41,G26,B8）。按住Ctrl键并单击"颜色"图层的缩览图，如图7-6所示，加载左手选区。使用渐变工具 ■ 填充线性渐变，如图7-7所示。取消选择。

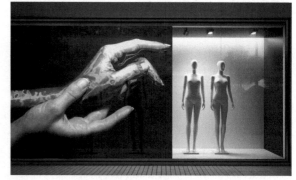

图7-1

图7-2

图7-3

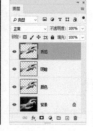

图7-4

图7-5

图7-6　　　　图7-7

03 选择并显示"明暗"图层。按Shift+Ctrl+U快捷键去色，设置混合模式为"亮光"，不透明度为80%，如图7-8和图7-9所示。

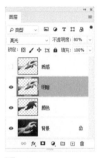

图7-8　　　　图7-9

04 选择并显示"质感"图层。执行"滤镜>素描>铬黄渐变"命令，打开"滤镜库"对话框，设置参数如图7-10所示，制作肌理效果。设置该图层的混合模式为"颜色减淡"，不透明度为45%，效果如图7-11所示。

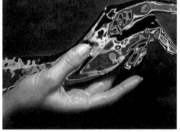

图7-10　　　　　　图7-11

05 按住Ctrl键并单击"质感"图层的缩览图，加载选区。在"质感"图层下方新建一个图层，修改名称为"细节"。使用画笔工具 ✐ 在手的暗部涂抹白色，如图7-12所示。按Ctrl+D快捷键取消选择。设置该图层的混合模式为"柔光"，不透明度为80%，让暗部显示细节，如图7-13所示。

图7-12　　　　图7-13

06 再次加载左手选区。单击"调整"面板中的 ▦ 按钮，创建"色相/饱和度"调整图层，设置参数如图7-14所示。选区会转换到调整图层的蒙版中，如图7-15所示，效果如图7-16所示。

图7-14　　　　图7-15　　　　图7-16

7.1.2 小结

滤镜原本是一种摄影器材，如图7-17所示。将其安装在镜头前，可以改变色彩，或者产生特殊的拍摄效果。Photoshop中的滤镜以改变像素的位置和颜色来生成特效。例如，图7-18所示为原图，图7-19所示为用"染色玻璃"滤镜处理后的图像（放大镜中显示了像素的变化情况）。

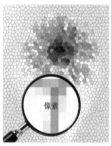

图7-17　　　　图7-18　　　　图7-19

Photoshop的"滤镜"菜单如图7-20所示。其中的"Neural Filters""镜头校正""液化""消失点"等是大型滤镜，被单独列出，其他滤镜按照用途进行分类，放置在各个滤镜组中。如果安装了外挂滤镜，它们会出现在菜单底部。

默认状态下，"滤镜"菜单中没有"画笔描边""素描""纹理""艺术效果"滤镜组，要使用这

图7-20

163

些滤镜，需要执行"滤镜>滤镜库"命令，打开"滤镜库"对话框进行添加，如图7-21所示。如果想让所有滤镜出现"滤镜"菜单中，可以执行"编辑>首选项>增效工具"命令，打开"首选项"对话框，勾选"显示滤镜库的所有组和名称"选项，如图7-22所示。

图7-21

图7-22

· PS 技术讲堂 ·

滤镜的使用规则和技巧

- 滤镜一次只能处理一个图层。使用时，需要先单击要处理的图层，并使图层可见（缩览图左侧有眼睛图标 👁 ）。
- 滤镜的处理效果是以像素为单位进行计算的，因此，用相同的参数处理不同分辨率的图像，效果会有差异，如图7-23～图7-25所示。
- 如果有选区，滤镜只处理选区内的图像，如图7-26和图7-27所示。未创建选区时，处理当前图层中的全部图像，如图7-28所示。

滤镜参数　　　　分辨率为72像素/英寸　　分辨率为300像素/英寸　　创建选区　　　　只处理选区内的图像　　未创建选区并使用滤镜

图7-23　　　　　图7-24　　　　　　　图7-25　　　　　　　　图7-26　　　　　图7-27　　　　　　　图7-28

- 在"滤镜"菜单中，显示为灰色的滤镜不能使用。RGB颜色模式的图像可以使用全部滤镜，CMYK颜色模式的图像不能使用少量滤镜，索引颜色模式和位图模式的图像无法使用任何滤镜。如果颜色模式限制了滤镜的应用，可以执行"图像>模式>RGB颜色"命令，将图像转换为RGB颜色模式，再用滤镜处理。
- 使用一个滤镜后，"滤镜"菜单的第一行便会出现该滤镜的名称（即"上次滤镜操作"命令），单击即可再次应用这一滤镜。
- 只有"云彩"滤镜可以应用在没有像素的区域，其他滤镜都必须应用在包含像素的区域。
- "木刻""染色玻璃"等滤镜在使用时会占用大量的内存，特别是在编辑高分辨率的图像时，Photoshop的处理速度会变慢。如果遇到这种情况，可以先在一小部分图像上试验滤镜，找到合适的设置后，再将滤镜应用于整个图像。此外，为 Photoshop 提供更多的内存也是一个提速的方法（电子文档68页）。
- 打开"滤镜库"或其他滤镜的对话框时，在预览框中可以预览滤镜效果，单击⊞和⊟按钮，可以放大和缩小显示比例；拖曳预览框内的图像，可以移动显示位置。如果想要查看某一区域，可在文件中单击该区域，滤镜预览框中就会显示单击处的图像。按住 Alt 键，"取消"按钮会变成"复位"按钮，单击该按钮，可以将参数恢复为初始状态。
- 使用滤镜的过程中按 Esc 键，可终止处理。

7.2 **Neural Filters（神经网络）滤镜**

Neural Filters（神经网络）滤镜与滤镜库类似，也包含多个滤镜，它使用由 Adobe Sensei 提供支持的机器学习功能，可以非常轻松地完成修图、调色、制作特效等任务，有效减少图像处理的工作流程。

7.2.1 **实战：转换四时风光**

Neural Filters包含一个风景混合器，可以增强风光照的视觉效果，使四季更加分明，更神奇的是，它还能让风景照中的季节发生转换。

01 打开图7-29所示的素材。执行"滤镜>Neural Filters"命令，打开"Neural Filters"面板。开启"风景混合器"功能并单击第1个预设，生成冬季雪景，如图7-30和图7-31所示。

图7-29

图7-34

图7-30

图7-31

> **提示**
>
> 打开"Neural Filters"面板后，在初次使用之前，筛选器右侧显示 ♣ 图标即滤镜需要从云端下载（单击 ♣ 图标即可下载）。

02 将"冬季"滑块拖曳到最右侧，如图7-32所示，增加图中雪量，如图7-33所示。图7-34所示为其他季节的效果。

图7-32

图7-33

7.2.2 **Neural Filters滤镜项目**

"Neural Filters"包含专题滤镜、测试版滤镜和即将推出的滤镜。后两种表示滤镜还在测试中或者目前还不太成熟。

● 皮肤平滑度：可以去除皮肤上的痘痘、色斑和瑕疵，让皮肤变得细腻、光滑。

● 智能肖像：可以修改人像的年龄、眼睛方向、表情、面部朝向，以及光照方向等，如图7-35所示。

原图　　　　修改年龄　　　修改眼睛方向

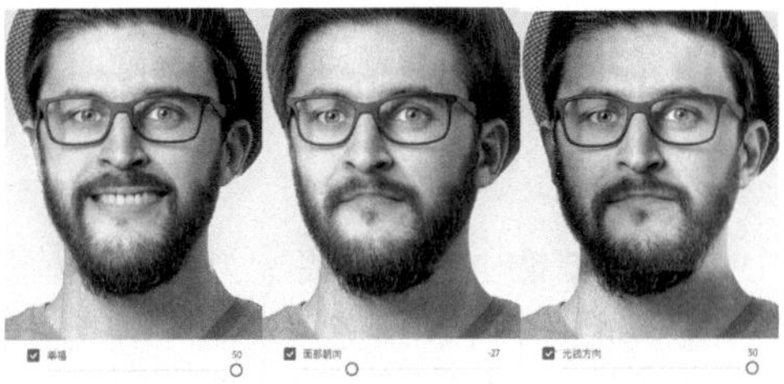

修改表情　　修改面部朝向　　修改光照方向

图7-35

● 妆容迁移：可以将眼部和嘴部的妆容从一幅图像应用到另一幅图像（见273页实战）。

● 风景混合器：可以增强风光照片的视觉效果或转换季节。

● 样式转换：可以将预设的艺术风格应用于图像，如图7-36所示（预设原作分别为梵高的《自画像》和葛饰北斋的《神奈川冲浪里》）。

图7-36

● 协调：可以处理抠好的图像，使其与另一幅图像的颜色和色调相匹配，创造完美的合成效果（见373页实战）。

● 色彩转移：可以转换图像的整体色彩，如图7-37所示。

图7-37

● 着色：可以快速为黑白照片上色，如图7-38所示。

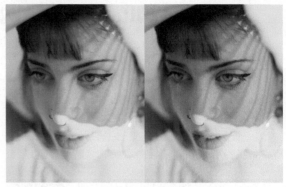

图7-38

● 超级缩放：可以放大和裁剪图像，再通过 Photoshop 添加细节。

● 深度模糊：可在主体对象周围添加环境薄雾，如图7-39所示。也可调整环境色温，使其更暖或更冷。

图7-39

● 移除JPEG伪影：使用JPEG格式保存图像时会进行压缩，导致图像品质下降，有时还会出现伪影，影响图像的美观。该滤镜能移除压缩图像时产生的伪影。

● 照片恢复：快速修复旧照片，提高对比度、增加细节表现、消除划痕。

7.3 智能滤镜

　　智能滤镜是应用于智能对象的滤镜。除"液化"和"消失点"等少数滤镜外，其他滤镜均可作为智能滤镜使用，还包括"图像 > 调整"子菜单中的"阴影 / 高光"命令。

◆————————————·PS技术讲堂·————————————▶

智能滤镜如何智能

　　使用滤镜时会修改像素，如图7-40和图7-41所示，这意味着应用滤镜的效果虽然精彩，却对图像具有破坏性。如果将其应用于智能对象，情况就不同了。在这种状态下，滤镜会像图层样式一样附加在智能对象所在的图层上。就是说，滤镜效果与图层中的对象是分离的，如图7-42和图7-43所示，滤镜就变为可单独编辑

扫码看视频

的对象了。智能滤镜有4个显著特点，如下所示。

（1）不破坏原始图像；（2）同一图层可添加多个滤镜；（3）滤镜参数可修改；（4）滤镜效果可以调整混合模式和不透明度，也可调整堆叠顺序、添加图层样式或用蒙版控制滤镜范围，如图7-44所示。

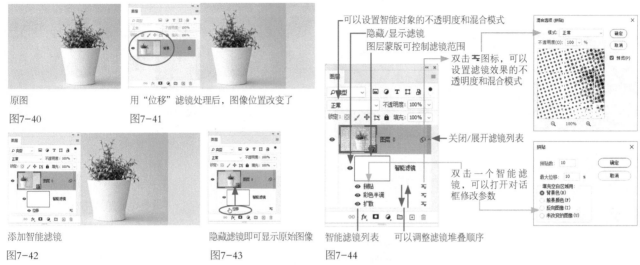

原图

图7-40

用"位移"滤镜处理后，图像位置改变了

图7-41

添加智能滤镜

图7-42

隐藏滤镜即可显示原始图像

图7-43

图7-44

然而，也正是可修改、可删除等特点，使得智能滤镜使用时，需要更多的内存，也会占用更大的存储空间。另外需要注意，智能滤镜不是百分百智能，这体现在：当缩放添加了智能滤镜的对象时，滤镜效果不会做出相应的改变。例如，在添加了"模糊"智能滤镜后，当缩小智能对象时，模糊范围并不会自动减少，需要修改参数才能让滤镜效果与缩小后的对象匹配。这一点与图层样式相似（36页）。

7.3.1 实战：制作网点照片

01 打开照片素材，如图7-45所示。执行"滤镜>转换为智能滤镜"命令，弹出一个提示框，单击"确定"按钮，将"背景"图层转换为智能对象，如图7-46所示。如果当前图层为智能对象，可以直接应用滤镜，不必转换。

扫码看视频

图7-47

图7-48

03 执行"滤镜>锐化>USM锐化"命令，对效果进行锐化，使网点变得清晰，如图7-49和图7-50所示。

图7-45

图7-46

02 按Ctrl+J快捷键复制图层。将前景色设置为蓝色。执行"滤镜>滤镜库"命令，打开"滤镜库"对话框，展开"素描"滤镜组，单击"半调图案"滤镜，将"图案类型"设置为"网点"，其他参数如图7-47所示。单击"确定"按钮，应用智能滤镜，效果如图7-48所示。

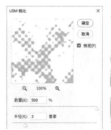

图7-49

图7-50

04 将"图层0拷贝"图层的混合模式设置为"正片叠底"，选择"图层0"。将前景色调整为紫红色（R173,G95,B198）。执行"滤镜>素描>半调图案"命令，打开

"滤镜库"对话框，使用默认的参数即可，将图像处理为网点效果，如图7-51所示。执行"滤镜>锐化>USM锐化"命令，锐化网点。选择移动工具 ✛，按←键和↓键微移图层，使上下两个图层中的网点错开。使用裁剪工具 ⛏ 将照片的边缘裁齐，效果如图7-52所示。

图7-51 　　　　　　　　图7-52

7.3.2 实战：修改智能滤镜

01 打开前一个实战的效果文件。双击智能滤镜，如图7-53所示，打开"滤镜库"对话框，修改滤镜，将"图案类型"设置为"圆形"，单击"确定"按钮关闭对话框，更新滤镜效果，如图7-54所示。

扫码看视频

图7-53 　　　　　　　　图7-54

02 双击智能滤镜旁边的编辑混合选项图标 ☰，打开"混合选项"对话框，可以设置滤镜效果的不透明度和混合模式，如图7-55和图7-56所示。虽然对普通图层应用滤镜时，也可以执行"编辑>渐隐"命令做同样的修改，但这需要在应用完滤镜以后马上操作，否则不能使用"渐隐"命令。

图7-55 　　　　　　　　图7-56

7.3.3 遮盖智能滤镜

智能滤镜包含图层蒙版，编辑蒙版可以有选择性地遮盖智能滤镜，使其只影响部分对象，如图7-57和图7-58所示。

图7-57 　　　　　　　　图7-58

执行"图层>智能滤镜>停用滤镜蒙版"命令，或按住Shift键并单击蒙版，可以暂时停用蒙版，蒙版上会出现一个红色的"×"。执行"图层>智能滤镜>删除滤镜蒙版"命令，或将蒙版拖曳到 🗑 按钮上，可删除蒙版。

7.3.4 显示、隐藏和重排滤镜

单击某个滤镜左侧的眼睛图标 👁，可以隐藏（或重新显示）该滤镜，如图7-59和图7-60所示。单击智能滤镜左侧的眼睛图标 👁，或执行"图层>智能滤镜>停用智能滤镜"命令，可以隐藏当前智能对象的所有智能滤镜。上、下拖曳智能滤镜，可以调整它们的顺序。由于滤镜是按照自下而上的顺序应用的，因此，调整滤镜顺序时效果会发生改变。

图7-59 　　　　　　　　图7-60

7.3.5 复制与删除滤镜

按住Alt键，将一个智能滤镜拖曳到其他智能对象上（或拖曳到智能滤镜列表中的新位置），松开鼠标，即可复制智能滤镜，如图7-61~图7-64所示。按住Alt键拖曳智能对象旁边的 ○ 图标，则可复制所有智能滤镜。

图7-61

图7-62

图7-63

图7-64

如果要删除单个智能滤镜，可以将其拖曳到"图层"面板中的 🗑 按钮上。如果要删除应用于智能对象的所有智能滤镜，可以将 ⚪ 图标拖曳到 🗑 按钮上，或执行"图层>智能滤镜>清除智能滤镜"命令。

7.3.6 实战：解体消散特效

本实例使用画笔工具 ✐、图层蒙版和"液化"滤镜制作人像的解体消散效果，如图7-65所示。

扫码看视频

图7-66

图7-67

图7-65

图7-68

图7-69

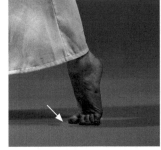
图7-70

图7-71

01 打开素材。首先通过抠图将人像从背景中分离出来。执行"选择>主体"命令，将人像大致选取，如图7-66所示。执行"选择>选择并遮住"命令，选区外的图像会罩上一层淡淡的红色。选择"智能半径"选项，设置"半径"为250像素，选取头发，如图7-67所示。

02 使用快速选择工具 ✐ 在漏选的区域拖曳，将其添加到选区中，如图7-68和图7-69所示。如果有多选的区域，可按住Alt键并在其上方拖曳，取消其选区（即为其罩上一层红色），如图7-70和图7-71所示。在处理手指、脚趾等细节时，可以按 [键将笔尖调小，或按] 键将笔尖调大。

03 在"输出到"下拉列表中选择"选区"选项，单击"确定"按钮，得到修改后的精确选区。按Ctrl+J快捷键将所选图像复制到新的图层中，修改图层名称，如图7-72所示。按Ctrl+J快捷键复制该图层并修改名称，如图7-73所示。

图7-72   图7-73

04 下面制作没有人像的背景。将"背景"图层拖曳到"图层"面板中的 ⊞ 按钮上进行复制。使用套索工具 ◯ 在人物外侧创建选区，如图7-74所示。执行"编辑>填充"命令，选择"内容识别"选项，如图7-75所示，填充选区，如图7-76所示（将"碎片"和"缺口"两个图层隐藏后的效果）。

图7-74 　　　　　　　图7-75 　　　　　　　图7-76

05 按Ctrl+D快捷键取消选择。单击 ◉ 按钮添加蒙版。选择画笔工具 ✎ 及柔边圆笔尖，在两脚之间涂抹黑色，如图7-77所示。这里填充效果不好，将其隐藏，让"背景"图像显现出来，如图7-78所示。

图7-77 　　　　　　　图7-78

06 隐藏"碎片"图层，选择"缺口"图层并为它添加蒙版，如图7-79所示。打开工具选项栏中的画笔下拉面板，在"特殊效果画笔"组中选择图7-80所示的笔尖。用 [键和] 键调整笔尖大小。从头发开始，沿人像边缘拖曳鼠标，画出缺口效果，如图7-81和图7-82所示。

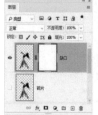 

图7-79 　　　　　　　图7-80

图7-81 　　　　　　　图7-82

07 处理好以后，将该图层隐藏。选择并显示"碎片"图层，执行"图层>智能对象>转换为智能对象"命令，将其转换为智能对象，如图7-83所示。执行"滤镜>液化"命令，打开"液化"对话框，如图7-84所示。使用向前变形工具 ⟿ 在人像靠近右侧位置单击，然后向右拖曳，将人像往右拉，处理成图7-85所示的效果。单击"确定"按钮，关闭对话框，如图7-86所示。

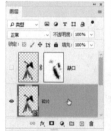

图7-83 　　　　　　　图7-84

图7-85 　　　　　　　图7-86

08 按Alt键并单击“图层”面板中的 ◘ 按钮，添加一个反相（即黑色）的蒙版，如图7-87所示，将液化效果遮盖住。显示“缺口”图层，使用画笔工具 修改蒙版，不用更换笔尖，但可适当调整笔尖大小。从靠近缺口的位置开始，向画面右侧涂抹白色，让液化后的人像以碎片的形式显现，如图7-88和图7-89所示。为了做好衔接，可以先将“缺口”图层显示出来，再处理碎片效果。

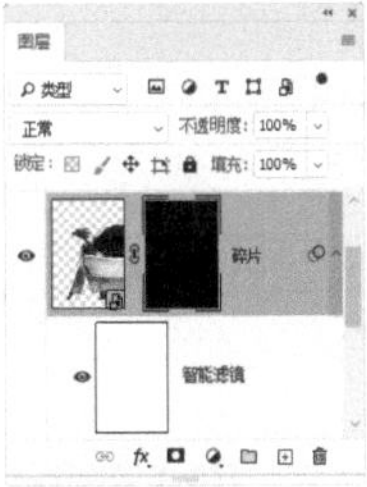
图7-87

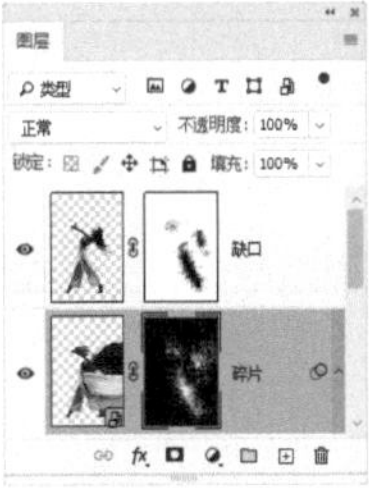
图7-88

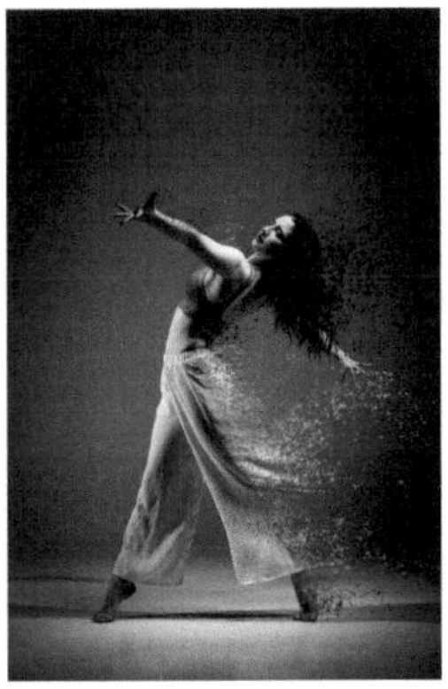
图7-89

提示

将“液化”滤镜应用到智能对象上，它就变为了智能滤镜。此后任何时间，双击智能对象图层，都能打开“液化”对话框修改效果。此外，碎片位置及发散程度等可通过编辑蒙版来修改和调整。智能滤镜和图层蒙版都是非破坏性编辑功能，用在这个实例上绝对恰到好处。

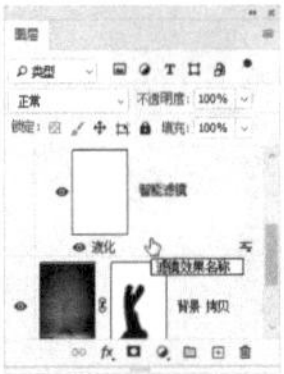
双击智能滤镜

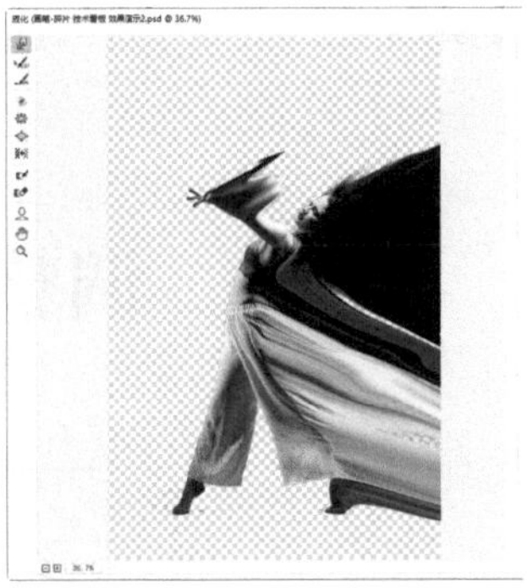
修改液化效果

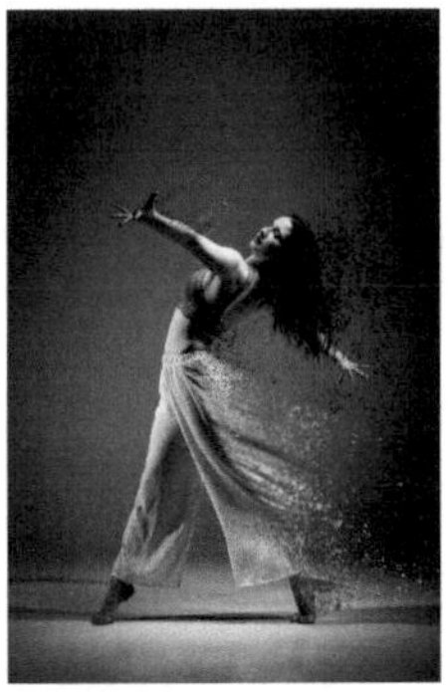
图像自动更新

7.4 增效工具

游戏、浏览器、3D 渲染器等都可以通过安装增效工具（即插件）来拓展功能，Photoshop 也支持增效工具。用好增效工具（包括外挂滤镜），能让修图或特效制作更加轻松。

7.4.1 安装和查看增效工具

执行“增效工具>增效工具面板”命令，打开“插件”面板，单击“浏览增效工具”按钮，可以安装Photoshop中的 Marketplace增效工具。

如果想了解计算机上是否安装了增效工具，可以执行“增效工具>管理增效工具”命令，打开 Creative Cloud 桌面版应用程序进行检查。也可以执行“窗口 > 扩展（旧版）”命令，查找已安装的增效工具；或者执行“窗口 > 在Exchange上查找扩展（旧版）”命令，到 Adobe Exchange 查找和下载增效工具。

执行“增效工具>浏览增效工具”命令，可以打开 Creative Cloud 桌面版应用程序，查看并获取增效工具的最新版本。

7.4.2 安装外挂滤镜

外挂滤镜是由其他软件公司或个人开发的滤镜，可以安装在Photoshop使用。

如果外挂滤镜提供了安装程序，将其安装在计算机中Photoshop安装位置的Plug-ins目录下即可。安装完成后，重新运行Photoshop，“滤镜”菜单底部会显示外挂滤镜。有的外挂滤镜无须安装，直接复制到Plug-ins文件夹中便可使用。

提示

本书的配套资源中提供了《外挂滤镜使用手册》，包含KPT7、Eye Candy 4000、Xenofex等经典外挂滤镜的详细参数设置方法和具体的效果展示。

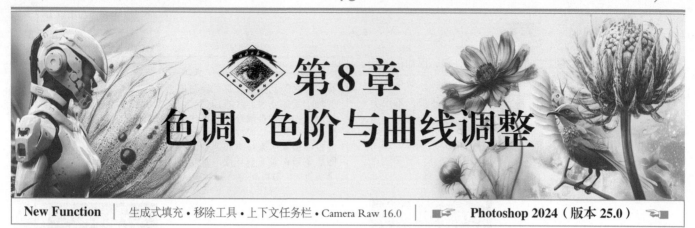

第8章
色调、色阶与曲线调整

New Function | 生成式填充 • 移除工具 • 上下文任务栏 • Camera Raw 16.0 | ☞ **Photoshop 2024（版本 25.0）** ✍

本章简介

Photoshop 中有 20 多个调整命令，基本上可以分成色调调整和颜色调整两大类。本章讲解其中的色调调整命令。

学习目标

要想学好 Photoshop 中的调整命令，首先需要了解色调范围的概念，然后学会用直方图分析图像的色调类型和像素的分布情况，在这之后再学习各个调整命令才能在应用时有的放矢。这也是本章内容的先后顺序。此外，本章还会从亮度控制、修改曝光、对比度调整、阴影和高光分区调整几个方面展开，由易到难，逐渐过渡到高级调整工具——曲线及超级图像——高动态范围图像。

学习重点

实战：用双曲线增强面部立体感
从直方图中了解曝光信息
色阶怎样改变色调
曲线怎样改变色调
实战：将服装改成任意颜色
实战：合成高动态范围图像

8.1 调整图层

调整图层可以在不破坏原始图像的情况下调整其颜色和色调。这些调整以图层的形式存在，可以随时修改和编辑。

$8.1.1$ 实战：用双曲线增强面部立体感

很多人的五官通常显得不够立体，通过巧妙的化妆可以增强五官的立体感。在本实战中，我们将学习如何运用曲线调整图层来实现这一目标，如图8-1所示。我们将采用两个曲线调整图层，一个用于突显高光部分，另一个用来加深暗部。

图8-1

01 单击"图层"面板中的 ◔ 按钮打开下拉列表，选择"曲线"命令，创建"曲线"调整图层。向下拖曳曲线，将图像调暗，如图8-2和图8-3所示。

02 按Ctrl+I快捷键将蒙版反相，使之变为黑色，此时图像会恢复为原样。再创建一个"曲线"调整图层，将图像调亮，如图8-4和图8-5所示。

03 按Ctrl+I快捷键将蒙版反相为黑色，如图8-6所示。选择画笔工具 ✏ 及柔边圆笔尖，在面部凸出位置，即额头、鼻梁、颧骨、下颚凸起等处涂抹白色（头发的高光区域也可以同步处理）。提高"羽化"值，如图8-7和图8-8所示，增加线条的模糊程度，以便让调整效果更加柔和。白色作用于调整图层的蒙版后，可以让调整效果显现处理，这样面部的突出位置就会"立起来"，如图8-9所示。

图8-2 图8-3

图8-4 图8-5

图8-6 图8-7

图8-8 图8-9

图8-10

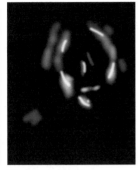

图8-11

图8-12 图8-13

图8-14

> **技术看板 消除偏色**
>
> 使用"曲线"和"色阶"增强图像的对比度时，通常还会提高色彩的饱和度，造成偏色。如果出现这种情况，将调整图层的混合模式设置为"明度"即可。
>
>

04 单击"曲线1"的蒙版，如图8-10所示。在面部暗部区域涂抹白色，如图8-11所示。

05 将"羽化"值设置为50像素，如图8-12和图8-13所示。图像效果如图8-14所示。

8.1.2 小结（调整命令使用方法）

扫码看视频

"图像"菜单包含了Photoshop中的颜色和色调调整命令，如图8-15所示。

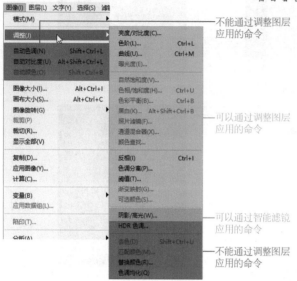

图8-15

图8-16　　　　图8-17

其中的常用命令可以通过两种方法使用。第一种方法是通过调整图层来应用。例如，图8-16所示为原始图像，图8-17所示为调整效果。可以看到，尽管图像的颜色已经修改，但调整图层下方的"背景"图层仍保持原样。这说明图像的颜色并没有实际改变。如果单击调整图层左侧的眼睛图标 ◉ ，将其隐藏，图像就会恢复原样，如图8-18所示。由此可见，调整图层是一种非破坏性编辑功能。

图8-18　　　　图8-19

另一种方法是直接执行"图像"菜单中的调整命令进行调整，这将直接对"背景"图层中的原始图像进行修改，效果与文档窗口中所见一致，如图8-19所示。

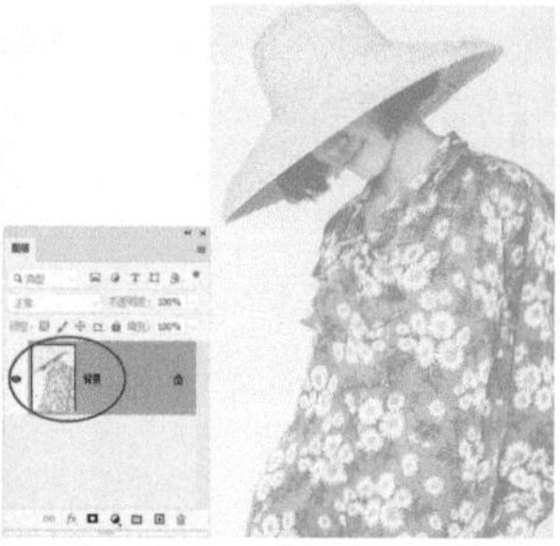

有一个特例，"阴影/高光"命令可以通过智能滤镜的方式使用。操作时先选择图层，如图8-20所示，然后执行"图层>智能对象>转换为智能对象"命令，将其转换为智能对象，如图8-21所示，接下来执行"阴影/高光"命令进行调整，此时调整命令会变成智能滤镜，以列表的形式出现在图层下方，如图8-22所示。需要修改参数时，双击它即可打开相应的对话框。

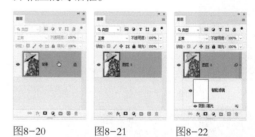

图8-20　　　　图8-21　　　　图8-22

· PS技术讲堂 ·

调整图层使用技巧

控制调整范围

创建一个调整图层后，它会覆盖整个画面范围，并影响位于其下方的所有图层，如图8-23所示。如果想消除某些区域的影响，可用画笔工具 ✐ 或其他工具将这些区域涂黑。如果希望它只影响特定的图层，如只影响某个图层，则可在其上方创建调整图层，之后单击"属性"面板中的 ⊡ 按钮创建剪贴蒙版（144页）以限定调整范围，如图8-24所示。如果想影响多个图层，可在它们上方创建调整图层，然后将其一同选取，按Ctrl+G快捷键编入图层组，再将组的混合模式设置为"正常"，如图8-25所示。

扫码看视频

图8-23

图8-24

图8-25

控制调整强度

调整图层的整体强度可以通过调整其不透明度值来精确控制。例如，将不透明度设置为50％，整体的调整效果会减弱到之前的一半。画笔工具 ✐ 可以修改局部调整强度，即在画面中涂抹灰色，利用蒙版的遮挡功能来实现这一目的，如图8-26所示。灰色的深浅程度将直接影响调整的强度，灰色越深，调整的强度越弱。

图8-26

其他技巧

● 改善细节：当调整效果过强，图像内容不清晰时，可以通过修改调整图层的不透明度和混合模式来改善细节，如图8-27和图8-28所示。

● 复制调整图层：将调整图层拖曳到"图层"面板中的 ⊞ 按钮上，可将其复制。

● 在文档间复制：打开多个文件，单击调整图层，使用移动工具 ✛ 可将其拖入其他文件（与69页在多个文件间移动对象的方法相同），如图8-29所示。

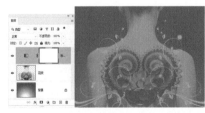
图8-27

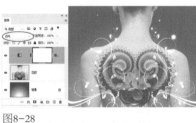
图8-28

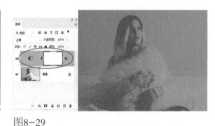
图8-29

● 合并：调整图层可以像普通图层那样进行合并。如果将其与下方的图层合并，调整效果会永久应用于合并的图层中。将其与上方的图层合并，则与之合并的图层不会有任何改变，因为调整图层不能对其上方的图层产生影响。另外，调整图层不能作为合并的目标图层，即不能将调整图层上方的图层合并到调整图层中。

"调整"面板和"属性"面板

图8-30所示为"调整"面板中的按钮，单击一个按钮，或执行"图层>新建调整图层"子菜单中的命令，可以在当前图层上方创建调整图层。图8-31所示为"属性"面板，可设置参数选项。

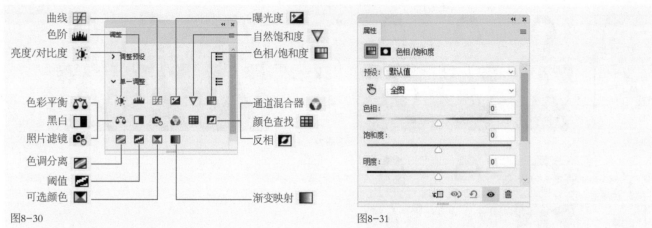

图8-30　　　　　　　　　　　　　　　　　　　　　　　　　　图8-31

● 创建剪贴蒙版 ⌐□：单击该按钮，可以将当前的调整图层与它下方的图层一起创建为剪贴蒙版组。这样调整图层仅影响它下方的一个图层，否则调整图层会影响其下方的所有图层。

● 查看上一状态 ◉)：调整参数以后，单击该按钮，窗口中会显示图像的上一次调整状态，可用于比较两种效果之间的差别。

● 复位到调整默认值 ↻：将调整参数恢复为默认值。

● 切换图层可见性 ◉：单击该按钮，可以隐藏或重新显示调整图层。隐藏调整图层后，图像便会恢复原效果。

● 删除调整图层 🗑：选择一个调整图层后，单击该按钮，可将其删除。

8.2 色调范围、直方图与曝光

　　一张照片只有在曝光正常、色调范围完整的情况下，才能展现丰富的细节。在 Photoshop 中，可以使用直方图观察曝光情况和色调范围。

· PS技术讲堂 ·

色调范围

　　色调范围是衡量图像好坏的重要指标，它不仅关系到图像所包含的信息是否充足，也影响着图像的亮度和对比度，而亮度和对比度又决定了图像的清晰度。

　　在Photoshop中，色调范围被定义为0（黑）~255（白）共256级色阶。在此范围内，可进一步划分为阴影、中间调和高光3个色调区域，如图8-32所示。当图像的色调范围完整时，图像的画质会更加细腻，层次更加丰富，色调过渡自然、柔和，如图8-33所示。如果色调范围不完整，即小于0~255级色阶，就会缺少黑和白或接近于黑和白的色调，导致对比度偏低、细节减少、色彩平淡、色调不通透等问题，如图8-34所示。

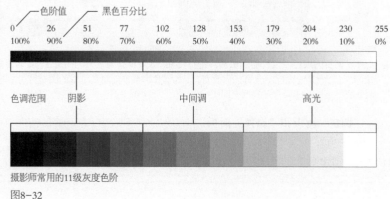

摄影师常用的11级灰度色阶

图8-32

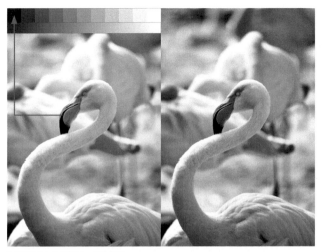

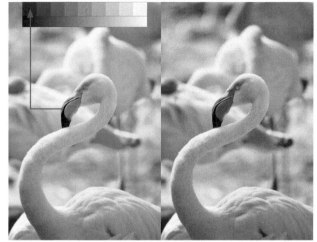

色调范围完整的黑白/彩色照片

图8-33

色调范围小于0~255级色阶的黑白/彩色照片

图8-34

　　Photoshop中的色调调整命令各有侧重，有针对特定色调的，也有针对特定区域的。要是按照其功能从简单到复杂排序，则顺序为"自动色调"→"自动对比度"→"亮度/对比度"→"曝光度"→"阴影/高光"→"色阶"→"曲线"。"曲线"是终极调整工具，它可以完成除"曝光度"和"阴影/高光"两个命令之外的其他所有命令能完成的任务。

　　通常，对彩色图像进行色调调整时会影响色彩的表现。例如，降低色调反差会减弱明暗对比，导致色彩变得较为平淡、略显灰暗；而提高色调反差和对比度后，色彩会变得鲜艳、生动，更具表现力。这表明了色调调整在赋予图像色彩生命过程中的重要作用。

8.2.1 从直方图中了解曝光信息

　　直方图是一种统计图形，其作用相当于汽车的仪表盘。仪表盘能提供油量、车速、发动机转速、水温等信息，从中可以了解汽车的状况。直方图则描述了图像的亮度信息如何分布，以及每个亮度级别中的像素数量。观察直方图，可以准确判断照片的影调和曝光情况，了解阴影、中间调和高光中包含的细节是否充足，以便做出有针对性的调整。

直方图的用途

　　在调整照片前，首先打开"直方图"面板，分析直方图，了解照片的状况。在直方图中，从左（色阶为0，黑）至右（色阶为255，白）共256级色阶。直方图上的"山峰"和"峡谷"反映了像素数量的多少。例如，如果照片中某一个色阶的像素较多，该色阶所在处的直方图就会较高，形

成"山峰"；如果"山峰"坡度平缓，或者形成凹陷的"峡谷"，则表示该区域的像素较少，如图8-35所示。

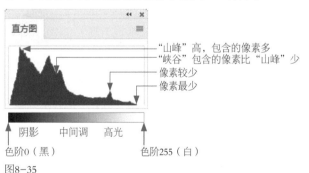

图8-35

　　当直方图中的像素数量较多、分布也比较细密时，如图8-36所示，说明图像的细节丰富，能够承受较大强度的编辑处理。一般情况下，图像尺寸越大，信息越多。图像尺寸过小或分辨率过低，稍作调整画质就变得非常差。例如，用数码相机拍摄的照片能承受较大幅度的调整和多次编辑，而同样的操作应用于手机拍摄的照片，图像可能会面目全非。

图8-36

此外，如果直方图中出现梳齿状空隙（也称色调分离），如图8-37所示，就需要特别注意了，它表示色调间发生了断裂，图像的细节减少。一般多次调整时容易出现这种情况，此时就要考虑是不是该减少调整次数，或者减弱调整强度了。

图8-37

如何判断曝光情况

曝光正常的照片色调均匀，明暗层次丰富，亮部不会丢失细节，暗部也不会漆黑一片。其直方图从左（色阶0）到右（色阶255）每个色阶都有像素分布，如图8-38所示。

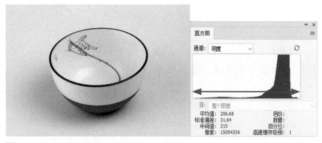

图8-38

曝光不足的照片色调较暗，直方图呈L形，"山峰"分布在左侧，中间调和高光区域像素少，如图8-39所示。

图8-39

曝光过度的照片色调较亮，直方图呈J形，"山峰"整体向右偏移，阴影区域像素少，如图8-40所示。

图8-40

反差过小的照片色彩不鲜亮，色调也不清晰，直方图呈⊥形，没有横跨整个色调范围（0~255级），如图8-41所示。这说明图像中最暗的色调不是黑色，最亮的色调不是白色，该暗的地方没有暗下去，该亮的地方也没有亮起来，导致色调灰蒙蒙的。

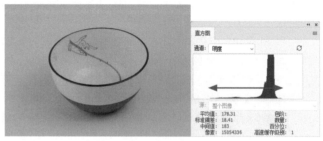

图8-41

在暗部缺失的照片中，阴影区域漆黑一片，没有层次，也看不到细节，直方图的一部分"山峰"紧贴直方图左侧，这就是全黑的部分（色阶为0），如图8-42所示。

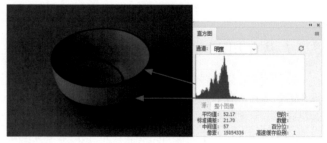

图8-42

在高光溢出的照片中，高光区域完全呈白色，没有细节，直方图中的一部分"山峰"紧贴直方图右侧，这就是全白的部分（色阶为255），如图8-43所示。

图8-43

— 提示 —

以上是直方图的一般使用规律，不能用于判断复杂的影调关系。例如，拍摄白色沙滩上的白色冲浪板时，直方图极端偏右也是正常的。光影的复杂关系导致直方图的形态千差万别，形态接近完美的直方图不代表曝光完美。

8.2.2 直方图的展现方法

"直方图"面板有3种显示方法，可在其面板菜单中进行切换。其中"紧凑视图"是默认方式，只提供直方图信息，如图8-44所示。"扩展视图"则多了统计数据和控件，如图8-45所示。"全部通道视图"是在前者的基础上又增加了通道的直方图，如图8-46所示。

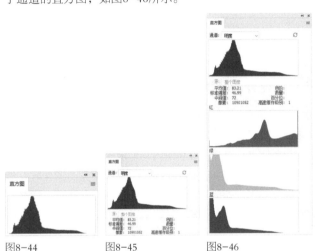

图8-44   图8-45   图8-46

当使用"扩展视图"和"全部通道视图"直方图时，可以选取通道，展现某一通道的直方图，如图8-47所示。执行面板菜单中的"用原色显示通道"命令，还可让通道直方图以彩色显示。其中的"红""绿""蓝"分别是指红、绿、蓝颜色通道的直方图（即图8-46所示的那样）。"颜色"直方图则是这3个颜色通道的直方图叠加之后所得到的直方图，如图8-48所示。RGB直方图即"通道"面板顶部的RGB复合通道（223页）的直方图，如图8-49所示。"明度"直方图可以显示复合通道的亮度或强度值，即复合通道去除颜色成分之后的直方图。它比RGB直方图能更准确地反映亮度的分布状况。

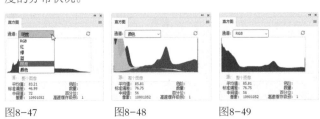

图8-47   图8-48   图8-49

8.2.3 统计数据反馈的信息

将"直方图"面板设置为"扩展视图"时，会显示图像全部的统计数据，如图8-50所示。如果在直方图上拖曳鼠标，还能显示所选范围内的数据信息，如图8-51所示。

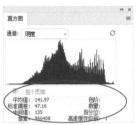 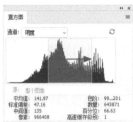

图8-50   图8-51

● 平均值：显示了像素的平均亮度值（0~255的平均亮度）。通过观察该值，可以判断图像的色调类型。

● 标准偏差：显示了亮度值的变化范围，该值越高，说明图像的亮度变化越剧烈。

● 中间值：显示了亮度值范围内的中间值。图像的色调越亮，中间值越高。

● 像素：显示了用于计算直方图的像素总数。

● 色阶/数量："色阶"显示了鼠标指针处图像的亮度级别；"数量"显示了图像中该亮度级别的像素总数，如图8-52所示。

● 百分位：显示了鼠标指针所指的级别或该级别以下的像素累计数。如果对全部色阶范围取样，该值为100；对部分色阶取样，显示的则是取样部分占总量的百分比，如图8-53所示。

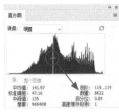 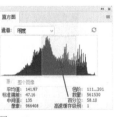

图8-52   图8-53

● 高速缓存级别：显示了当前用于创建直方图的图像高速缓存级别。当高速缓存级别大于1时，会更加快速地显示直方图。

● 高速缓存数据警告：从高速缓存（而非文件的当前状态）中读取直方图时，会显示 ▲ 状图标，如图8-54所示。这表示当前直方图是Photoshop通过对图像中的像素进行典型性取样而生成的，此时的直方图显示速度较快，但并不是最准确的统计结果。单击 ▲ 图标或使用高速缓存的刷新图标 ↻，可以刷新直方图，显示当前状态下的最新统计结果，如图8-55所示。

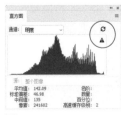 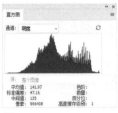

图8-54   图8-55

8.3 色调与亮度调整

进行色调和亮度调整时，一方面应以直方图为参考依据；另一方面则要使用正确的方法操作，即用对调整命令。

8.3.1 自动对比度调整

对于曝光不足或不够清晰的照片，如图8-56所示，最快速的调整方法是使用"图像"菜单中的"自动色调"命令进行处理。Photoshop会检查各个颜色通道，并将每个颜色通道中最暗的像素映射为黑色（色阶0），最亮的像素映射为白色（色阶255），中间像素按照比例重新分布，这样色调范围就完整了，对比度也得到增强，如图8-57所示。

图8-56

图8-57

从图8-57所示的调整结果中可以看到，对比度增强的同时，图像的颜色也有了一些改变——原图的颜色基调是偏红的，调整之后，红色被削弱，黄色有所增强。这是由于"自动色调"命令对各个颜色通道做出了不同程度的调整，导致色彩平衡被破坏了（*229页、230页*）。如果不希望颜色改变，可以使用"图像"菜单中的"自动对比度"命令，它只调整色调，不单独处理通道，因而不会出现颜色偏差。但也正因如此，单个颜色通道中的对比未调整到最佳状态，整幅图像的对比度没有使用"自动色调"命令处理时强，如图8-58所示。

图8-58

8.3.2 提升清晰度，展现完整色阶

"图像>调整"子菜单中的"色调均化"命令可以改变像素的亮度值，使最暗的像素变为黑色，最亮的像素变为白色，其他像素在整个亮度色阶内均匀地分布。

该命令具有这样的特点：处理色调偏亮的图像时，能增强高光和中间调的对比度；处理色调偏暗的图像，可提高阴影区域的亮度，如图8-59~图8-62所示。可以看到，使用"色调均化"命令处理后，两幅图像的直方图表现出一个共同特征："山峰"都向中间调区域偏移，说明中间调得到了改善，像素的分布也更加均匀。

原图：色调偏亮的图像，直方图中的"山峰"偏右
图8-59

提示

如果创建了选区，执行"色调均化"命令时会打开一个对话框。选择"仅色调均化所选区域"选项，表示仅均匀分布选区内的像素；选择"基于所选区域色调均化整个图像"选项，可以根据选区内的像素均匀分布所有图像像素，包括选区外的像素。

处理后：直方图中的"山峰"向中间调区域偏移。高光区域（天空）和中间调（建筑群）的色调对比得到增强，清晰度明显提升

图8-60

原图：色调偏暗的图像，直方图中的"山峰"偏左

图8-61

处理后：直方图中的"山峰"向中间调区域偏移。阴影区域（画面左下方的礁石）变亮，展现出更多的细节

图8-62

8.3.3 亮度和对比度控制

"色阶"和"曲线"命令是最好的色调调整工具，但操作方法比较复杂，掌握起来有一定的难度。在尚未熟悉这两个命令，并且图像不是用于高端输出（如商业摄影、婚纱摄影）时，可以使用"图像>调整>亮度/对比度"命令来替代它们做一些简单的处理，如图8-63和图8-64所示。该命令既能提高亮度和对比度（向右拖曳滑块）；也能使它们降低（向左拖曳滑块）。此外，勾选"使用旧版"选项后，还可以进行线性调整。这是Photoshop CS3及其之前版本的调整方法，调整强度比较大，除非追求特殊效果，否则不建议勾选。

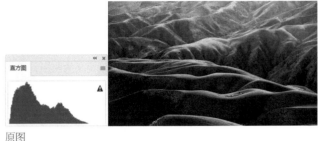

原图

图8-63

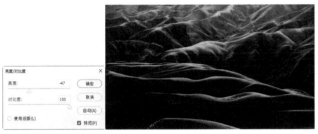

降低亮度，增强对比度，让画面呈现油画般的质感

图8-64

8.3.4 实战：调整逆光高反差人像

逆光拍摄时，场景中亮的区域特别亮，暗的区域又特别暗。如果照顾亮调区域，使其不过曝，会造成暗调区域过暗，漆黑一片看不清内容，色调也形成较高的反差。这种照片最好是将阴影和高光区域分开来调整——提高阴影区域的色调，而高光区域尽量保持不变，或者根据需要降低亮度，这样才能获得最佳效果。

01 打开素材，如图8-65所示。这张逆光照片的色调反差非常大，人物几乎变成了剪影。如果使用"亮度/对比度"或"色阶"命令将图像调亮，则整个图像都会变亮，人物的细节虽然可以显示出来，但背景几乎完全变白了，如图8-66和图8-67所示。我们需要的是将阴影区域（人物）调亮，但又不影响高光区域（人物背后的窗户）的亮度，使用"阴影/高光"命令可以实现这种效果。

图8-65　　　　图8-66　　　　图8-67

02 执行"图像>调整>阴影/高光"命令，打开"阴影/高光"对话框，Photoshop会自动调整，让暗色调中的细节初步展现出来。将"数量"滑块拖曳到最右侧，将画面提亮。向右拖曳"半径"滑块，将更多的像素定义为阴影，以便Photoshop对其进行调整，使色调变平滑，消除不自然感，如图8-68所示。

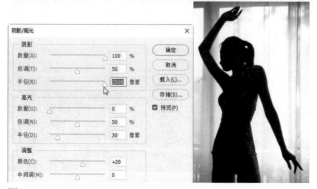

图8-68

03 当前状态下颜色有些发灰，向右拖曳"颜色"滑块，增加颜色的饱和度，如图8-69所示。

图8-69

"阴影/高光"对话框选项

"阴影/高光"命令既适合调整逆光图像，也可以校正由于太接近相机闪光灯而显得有些发白的焦点。它能基于阴影或高光中的局部相邻像素来校正每个像素，作用范围非常明确——调整阴影区域时，对高光区域的影响很小；调整高光区域时，也不会让阴影区域出现过多的改变。虽然"曲线"命令也能实现类似效果，但针对性没有那么强，而且还需做复杂的处理。图8-70和图8-71所示为原图及"阴影/高光"对话框。

- "阴影"选项组：可以将阴影区域调亮，如图8-72所示。"数量"选项控制调整强度，该值越高，阴影区域越亮；"色调"选项控制色调的修改范围，较小的值会只对较暗的区域进行校正，较大的值会影响更多的色调；"半径"选项控制每个像素周围的局部相邻像素的大小，相邻像素决定了像素是在阴影中还是在高光中。

图8-70

图8-71

数量35%/色调0%/半径0像素　　数量35%/色调50%/半径0像素　　数量35%/色调50%/半径2500像素
图8-72

- "高光"选项组：可以将高光区域调暗，如图8-73所示。"数量"选项控制调整强度，该值越高，高光区域越暗；"色调"选项控制色调的修改范围，较小的值表示只对较亮的区域进行校正；"半径"选项控制每个像素周围的局部相邻像素的大小。

数量100%/色调50%/半径30像素　　数量100%/色调100%/半径30像素　　数量100%/色调100%/半径2500像素
图8-73

- 颜色：调整所修改区域的颜色。例如，提高"阴影"选项组中的"数量"值，使图像中较暗的颜色显示出来以后，如果再增大"颜色"值，可以使这些颜色更加鲜艳，如图8-74所示。

调整前　　　　　　　提高阴影区域亮度　　　　　　　增大"颜色"值
图8-74

- 中间调：可以增强或减弱中间调的对比度。

- 修剪黑色／修剪白色：可以指定在图像中将多少阴影和高光剪切到新的极端阴影（色阶为0，黑色）和高光（色阶为255，白色）颜色。

值越高，色调的对比度越强。

● 存储默认值：单击该按钮，可以将当前的参数设置存储为预设，再次打开"阴影/高光"对话框时，会显示该参数。如果要恢复为默认的数值，可按住Shift键，该按钮就会变为"复位默认值"按钮，单击即可。

● 显示更多选项：勾选该选项，可以显示隐藏的选项。

8.3.5　修改局部曝光（减淡和加深工具）

在传统摄影技术中，调节照片特定区域的曝光时，摄影师会通过遮挡光线的方法，使照片中的某个区域变亮（减淡）；或者增加曝光度，使照片中的区域变暗（加深）。Photoshop中的减淡工具 🔍 和加深工具 ✋ 便是基于此技术诞生的。它们适合处理小范围的、局部图像的曝光。这两个工具都通过拖曳鼠标的方法使用，并且它们的工具选项栏也相同，如图8-75所示。

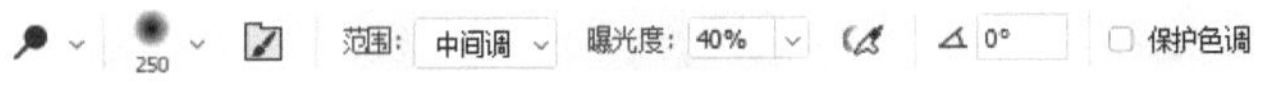

图8-75

● 范围：可以选择要修改的色调。选择"阴影"，可以处理图像中的暗色调；选择"中间调"，可以处理图像的中间调（灰色的中间范围色调）；选择"高光"，可以处理图像的亮部色调。图8-76所示为原图，图8-77所示为使用减淡工具 🔍 和加深工具 ✋ 处理后的效果。

原图
图8-76

减淡阴影　　减淡中间调　　减淡高光

加深阴影　　加深中间调　　加深高光
图8-77

● 曝光度：可以为减淡工具或加深工具指定曝光。该值越高，调整强度越大，效果越明显。

● 喷枪 ✒ /设置画笔角度 △：单击 ✒ 按钮，可为画笔开启喷枪功能（109页）。在 △ 选项中可以调整画笔的角度。

● 保护色调：可以减小对色调的影响，同时防止偏色。

8.4 色阶与曲线调整

在色调调整上，"色阶"和"曲线"命令无疑是最强的（其色彩调整功能在第9章中介绍），它们都能将某一个色调映射为更亮或更暗的色调，同时带动邻近的色调发生改变。这两个命令还可以改变色彩平衡，即调整色彩。

8.4.1　实战：在阈值状态下调整色阶提高清晰度

对比度低的照片具有色调不清晰，颜色不鲜艳等缺点，如图8-78（左图）所示。此类照片的处理方法是将画面中最暗的深灰色调映射为黑色，最亮的浅灰色调映射为白色，从而将色调范围扩展到0~255级色阶，这样对比度就增强了，色彩更会变得鲜艳而有生气（如图8-78右图所示）。

扫码看视频

图8-78

183

但如果控制不好调整幅度，则会损失图像的较多细节。例如，把稍浅一点的灰色映射为黑色以后，之前比它深一些的灰色也都变为黑色，这些灰色中所包含的信息就消失了。那么怎样才能找到最暗和最亮的色调呢？可以将图像临时切换为阈值模式，再查找最暗和最亮色调。需要说明的是，这种方法不能用于CMYK颜色模式的图像。

01 观察"直方图"面板。这是一个⊥形直方图，"山脉"的两端没有延伸到直方图的两个端点上，如图8-79所示，说明图像中最暗的点不是黑色，最亮的点不是白色，这是图像对比度不强、颜色发灰的原因。如果将这两个端点分别拖曳到直方图的起点和终点上，就可以在保证图像细节的前提下增强对比度。

02 单击"调整"面板中的 按钮，创建"色阶"调整图层。按住 Alt 键并向右拖曳阴影滑块，如图8-80所示。此时会切换为阈值模式，文档窗口中的图像变为图8-81所示的状态。不要放开Alt键，往回拖曳滑块，当画面中开始出现极少图像时释放鼠标左键，如图8-82和图8-83所示，这样滑块就能放置在最接近于直方图左侧的端点上。

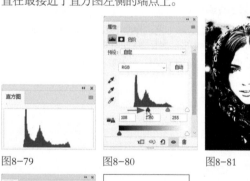

图8-79　　　图8-80　　　图8-81

图8-82　　　图8-83

03 采用同样的方法调整高光滑块，将其定位在出现少量高对比度图像处，如图8-84和图8-85所示，这样滑块就大致位于直方图最右侧的端点上了。调整完后效果如图8-86所示。

04 单击"调整"面板中的 按钮，创建"色相/饱和度"调整图层。将色彩的饱和度调高一点，然后使用画笔工具 修改蒙版，将调整限定在嘴、头发和头巾的区域，如图8-87和图8-88所示。

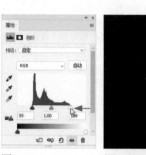

图8-84　　　图8-85　　　图8-86

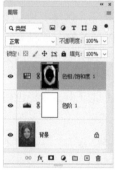

图8-87　　　图8-88

"色阶"对话框选项

执行"图像>调整>色阶"命令（快捷键为Ctrl+L），可以打开"色阶"对话框，如图8-89所示。

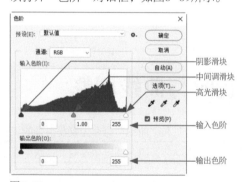

图8-89

- 预设：可以选择Photoshop提供的预设色阶。单击选项右侧的 按钮，在打开的菜单中执行"存储预设"命令，可以将当前的调整参数保存为预设文件。采用相同的方式处理其他图像时，可以用该预设文件自动完成调整。

- 通道：可以选择一个颜色通道进行调整。要注意的是，调整通道会改变图像的颜色（221页）。如果要同时调整多个颜色通道，可以在执行"色阶"命令之前，先按住 Shift 键并在"通道"面板中选择这些通道，这样"色阶"面板中的"通道"菜单会显示目标通道的缩写，如RG表示红、绿通道。

- 输入色阶：用来调整图像的阴影（左侧滑块）、中间调（中间滑块）和高光（右侧滑块）区域。可以通过拖曳滑块或在滑块下面的文本框中输入数值进行调整。

- 输出色阶：可以限定图像的亮度范围，降低对比度，使色调对比变弱，颜色发灰。

- 设置黑场 ✐ /设置灰场 ✐ /设置白场 ✐：可以通过在图像上单击的方法使用。设置黑场 ✐ 可以将单击点的像素调整为黑色，比该点暗的像素也变为黑色；设置灰场 ✐ 用于校正偏色，Photoshop会根据单击点像素的亮度调整其他中间色调的平均亮度；设置白场 ✐ 可以将单击点的像素调整为白色，比该点亮度值高的像素也变为白色。

- 自动/选项：单击"自动"按钮，可以使用当前的默认设置应用自动颜色校正；如果要修改默认设置，可以单击"选项"按钮，在打开的"自动颜色校正选项"对话框中操作。

8.4.2 实战：用曲线从欠曝的照片中找回细节

本实战处理的是一张严重曝光不足的照片，如图8-90所示。在很多人眼中，这几乎是一张废片。但是通过混合模式提升整体亮度，再用曲线进行针对性的调整，便可让图像的细节重现。

扫码看视频

图8-90

"曲线"对话框基本选项

执行"图像>调整>曲线"命令（快捷键为Ctrl+M），可以打开"曲线"对话框，如图8-91所示。

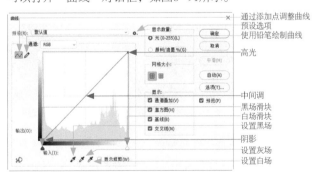

图8-91

- 预设：可以选择Photoshop提供的预设曲线。单击"预设"选项右侧的 ✿. 按钮，在打开的下拉菜单中选择"存储预设"选项，可以将当前的调整状态保存为预设文件。在调整其他图像时，可以使用"载入预设"选项载入预设文件并自动调整。选择"删除当前预设"选项，可以删除所存储的预设文件。

- 通道：可以选择要调整的颜色通道。

- 输入/输出："输入"显示了调整前的像素值，"输出"显示了调整后的像素值。

- 显示修剪：调整阴影和高光控制点时，可以勾选该选项，临时切换为阈值模式，显示高对比度的预览图像。这与前面介绍的在阈值模式下调整"色阶"是一样的。

- "自动"/"选项"/设置黑场 ✐ /设置灰场 ✐ /设置白场 ✐：与"色阶"对话框中的选项及工具相同。

显示选项

- 显示数量：可以反转强度值和百分比的显示。默认选择"光（0-255）"选项，如图8-92所示；图8-93所示为选择"颜料/油墨%"选项时的曲线。

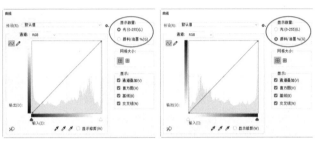

图8-92　　　　　　　　图8-93

- 网格大小：单击 ⊞ 按钮，以25%的增量显示曲线背后的网格，这也是默认的显示状态；单击 ⊞ 按钮，则以10%的增量显示网格。后者更容易将控制点对齐到直方图上。也可以按住 Alt 键单击网格，在这两种网格间切换。

- 通道叠加：在"通道"选项选择颜色通道并进行调整时，可在复合曲线上方叠加各个颜色通道的曲线，如图8-94所示。

- 直方图：在曲线上叠加直方图。

- 基线：显示以45°角绘制的基线。

- 交叉线：调整曲线时显示十字参考线，如图8-95所示。

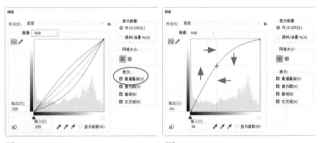

图8-94　　　　　　　　图8-95

> **提示**
>
> 虽然"色阶"和"曲线"对话框中都有直方图，可作为参考依据，但它们不能实时更新。调整图像时，最好还是通过"直方图"面板观察直方图。另外，在进行调整时，"直方图"面板中会出现两个直方图，其中黑色的是当前调整状态下的直方图（最新的直方图），灰色的则是调整前的直方图（应用调整之后，它会被新的直方图取代）。

8.4.3 曲线的3种调整方法

曲线可以用3种方法调整。第1种是最常用的方法，即在曲线上单击，添加控制点，之后拖曳控制点改变曲线形状，从而影响图像，如图8-96所示。

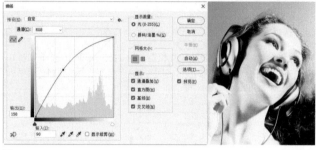

图8-96

第2种方法是选择调整工具 ，将鼠标指针移动到图像上，此时曲线上会出现一个空心方形，这是鼠标指针处的色调在曲线上的准确位置，如图8-97所示。在图像上拖曳鼠标，可在曲线上添加控制点并调整相应的色调，如图8-98所示。

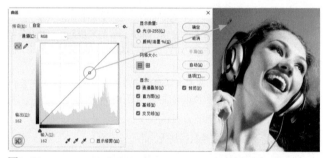

图8-97

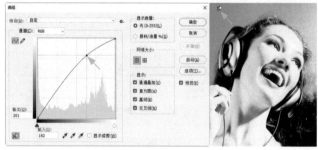

图8-98

第3种方法是使用铅笔工具 在曲线上拖曳鼠标，绘制曲线，如图8-99所示。单击"平滑"按钮，可以对曲线进行平滑处理。单击 按钮，曲线上会显示控制点。

图8-99

8.4.4 曲线的使用技巧

如果曲线上有多个控制点，通过键盘按键选取控制点，可防止其被意外移动。例如，按+键，可由低向高切换控制点，即从左下角向右上角切换；按－键，则由高向低切换控制点。选中的控制点为实心方块，未选中的为空心方块。如果不想选取控制点，可以按Ctrl+D快捷键。

如果想同时选取多个控制点，可以按住Shift键并单击它们。选取之后，拖曳其中的一个控制点，按↑键或↓键可让它们同时移动。

选取控制点后，按↑键和↓键，可以向上、向下微移控制点（在"输出"选项中，以1为单位变动）。如果觉得控制点的移动范围过小，可以按住Shift键，再按↑键或↓键，让控制点以10为单位进行大幅度地移动。

如果要删除控制点，可将其拖出曲线，或者单击控制点后按Delete键，也可按住Ctrl键并单击控制点。

8.4.5 实战：用中性灰校正色偏

在室内灯光下拍照时，照片颜色会偏黄或偏红；在室外的蓝天下拍照时，颜色会偏蓝，这就是色偏。校正色偏可以还颜色以本来面貌。使用中性灰校正色偏，就是将照片中原本应该是黑色、白色或灰色，即无彩色（201页）中的颜色成分去除，如图8-100所示。这种方法简单、有效。但在操作时，如果取样点不是无彩色，则会导致更严重的色偏，或出现新的色偏。

扫码看视频

图8-100

01 识别色偏不能只凭眼睛看，还应借助专门的工具来获取真实数据。浅色及中性色容易判断色偏，如白色的衬衫、灰色的墙面、路面等。使用颜色取样器工具 在白色的耳环上单击，建立取样点，此时会自动打开"信息"面板，面板中显示了颜色值（R181,G187,B202），如图8-101所示。在Photoshop中，只有R、G、B 3个值完全相同时才生成纯灰色。如果照片中原本应该是灰色区域的R、G、B数值不一样，说明不是真正的灰色，其中包含了其他颜色。哪种颜色值高，哪种

颜色就偏多一些。此处B值（蓝色）最高，其他两种颜色值相差不大，由此可以判定照片的颜色主要是偏蓝。

击即可校正色偏，如图8-103所示。

02 单击"调整"面板中的 按钮，创建"色阶"调整图层。单击设置灰场工具 ，将鼠标指针放在取样点上，如图8-102所示，单

图8-101

图8-102

图8-103

·PS技术讲堂·

中性色与中性灰

中性色

在听到"中性色"和"中性灰"这两个术语时，请务必理解它们代表两个不同的概念，切勿混淆。什么是中性色呢？它特指黑色、50%灰色和白色这3种颜色，如图8-104所示。创建中性色图层时，Photoshop会用其中一种颜色填充图层，并为其设置适当的混合模式。在混合模式的作用下，画面中的中性色变得不可见，新建的中性色图层就像是一个透明图层，对其他图层没有任何影响。

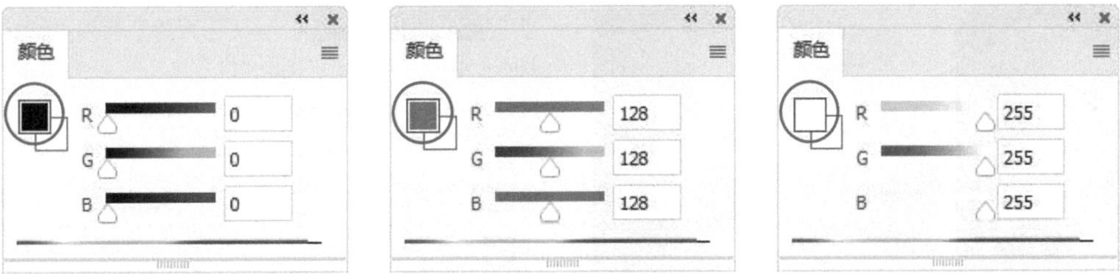

黑色（R0,G0,B0）
50%灰色（R128,G128,B128）
白色（R255,G255,B255）
图8-104

在修图方面中性色图层可用于修改图像的影调；在制作效果方面，它可以添加滤镜和图层样式，如图8-105和图8-106所示。修改起来也很方便。例如，可以移动滤镜或效果的位置，也可以通过不透明度的值来控制滤镜强度，或用蒙版遮挡部分效果。普通图层不能这样操作。

将"光照效果"滤镜应用在中性色图层上，制作出舞台灯光
图8-105

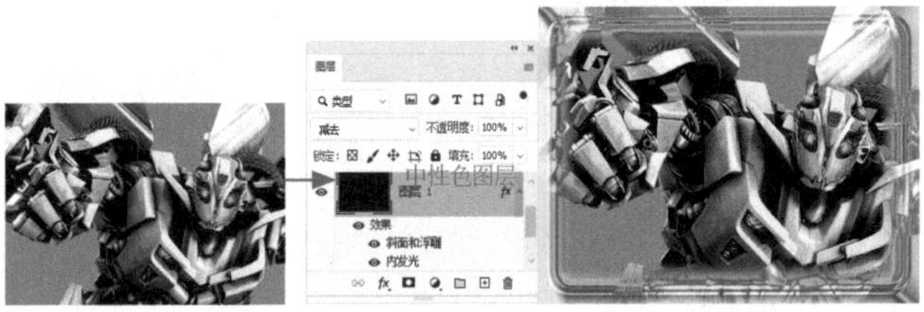

在中性色图层上添加图层样式
图8-106

中性灰

中性灰的范围比中性色广，它不仅包括了黑色和白色，还涵盖了除这两者外的所有纯灰色（R值＝G值＝B值）。中性灰在很多效果中都起着关键性作用。例如，当使用"高反差保留"滤镜磨皮时，图像会被处理为中性灰色，仅保留明度差异，而去除色彩信息。这使得痘痘、色斑和皱纹等可以融入灰色之中，从而实现皮肤的平滑效果，如图8-107~图8-110所

示（280页）。本书有多个实战都会运用中性灰，包括使用"色阶"和"曲线"命令校正色偏的照片，通过定义灰点（即中性灰）来进行校正，还有在进行图像锐化时也会运用到中性灰。

原图

图8-107

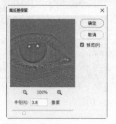

用"高反差保留"滤镜磨皮

图8-108

色彩被转换为中性灰

图8-109

磨皮效果

图8-110

8.4.6 自动校正色偏（"自动颜色"命令）

执行"图像"菜单中的"自动颜色"命令，可以自动分析图像，标识阴影、中间调和高光，调整其对比度和颜色，使色偏得到校正，如图8-111和图8-112所示。

图8-113

图8-114　　　　图8-115

原图

图8-111

用"自动颜色"命令校正后

图8-112

图8-116　　　　图8-117

8.4.7 实战：校正色偏并增强对比度

01 执行"图像>调整>阴影/高光"命令，将阴影区域调亮（使用默认参数即可），效果如图8-113所示。

02 创建"曲线"调整图层，单击"自动"按钮，增强对比度，如图8-114和图8-115所示。

03 单击曲线"属性"面板右上角的 ≡ 按钮，打开面板菜单，选择"自动选项"命令，如图8-116所示，打开"自动颜色校正选项"对话框，选择"增强每通道的对比度"选项，如图8-117所示，对色偏进行校正。图8-118所示为原图，图8-119所示为校正后的效果。

扫码看视频

图8-118

图8-119

色阶怎样改变色调

"色阶"对话框中有5个滑块，每个滑块下方都有与之对应的数值（文本框）。要映射色调（即调整色阶），拖曳滑块或在滑块下方的文本框中输入数值皆可。如果编辑的是一张拥有完整色调范围（0~255级色阶）（176页）的照片，"山脉"将横贯整个直方图，即"输入色阶"选项组中每一个滑块的上方都有"山脉"，这表示图像中包含黑色、白色及中间调像素，如图8-120所示。

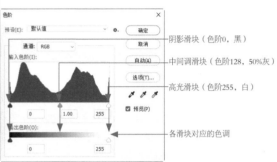

图8-120

黑、白色调映射方法

在默认状态下，阴影滑块位于色阶0处，对应的是图像中最暗的色调，即黑色像素。将其向右拖曳时，Photoshop会将滑块当前位置的像素映射为色阶0，因此，滑块所在位置及其左侧的所有像素都会变为黑色，如图8-121所示。高光滑块的位置在色阶255处，对应的是图像中最亮的白色像素。将其向左拖曳，滑块当前位置的像素会被映射为色阶255，因此，滑块所在位置及其右侧的所有像素就都变为了白色，如图8-122所示。

图8-121

图8-122

色调范围变窄会产生怎样的影响

观察图8-121和图8-122所示的调整结果，可以发现这样的情况：图像对比度增强以后，细节有所减少。这是因为移动阴影滑块和高光滑块时，整个色调范围变得比之前窄了。虽然调整后色调范围仍是0~255级色阶，但有很多像素之前是深灰色和浅灰色，现在则变成了黑色和白色，这是对比度增强的原因，不过图像细节是通过灰度体现出来的，黑、白中不包含细节信息，由此可见，对比度的增强是用损失细节换来的。

"输出色阶"选项组中的两个滑块也能定义色调范围。在默认状态下，黑色滑块对应黑色像素，白色滑块对应白色像素。将黑色滑块向右拖曳时，黑色滑块及其左侧的那段深灰色调就会被映射为滑块当前位置的灰色调，导致图像中不仅没有了黑色像素，连深灰色调也变浅了，如图8-123所示。将白色滑块向左拖曳，则白色滑块及其右侧的那段浅色调都会被映射为比滑块当前位置颜色更深一些的色调，因而图像中最亮的色调就不再是白色了，而是变成了浅灰色，如图8-124所示。由此可知，调整"输出色阶"往往会使图像的效果变糟——移动黑色滑块，深色调变灰；移动白色滑块，浅色调变暗。就是说，无论移动哪个滑块，都会降低对比度。这与"输入色阶"中的黑、白滑块正好相反。

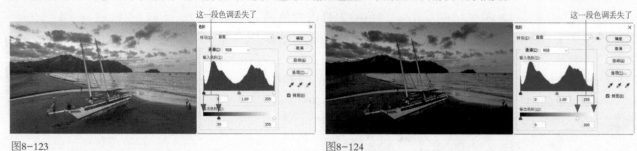

图8-123　　　　　　　　　　　　　　　　　　图8-124

扩展中间调范围

"色阶"对话框的中间调滑块位于直方图底部中间的位置，对应的色阶是128（50%灰）。它的用途是将所在位置的色调映射为色阶128。向左拖曳该滑块时，会将低于50%灰的深灰色映射为50%灰，也就是说，中间调的范围会向之前的深色调区域扩展，这使得接近中间调的一部分深灰色调变得更亮了，如图8-125所示。向右拖曳滑块，则会将之前高于50%灰的浅灰色映射为50%灰，因此，中间调的范围是向之前的浅色调区域扩展的，这使得接近中间调的一部分浅灰色调变暗了，如图8-126所示。如果没移动阴影滑块和高光滑块，则阴影和高光区域是不会有明显改变的。

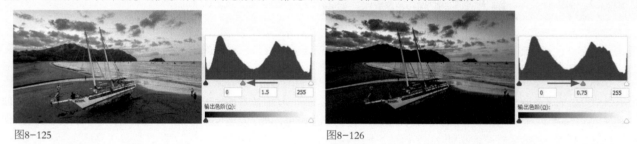

图8-125　　　　　　　　　　　　　　　　　　图8-126

· PS技术讲堂 ·

曲线怎样改变色调

使用"色阶"命令可以调整阴影、中间调、高光区域中的色调。而"曲线"命令更加完备，在前者的基础上还能看到所调整的色调将被映射为哪种色调。

"曲线"对话框中的水平渐变条是输入色阶，代表的是原始色调。垂直渐变条是输出色阶，也就是调整后的色调。在调整之前，"输入"和"输出"的数值相同，因而，曲线是一条呈45°角的直线，如图8-127所示。在曲线上添加一个控制点并拖曳，可以使直线变为曲线。

向上拖曳控制点时，曲线向上弯曲。此时输入色阶中被调整的色调为色阶128，输出色阶中显示了它的当前状况，如图8-128所示。可以看到，色调由色阶128映射为色阶170，色调变亮了。向下拖曳控制点时曲线向下弯曲，所调整的色调会被映射为更深的色调，画面也会因此而变暗。

图8-127

图8-128

14种典型曲线

曲线与色阶的原理相同，都是将一种色调映射为另一种色调。但曲线可以调整成各种形状，因而它对色调的改变是多样的。下面展示了较为常见的曲线形状及其对图像会产生的影响。其中有几种曲线的调整效果与"亮度/对比度""色调分离""反相"命令相同，可用于替代这几个命令。

将曲线调整为"S"形，可以使高光区域变亮、阴影区域变暗，增强色调的对比度，如图8-129（原图）和图8-130所示。这种曲线可以替代"亮度/对比度"命令。反"S"形曲线会降低色调的对比度，如图8-131所示。

 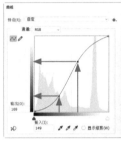 　　

图8-129　　　　　图8-130　　　　　　　　　　　　　　　图8-131

将底部的控制点垂直向上拖曳，黑色会映射为灰色，阴影区域变亮，如图8-132所示。将顶部的控制点垂直向下拖曳，白色会映射为灰色，高光区域变暗，如图8-133所示。将两个控制点同时向中间拖曳，色调反差会变小，色彩会变得灰暗，如图8-134所示。

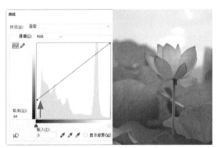　　

图8-132　　　　　　　　　　图8-133　　　　　　　　　　图8-134

将曲线调整为水平线，可以将所有像素都映射为灰色（R值＝G值＝B值），如图8-135所示。水平线越高，灰色越浅。将曲线顶部的控制点向左拖曳，可以将高光滑块（白色三角滑块）所在位置的灰色映射为白色，因此，高光区域会丢失细节（即高光溢出），如图8-136所示。将曲线底部的控制点向右拖曳，可以将阴影滑块（黑色三角滑块）所在位置的灰色映射为黑色，导致阴影区域丢失细节（即阴影溢出），如图8-137所示。

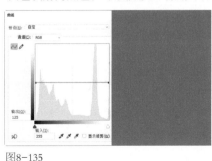　　

图8-135　　　　　　　　　　图8-136　　　　　　　　　　图8-137

将曲线顶部和底部的控制点同时向中间拖曳，会压缩中间调，使中间调丢失细节，但能增加色调的反差，效果类似于"S"形曲线，但破坏性稍大，如图8-138所示。将顶部和底部的控制点拖曳到中间，可以创建与"色调分离"命令（210页）相似的效果，如图8-139所示。将顶部的控制点拖曳到最左侧，将底部的控制点拖曳到最右侧，可将图像反相为负片，效果与"反相"命令（216页）相同，如图8-140所示。将曲线调整为"N"形，可以使部分图像反相。

图8-138

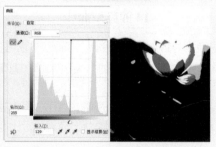

图8-139

图8-140

将曲线调整为阶梯形状，能获得与执行"色调分离"命令相近的效果，如图8-141所示。如果调整颜色通道，则可改变颜色，如图8-142和图8-143所示，其原理与"色彩平衡"命令（230页）类似。

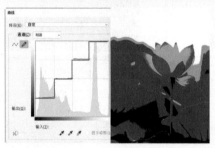

图8-141

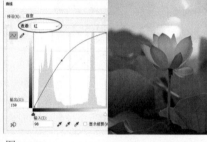

图8-142

图8-143

· PS技术讲堂 ·

既生瑜，何生亮——色阶的烦恼

为什么说曲线可以代替色阶

"曲线"是比"色阶"还要强大的工具，用"色阶"能完成的操作，用"曲线"一样可以完成，而且效果更好。我们先给这两个命令的相同之处做一个对标。"色阶"有5个滑块，"曲线"有两个控制点。如果在"曲线"的正中间（1/2处，输入和输出的色阶值均为128）添加一个控制点，则它就与"色阶"产生了对应关系，如图8-144所示。

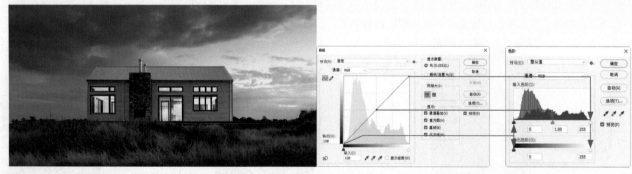

图8-144

"曲线"中的阴影控制点对应"色阶"的阴影滑块和"输出色阶"中的黑色滑块。具体对应哪一个取决于它的移动方向。当它沿水平方向移动时，其作用相当于阴影滑块，可以将深灰色映射为黑色，如图8-145所示；如果沿垂直方向移动，则相当于"输出色阶"中的黑色滑块，能将黑色映射为深灰色，将深灰色映射为浅灰色，如图8-146所示。

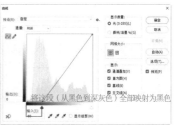
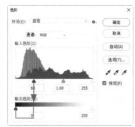

图8-145

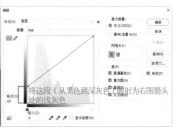
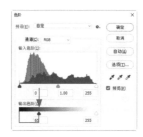

图8-146

"曲线"中的高光控制点对应的是"色阶"的高光滑块和"输出色阶"中的白色滑块，具体对应哪一个也取决于其移动方向。当它沿水平方向移动时，其作用相当于"色阶"的高光滑块，可以将浅灰色映射为白色，如图8-147所示；如果沿垂直方向移动，则相当于"输出色阶"中的白色滑块，可将白色映射为浅灰色，将浅灰色映射为深灰色，如图8-148所示。

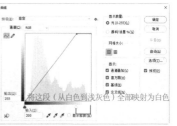
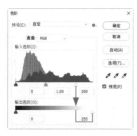

图8-147

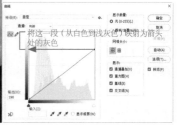
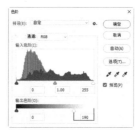

图8-148

"曲线"中部控制点的作用与"色阶"的中间调滑块相同，如图8-149所示，可以将中间调调亮或调暗。

色阶为什么不能替代曲线

色阶远没有曲线强大，也无法替代它。我们可以从色调范围和调整区域划分这两个方面给出理由。

首先，曲线上能添加14个控制点，加上原有的两个就是16个控制点，它们可以将整个色调范围（0～255级色阶）划分为15段，如图8-150所示。而色阶只有3个滑块，只能将色调范围分成3段（阴影、中间调、高光），如图8-151所示。

其次，色阶滑块较少，所以它对色调的影响就被限定在了阴影、中间调和高光3个区域。而曲线的任意位置都可以添加控制点，这意味着它可以对任何色调做出调整，这是色阶无法做到的。例如，可以在阴影范围内相对较亮的区域添加两个控制点，然后在它们中间添加一个控制点并向上（或向下）拖曳，之后通过控制点将曲线修正，这样色调的明暗变化就被限定在了一小块区域，而阴影、中间调和高光都不会受到影响，如图8-152所示。这样指向明确、细致入微的调整是无法用色阶或其他命令完成的。

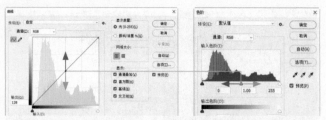

曲线中部控制点上移对应"色阶"的中间调滑块左移，下移则相反
图8-149

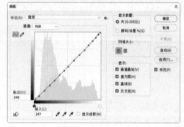
图8-150

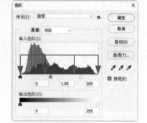
图8-151

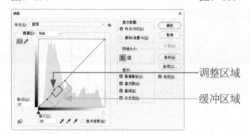

调整区域
缓冲区域
图8-152

8.4.8 实战：将服装改成任意颜色

本实战介绍怎样使用色阶、填充图层、混合模式等将白色改为包括黑色在内的任何颜色，还将介绍填充图层与混合模式相结合，创建逼真色彩的方法，如图8-153所示。

01 将白色毛衣调整为黑色。选择对象选择工具，拖曳出一个选框，将毛衣框住，如图8-154所示，释放鼠标左键后，选取毛衣。目前选区还不够准确，有漏选区域，也有多选的区域，如图8-155所示。使用快速选择工具修改选区范围，即按住Shift键在漏选的区域拖曳鼠标，将其添加到选区中；按住Alt键在多选的区域拖曳鼠标，将其排除到选区之外，如图8-156所示。

图8-153

图8-154

图8-155

图8-156

02 单击"图层"面板中的 ⬤ 按钮，打开下拉列表，选择"色阶"命令，创建"色阶"调整图层。选区会转换到调整图层的蒙版中，如图8-157所示，之后的调整将限定在毛衣范围内，不会影响人物和背景。

03 拖曳输出色阶选项组中的白色滑块，将白色调暗，如图8-158和图8-159所示。拖曳黑色滑块，增强对比度，如图8-160和图8-161所示。

04 下面通过填充图层和混合模式修改毛衣颜色。单击调整图层的眼睛图标 👁 ，如图8-162所示，将调整效果隐藏。单击"图层"面板中的 ⬤ 按钮，打开下拉列表，选择"纯色"命令，打开"拾色器"对话框，设置颜色为玫瑰红色，如图8-163所示，创建填充图层。

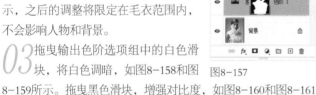
图8-157

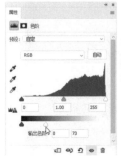
图8-158　　　　　图8-159

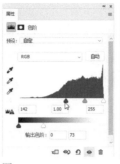

图8-160　　　　　图8-161

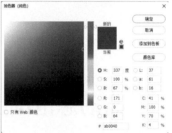
图8-162　　　　　图8-163

05 设置图层的混合模式为"线性加深"，如图8-164和图8-165所示。

图8-164　　　　　图8-165

06 按住Alt键将"色阶"调整图层的蒙版拖曳给填充图层，如图8-166所示，释放鼠标左键后，弹出对话框，单击"确定"按钮，对蒙版进行替换，如图8-167和图8-168所示。

图8-166　　　　　图8-167　　　　　图8-168

07 按Ctrl+J快捷键复制填充图层，将第一个填充图层隐藏。双击当前填充图层的缩览图，如图8-169所示，打开"拾

色器"对话框，修改颜色为蓝色，如图8-170~图8-172所示。采用此方法可以任意改变衣服颜色。

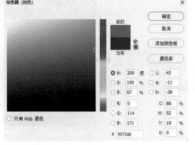

图8-169　　　　　　图8-170　　　　　　　　　　　　　图8-171　　　　　图8-172

8.5 高动态范围图像

高动态范围图像主要用于影片、特殊效果、3D 作品及高端图片。其色调信息和图像细节比普通图像丰富，这是因为它是由多幅同一场景下拍摄的不同曝光度的照片合成的。

· PS技术讲堂·

动态范围与高动态范围

动态范围

动态范围（Dynamic Range）是指可变化信号（如声音或光）最大值和最小值的比值。以声音为例，世界三大男高音之一的鲁契亚诺·帕瓦罗蒂（Luciano Pavarotti）被称为"High C之王"，他的高音部分几乎能达到人类发声的极限音域。如果用动态范围来解释，就是帕瓦罗蒂的音域比其他人宽广，从低音到高音的跨度更大。

图像也是这个道理。图像的动态范围是指图像中包含的从最暗到最亮的亮度级别。动态范围越大，所能表现的色调层次越丰富，如图8-173所示；动态范围小，色调层次就少，画面细节也会相应减少，如图8-174所示。为什么摄影师都喜欢拍摄RAW格式的照片，而不用"体量"更小、更方便的JPEG格式？一个很重要的原因是RAW格式照片的动态范围更大。

动态范围大的图像，色调层次丰富，高光、阴影中的细节多

图8-173

动态范围小的图像，明暗反差小，阴影中的细节较少

图8-174

高动态范围

人的眼睛能适应很大的亮度差别，但相机的动态范围有限。例如，我们经常会遇到这种情况，在光线较强的室外拍摄时，针对天空测光，地面较暗的区域就会曝光不足；针对地面测光，又会使天空过曝。想在一张照片中通过完美曝光获得所有高光和阴影细节是无法办到的，于是有人想出了一个办法，以不同曝光度拍摄多张照片再进行合成。

这种方法是美国加利福尼亚大学伯克利分校计算机科学博士保罗·德贝维奇（Paul Debevec）发现的，初期是在计算机图形学和电影拍摄等专业领域使用。在1997年的SIGGRAPH（计算机图形学特别兴趣小组）研讨会上，他提交了论文《从照片中恢复高动态范围辐射图》，描述了怎样合成高动态范围图像（在他之前，高动态范围图像只能用Radiance这类软件渲染生成）。

高动态范围图像又称HDR图像（HDR是High Dynamic Range的缩写）。从理论上讲，HDR图像可以按照比例存储真实场景中的所有明度值，展现现实世界的全部可视动态范围。但在实际使用中，受设备和技术限制，普通用户没有这个条件。学习HDR图像合成方法，主要是用它扩展图像的动态范围，让画面中的阴影和高光细节更多地展现出来。

8.5.1 实战：合成高动态范围图像

拍摄3~7张不同曝光值的照片，每张照片只针对一个色调的曝光正常，其他区域可过曝或欠曝，所有照片放在一起时，兼顾高光、中间调和阴影细节，便可使用"合并到HDR Pro"命令合成为一张高动态范围图像，如图8-175所示。

扫码看视频

图8-175

01 打开素材。执行"文件>自动>合并到HDR Pro"命令，在打开的对话框中单击"添加打开的文件"按钮，如图8-176所示，再单击"确定"按钮，将素材添加到"合并到HDR Pro"对话框中。素材为以不同曝光值拍摄的3张照片。

图8-176

02 调整"灰度系数""曝光度""细节"值，如图8-177所示，以降低高光区域的亮度，并将暗部提亮。勾选"边缘平滑度"选项，调整"半径"和"强度"值，提高色调的清晰度，如图8-178所示。

图8-177

图8-178

03 调整"阴影"和"高光"值，争取最大化显示细节。调整"自然饱和度"，增加色彩的饱和度，同时避免出现溢色，如图8-179所示。

图8-179

04 在"模式"下拉列表中可以选择将合并后的图像输出为32 位 / 通道、16 位 / 通道或 8 位 / 通道的文件。这里使用默认的选项即可。但如果想要存储全部HDR图像数据，则需要选择32 位 / 通道。单击"确定"按钮关闭对话框，创建HDR图像。合成为HDR图像以后，阴影、中间调和高光区域都有充足的细节，并且暗调区域没有漆黑一片，高光区域也没有丢失细节，只是颜色有点偏黄、偏绿。单击"调整"面板中的 ■ 按钮，创建"可选颜色"调整图层，在"属性"面板"颜色"下拉列表中选择红色，在红色中增加洋红的值，让红色恢复原貌，如图8-180和图8-181所示。

图8-180　　　　图8-181

技术看板　怎样拍摄用于制作 HDR 图像的照片

通常应拍摄5~7张照片，最少需要3张，以便覆盖场景的整个动态范围。照片的曝光度差异应在一两个 EV（曝光度值）级（相当于差一两级光圈）。另外，不要使用相机的自动包围曝光功能，因为其曝光度的变化太小；其次，拍摄时要改变快门速度，以获得不同的曝光度，不要调光圈和ISO，否则会使每次曝光的景深发生变化，导致图像品质降低。另外，调整ISO或光圈还可能导致图像中出现杂色和晕影。最后提醒一点，因为要拍摄多张照片，所以应将相机固定在三脚架上，并确保场景中没有移动的物体。

"合并到HDR Pro"对话框选项

● 预设：包含 Photoshop 预设的调整选项。

● 移去重影：如果画面因为对象（如汽车、人物或树叶）移动而具有不同的内容，可勾选该选项，Photoshop 会在具有最佳色调平衡的缩览图周围显示一个绿色轮廓，以标识基本图像。图像中的其他移动对象将被移除。

● 模式：单击该选项右侧的第1个 ∨ 按钮，可以打开下拉列表为合并

后的图像选择位深（只有 32 位 / 通道的文件可以存储全部 HDR 图像数据）。单击该选项右侧的第 2 个 ∨ 按钮，打开下拉列表，选择"局部适应"，可以通过调整图像中的局部亮度区域来调整 HDR 色调；选择"色调均化直方图"，可在压缩 HDR 图像动态范围的同时，尝试保留一部分对比度；选择"曝光度和灰度系数"，可以手动调整HDR 图像的亮度和对比度，拖曳"曝光度"滑块可以调整增益，拖曳"灰度系数"滑块可以调整对比度；选择"高光压缩"，可以压缩HDR 图像中的高光值，使其位于 8 位 / 通道或 16 位 / 通道图像文件的亮度值范围内。

● "边缘光"选项组："半径"选项用来指定局部亮度区域的大小；"强度"选项用来指定两个像素的色调值相差多大时，它们属于不同的亮度区域。

● "色调和细节"选项组：灰度系数设置为 1.0 时动态范围最大，较低的设置会加重中间调，而较高的设置会加重高光和阴影；"曝光度"值可反映光圈的大小；"细节"选项可用于锐化。

● "高级"选项组：拖曳"阴影"和"高光"滑块可以使这些区域变亮或变暗；"自然饱和度""饱和度"选项可以调整色彩的饱和度，其中"自然饱和度"可以调整细微颜色强度，并避免出现溢色。

● 曲线：可通过曲线调整 HDR 图像。如果要增大调整幅度，可勾选"边角"选项。直方图中显示了原始的 32 位 HDR 图像中的明亮度值。横轴的红色刻度线则以一个 EV（约为一级光圈）为增量。

8.5.2 实战：用单张照片制作HDR效果

使用"HDR色调"命令可以将普通的单幅照片改造成HDR效果，如图8-182所示。它是调整HDR图像色调的专用命令，可以将全范围的HDR对比度和曝光度设置应用于图像。

扫码看视频

图8-182

01 执行"图像>调整>HDR色调"命令。在"边缘光"选项组中，将"半径"调到最大，使调整范围扩大为整个图像，再将"强度"值设置为1，如图8-183所示。

02 将"灰度系数"值降低到0.5，"曝光度"值降低到 -0.5。现在虽然画面有点发灰，但阴影区域的细节开始显现出来了。将"细节"值提高到168%，如图8-184所示。

图8-183

图8-184

03 在"高级"选项组中，将"阴影"值降到最低，将"高光"值调到最大，让阴影区域暗下去，高光区域亮起来，这样色调对比就体现出来了。再给色彩增加一些饱和度，如图8-185所示。按Enter键确认。

04 执行"图像>复制"命令，复制图像。再用"HDR色调"命令处理一遍，参数不变，如图8-186所示。处理以后可以提亮人的面部，增加细节。

图8-185

图8-186

05 使用移动工具 ✛ 将处理结果拖入原文档中，操作时全程按住Shift键，以确保两幅图像完全对齐。单击 ◻ 按钮添加蒙版。选择渐变工具 ▮ 并单击径向渐变按钮 ◼，在蒙版中填充径向渐变，只让人物面部显现，周围还是显示"背景"图层中较暗的图像，即让面部之外的部分暗下去，如图8-187和图8-188所示。

图8-187

图8-188

06 单击"调整"面板中的 ▦ 按钮，创建"色相/饱和度"调整图层，增加饱和度，如图8-189所示。用画笔工具 ✎ 在鼻子、嘴和耳朵上涂深灰色，通过蒙版的遮盖，将这些区域的饱和度降下来，否则颜色太艳，如图8-190所示。

图8-189

图8-190

8.5.3 调整HDR图像的曝光

"色阶""曲线"等命令并不能很好地处理HDR图像，因为它们是为编辑普通图像而开发的。要调整HDR图像的色调，可以使用"图像>调整>HDR色调"命令来操作。要调整HDR图像的曝光，则使用"图像>调整>曝光度"命令，效果会更好。

HDR图像中可以按比例表示和存储真实场景中的所有明度值，所以，调整HDR图像曝光度的方式与在真实环境中（即拍摄场景中）调整曝光度的方式类似。

8.5.4 调整HDR图像的动态范围视图

HDR图像的动态范围非常广，远远超出了显示设备的显示范围，因此，在Photoshop中打开HDR图像时，图像可能会显得非常暗。如果出现上述问题，可以使用"视图>32位预览选项"命令做一些调整，让HDR图像正常显示。

操作时，可以在"方法"下拉列表中选择"曝光度和灰度系数"选项，之后拖曳"曝光度"和"灰度系数"滑块，调整亮度和对比度；也可以选择"高光压缩"选项，自动压缩HDR图像的高光值，使其位于 8 位/通道或 16 位/通道图像的亮度值范围内。

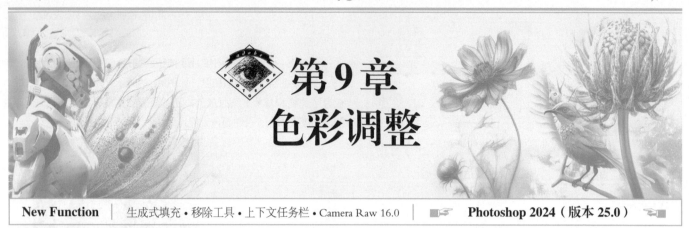

第9章
色彩调整

New Function | 生成式填充・移除工具・上下文任务栏・Camera Raw 16.0 | ☞ **Photoshop 2024（版本 25.0）** ☜

本章简介

本章介绍色彩原理，以及 Photoshop 中的调色命令。明白色彩原理之后，再学这些调色方法，就能知其然也知其所以然。

学习目标

与色彩有关的知识专业性较强，为便于读者理解，本章会先讲解色彩的基本概念，介绍怎样调整色彩的三要素，以及如何准确识别色彩。当读者掌握了相关的色彩知识之后，便可进入更加专业的调色方法学习阶段。这一阶段的主要任务是学习使用通道调色，以及基于颜色的变化规律来进行调色。其他调色命令按照种类和用途的不同而进行分类，每一个命令都很独特，实战也精彩纷呈。

学习重点

"色相/饱和度"命令使用方法
RGB模式的颜色混合方法
CMYK模式的颜色混合方法
RGB模式的颜色变化规律
实战：用通道调头发颜色
Lab模式的独特通道

9.1 调整色相和饱和度

调整图像的色相、饱和度和明度，可以突出主题，营造特定的情感和氛围，呈现更美丽的场景，让人感受到更强烈的视觉冲击。

$9.1.1$ 实战：汽车喷涂效果

扫码看视频

本实战使用"色相/饱和度"调整图层及贴图素材在汽车车身制作喷涂效果，如图9-1所示。

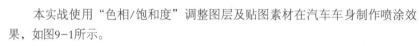

图9-1

01 执行"选择>主体"命令，将汽车选取，如图9-2所示。选择快速选择工具 ，按住Alt键在车窗、后视镜和轮胎上拖曳鼠标，将其排除到选区之外，如图9-3所示。

图9-2   图9-3

02 按Ctrl+J快捷键将选中的图像复制到新的图层中，如图9-4所示。打开贴图素材并拖曳到汽车文档中，如图9-5所示。

图9-4　　　　　　图9-5

03 按Alt+Ctrl+G快捷键，创建剪贴蒙版，如图9-6和图9-7所示。

图9-6　　　　　　图9-7

04 将贴图所在的图层隐藏，如图9-8所示。按住Ctrl键单击其缩览图，如图9-9所示，加载选区，如图9-10所示。

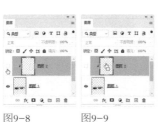

图9-8　　　图9-9　　　图9-10

05 单击"图层"面板中的 ◑ 按钮打开下拉菜单，选择"色相/饱和度"命令，创建"色相/饱和度"调整图层。单击面板中的 ⬓ 按钮创建剪贴蒙版，设置图层的混合模式为"叠加"，如图9-11所示。在"属性"面板中调整颜色，如图9-12和图9-13所示。

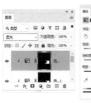

图9-11　　　图9-12　　　图9-13

06 按Ctrl+J快捷键复制调整图层，单击"属性"面板中的 ⬓ 按钮，将该图层也加入剪贴蒙版组。图层的混合模式设置为"柔光"，如图9-14所示。修改调整参数，如图9-15和图9-16所示。

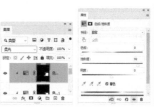

图9-14　　　图9-15　　　图9-16

07 单击调整图层的蒙版缩览图，如图9-17所示。选择画笔工具 ✐ 及柔边圆笔尖，在车尾处涂抹黑色，将调整效果遮盖住，让贴图的颜色呈现渐变效果，如图9-18所示。

图9-17　　　　　　图9-18

9.1.2 小结（色彩三要素）

现代色彩学将色彩分为无彩色和有彩色两大类。无彩色是指黑色、白色和各种明度的灰色。有彩色是指红色、橙色、黄色、绿色、蓝色、紫色这6种基本颜色，以及由它们混合得到的颜色。

色彩由三个要素构成：色相、饱和度和明度。色相是色彩的相貌，也是我们对色彩的命名，如红色、橙色、黄色等，如图9-19所示。明度描述了色彩的明亮程度。随着明度的增加，色彩趋近于白色；而随着明度的降低，色彩趋近于黑色，如图9-20所示。饱和度是指色彩的鲜艳程度，如图9-21所示。当色彩中掺杂灰色或其他颜色时，饱和度会降低。饱和度降低时，色彩会逐渐趋近于灰色，在最低点时将变为无彩色。

从浅红色到深蓝色色相变化
图9-19

红、绿、蓝色的明度从高到低变化

图9-20

红、绿、蓝色的饱和度从高到低变化

图9-21

"色相/饱和度"命令能够针对色彩的三要素进行调整，而且既能对整幅图像进行全局性调整，也能只修改特定的颜色。例如，如果天空不够蓝，可以增加蓝色，使天空更清湛；如果花朵不够红，可以增加红色，使花朵更鲜艳；如果草地不够绿，可以提高绿色的饱和度，使草地更生动；如果水体不够清澈，可以提高水体颜色的明度，使水体更明亮清澈。以上调整都能在不改变图像整体颜色氛围的情况下进行，让所调整对象的色彩更加完美。

9.1.3 "色相/饱和度"命令使用方法

"色相/饱和度"命令有3个用途：调整色相、饱和度和明度，去除颜色，以及为黑白图像上色。它能解决大多数调色问题，而且操作简单，即使对色彩知识一无所知的人，也能驾驭好它。

通过滑块调整色相、饱和度和明度

执行"图像>调整>色相/饱和度"命令，打开"色相/饱和度"对话框，如图9-22所示。"预设"下拉列表中是Photoshop预设的选项，选择其中的一个，可自动对图像做出调整。

图9-22

"色相"选项可以改变颜色，"饱和度"选项能使颜色变得鲜艳或暗淡，"明度"选项能让色调变亮或变暗。操作

时可在"色相/饱和度"对话框底部的渐变颜色条上观察颜色发生的改变。上方颜色条是图像原色，下方是修改后的颜色，如图9-23所示。

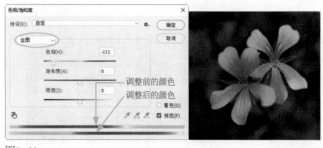

调整前的颜色
调整后的颜色

图9-23

"预设"下方的选项中显示的是"全图"，表示调整将应用于整幅图像。如果想针对某种颜色进行单独调整，可单击 ✓ 按钮打开下拉列表，其中包含色光三原色（红色、绿色和蓝色），以及印刷三原色（青色、洋红和黄色）。选取后，可单独调整其色相、饱和度和明度。例如，可以选择"绿色"，将其转换为红色；也可增加或降低绿色的饱和度，或者让绿色变亮或变暗。图9-24所示为将绿色的饱和度设置为-100时的效果。

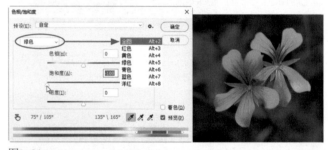

图9-24

隔离颜色

选择一种颜色进行调整时，两个渐变颜色条中会出现小滑块，如图9-25所示。其中两个中间的小滑块定义了将要修改的颜色范围，调整所影响的区域会由此开始向两个三角形滑块处衰减，三角形滑块以外的颜色不受影响。图9-26所示为调整绿色色相时的效果。

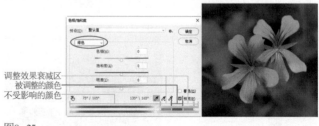

调整效果衰减区
被调整的颜色
不受影响的颜色

图9-25

被修改的颜色
受一定程度影响的颜色
不受影响的颜色
调整前的颜色
调整后的颜色

图9-26

拖曳中间的小滑块，可以扩展和收缩所影响的颜色范围，如图9-27所示。拖曳三角形滑块，则可扩展和收缩衰减范围，如图9-28所示。

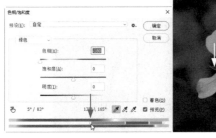

图9-27

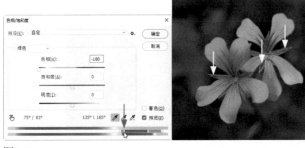

图9-28

颜色条上面的4个数字分别代表当前选择的颜色（此处为红色）和其外围颜色的范围。在色轮中，绿色的色相为135°及左右各30°的范围（105°~165°），如图9-29所示。观察"色相/饱和度"对话框中的数值，如图9-30所示，其中，105°~135°的颜色是被调整的颜色，位于12°~105°和135°~165°的颜色，其调整强度会逐渐衰减，这样可以创建平滑的过渡效果。

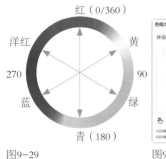

图9-29

图9-30

用吸管工具隔离颜色

在隔离颜色的状态下操作时，既可采用前面的方法，即拖曳滑块来扩展和收缩颜色范围；也可以使用对话框中的3个吸管工具从图像上直接拾取颜色，这样更加直观。操作方法是：用 ✐ 工具单击图像，拾取要调整的颜色，与此同时，渐变颜色条上的滑块会自动移到这一颜色区域。图9-31所示为单击绿色并调整颜色后的效果。

用 ✐ 工具单击某种颜色，可将其添加到选取范围中，如图9-32所示；用 ✐ 工具单击，则可将颜色排除出去，如图9-33所示。

图9-31

图9-32

图9-33

使用图像调整工具

单击图像调整工具 ✋ ，之后在画面中想要修改的颜色上方向左拖曳鼠标，可以降低颜色的饱和度，如图9-34所示；向右拖曳鼠标，则增加饱和度，如图9-35所示。如果想修改色相，可以按住Ctrl键操作。

图9-34　　　　　　　　　图9-35

去色/上色

将"饱和度"滑块拖曳到最左侧，可以将彩色图像转换为黑白效果。在这种状态下，"色相"滑块将不起作用。拖曳"明度"滑块可以调整图像的亮度。

勾选"着色"选项后，图像的颜色会变为单一颜色。如果前景色是黑色或白色，会使用暗红色上色，如图9-36所示；如果是其他颜色，则使用低饱和度的前景色上色。此时还可拖曳"色相"滑块修改颜色，如图9-37所示，或者拖曳"饱和度"滑块调整颜色的饱和度。

图9-36　　　　　　　　　图9-37

9.1.4 实战：用隔离颜色的方法调色

运用"色相/饱和度"命令的隔离颜色功能调色，可以使调整范围更加精准。本实战学习具体操作方法，如图9-38所示。

扫码看视频

图9-38

01 使用快速选择工具 🖌 将裙子选取，如图9-39所示。单击"图层"面板中的 🌓 按钮打开下拉菜单，选择"色相/饱和度"命令，创建"色相/饱和度"调整图层。单击"属性"面板中的图像调整工具 🖑，将鼠标指针移动到裙子上，找一处中间色调（即非高光和阴影）区域，如图9-40所示，按住Ctrl键拖曳鼠标，将此处调为蓝紫色，选区会转换到调整图层的蒙版中，并限定调整范围，如图9-41和图9-42所示。

图9-39　　　　　　　　　图9-40

图9-41　　　　　　　　　图9-42

02 将鼠标指针移动到"属性"面板中控制衰减范围的滑块上，如图9-43所示，拖曳滑块扩展所调整的颜色范围，如图9-44和图9-45所示。

图9-43　　　　　　　　　图9-44

图9-45

03 将鼠标指针移动到被调整的颜色区间，向左拖曳，如图9-46和图9-47所示。

图9-46　　　　图9-47

04 再创建一个"色相/饱和度"调整图层，将其蒙版填充为黑色。选择画笔工具✎及柔边圆笔尖，在图9-48所示的位置涂抹白色（这里颜色不自然，需要修改），修改蒙版，如图9-49所示。由于尚未进行调整，所以颜色还不会出现变化。

图9-48　　　　

图9-49

05 在"属性"面板中勾选"着色"选项并修改参数，将此处调为蓝色，如图9-50和图9-51所示。

图9-50　　　　　　　　　　图9-51

9.1.5 调出健康肤色（"自然饱和度"命令）

虽然提高饱和度能让色彩变得赏心悦目，但在肤色处理上，这个规则就不太适用。因为肤色的调整空间较小，如果用"色相/饱和度"命令处理，极易出现过饱和颜色，令肤色变得很难看，也不自然。人像类图像适合用"自然饱和度"命令调整，如图9-52所示。该命令能给饱和度设置上限，以避免出现溢色，因此，也适合处理印刷用的图像。

图9-52

> **提示**
>
> 降低饱和度时，如果将"饱和度"值调到最低（-100），会完全删除色彩信息。而将"自然饱和度"值调到最低，鲜艳的色彩通常会保留下来，只是饱和度有所下降。
>
>
>
> 原图
>
> 　
>
> "饱和度"为-100　　　"自然饱和度"为-100

扫码看视频

·PS技术讲堂·

怎样准确识别颜色

将一种颜色放在其他颜色上，由于周围颜色的影响，它看起来与之前不同。这是颜色的对比现象造成的，其实色彩本身并没有变。图9-53和图9-54所示分别为色相对比、饱和度对比现象。

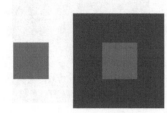

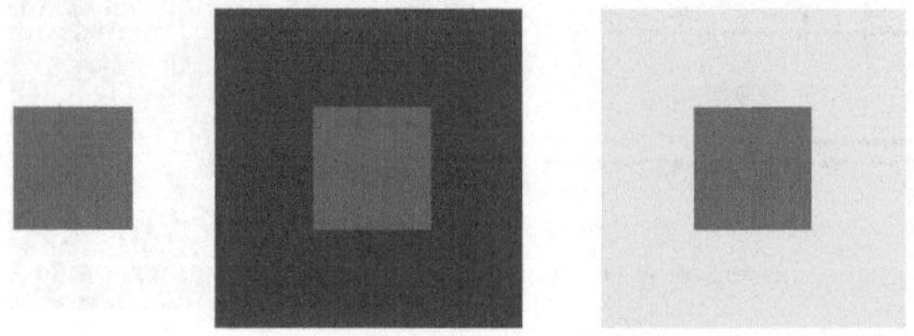

色相对比：在红色上，橙色看起来偏黄；在黄色上，橙色看起来偏红

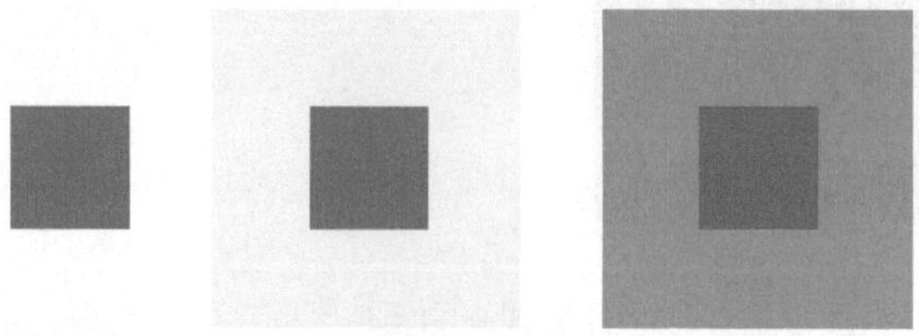

饱和度对比：在低饱和度的蓝色上，蓝紫色看起来更鲜艳；在高饱和度的蓝色上，它看起来就变得黯淡了

图9-53

图9-54

除色相和饱和度外，明度也可以产生对比。例如，图9-55所示是麻省理工学院视觉科学家泰德·艾德森设计的亮度幻觉图形。请判断，A点和B点的方格哪一个颜色更深？

几乎所有看到这个图形的人都认为A点颜色更深。但真实情况令人惊讶，A点和B点的颜色不存在任何差别！为了验证这个结论，可以打开Photoshop中的色彩识别工具——"信息"面板，将鼠标指针放在A点上，记下面板中的颜色值，如图9-56所示；再将鼠标指针移动到B点，如图9-57所示。可以看到，颜色值完全一样。这是色彩对比影响眼睛判断力的一个经典案例。为什么浅色方格（B点）不显得黑？这是因为我们的视觉系统认为"黑"是阴影造成的，而不是方格本身就有的。我们的眼睛被自己的经验欺骗了。

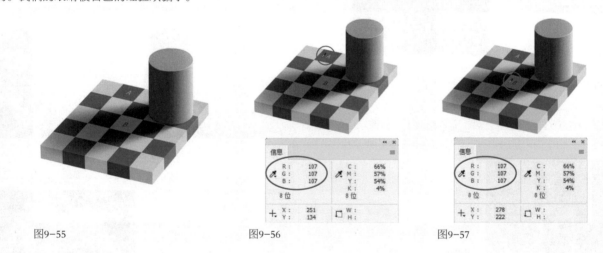

图9-55

图9-56

图9-57

·PS技术讲堂·

怎样追踪颜色变化

前面的小测试说明，人的眼睛容易受到干扰而被"欺骗"，不借助专业的"信息"面板等工具，无法准确识别颜色。

"信息"面板不仅能让颜色现出"真身"，还能实时反馈其变化情况。要使用此功能，在调色前，先使用颜色取样器工具 在需要观察的位置单击，建立取样点，如图9-58所示，再进行调整。例如，使用"色相/饱和度"命令修改颜色时，"信息"面板会同时显示调整前、后的两组数值，供我们参考，如图9-59所示。

扫码看视频

图9-58 图9-59

颜色取样器工具使用技巧

颜色取样器工具 ✎ 的选项栏中有一个"取样大小"选项，可用于定义取样范围。例如，如果要查看颜色取样点处单个像素的颜色值，应选择"取样点"（图9-59所示即取样点信息）；选择"3×3平均"，则显示取样点3个像素区域内的平均颜色，如图9-60所示。其他选项以此类推。

一幅图像中最多可以放置10个取样点。拖曳取样点，可对其进行移动；按住 Alt 键并单击取样点，可将其删除；如果想在调整命令对话框打开的状态下删除取样点，可按住 Alt+Shift键并单击它；如果要删除所有取样点，可以单击工具选项栏中的"清除全部"按钮。

取样点还能反馈其他模式的颜色信息。操作方法是在"信息"面板的吸管上单击打开菜单，选择颜色模式及位深等即可，如图9-61所示。

图9-60 图9-61

如果想修改"信息"面板中吸管显示的颜色信息，可以打开面板菜单，执行"面板选项"命令，打开"信息面板选项"对话框进行设置。

读懂"信息"面板

"信息"面板是个多面手，默认状态下，它显示鼠标指针处的颜色值，以及文档状态、当前工具的提示等；在进行编辑操作时，则显示与当前操作有关的信息。

● 显示颜色信息：将鼠标指针放在图像上，面板中会显示鼠标指针的精确坐标和它所在位置的颜色值。如果颜色超出了 CMYK 色域（*电子文档71页*），CMYK 值旁边会出现一个惊叹号。

● 显示选区大小：使用选框工具（矩形选框工具、椭圆选框工具等）创建选区时，随着鼠标指针的移动，实时显示选框的宽度（W）和高度（H）。

● 显示定界框的大小：使用裁剪工具 ⊞ 和缩放工具 ⊕ 时，显示定界框的宽度（W）和高度（H）。旋转裁剪框时显示旋转角度。

● 显示开始位置、变化角度和距离：当移动选区或使用直线工具 ╱、钢笔工具 ✎、渐变工具 ▬ 时，随着鼠标指针的移动显示开始位置的 x 和 y 坐标，X 的变化（△X）、Y 的变化（△Y），以及角度（A）和距离（L）。

● 显示变换参数：执行二维变换命令（如"缩放"和"旋转"）时，显示宽度（W）和高度（H）的百分比变化、旋转角度（A），以及横向（H）或纵向（V）的角度。

● 显示状态信息：显示文件大小、文档配置文件、文件尺寸、暂存盘大小、效率、计时及当前工具等信息。具体显示内容可以在"信息面板选项"对话框中进行设置。

● 显示工具提示：显示与当前使用工具有关的提示信息。

9.1.6 实战：秋意浓（"替换颜色"命令）

扫码看视频

"替换颜色"，顾名思义，就是用一种颜色替换另一种颜色。该命令并不是一个生面孔，它其实是"色彩范围"命令（*345页*）与"色相/饱和度"命令的结合体。为什么这么说呢？因为在使用时，它采用与"色彩范围"命令相同的方法选取颜色，之后又用与"色相/饱和度"命令相同的方法修改所选颜色。下面就通过实战来学习其用法，如图9-62所示。

图9-62

01 打开素材后按Ctrl+J快捷键复制"背景"图层。执行"图像>调整>替换颜色"命令，打开"替换颜色"对话框。默认选取的是吸管工具 ✐，用它单击浅色树叶，如图9-63所示，对颜色进行取样，如图9-64所示。在对话框中的图像缩览图上，白色代表选中的区域，灰色代表部分选中的区域，黑色是未选中的区域。

图9-63   图9-64

02 拖曳"色相"滑块，调整树叶颜色，如图9-65和图9-66所示。

图9-65   图9-66

03 选择添加到取样工具 ✐，单击深色树叶，扩展选取范围，如图9-67所示。提高"饱和度"值，如图9-68所示。关闭对话框。

图9-67   图9-68

提示

如果要在图像中选择相似且连续的颜色，可以勾选"本地化颜色簇"选项，这样可以使选择范围更加准确。

---

04 单击 ⬛ 按钮，添加蒙版。人和树干的颜色受到了一些影响，使用画笔工具 ✐ 将这些区域涂黑，消除影响，效果如图9-69所示。

05 单击图像的缩览图，如图9-70所示，执行"滤镜>模糊画廊>移轴模糊"命令，对女孩头部以上、脚以下的图像进行模糊处理，如图9-71和图9-72所示。

图9-69   图9-70

图9-71   图9-72

06 按Ctrl+J快捷键复制图层。将蒙版拖曳到 🗑 按钮上删除。设置混合模式为"滤色"，使图像色调变得轻快、明亮，如图9-73和图9-74所示。

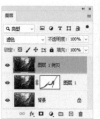

图9-73   图9-74

9.1.7 照片滤镜命令

在相机镜头前加彩色滤镜可以调整通过光的色彩平衡和色温，营造特殊的色彩效果。"图像>调整"子菜单中的"照片滤镜"命令可以模仿此类滤镜。在"照片滤镜"对话框中提供了各种颜色预设，图9-75所示为照片素材，使用图9-76所示参数调整后的效果如图9-77所示。如果想自定颜色，可以单击"颜色"选项右侧的颜色块，打开"拾色器"对话框进行设置。

图9-75

图9-76

图9-77

9.2 颜色的匹配、分离与映射

　　Photoshop 中的调色命令十分强大，可以让色彩发生创造性的改变，本节介绍的内容便是其中的一部分，包括如何匹配不同照片中的颜色、减少颜色数量，以及怎样对颜色进行映射。

9.2.1 实战：统一色调（"匹配颜色"命令）

　　拍摄时常会遇到这种情况：由于云层遮挡太阳、拍摄角度不同或客观环境变化，所拍摄的一组照片中，影调、色彩和曝光出现了不一致，有些照片效果很好，有些则不尽如人意。"匹配颜色"命令可以解决这一问题。它能用效果好的照片校正较差的照片，改善其影调、色彩和曝光，使其达到与好照片相同的效果，如图9-78所示。

亮，可将"明亮度"设置为140；"颜色强度"设置为120，以提高饱和度，如图9-81所示。单击"确定"按钮，关闭对话框，即可将这张照片的色调转换过来。

图9-79

图9-80

图9-78

01 打开两张照片，如图9-79和图9-80所示。第一张照片由于没有阳光照射，色调偏冷。第二张照片是在阳光充足的条件下拍摄的，效果比较好。将色调偏冷的荷花设置为当前操作的文件。

02 执行"图像>调整>匹配颜色"命令，打开"匹配颜色"对话框。在"源"下拉列表中选择另一张照片，将"渐隐"设置为50，让调整强度处于合理的区间；为避免色调过

图9-81

"匹配颜色"对话框选项

- 明亮度/颜色强度：可以调整明亮度和颜色的饱和度。当"颜色强度"为1时，会生成灰度图像。
- 渐隐：可以减弱调整强度，该值越高，颜色效果越弱。
- 中和：如果出现色偏，可以勾选该选项，将色偏消除。
- 图层：用来选择需要匹配颜色的图层。如果要将"匹配颜色"命令应用于目标图像中的特定图层，应确保在执行"匹配颜色"命令时该图层当前处于选中状态。
- 载入统计数据/存储统计数据：单击"存储统计数据"按钮，可将当前的设置保存；单击"载入统计数据"按钮，可以载入已存储的设置。使用载入的统计数据时，无须在Photoshop中打开源图像，就可以完成匹配当前目标图像的操作。

技术看板 用选区控制调整范围

在被匹配颜色的目标图像上创建选区后，勾选"应用调整时忽略选区"选项，可以忽略选区，将调整应用于整幅图像；取消勾选，则仅影响选中的图像。此外，勾选"使用目标选区计算调整"选项，将使用选区内的图像来计算调整；取消勾选，则使用整幅图像中的颜色来计算调整。

调整整幅图像　　　　　　只调整选中的区域

如果源图像上有选区，勾选"使用源选区计算颜色"选项，将会使用选区中的图像匹配当前图像的颜色；取消勾选，则会使用整幅图像进行匹配。

9.2.2 "色调分离"命令

　　默认状态下，图像的色调范围是256级色阶（0~255），如图9-82所示。"图像>调整"子菜单中的"色调分离"命令可以减少色阶数目，如图9-83所示，进而减少颜色数量，使图像细节得到简化。

图9-82　　　　　　图9-83

　　拖曳"色调分离"对话框中的"色阶"滑块，或输入数值后，Photoshop会调整每一个颜色通道中的色调级数（或

亮度值），然后将像素映射到最接近的匹配级别，色阶值越低，色彩越少，如图9-84和图9-85所示。如果使用"高斯模糊"或"去斑"滤镜让图像产生轻微的模糊，再进行色调分离，则色彩更少，色块也更大。

"色阶"为2　　　　　　"色阶"为4
图9-84　　　　　　　　图9-85

9.2.3 实战：色彩抽离效果（海绵工具）

　　如果画面中的主体所处的环境较为复杂，削弱了其突出位置，可以将次要图像处理为黑白效果，以强化主体，突出视觉焦点，如图9-86所示。这种操作叫作色彩抽离。

扫码看视频

图9-86

　　Photoshop中有很多方法制作黑白效果，本实战用的是海绵工具。它可以修改颜色的饱和度，当图像处于灰度模式时，该工具可通过使灰阶远离或靠近中间灰色来增加或降低对比度。

01 按Ctrl+J快捷键复制"背景"图层，以保留原始图像。选择海绵工具，设置工具大小为50像素。首先进行降低色彩饱和度的操作。在"模式"下拉列表中选择"去色"选项，在背景上拖曳鼠标涂抹，直至其变为黑白效果，如图9-87所示。

02 下面进行增加饱和度的操作。勾选"自然饱和度"选项，在"模式"下拉列表中选择"加色"，将"流量"设置为50%，在衣服上涂抹，如图9-88所示。

图9-87　　　　　图9-88

03 单击"调整"面板中的 按钮，创建"曲线"调整图层，在曲线上添加控制点并进行调整，适当地增强中间调的亮度，如图9-89和图9-90所示。

图9-89　　　　　图9-90

海绵工具选项栏

在海绵工具 的选项栏中，画笔、喷枪和设置画笔角度等选项与减淡和加深工具（183页）中的相同，如图9-91所示。其他常用选项如下。

图9-91

● 模式：如果要增加色彩的饱和度，可以选择"加色"选项；如果要降低饱和度，则选择"去色"选项。

● 流量：该值越高，修改强度越大。

● 自然饱和度：勾选该选项后，增加饱和度时可以避免出现溢色（205页、电子文档71页）。

9.2.4 实战：自制颜色查找表

电影在拍摄完成后需要后期调色。例如，调色师会利用LUT查找颜色数据，确定

扫码看视频

特定图像所要显示的颜色和强度，将索引号与输出值建立对应关系，以避免影片在不同显示设备上表现出来的颜色出现偏差。

LUT是Look Up Table的缩写，意为"查找表"，有1D LUT、2D LUT和3D LUT几种类别。其中，3D LUT的色彩控制能力最强，它的每一个坐标方向都有RGB通道，能够同时影响色域、色温和伽马值，1D LUT和2D LUT的功能没有这么强大。3D LUT还能映射和处理所有色彩信息，甚至是不存在的色彩。

3D LUT既是一种颜色校准的技术手段，也可用于改变颜色。Photoshop提供的就是这种类型的3D LUT文件，可以营造浪漫、清新、怀旧、冷峻等不同的色彩风格。

在Photoshop中使用调整图层调色后，可以将其导出为颜色查找表，并可在After Effects、SpeedGrade及其他图像或视频编辑软件中用它调色。图9-92所示的樱花就是用自制的颜色查找表调出的效果。下面介绍操作方法。

图9-92

01 打开素材，如图9-93所示。单击"调整"面板中的 按钮，创建"曲线"调整图层，分别调整RGB、红、绿和蓝通道曲线，如图9-94~图9-98所示。

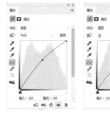

图9-93　　　　　图9-94　　　　　图9-95

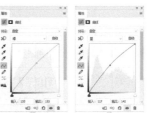

图9-96　　　　图9-97　　　　图9-98

02 单击"调整"面板中的 按钮，创建"可选颜色"调整图层，分别调整"青色"和"中性色"，如图9-99~图9-101所示。

图9-99　　　图9-100　　　图9-101

图9-107

03 执行"文件>导出>颜色查找表"命令，打开"导出颜色查找表"对话框，在"网格点"选项中输入数值（0~256），高数值可以创建更高质量的文件。选择颜色查找表格式，如图9-102所示。如果想保护版权，可以在"说明"和"版权"选项中输入信息，Photoshop 会自动将©版权<current year>添加为文本的前缀。单击"确定"按钮，然后指定文件的存储位置。

04 打开素材，如图9-103所示。单击"调整"面板中的 ▦ 按钮，创建"颜色查找"调整图层。

图9-102　　　　　　　图9-103

05 单击"属性"面板中的"3DLUT文件"单选按钮，如图9-104所示，在打开的对话框中选择存储好的颜色查找表文件，如图9-105所示，单击"载入"按钮，加载该文件并用它自动调整图像颜色，如图9-106所示。

图9-104　　　图9-105　　　　图9-106

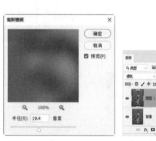  

图9-108　　　　　图9-109　　　　图9-110

02 单击"调整"面板中的 ▨ 按钮，创建"渐变映射"调整图层。单击渐变颜色条，如图9-111所示，打开"渐变编辑器"对话框，设置渐变颜色，如图9-112和图9-113所示。

 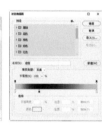 

图9-111　　　　　图9-112　　　　　图9-113

渐变映射使用技巧

执行"图像>调整>渐变映射"命令，打开"渐变映射"对话框。默认状态下，Photoshop会基于前景色和背景色生成渐变颜色。渐变的起始（左端）颜色、中点和结束（右端）颜色，分别映射到图像的阴影、中间调和高光，如图9-114和图9-115所示。

单击 ⌄ 按钮打开下拉面板，可以选择预设的渐变，如图9-116和图9-117所示。如果要自定义渐变颜色，可单击渐变颜色条，打开"渐变编辑器"对话框进行设置。

9.2.5　实战：调出霓虹光感（"渐变映射"命令）

本实战介绍怎样使用"渐变映射"命令替换图像中原有的颜色，制作流行的、呈现霓虹光感的颜色效果，如图9-107所示。

扫码看视频

01 按Ctrl+J快捷键复制"背景"图层。执行"滤镜>模糊>高斯模糊"命令，进行模糊处理，如图9-108所示。设置图层的混合模式为"滤色"，如图9-109和图9-110所示。

图9-114

图9-115

图9-116

图9-117

渐变映射会改变原图中色调的对比度（见图9-117）。要想避免发生这种情况，可以使用"渐变映射"调整图层操作，之后将其设置为"颜色"模式，这样就不会影响亮度了，如图9-118和图9-119所示。

图9-118

图9-119

如果图像用于打印，可以勾选"仿色"选项，在渐变中添加随机的杂色，让渐变效果更加平滑。勾选"反相"选项，则可反转渐变颜色的填充方向。

9.3 彩色转黑白

黑白图像虽然没有色彩，但高雅而朴素、纯粹而简约，具有独特的艺术魅力。在 Photoshop 中，彩色图像转黑白很容易实现，有些功能在色调层次控制方面有上佳表现。

9.3.1 "黑白"命令

手动调整

打开一张照片，如图9-120所示。单击"调整"面板中的 ■ 按钮，创建"黑白"调整图层，"属性"面板中会显示图9-121所示的选项（之所以用调整图层操作，是因为"黑白"命令的对话框中没有 ✋ 工具）。

图9-120

图9-121

拖曳各个原色滑块，即可调整图像中特定颜色的灰色调。例如，向左拖曳绿色滑块时，可以使图像中由绿色转换而来的灰色调变暗，如图9-122所示；向右拖曳，则会使其色调变亮，如图9-123所示。

图9-122

图9-123

通过手动也可调整某种颜色，操作时首先单击"属性"面板中的 ✋ 工具，然后将鼠标指针移动到相应的颜色上，如图9-124所示，向右拖曳可将此颜色调亮，如图9-125所示；向左拖曳可将其调暗，如图9-126所示。与此同时，"属性"面板中相应的颜色滑块会自动移动到相应位置。

图9-124

图9-125

图9-126

> **提示**
>
> 按住 Alt 键并单击某个色卡，可以将单个滑块复位到其初始设置。另外，按住 Alt 键时，对话框中的"取消"按钮将变为"复位"按钮，单击该按钮可复位所有颜色滑块。

使用预设文件调整

使用"黑白"命令时，可以先单击"自动"按钮，让灰度值的分布最大化，如图9-127所示，之后在此基础上再处理细节就会非常省事。

如果对调整结果比较满意，还可单击 ≡ 按钮，打开面板菜单，执行"存储黑白预设"命令，将调整参数存储为一个预设；对其他图像进行相同的处理时，可在"预设"下拉列表中选取相应的预设，而不必重新设置参数。此外，Photoshop也提供了一些预设的调整文件，如图9-128所示，效果也都不错。

图9-127　　　　　　　　　图9-128

为灰度上色

将图像转换为黑白效果后，勾选"色调"选项，然后单击颜色块，打开"拾色器"对话框设置颜色，可以创建单色调图像，如图9-129和图9-130所示。如果是使用"图像>调整>黑白"命令来操作，则在"黑白"对话框中还有"色相"滑块和"饱和度"滑块，其用法与"色相/饱和度"对话框中的相同。

图9-129

图9-130

· PS技术讲堂 ·
几种实现黑白效果的方法

使用"色相/饱和度"命令将色彩的饱和度降为0，即可创建黑白效果。此外，执行"图像>模式>灰度"命令，将文件转换为灰度模式，也能快速得到黑白图像。如果不想改变颜色模式，可以通过执行"图像>调整>去色"命令删除颜色。

以上方法各有利弊，但有一个共同点，就是没有控制选项，因而无法根据图像的自身特点改变细节的亮度和对比度，所以不是最佳选择。与之相比，控制力更强、效果更好的是"渐变映射""通道混合器"和"计算"命令。其中"计算"命令可利用通道和混合模式生成黑白图像，并且有不同的组合方式，因此它的效果是最丰富的。只是混合模式虽然有规律可循，但图像千变万化，所以这种方法会因图像的不同而具有一定的随机性。

上面这些命令都不如"黑白"命令功能强大。因为它能改变红、黄、绿、青、蓝和洋红每一种颜色的色调深浅，而这几种颜色正是色光三原色和印刷三原色，其他颜色都是由它们混合而成的，把控好这几种颜色，几乎就控制了所有颜色。图9-131所示为使用不同方法制作的黑白图像，从中可以一探各种方法的差异。能够单独调整某种颜色的色调对于改善色调层次意义重大。例如，红、绿两种颜色在转换为黑白效果时，灰度非常相似，很难区分，色调的层次感就会被削弱。用"黑白"命令分别调整这两种颜色的灰度，能将它们有效地区分开，使色调的层次丰富而鲜明。

图9-131

原图　"去色"命令　灰度模式　"色相/饱和度"命令（色相为0）

"渐变映射"命令　"通道混合器"命令　"计算"命令　"黑白"命令

9.3.2 实战：制作人像图章（"阈值"命令）

"阈值"命令可以将彩色图像转换为高对比度的黑白效果，适合制作单色照片或者模拟类似手绘效果的线稿，以及制作木版画、图章等特效，如图9-132所示。

扫码看视频

图9-132

01 单击"调整"面板中的 ▨ 按钮，创建"阈值"调整图层，调整"阈值色阶"，如图9-133和图9-134所示。

图9-133　　图9-134

02 按Ctrl+J快捷键复制调整图层。修改"阈值色阶"为65，如图9-135所示。将亮度值65定义为阈值后，所有比阈值亮的像素会转换为白色，比阈值暗的像素则转换为黑色。单击调整图层的蒙版，如图9-136所示，使用渐变工具 ▨ 填充线性

渐变，如图9-137所示。一个调整图层调出来的效果不是特别好，结合这两个不同参数的"阈值"调整图层，才能获得完整的面部轮廓和必要的细节，如图9-138所示。

图9-135　　图9-136

图9-137　　图9-138

03 单击"背景"图层的锁状图标 🔒 ，如图9-139所示，将其转换为普通图层。按住Ctrl键并单击另外两个图层，按Ctrl+G快捷键将这3个图层编入图层组，如图9-140所示。单击"图层"面板底部的 ◑ 按钮打开下拉菜单，选择"纯色"命令，创建白色填充图层，并拖曳到最下方，如图9-141所示。

图9-139　　图9-140　　图9-141

04 选择椭圆工具 ○，在工具选项栏中选取"形状"选项并设置参数，按住Shift键并拖曳鼠标，创建圆形，如图9-142所示。单击 ▣ 按钮添加图层蒙版。使用画笔工具 ✐（硬边圆笔尖）将帽檐处的圆形涂黑，通过蒙版将其遮盖住，如图9-143所示。

图9-142　　　　　　　图9-143

05 单击图层组，单击 ▣ 按钮为它添加蒙版，如图9-144所示。使用画笔工具 ✐ 将圆圈之外的图像涂黑（帽檐除外），效果如图9-145所示。

图9-144　　　　　图9-145

06 将文字素材添加到画面中，如图9-146所示。再添加背景素材，设置它的混合模式为"滤色"，如图9-147和图9-148所示。

图9-146　　　　图9-147　　　　图9-148

07 创建一个"曲线"调整图层。向下拖曳曲线，将色调压暗，如图9-149和图9-150所示。

图9-149　　　　　图9-150

技术看板 创建与色调分离相似的彩色效果

选择各个颜色通道并使用"图像>调整>阈值"命令分别处理它们，可以生成与用"色调分离"命令处理效果极为相似的彩色图像。

原图及使用"阈值"命令处理的效果

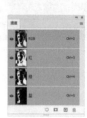

用"阈值"命令处理各个颜色通道

9.3.3 用"反相"命令制作彩色负片

"反相"命令可以将图像中的每一种颜色都转换为其互补色（黑色、白色较特殊，二者互相转换）。彩色图像经过处理后，会变为彩色负片效果，如图9-151和图9-152所示。用"图像>调整>去色"命令处理彩色负片，可以得到黑白负片效果，如图9-153所示。

图9-151　　　　　　　　图9-152

图9-153

——— 提示 ———

使用"反相"命令处理图像后，再次执行该命令，可以将颜色转换回来，使图像恢复原状。

9.4 颜色模式与通道调色

颜色模式决定了图像中所包含的颜色信息和通道数量。不同的颜色模式适用于不同的场景，根据需要选择合适的颜色模式进行调色，可以更好地呈现图像的颜色，这也是制作特效的技术手段。

9.4.1 实战：制作网页登录页面图片

本实战使用双色调模式修改图像的色彩，制作网页登录页面图片，如图9-154所示。

扫码看视频

图9-154

01 打开素材，如图9-155所示。执行"图像>模式>灰度"命令，将图像转换为灰度模式，如9-156所示。

图9-155

图9-156

02 执行"图像>模式>双色调"命令，打开"双色调选项"对话框，在"类型"下拉列表中选择"双色调"选项，单击"油墨1"的缩览图，如图9-157所示，打开"拾色器"对话框，单击"颜色库"按钮，切换到"颜色库"对话框并选取图9-158所示的专色。

图9-157

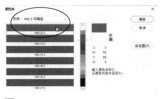
图9-158

03 单击"确定"按钮，返回"双色调选项"对话框。单击"油墨2"的缩览图，打开"颜色库"对话框设置油墨颜色，如图9-159所示。单击"确定"按钮返回"双色调选项"对话框，图像颜色如图9-160所示。

图9-159

图9-160

04 采用同样方法将其他图像也设置为双色调模式，如图9-161所示。

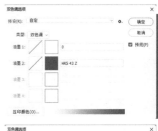

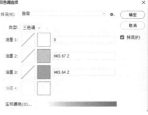

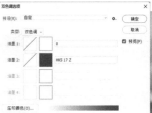

图9-161

05 使用移动工具 ✛ 将调好颜色的图片拖入网页文件中，如图9-162所示。单击"图层"面板中的 按钮打开下拉

列表，选择"亮度/对比度"命令，创建"亮度/对比度"调整图层，提高"对比度"，如图9-163和图9-164所示。

图9-162　　　　　　　　　　　　　　　图9-163

图9-164

·PS技术讲堂·

颜色模式

　　人眼所感知的颜色是一种对光的视觉效应，由眼睛、大脑及个体的生活经验共同塑造而成。然而，数字图像处理软件（如Photoshop等），以及显示器、数码相机、电视机、打印机等硬件设备中的颜色表现则依赖于数学模型（97页），这些模型能够生成各种颜色，并以不同的颜色模式呈现。

　　颜色模式决定了图像中的颜色数量、通道数量和文件大小。当我们创建新文件时（执行"文件>新建"命令），可以在"颜色模式"下拉列表中选择颜色模式。这些基本颜色模式包括位图、灰度、RGB颜色（222页）、CMYK颜色（222页）和Lab颜色（234页），如图9-165所示。在处理已有的图像时，可以通过"图像>模式"子菜单中的命令进行颜色模式的转换。除了这些基本模式，Photoshop还提供了其他基于特殊色彩空间的颜色模式，包括双色调、索引颜色和多通道模式，如图9-166所示，它们通常用于特殊色彩的输出。

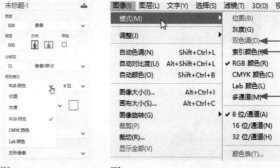

图9-165　　　　　　图9-166

　　颜色模式还会对Photoshop中某些功能的使用产生影响。例如，在CMYK模式下，部分滤镜是无法使用的。然而，在某些特定情况下，比如印刷需求，可能会要求图像处于CMYK模式。为了不影响操作流程，可在RGB模式下编辑图像，完成后创建一个备份，然后按照印刷厂的要求将备份转换为CMYK模式。如果不希望因颜色模式而影响操作，可以选择使用RGB模式，该模式支持所有Photoshop功能。

·PS技术讲堂·

位深

8位/通道

　　一幅图像中能包含多少颜色信息取决于位深。位深是显示器、数码相机和扫描仪等设备使用的术语，也称像素深度或色深度，以多少位/像素来表示。位深为1的图像只有黑、白两色；位深为2的图像可以包含4（2^2）种颜色；位深每增加一位，颜色数量增加一倍。依此推算，位深为8的图像有256（2^8）种颜色。

　　8位/通道的RGB图像我们平常接触较多，数码照片、网上的图片等都属于此类。其颜色数量可以这样计算出来：在

8位/通道的RGB图像中，每个通道的位深为8，3个通道的总位深就是24（8×3），因此，整幅图像可以包含约1 680万（2^{24}）种颜色。用另一种方法也可算出：8位/通道的RGB图像由3个颜色通道组成，每个颜色通道包含256种颜色，3个颜色通道就是256×256×256，颜色数量约1 680万种。

16位/通道

用数码相机拍摄RAW格式照片（*电子文档3页*）时可以获取16位/通道的图像。16位/通道的图像包含的颜色数量为2^{48}种，更多的颜色信息带来的是更细腻的画质、更丰富的色彩，以及更加平滑的色调。正因为如此，RAW格式照片中包含丰富的阴影和高光细节，后期可以进行更大幅度的调整，且不会给图像造成明显的损害。

然而色彩信息越多文件也会越大。16位/通道的图像的大小大概相当于8位/通道图像的两倍，因此编辑时需要占用更多的内存和计算机资源。此外，目前Photoshop中还有一些命令不能用于16位/通道的图像，且16位/通道的图像不能保存为JPEG格式。

32位/通道

32位/通道的图像也称高动态范围（HDR）图像（*197页*），可以按照比例存储真实场景中的所有明度值，主要用于影片、特殊效果、3D 作品及某些高端图片。使用Photoshop中的"合并到HDR Pro"命令，可以合成32位/通道图像（*见197页实战*）。

改变位深

由于目前大部分输出设备（电视机、显示器、打印机等）尚不普遍支持16位和32位图像的显示，需要在这些设备上使用高位深图像时，可以执行"图像>模式"子菜单中的"8位/通道"命令，将图像转换为8位。

8位/通道是Photoshop中处理文件、打印和屏幕显示的颜色标准。然而，在一些高端应用领域，例如专业图形设计和影像处理，16位和32位的图像用处更大。使用"模式"子菜单中的"16位/通道""32位/通道"命令可以将普通的8位图像转换为高位深图像。不过这并不会在图像中增加额外的信息，也不会改善图像的质量或细节。这样的转换更多的是为了提高编辑的灵活性，允许在处理过程中保持更大的色彩精度，以便在后续的调整和处理中更好地工作。

9.4.2 灰度模式

灰度模式是转换成双色调和位图模式时使用的中间模式。也就是说，要想将图像转换成以上两种模式，需要先转换为灰度模式才行。

彩色图像转换为灰度模式后，色相和饱和度信息会被删除，只保留明度信息，如图9-167和图9-168所示。在该模式下，每个像素都有一个0~255的亮度值，0代表黑色，255代表白色，其他值代表黑、白之间过渡的灰色。

早期灰度模式常用于制作黑白照片，但自从有了"黑白"命令

图9-167

图9-168

令，这种方法就不太常用了。

9.4.3 位图模式

位图模式仅含亮度信息，其位深为1，因此只有黑、白两色。

位图模式的效果很有特色，适合制作丝网印刷、艺术样式和单色图形。此外，该模式对于激光打印机、照排机等设备上使用的图像也很有用，因为这些设备都依靠非常微小的点来显现图像（如报纸上的灰度图像）。在转换为位图模式时，可以用菱形、椭圆、直线（可控制其角度）等小点呈现图像，如图9-169所示。图9-170所示为"位图"对话框。在"输出"选项中可以设置图像的输出分辨率；在"使用"下拉列表中可以选择转换方法，包括以下几种。

圆形　　　　　菱形　　　　　直线　　　　　十字线

图9-169

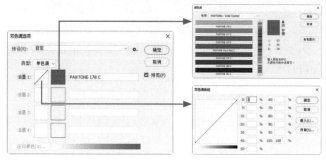

图9-170

- **50%阈值**：将50%色调作为分界点，灰色值高于中间色阶128的像素转换为白色，灰色值低于色阶128的像素转换为黑色，如图9-171所示。
- **图案仿色**：用黑白点图案模拟色调，如图9-172所示。
- **扩散仿色**：通过从图像左上角开始的误差扩散来转换图像，转换过程中的误差会产生颗粒状纹理，如图9-173所示。
- **半调网屏**：可以模拟平面印刷中使用的半调网点外观，如图9-174所示。

图9-171　　　　　　　图9-172

图9-173　　　　　　　图9-174

- **自定图案**：可以选择一种图案来模拟图像中的色调。

9.4.4 双色调模式

执行"图像>模式>双色调"命令，可以将文件转换为双色调模式。由于只有灰度模式的图像才能转换为该模式，

所以双色调模式就相当于使用1~4种油墨为黑白图像上色。

"双色调选项"对话框中的"类型"下拉列表包含"单色调""双色调""三色调""四色调"4个选项，颜色越多，色调层次越丰富，打印时越能表现出更多的细节。选择之后，单击油墨颜色块，可以打开"颜色库"对话框设置油墨颜色。单击"油墨"选项右侧的曲线图，可以打开"双色调曲线"对话框，如图9-175所示，通过调整曲线可改变油墨的百分比。

图9-175

> **提示**
>
> 单击"压印颜色"按钮打开"压印颜色"对话框，可以设置压印颜色在屏幕上的外观（压印颜色是指相互打印在对方之上的两种无网屏油墨）。

9.4.5 多通道模式

多通道是一种减色模式，RGB模式图像转换为该模式时，原有的红、绿和蓝通道会变为青色、洋红和黄色通道。此外，将RGB、CMYK、Lab模式文件中的一个颜色通道删除，可自动转换为该模式，如图9-176和图9-177所示（删除蓝通道）。这种模式不支持图层，只适合特殊打印。

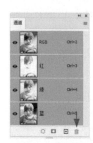 

图9-176　　　　　　　图9-177

9.4.6 索引模式与颜色表

索引模式是GIF文件默认的颜色模式，只支持单通道的8位图像文件。由于它生成的颜色全都是Web安全色（见电子文

档27页），可以在网络上准确显示，所以常用于Web和多媒体动画。

执行"图像>模式>索引颜色"命令，打开"索引颜色"对话框。在"颜色"选项中可以设置颜色数量，如图9-178所示。颜色越少，文件越小，图像细节的简化程度也越高，如图9-179所示。

图9-178　　　　　　　　图9-179

使用256种或更少的颜色替代彩色图像中上百万种颜色的过程称作索引。由此可知，索引模式最多只能生成256种颜色。Photoshop会构建颜色查找表（CLUT），用于存放图像中的颜色。

将图像转换为该模式后，还可以执行"图像>模式>颜色表"命令，修改颜色表。例如，单击橙色，如图9-180所示，打开"拾色器"对话框，可将其修改为蓝色，如图9-181所示；也可在"颜色表"下拉列表中使用预设的颜色表。

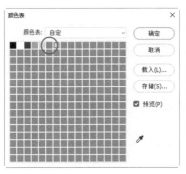 

图9-180　　　　　　　　图9-181

"索引颜色"对话框常用选项

● 调板 / 颜色：可以选择转换为索引颜色后使用的调板类型，它决定了使用哪些颜色。如果选择"平均"及带有"可感知""可选择""随样性"等字样的选项，则可以通过输入"颜色"值来指定要显示的颜色数量（最多256种）。

● 强制：可以选择将某些颜色强制包括在颜色表中。选择"黑白"，可以将黑色和白色添加到颜色表中；选择"原色"，可以添加红色、绿色、蓝色、青色、洋红色、黄色、黑色和白色；选择"Web"，可以添加Web安全色；选择"自定"，则可以自定义要添加的颜色。

● 杂边：可以指定用于填充与图像的透明区域相邻的、消除锯齿边缘的背景色。

● 仿色 / 数量：如果原图像中的某种颜色没有出现在颜色查找表中，Photoshop会使用与其接近的一种颜色，或通过仿色的方法，用颜色查找表中的颜色来模拟该颜色。要使用仿色，可以在该下拉列表中选择"仿色"选项，并输入仿色的"数量"。该值越高，所仿的颜色越多，但会增加文件占用的存储空间。

"颜色表"对话框选项

● 黑体：显示基于不同颜色的面板，这些颜色是黑体辐射物被加热时发出的，从黑色到红色、橙色、黄色和白色。

● 灰度：显示基于从黑色到白色的256个灰阶的面板。

● 色谱：显示基于白光穿过棱镜所产生的颜色的调色板，从紫色、蓝色、绿色到黄色、橙色和红色。

● 系统 (Mac OS)：显示标准的 Mac OS 256 色系统面板。

● 系统 (Windows)：显示标准的 Windows 256 色系统面板。

9.4.7 通道与色彩的关系

图像的颜色信息保存在颜色通道里，因此，使用任何一个调色命令，其实质都是在调整颜色通道。例如，用"可选颜色"命令调色并观察"通道"面板，如图9-182和图9-183所示。可以发现，图像的颜色是与通道的明度同步变化的。虽然我们没有选择和编辑通道，但Photoshop处理的是通道，它会让通道变亮或变暗，进而改变颜色。

调整前的图像及通道
图9-182

用"可选颜色"命令调色后，红通道的明度发生改变
图9-183

既然使用颜色通道可以修改颜色，那么可不可以直接调整它呢？完全可以。"曲线"和"色阶"对话框中都提供了颜色通道选项，选取其中的一个进行调整即可。如果想

221

同时调整两个颜色通道，可以先在"通道"面板中按住Shift键并分别单击它们，如图9-184所示，之后在RGB主通道左侧单击，显示出眼睛图标 👁 （以重新显示彩色图像），如图9-185所示，然后打开"曲线"或"色阶"对话框，此时"通道"下拉列表中会显示所选通道名称的缩写，如图9-186所示，在这种状态下操作即可。

  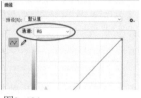

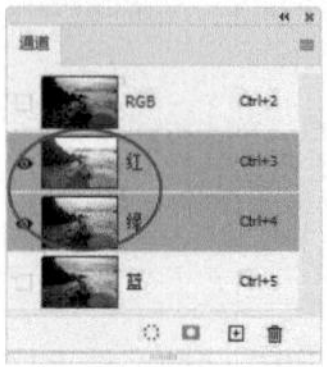

图9-184 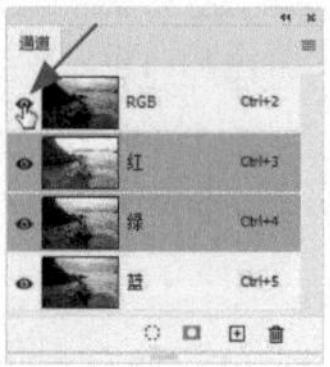　　　图9-185　　　图9-186

9.4.8　RGB模式的颜色混合方法

为什么调整通道的亮度会影响颜色呢？这个问题有点复杂，它涉及色彩的形成原理、颜色模式、互补色等专业知识，需要一步一步进行解释。首先需要了解的是光与色的关系，它决定了RGB模式的颜色合成方式。

光是唤起我们色彩感的关键，同时也是色彩产生的根本原因。在1666年，英国物理学家艾萨克·牛顿通过对太阳光进行色散实验，明确了光与色彩之间的关系。他布置了一间房间作为暗室，只在窗板上开一个圆形小孔，让太阳光透过孔洞射入，在小孔面前放一块三棱镜，结果在对面的墙上出现了像彩虹一样的七彩色带，其中包括红、橙、黄、绿、蓝、靛、紫这7种颜色，排列顺序由近及远，如图9-187所示。

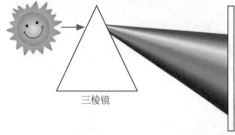

三棱镜

图9-187

牛顿的实验证实了阳光（白光）实际上由一组单色光混合而成。在这些单色光中，红光、绿光和蓝光被称为原色光，混合原色光，可以得到其他各种颜色。这种通过叠加不同色光来呈现颜色的方法被称为加色混合。RGB模式便是基于这个原理生成颜色的，如图9-188所示。

提示
RGB是红（Red）、绿（Green）、蓝（Blue）三色光的缩写。

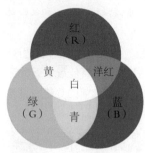

青：由绿、蓝混合而成
洋红：由红、蓝混合而成
黄：由红、绿混合而成

R、G、B 3种色光的取值范围都是0~255。R、G、B均为0时生成黑色；R、G、B都达到最大值（255）时生成白色

RGB模式色光混合原理
图9-188

9.4.9　CMYK模式的颜色混合方法

在我们所处的世界，能够通过自身发光来呈现颜色的物体，如手机屏幕、电视机、显示器等只占少数，而大多数不具备发光能力的物体之所以能够被我们看到，是因为它们能反射光线——当光照射到这些物体时，其中一部分特定波长的光被吸收，余下的光反射到我们眼中。这种借助吸收和反射光来呈现色彩的方法称为减色混合。CMYK模式就是基于这一原理生成颜色的。

CMYK是一种四色印刷模式。其中，CMY是青色（Cyan）、洋红色（Magenta）和黄色（Yellow）油墨的缩写。字母K代表黑色油墨，选用了单词"Black"末尾的字母，以避免与色光三原色中的蓝色（Blue）产生混淆。

我们所见到的其他印刷色都是通过混合青色、洋红色、黄色（印刷三原色）油墨生成的，如图9-189所示。以绿色油墨为例，前面介绍过，白光由红、绿、蓝三原色光混合而成，当白光照射到纸张上时，绿色油墨会吸收红光和蓝光，只反射绿光，因此我们才能看到绿色。

红：由洋红、黄混合而成
绿：由青、黄混合而成
蓝：由青、洋红混合而成

CMYK模式油墨混合原理
图9-189

绿色油墨由青色和黄色油墨混合而成。青油墨吸收红光，反射绿光和蓝光；黄油墨吸收蓝光，反射红光和绿光。将这两种油墨混合，红光和蓝光就都被吸收了，最后只反射绿光，纸张上的绿色就是这样产生的。其他印刷色也可照此

推导出来。

从理论上讲，按照相同的比例混合青色、洋红色、黄色油墨可以得到黑色，但由于油墨提纯技术的限制，实际上只能得到深灰色。因此，为了获得真正的黑色，还需要添加黑色油墨。此外，混合黑色油墨和其他颜色的油墨，还可以调整颜色的明度和饱和度。

9.4.10 互补色与跷跷板效应

在光学领域中，当两种色光以适当的比例混合能够生成白光时，这两种颜色就被称为"互补色"。为了便于研究，科学家将可见光谱围成一个环，构建了色轮（也称色相环，"颜色"面板中就有它），如图9-190所示。在色轮中，位于对角线位置上的颜色是互补色，如红色与青色。仔细观察可以发现，色光三原色的互补色恰好是印刷三原色。

扫码看视频

图9-190

在Photoshop中调色时，颜色的变化遵循一种规律：增加一种颜色，会同时减少其补色，反之亦然。这种平衡关系好比压跷跷板，当一边（颜色）被压下时，另一边（补色）就会抬升。

互补色的相互作用为调色提供了新思路。当调整一种颜色时，可以不再局限于改变该颜色本身，还可以通过调整其互补色来间接地影响目标颜色。其中的操作技巧与所采用的颜色模式密切相关，接下来将会详细探讨这些内容。

9.4.11 RGB模式的颜色变化规律

RGB模式通过色光三原色相互混合生成颜色，因此，其颜色通道中保存了红光（红通道）、绿光（绿通道）和蓝光（蓝通道）。3个颜色通道组合在一起成为RGB复合通道，也就是我们看到的彩色图像，如图9-191所示。光线越充足，通道越明亮，其中所包含的颜色也就越多；光线不足，

通道会变暗，相应颜色的含量也较低。因此，将颜色通道调亮或调暗，便可增加或减少相应的颜色。这就是RGB模式通道调色的诀窍。

图9-191

由于颜色在互补色之间变化，每个颜色通道就有两个方向可供调整——通道中的颜色及其互补色。图9-192~图9-194所示为用曲线调整通道时的颜色变化规律（曲线向上弯曲，通道变亮；曲线向下弯曲，通道变暗）。

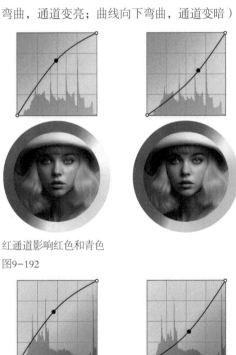

红通道影响红色和青色

图9-192

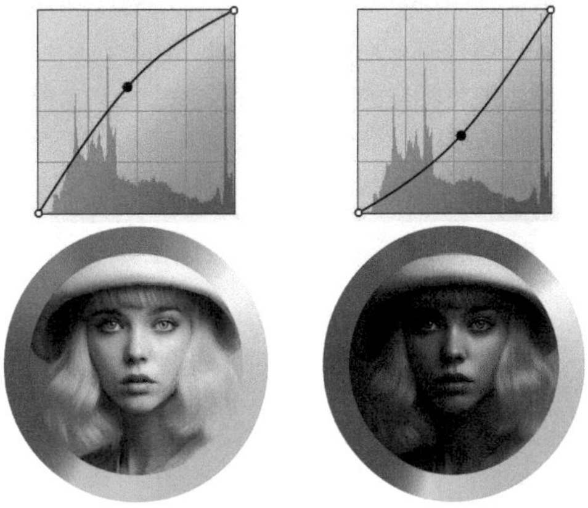

绿通道影响绿色和洋红色

图9-193

蓝通道影响蓝色和黄色

图9-194

当同时调整两个颜色通道时，则会影响6种颜色。例如，将红、绿通道调亮，可以增加红色和绿色，以及由它们混合而成的黄色，同时减少这3种颜色的补色：青色、洋红色和蓝色。调暗时颜色的变化相反。

同时调整红、蓝通道，影响的是红色、蓝色、由它们混合成的洋红色，以及这些颜色的互补色。

同时调整绿、蓝通道，会影响绿色、蓝色、由它们混合成的青色，以及它们的互补色。

9.4.12 CMYK模式的颜色变化规律

CMYK模式是用青色、洋红色、黄色和黑色油墨混合来生成颜色的，其颜色通道中保存的是这4种油墨，如图9-195所示，而不是像RGB模式保存的是光。但通道的明和暗仍代表颜色的多与少，只是其规律与RGB模式相反。在CMYK模式下，一个通道越暗，其中的油墨含量越高，颜色也越充足。因此，需要增加哪种颜色时，应将相应的通道调暗；相反，若要减少某种颜色，则将相应的通道调亮。这是CMYK模式通道调色的方法。

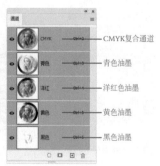

图9-195

互补色的相互影响在CMYK模式下同样适用，即增加一种油墨的同时，会减少其互补色（油墨）。图9-196所示为用"曲线"命令调整CMYK颜色通道时的颜色变化规律。

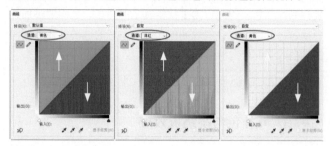

图9-196

> **提示**
>
> 使用曲线调整通道需要注意：在RGB模式下，曲线上扬，通道会变亮，使得光线增加；而在CMYK模式下，曲线上扬会增加油墨，这会使通道变暗，曲线向下弯曲通道才能变亮。

CMYK模式除了在印刷领域广泛使用，在实际应用中并不像RGB模式一样常见。但在调色方面，CMYK模式具有独特的优势——将图像转换为该模式后，许多黑色和深灰色细节会转移到黑色通道中。调整黑色通道，可以使阴影的细节更加清晰，同时不会改变色相。因此，CMYK模式在处理黑色和深灰色方面效果更为出色。

鉴于CMYK模式的色域较小，一些RGB颜色，尤其是饱和度较高的绿色、洋红色等在转换为CMYK模式后，其饱和度可能会下降，导致颜色没有原来鲜艳，而且即使转回RGB模式，也无法自动恢复。这是在进行颜色模式转换时需要注意的。

9.4.13 实战：风光照调色

本实战使用通道调色，如图9-197所示。用通道调色可以修改照片的整体色彩风格，也能增强或抑制特定的颜色，再配合蒙版来控制调整区域，就可以获得所需的效果。

图9-197

01 执行"编辑>天空替换"命令，打开"天空替换"面板，选择图9-198所示的预设天空，替换当前天空，效果如图9-199所示。

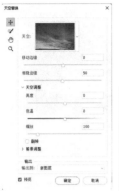

图9-198　　　　　　　图9-199

02 创建"曲线"调整图层，单击"属性"面板中的 按钮创建剪贴蒙版，使调整图层只影响天空。将曲线调整为S形，如图9-200所示。单独调整绿和蓝通道，如图9-201和图9-202所示。调整后可净化天空颜色，如图9-203所示。

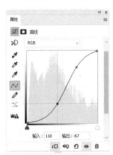　　

图9-200　　　　　　　图9-201

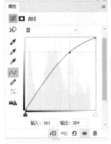

图9-202　　　　　　　图9-203

03 下面制作太阳。单击"图层"面板中的 按钮打开下拉菜单，选择"渐变"命令，打开"渐变填充"对话框，使用透明径向渐变，如图9-204所示。拖曳画布上的渐变，将其移动到右侧的山峰之间，如图9-205所示。单击"确定"按钮关闭对话框。设置该填充图层的混合模式为"滤色"。

图9-204　　　　　　　图9-205

04 创建"曲线"调整图层，使用S形曲线增强对比度，如图9-206和图9-207所示。单独调整红和蓝通道，如图9-208~图9-210所示。

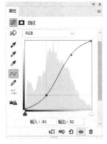　

图9-206　　　　　　　图9-207

图9-208　　　　　　　图9-209

图9-210

05 按Alt+Delete快捷键将调整图层的蒙版填充为黑色，如图9-211所示。选择画笔工具 及柔边圆笔尖，涂抹白色，修改蒙版，如图9-212和图9-213所示。

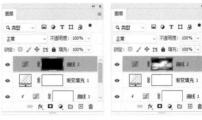

图9-211　　　　　　　图9-212

图9-213

9.4.14 实战：用通道调头发颜色

本实战介绍怎样使用通道将头发处理为红、金黄、蓝色等颜色，如图9-214所示。颜色通道中包含的是互补色，在转换头发颜色时，色彩变化更加微妙，效果也更为平顺。此外，实战中还会讲解发梢颜色的修改技巧。

扫码看视频

图9-214

01 使用对象选择工具拖曳出一个选框，将头发框住，如图9-215所示，释放鼠标左键后，可选取头发，如图9-216所示。

图9-215

图9-216

02 单击工具选项栏中的"选择并遮住"按钮，切换到选择并遮住工作区。在"视图"下拉列表中选择"叠加"选项，选区之外的图像会覆盖一层半透明的红色。使用调整边缘画笔工具在头发边缘拖曳鼠标，调整选区范围，如图9-217所示。单击"属性"面板中的"确定"按钮，得到准确的头发选区，如图9-218所示。

图9-217　　　　　　　　图9-218

03 单击"图层"面板中的 按钮创建图层组，如图9-219所示。单击 按钮，为组添加蒙版，如图9-220所示。

图9-219　　　　图9-220

04 红通道中包含的图像色调较亮，将其复制出来并添加混合模式，能增强头发的层次感。按住Ctrl键单击红通道缩览图，加载该通道中的选区，如图9-221和图9-222所示。

图9-221　　　　　　　图9-222

05 单击"背景"图层，如图9-223所示，按Ctrl+J快捷键将选中的图像复制到一个新的图层中，如图9-224所示。将该图层拖曳到"组1"中，并设置混合模式为"滤色"，如图9-225所示。

图9-223　　　　图9-224　　　　图9-225

06 下面将头发调为红色。单击"图层"面板中的 按钮打开下拉菜单，选择"色阶"命令，创建"色阶"调整图

层。选择红通道并调整色阶，如图9-226所示。选择绿通道并调整色阶，如图9-227所示。

图9-226

图9-227

07 下面将头发调为蓝色。按Ctrl+J快捷键复制调整图层。将第1个调整图层隐藏，如图9-228所示。单击新复制的调整图层，如图9-229所示。

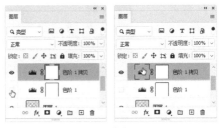

图9-228　　　　图9-229

08 单击"属性"面板中的 ↻ 按钮将参数复位，让图像恢复到调整前的效果。选择蓝通道和红通道进行调整，如图9-230和图9-231所示。当前头发已经变为蓝色，如图9-232所示，但发梢的颜色并不理想，如图9-233所示，需要修改一下。

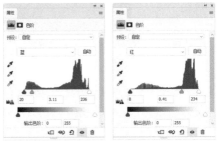

图9-230　　　　图9-231

图9-232　　　　　　　图9-233

09 单击"图层"面板中的 ● 按钮打开下拉菜单，选择"纯色"命令，打开"拾色器"对话框，按Enter键关闭对话框，创建"纯色"调整图层。单击它的蒙版，如图9-234所示，填充黑色，将填充颜色隐藏，如图9-235所示。

图9-234　　　　图9-235

10 使用画笔工具 ✐ 在发梢处涂抹白色，显示出填充颜色，如图9-236和图9-237所示。

图9-236　　　　图9-237

11 双击填充图层的缩览图，如图9-238所示，打开"拾色器"对话框，在蓝色头发上单击拾取颜色，将发梢改为蓝色，如图9-239所示。可以反复尝试，让颜色过渡自然即可。

图9-238　　　　图9-239

12 图9-240所示为将头发调为金黄色的效果及参数设置。由于原发色为棕色，调为黄色后，发梢颜色并不突兀。如果调为其他颜色，如绿色等，发梢颜色可以按上面的蓝色发梢的处理方法来进行修改。

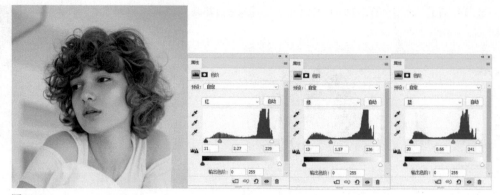

图9-240

9.5 利用颜色变化规律调色

Photoshop 中有很多调色命令是基于互补色的原理来转换颜色的。本节介绍转换规律及方法，并重点探讨如何在图像中增、减特定颜色，以及这样操作会给其他颜色带来怎样的影响。

9.5.1 混合颜色通道（"通道混合器"命令）

除曲线和色阶外，通过混合模式也可以调整通道的亮度。由于"通道"面板中没有混合选项，需要使用"应用图像""计算"和"通道混合器"命令来进行操作。从应用上看，前两个命令主要用于选区编辑，即抠图。而"通道混合器"命令专用于调色，可以创建高品质的灰度、棕褐色调或其他色调的图像，也能进行创造性的颜色调整。

"通道混合器"命令能让颜色通道以"相加"模式或"减去"模式混合，其结果是让目标通道变亮或变暗。操作时先打开一幅RGB模式的图像，然后执行"图像>调整>通道混合器"命令，打开"通道混合器"对话框。首先在"输出通道"下拉列表中选择要调整的颜色通道（如蓝通道），如图9-241所示，之后拖曳滑块来进行通道混合。当拖曳红色滑块时，Photoshop会用该滑块所代表的红通道与所选的输出通道——蓝通道混合。向左拖曳滑块，两个通道以"减去"模式混合，如图9-242所示。向右拖曳滑块，则以"相加"模式混合。

这种混合方法有一个妙处，就是可以控制强度——滑块越靠近两端，混合强度越高。

图9-241

红通道以"减去"模式与蓝通道混合，使蓝通道变暗，蓝色减少，其补色黄色增加

图9-242

如果只调整"常数"选项，则可直接调整输出通道（蓝通道）的亮度。"常数"为正值时，会在通道中增加白色；为负值时增加黑色；为+200% 时会使通道成为全白，为−200% 时会使通道成为全黑。这种调整方法与使用"色阶"

和"曲线"命令调整某一个颜色通道时的效果是一样的，如图9-243和图9-244所示。

图9-243

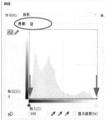

图9-244

> 提示
>
> "源通道"选项组用来设置输出通道中源通道所占的百分比。为负值可以使源通道在被添加到输出通道之前反相。"总计"选项显示了源通道的总计值。如果合并的通道值高于100%，会在总计旁边显示一个警告图标 ⚠ 。并且，该值超过100%有可能会损失阴影和高光细节。

9.5.2 实战：肤色漂白（"色彩平衡"命令）

皮肤颜色的主要成分是红色和黄色。但肤色不能偏红，否则看起来像喝了酒；肤色偏黄也不好，看上去不健康，显得病恹恹的。想让皮肤变白，需要将肤色中的红色和黄色适当地减少，如图9-245所示。

图9-245

然而随着这两种颜色成分的降低，它们的补色青色和蓝色会增加。蓝色不适合用在肤色上（除非是为了表现恐怖效果，或者渲染紧张气氛）。青色可以使肤色显得白皙，就像汝窑白瓷般莹润、纯净。当然，也要适度，"铁青个脸"可不是夸一个人肤色好看。

01 单击"调整"面板中的 按钮，创建"曲线"调整图层。当前素材是RGB模式的图像，根据其颜色合成原

理，青色由绿+蓝混合而成，那么就调整绿和蓝通道，将曲线上扬，增加青色，如图9-246~图9-248所示。

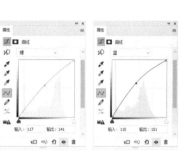

图9-246　　　图9-247　　　图9-248

02 选择RGB通道，将曲线调整为图9-249所示的形状，让高光到中间调这一段的色调变亮，如图9-250所示。

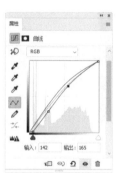

图9-249　　　　　图9-250

03 随着色调的提亮，肤色又有点偏冷了。单击"调整"面板中的 按钮，创建"色彩平衡"调整图层。调整"中间调"，将滑块分别向红色、洋红和蓝色方向拖曳，如图9-251和图9-252所示。增加红色和洋红能让肤色恢复红润，增加蓝色可避免肤色发黄。

图9-251　　　　　图9-252

04 到第3步调色工作就可以结束了。如果还想让肤色再白一点，可以调整"高光"中的颜色平衡，适当增加红色和蓝色（蓝色多一些），如图9-253和图9-254所示。

图9-253　　　　图9-254

05 肤色调整影响到了眼睛，使眼神显得太过锐利。使用画笔工具 ✏️ 修改调整图层的蒙版，在眼球上涂抹一些浅灰色，将调整强度减弱，如图9-255和图9-256所示。

图9-255　　　　图9-256

9.5.3　基于互补色的色彩平衡关系

打开素材，如图9-257所示。执行"图像>调整>色彩平衡"命令，打开"色彩平衡"对话框，如图9-258所示。对话框中有3个滑块，每个滑块上方是一个颜色条，颜色条的两个端点是互补色，左边是印刷三原色，右边是色光三原色。三角滑块与颜色条的组合像不像跷跷板（223页）？滑块向哪种颜色端移动，便增加那种颜色，同时减少其补色。

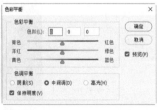

图9-257　　　　图9-258

"色彩平衡"也像"色阶"命令那样给图像划分出阴影、中间调和高光3个色调区域，操作时可在"阴影""中间调""高光"选项中选取。对某个色调进行有针对性的调

整，对另外两个色调的影响就较小。

"保持明度"选项很重要，勾选后，在调色时图像的亮度不会发生改变，如图9-259所示。否则滑块向左拖曳，图像色调会变暗，如图9-260所示；向右拖曳，图像色调会变亮。

图9-259　　　　图9-260

9.5.4　实战：小清新颜色（"可选颜色"命令）

增强某种颜色或让整体色彩向某个方向转变，这是通道调色的优势。如果将其与"可选颜色"命令配合使用来处理肤色，可以获得意想不到的效果，如图9-261所示。

扫码看视频

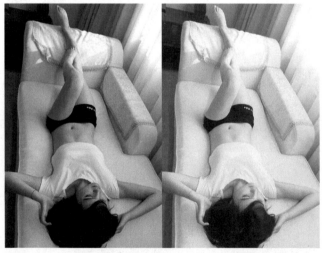

图9-261

01 小清新风格的颜色特点是用色干净，纯色多，且色彩的明度高，色调舒缓，没有高饱和度色彩造成的强对比和跳跃感。调整时首先净化颜色。单击"调整"面板中的 🔲 按钮，创建"可选颜色"调整图层，将红色中的黑色油墨去除，使皮肤颜色得到净化，如图9-262所示。

02 减少黄色中的青色油墨，净化阴影的颜色，如图9-263所示。

图9-262

图9-263

03 暖色会使皮肤看上去发黄，可通过减少白色中的黄色油墨，增强其补色蓝色来进行改善，这样会使皮肤显得更白，如图9-264所示。

图9-264

04 下面降低颜色的饱和度。单击"调整"面板中的 ▦ 按钮，创建"曲线"调整图层。在曲线上添加两个控制点，针对高光和中间调进行调整，把色调的整体亮度提上去；再将曲线左下角的控制点向上拖曳，让阴影区域的黑色调变灰，把色调的对比度降下来，如图9-265所示。

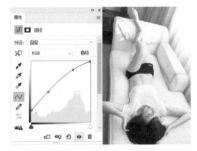

图9-265

05 小清新风格的颜色还具备偏冷的特点。下面来进行冷色转换。选择红通道，调整曲线，将红通道中的深灰映射

为黑色，在深色调中增加青色，如图9-266所示。

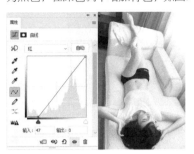

图9-266

06 调整绿通道，通过将曲线向下弯曲的方法，增加一点绿色的补色（洋红），如图9-267所示。

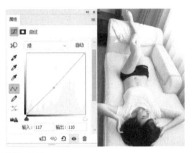

图9-267

9.5.5 可选颜色校正

使用"可选颜色"命令调整颜色称为"可选颜色校正"，这是高端扫描仪和分色程序使用的一种技术，能修改某一主要颜色中的印刷色数量，而不会影响其他主要颜色。例如，可以增加或减少绿色中的青色，同时保留蓝色中的青色。由此可见，"可选颜色"命令是基于CMYK模式的原理调色的。

来看图9-268所示的照片。晚霞很美，但红得还不够瑰丽。在晚霞（红）和天空及水面反射区（蓝）增加洋红色油墨，如图9-269和图9-270所示，可以让晚霞呈现美丽的玫瑰色，如图9-271所示。

图9-268

图9-269

231

图9-270　　　　图9-271

图9-272　　　　图9-273　　　　图9-274

> **提示**
>
> 选择"相对"选项，可以按照总量的百分比修改现有的青色、洋红、黄色和黑色的含量。例如，如果为50%的洋红像素添加10%，结果为55%的洋红（50% + 50%×10%＝55%）。选择"绝对"选项，则采用绝对值调整颜色。例如，如果为50%的洋红像素添加10%，结果为60%的洋红。

枝叶颜色发黄？在黄色里增加青色即可使其变绿（绿色是由"黄色+青色"油墨混合而成的）。如果绿得还不够青翠，就继续减少洋红色，如图9-275~图9-277所示。

这是直接调整某一颜色中印刷三原色含量的方法，比较简单。调整由印刷三原色混合而成的颜色时，情况要复杂一些。例如图9-272所示的照片，水是湖蓝色的，天空颜色偏青色。很明显，这是后期将水调成湖蓝色时，"误伤"了天空，可通过增强蓝色来实现蓝天碧水的效果。

根据CMYK颜色合成原理，蓝色由"青色+洋红色"油墨混合而成，那么在青色中增加洋红色，就能让天色变蓝。如果觉得蓝得还不够彻底，可以增加黑色，获得湛蓝色，如图9-273和图9-274所示。

图9-275　　　　图9-276　　　　图9-277

9.6 Lab模式调色技术

Lab 调色技术是基于 Lab 模式色域范围广、通道特殊等优势而发展出来的高级调色技术。在这种模式下，调色命令会有出人意料的表现，像是被赋予了新的能力一样。

9.6.1 实战：调出明快色彩

用曲线调整RGB和CMYK模式的图像时，不论是改善色调，还是处理颜色，曲线的调整幅度都不应过大，否则其"破坏力"会非常强（见192页图示）。而Lab模式可以承受较大幅度的调整。例如本实战，如图9-278所示，使用的是一种接近于S形的曲线来增强每个颜色通道的对比度。用同样的曲线处理RGB模式的图像，效果就完全不同，如图9-279和图9-280所示。这种可以对RGB模式的图像造成破坏的

扫码看视频

曲线，在Lab模式下会变得非常"温和"。

图9-278

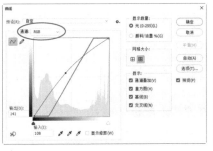 

图9-279　　　　　　图9-280

01 执行"图像>模式>Lab颜色"命令，转换为Lab模式。按
Ctrl+M快捷键打开"曲线"对话框，单击"网格大小"
选项下方的囲按钮，或按住Alt键再单击直方图，以10%的增量
显示网格线。网格细密便于将控制点对齐到网格线上。因为调
整的是颜色通道，如果曲线对不齐，很容易出现色偏。

02 在"通道"下拉列表中选择a通道，将右上方的控制点向
左侧水平移动两个网格线，左下方的控制点向右侧水平
移动两个网格线，如图9-281所示，调整之后可以使色调更加清
晰。选择b通道，采用同样的方法移动控制点，如图9-282和图
9-283所示。

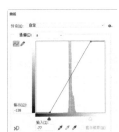 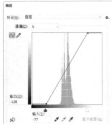 

图9-281　　　图9-282　　　图9-283

03 选择"明度"通道，向左侧拖曳白场滑块，将它定位到
直方图右侧的端点上，使照片中最亮的点成为白色，以
增加对比度，再添加控制点，向上调整曲线，将画面调亮，如
图9-284和图9-285所示。

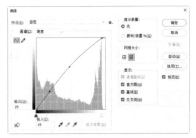 

图9-284　　　　　　图9-285

9.6.2 实战：调出唯美蓝、橙调

Lab模式中的色彩信息与明度信息是分开

扫码看视频

的，明度信息都在L通道，只要它没有大的改变，a、b通道
可以任意修改。下面就采用一种特殊的方法处理a、b通道，
调色效果如图9-286所示。

图9-286

01 执行"图像>模式>Lab颜色"命令，将图像转换为Lab模
式。执行"图像>复制"命令，复制一份图像备用。单击
a通道，如图9-287所示，按Ctrl+A快捷键全选，再按Ctrl+C快捷
键复制。

02 单击b通道，如图9-288所示，文档窗口中会显示b通道中
的图像。按Ctrl+V快捷键将复制的图像粘贴到b通道，按
Ctrl+D快捷键取消选择，按Ctrl+2快捷键显示彩色图像，蓝调效
果就做好了。还可根据构图需要添加一些文字，完成一幅平面
作品，如图9-289所示。

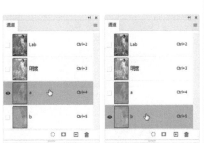 

图9-287　　　图9-288　　　图9-289

03 橙调与蓝调的制作方法正好相
反。切换到另一文档中，按
Ctrl+J快捷键复制背景图层。按Ctrl+A
快捷键全选，单击b通道，按Ctrl+C快
捷键复制；单击a通道，按Ctrl+V快捷
键粘贴，效果如图9-290所示。

04 橙调对人的肤色有影响，还要再
处理一下。单击"图层"面板中
的 按钮添加蒙版。使用画笔工具
在蒙版中的人脸和衣服区域涂抹黑色，
恢复皮肤和衣服的色彩，如图9-291和图9-292所示。

图9-290

图9-291

图9-292

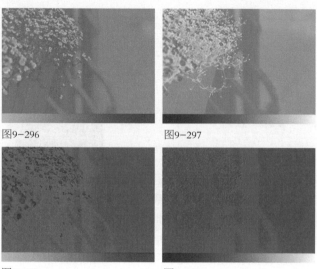

图9-296

图9-297

图9-298

图9-299

9.6.3 Lab模式的独特通道

Lab模式使用的是与设备（如显示器、打印机或数码相机）无关的颜色模型（*98页*）。它基于人对颜色的感觉，描述了视力正常的人能够看到的所有颜色。Lab模式也是色域最广的颜色模式，RGB和CMYK模式都在其色域范围内。Lab模式还是Photoshop进行颜色模式转换时使用的中间模式。例如，将RGB图像转换为CMYK模式时，Photoshop会先将其转换为Lab模式，再由Lab转换成CMYK模式。

打开一张照片，如图9-293所示。执行"图像>模式>Lab颜色"命令，将其转换为Lab模式，如图9-294所示。

图9-293

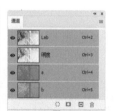
图9-294

Lab模式的通道比较特别。明度通道（L）没有色彩，其中保存的是图像的明度信息，如图9-295所示。范围为0~100，0代表黑色，100代表白色。

a通道包含的颜色介于绿色与洋红色之间（互补色），如图9-296所示。b通道包含的颜色介于蓝色与黄色之间（互补色），如图9-297所示。它们的取值范围均为+127 ~ -128。

图9-295

执行"编辑>首选项>界面"命令，打开"首选项"对话框，勾选"用彩色显示通道"选项，这样能比较直观地看到a、b通道中的色彩信息，如图9-298和图9-299所示。

在a通道和b通道中，50%的灰度对应的是中性灰。当通道的亮度高于50%灰时，颜色会向暖色转换；亮度低于50%灰时，则向冷色转换。因此，将a通道（包含绿色到洋红色）调亮，就会增加洋红色（暖色）；反之，调暗则增加绿色（冷色）。同理，将b通道（包含黄色到蓝色）调亮会增加黄色，调暗增加蓝色，如图9-300所示。

a通道变亮增加洋红色

a通道变暗增加绿色

b通道变亮增加黄色

b通道变暗增加蓝色

图9-300

> **提示**
>
> 黑白图像的a通道和b通道为50%灰色，调整a、b通道的亮度时，会将图像转换为一种单色。

在通道所含的颜色数量上，Lab模式也多于RGB和CMYK模式。后两个模式都有3个颜色通道（黑色为无彩色，黑色通道暂且排除在外），每个颜色通道中包含一种颜色，Lab虽然只有a和b两个颜色通道，但每个通道包含两种颜色，加起来就是4种颜色。加之Lab模式的色域范围远远超过RGB和CMYK模式，以上这些因素，促成了该模式在色彩表现方面的独特优势。

9.6.4 颜色与明度分开有哪些好处

对于RGB和CMYK模式的图像，每一个颜色通道既保存了颜色信息，也保存了明度信息，这无形中造成了一个难题：调整颜色的同时，颜色的亮度也会跟着发生改变，如图9-301~图9-303所示。Lab模式不会出现这种情况，因为它的颜色信息与明度信息是分开的，二者既无关联，也不会互相影响。因此，处理a通道和b通道时，可以在不影响亮度的状态下修改颜色，如图9-304所示；处理明度通道时，又可在不影响色彩和饱和度的状态下修改亮度，如图9-305和图9-306所示。这种独特的优势使得Lab模式在高级调色方法中占有重要的位置。

使用颜色取样器工具建立取样点
图9-301

选择"灰度"选项可以观察明度信息
图9-302

RGB模式：调整颜色时K值由原来的47%变为43%，说明明度发生了改变
图9-303

Lab模式：调整颜色时K值还是47%，明度没有变化
图9-304

RGB模式：提高亮度时（L值由68变成78），颜色的明度也发生了改变，a值由42变为29，b值由11变为6，导致色彩饱和度降低
图9-305

Lab模式：提高亮度时（L值由68变成78），没有影响色彩（a、b值没有改变）
图9-306

在Lab模式下，色彩的"宽容度"非常高，我们甚至可以采用一些极端的方法修改通道。例如，用一个通道替换另一个通道（参见前面的实战），或者将通道反相。对于RGB和CMYK模式的图像，这样操作会打乱色彩平衡和明度关系，但Lab模式能给人带来意外的惊喜，如图9-307所示。在其他方面，Lab模式也有特别的优势。例如为照片降噪时，使用滤镜对a通道和b通道进行轻微的模糊，能在不影响图像细节的情况下降低噪点。

原图
图9-307

RGB模式：红通道反相

Lab模式：a通道反相

RGB模式：绿通道反相

Lab模式：b通道反相

Lab模式：a、b通道反相

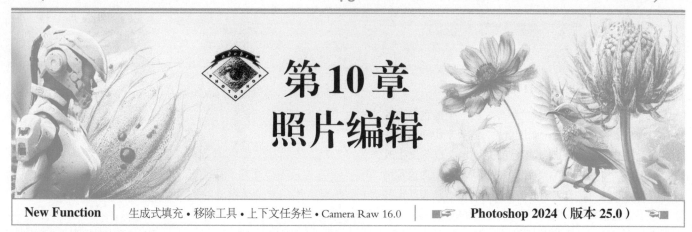

第10章
照片编辑

New Function | 生成式填充•移除工具•上下文任务栏•Camera Raw 16.0 | Photoshop 2024（版本 25.0）

本章简介

照片处理是 Photoshop 最为擅长的领域之一，而且 Photoshop 中的很多功能就是专为照片编辑而开发的。本章介绍这些工具的使用方法。

学习目标

在本章，读者可通过不同的实战学习照片编辑技能，包括用不同的方法裁剪图像，进行二次构图；识别相机镜头缺陷，并找到有效的解决办法；用内容识别填充功能去除照片中多余的人或其他对象；使用 Photoshop 滤镜模拟传统高品质镜头所拍摄的特殊效果；拼接全景照片；制作全景深照片；使用基于人工智能技术的工具生成图像、扩展画面，以及在透视空间中修片等。

学习重点

实战：制作全景深照片
实战：衣服去褶皱
实战：用人工智能修片及生成图像
实战：用人工智能工具扩展画面
实战：服饰包装盒展示效果

10.1 裁剪图像

编辑数码照片或扫描的图像时，会通过裁剪的方法删除多余内容，或者改善构图。裁剪工具、"裁剪"命令和"裁切"命令都可用于裁剪图像。

10.1.1 实战：制作证件照

本实战学习如何快速制作证件照，如图10-1所示。素材最好选用白色背景的照片，这样做出来的效果较好。如果没有，可以通过调色的方法去除颜色。

图10-1

01 选择裁剪工具 ⊣。单击工具选项栏中的 ⌄ 按钮打开下拉列表，选择"宽×高×分辨率"选项，输入2.5厘米×3.5厘米（1英寸证件照的尺寸），分辨率设置为300像素/英寸，如图10-2所示。

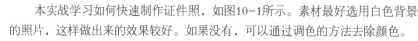

图10-2

02 在画板上单击，然后将鼠标指针移动到裁剪框外，进行拖曳，将人的角度调正，如图10-3所示；再调整裁剪框大小及位置，如图10-4所示。按Enter键进行裁剪。

03 按Ctrl+L快捷键打开"色阶"对话框，选择白场吸管 ✐，如图10-5所示。在背景上单击，将背景颜色调整为白色，与此同时，图像中颜色偏绿的问题也会得到校正，如图10-6所示。

图10-3

图10-4

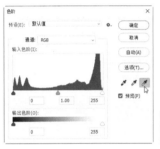

图10-5

图10-6

提示

拖曳裁剪框上的控制点可以缩放裁剪框。按住Shift键拖曳控制点，可进行等比缩放。在裁剪框内拖曳可以移动图像。

---

04 按Ctrl+N快捷键，打开"新建文档"对话框，使用预设创建一个4英寸×6英寸大小的文件，如图10-7所示。使用移动工具 ✛ 将照片拖入该文件中。按住Shift+Alt键并拖曳鼠标进行复制，如图10-8所示。

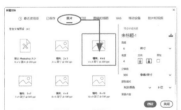

图10-7

图10-8

10.1.2 小结

一幅成功的摄影作品，第一要素是构图的成功。构图是一门艺术，需要在有限的空间内巧妙安排和处理各个要素的位置与关系，以表达作品的主题和美感，这并非易事。为了帮助用户实现合理的构图，Photoshop提供了基于经典构图形式的参考线，如图10-9所示，效果如图10-10所示。

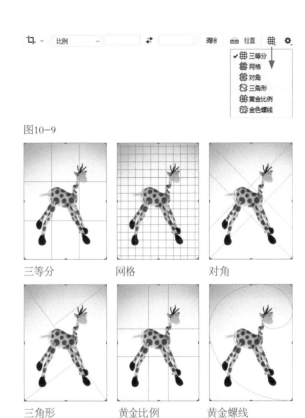

图10-9

三等分　　　　网格　　　　对角

三角形　　　黄金比例　　黄金螺线

图10-10

这些构图形式是历代艺术家通过实践和科学方法总结出的经验，符合大多数人的审美标准。图10-11所示为经典构图形式在摄影、广告、新闻图片、油画上的应用。

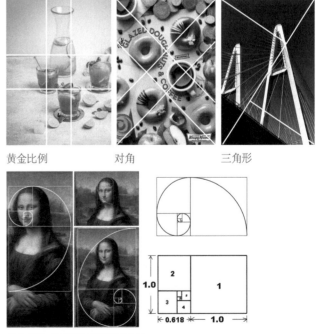

黄金比例　　　　对角　　　　三角形

黄金螺线（即斐波那契螺旋线）

图10-11

参考线

单击工具选项栏中的▦按钮打开下拉列表，可以选择一种参考线，将其叠加在图像上，如图10-9和图10-10所示。之后可依据参考线划定的重点区域对画面取舍。

- 三等分：在水平方向上的1/3、2/3位置画两条水平线，在垂直方向上的1/3、2/3位置画两条垂直线，把景物放在交点上，符合黄金分割定律。
- 网格：主要用于裁剪时对齐图像中的水平和垂直对象。
- 对角：让主体物处在对角线位置上，线所形成的对角关系可以使画面产生极强的动感和纵深效果。
- 三角形：将主体放在三角形中，或影像本身构成三角形。三角形构图能产生稳定感。但倒置三角形不稳定，主要用于突出紧张感，可用于近景人物、特写等。
- 黄金比例：即黄金分割，是指将整体一分为二，较大部分与整体的比值等于较小部分与较大部分的比值，其比值约为0.618。这个比例被公认为是最能产生美感的比例。
- 黄金螺线：即斐波那契螺旋线，是在以斐波那契数为边长的正方形中画一个90° 的扇形，多个扇形连起来产生的螺旋线。这是自然界中经典的黄金比例。
- 自动显示叠加/总是显示叠加/从不显示叠加：可设置裁剪参考线自动显示、始终显示或者不显示。
- 循环切换叠加：选择该项或按O键，可循环切换各种裁剪参考线。
- 循环切换取向：显示三角形和黄金螺线时，选择该项或按Shift+O快捷键，可以旋转参考线。

10.1.3 裁剪工具

裁剪工具 既可以裁剪图像，也能用于增大画布，以及校正倾斜的画面。由于该工具集成了内容识别填充功能，在旋转或增大画布时，如果出现空白区域，Photoshop能自动填充图像。图10-12所示为裁剪工具 的选项栏。

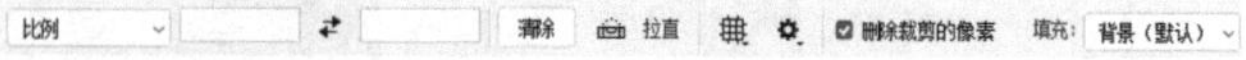

图10-12

●

裁剪预设

除经典构图参考线外，Photoshop还提供了一些常用的图像比例和尺寸预设，也能给裁剪操作提供便利。单击工具选项栏中的⌄按钮打开下拉列表，可以找到这些选项，如图10-13所示。

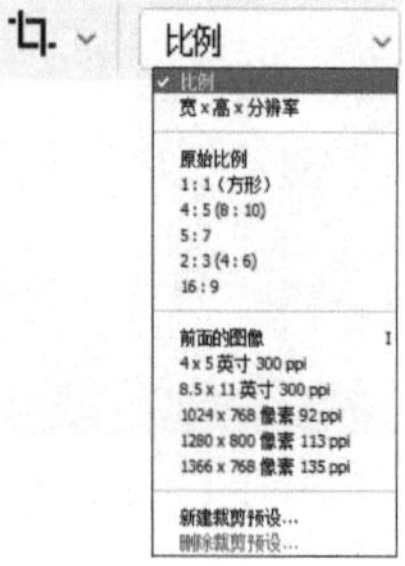

图10-13

- 比例：选择该选项后，会出现两个文本框，在文本框中可以输入裁剪框的长宽比。如果要交换两个文本框中的数值，可单击⇄按钮。如果要清除文本框中的数值，可单击“清除”按钮。
- 宽×高×分辨率：选择该选项后，可在出现的文本框中输入裁剪框的宽度、高度和分辨率，并且可以选择分辨率单位。Photoshop会按照设定的尺寸裁剪图像。例如，输入宽度95厘米、高度110厘米、分辨率50像素/英寸后，在进行裁剪时会始终锁定长宽比，并且裁剪后图像的尺寸和分辨率会与设定的数值一致。
- 原始比例：无论怎样拖曳裁剪框，裁剪时始终保持图像原始的长宽比，适合裁剪照片时使用。
- 预设的长宽比/预设的裁剪尺寸：“1：1(方形)”“5：7”等选项是预设的长宽比；“4×5英寸300ppi”“1024×768像素92ppi”等选项是预设的裁剪尺寸。如果要自定义长宽比和裁剪尺寸，可以在该选项右侧的文本框中输入数值。
- 前面的图像：可基于一个图像的尺寸和分辨率裁剪另一个图像。操作时打开两个图像，使参考图像处于当前编辑状态，选择裁剪工具 ，在选项栏中选择“前面的图像”选项，然后使需要裁剪的图像处于当前编辑状态即可(可以按Ctrl+Tab快捷键切换文件)。
- 新建裁剪预设/删除裁剪预设：拖曳出裁剪框后，选择“新建裁剪预设”命令，可以将当前创建的长宽比保存为一个预设文件。如果要删除自定义的预设文件，可将其选中，再执行“删除裁剪预设”命令。

裁剪选项

单击工具选项栏中的⚙按钮，可在打开的下拉面板中设置裁剪框内、外的图像如何显示，如图10-14所示。

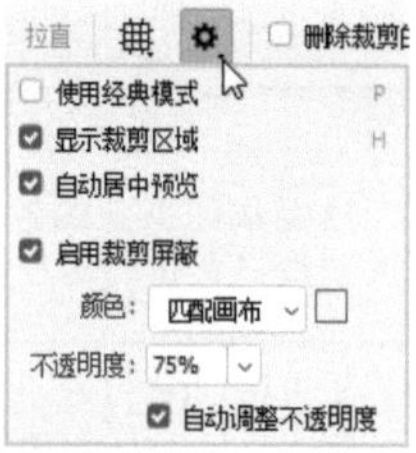

图10-14

- 使用经典模式：勾选该选项后，可以使用Photoshop CS6及以前版本的裁剪工具来操作。例如，将鼠标指针放在裁剪框外，拖曳鼠标进行旋转时，可以旋转裁剪框，如图10-15所示。如未勾选该选项，则旋转的是图像，如图10-16所示。

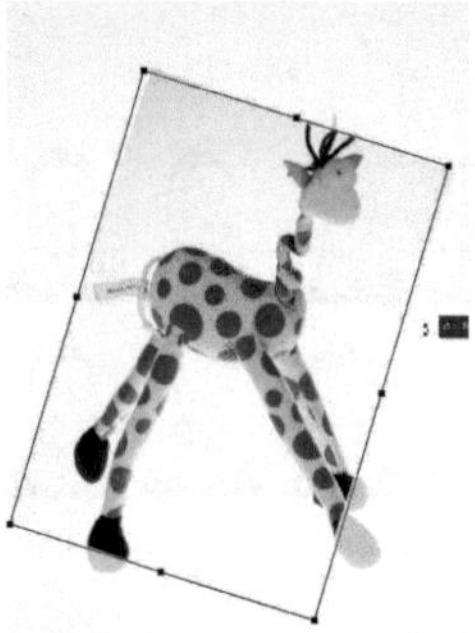

图10-15

图10-16

- 显示裁剪区域：勾选该选项，可以显示裁剪的区域；取消勾选，则仅显示裁剪后的图像。
- 自动居中预览：裁剪框内的图像自动位于画面中心。
- 启用裁剪屏蔽：勾选该选项后，裁剪框外的区域会被“颜色”选项中设置的颜色屏蔽(默认颜色为白色，不透明度为75%)。如果要修改屏蔽颜色，可以在“颜色”下拉列表中选择“自定义”选项，打开“拾色器”对话框进行调整。还可在“不透明度”选项中调整颜色的不透明度。此外，勾选“自动调整不透明度”选项，Photoshop会自动调整屏蔽颜色的不透明度。

其他选项

- 删除裁剪的像素：在默认情况下，Photoshop 会将裁掉的图像保留在暂存区（*89页*）（使用移动工具 ✛ 拖曳图像，可以将隐藏的图像内容显示出来）。如果要彻底删除被裁剪的图像，可勾选该选项，再进行裁剪。
- 填充：旋转裁剪框或扩展裁剪框范围时，画面中会出现空白区域，在该下拉列表中选择"内容识别填充"选项，可以自动填充空白区域，如图10-17所示；选择"生成式扩展"选项，可以使用人工智能技术生成图像，效果更加逼真。

图10-17

- 复位 ↺ / 提交 ✓ / 取消 ⊘：单击 ↺ 按钮，可以将裁剪框、图像旋转及长宽比恢复为最初状态。单击 ✓ 按钮或按 Enter 键可以确认裁剪。单击 ⊘ 按钮或按 Esc 键，可以放弃裁剪。

10.1.4 实战：横幅改纵幅（"裁剪"命令）

使用裁剪工具 🔲 时，如果裁剪框过于靠近窗口边界，会自动吸附到边界上，而无法做出细微调整。如果遇到这种情况，可以使用选区定义裁剪范围，如图10-18所示，然后执行"图像>裁剪"命令，将选区之外的图像裁剪掉，如图10-19所示。这是本实战所要介绍的技术。此处之外，实战中还会通过全选并旋转选区的方法，将横幅图像改为纵幅，并确保图像的原有比例不变。

图10-18   图10-19

10.1.5 快速裁掉多余背景（"裁切"命令）

如果画面中有多余的背景且为单色，如图10-20所示，可以执行"图像>裁切"命令，打开"裁切"对话框，选择相应的选项，如图10-21所示，单击"确定"按钮，将多余的背景裁掉，效果如图10-22所示。

图10-20

图10-21   图10-22

"裁切"命令选项

- 透明像素：裁掉图像边缘的透明区域，留下包含非透明像素的最小图像。
- 左上角像素颜色 / 右下角像素颜色：从图像中删除左上角 / 右下角像素颜色的区域。
- 裁切：可设置要裁剪的区域。

10.1.6 校正倾斜的画面

处理画面倾斜的照片时，可以选择裁剪工具 🔲，然后单击工具选项栏中的拉直工具 📷，使用该工具在画面中拖曳出一条线，让它与水面、地平线、建筑物、墙面或其他关键元素对齐，如图10-23所示，放开鼠标左键后，可裁剪图像并将画面调整到正常角度，如图10-24所示。

图10-23   图10-24

10.1.7 实战：校正扭曲的画面（透视裁剪工具）

使用相机或手机的广角端拍摄近景时，可能导致画面中的对象发生扭曲。处理此类照片时，可以使用透视裁剪工具 创建裁剪框，然后拖曳四个角的控制点，将其对齐到需要校正的对象边缘，如图10-25所示；按Enter键后，可裁剪图像并进行校正，效果如图10-26所示。

图10-25　　　　　　　图10-26

10.1.8 校正透视畸变

拍摄高大的建筑时，由于视角较低，竖直的线条会向消

失点集中，产生透视畸变。使用透视裁剪工具 可校正此类照片。操作时也是拖曳控制点，让裁剪框的边缘与对象的矩形边缘对齐，如图10-27和图10-28所示。

图10-27

图10-28

> **提示**
>
> 使用Photoshop处理老照片时，需要先用扫描仪将它们扫描到计算机中。如果将多张照片扫描到一个文件中，可以执行"文件>自动>裁剪并拉直照片"命令，自动将各个图像裁剪为单独的文件。

10.2 镜头特效与景深处理

Photoshop 素有"数码暗房"的美称，在照片处理方面功能非常强大。本节介绍如何使用它处理拍摄方法不当或相机镜头缺陷导致的各种问题，以及怎样模拟特殊镜头创建特效。

10.2.1 实战：自动校正镜头缺陷

执行"滤镜>镜头校正"命令，打开"镜头校正"对话框，Photoshop会根据照片元数据中的信息提供相应的配置文件。如果对该滤镜的使用方法还不太熟悉，可以勾选"校正"选项组中的选项，自动校正照片中出现的问题，如桶形失真或枕形失真（勾选"几何扭曲"）、色差和晕影等。图10-29所示是用广

图10-29

角镜头拍摄而导致的天花板膨胀变形，图10-30所示为用滤镜自动校正。

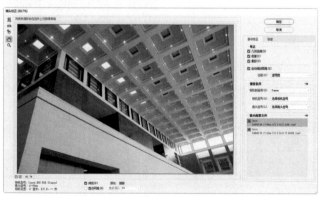

图10-30

"镜头校正"对话框选项

● "校正"选项组：可以选择要校正的缺陷，包括几何扭曲、色差和晕影。如果校正后的图像尺寸超出了原始尺寸，可勾选"自动缩放图像"选项，或者在"边缘"下拉列表中指定如何处理出现的空白区域。选择"边缘扩展"，可扩展图像的边缘像素来填充空白区域；选择"透明度"，空白区域保持透明；选择"黑色"或"白色"，则使用黑色或白色填充空白区域。

● "搜索条件"选项组：手动选择相机的制造商、相机型号和镜头类型后，Photoshop 会给出与之匹配的镜头配置文件。

● "镜头配置文件"选项组：可以选择与相机和镜头匹配的配置文件。

● 显示网格：校正扭曲和画面倾斜时，可以勾选"显示网格"选项，在网格线的辅助下，很容易校准水平线、垂直线和地平线。网格间距可在"大小"选项中设置，单击颜色块，则可修改网格颜色。

10.2.2 透视变换

在"镜头校正"对话框中，"变换"选项组中包含扭曲选项，如图10-31所示，可用于修复相机倾斜而导致的透视扭曲。

图10-31

● 垂直透视/水平透视："垂直透视"可以校正相机倾斜而导致的透视扭曲。如果相机沿水平方向倾斜，则会产生图10-32和图10-33所示的水平透视扭曲，"水平透视"可校正此类扭曲。

图10-32

图10-33

● 比例：可以调整图像的缩放比例，图像的原始像素尺寸不会改变。它的主要用途是填充由于枕形失真、旋转或透视校正而产生的空白区域。但要注意，放大比例过高会导致图像细节变得模糊。

> **提示**
> "镜头校正"对话框中的拉直工具 与裁剪工具 ⌗ 选项栏中的拉直工具 🔲 用途相同，可以调整画面的角度。

10.2.3 实战：校正色差

拍摄照片时，如果背景的亮度高于前景，就容易出现色差。色差是光分解造成的，具体表现为背景与前景相接的边缘出现红、蓝或绿

扫码看视频

色杂边，如图10-34所示。"镜头校正"滤镜对话框中的"色差"选项组可以校正此类问题，如图10-35和图10-36所示。

图10-34

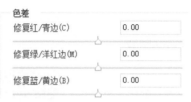

图10-35

图10-36

10.2.4 实战：校正桶形失真和枕形失真

使用广角镜头或变焦镜头进行最大广角拍摄时，常常会出现桶形失真，即水平线从图像中心向外弯曲，导致画面膨胀，如图10-37所示。而使用长焦镜头或变焦镜头的长焦端拍摄时，则会出现枕形失真，即水平线朝图像中心弯曲，导致画面向中心收缩，如图10-38所示。"镜头校正"对话框中的"变换"选项组可以校正这两种失真。

图10-37

图10-38

10.2.5 实战：校正照片四周的暗角

暗角也称晕影，其特征非常明显，即画面四周，尤其边角位置的颜色比中心暗，如图10-39所示。使用"镜头校正"滤镜的"晕影"选项组可以将边角调亮，使暗角消失，效果如图10-40所示。

扫码看视频

图10-39　　　　　　　　图10-40

> 提示
>
> 执行"文件>自动>镜头校正"命令，可以自动校正色差、晕影和几何扭曲。

10.2.6 实战：制作Lomo照片

暗角能让视觉焦点集中在重要对象上，在古典油画、人像摄影中运用比较多。暗角也是Lomo照片的重要特征，如图10-41所示。Lomo照片还具有色泽艳丽、成像质量不高、画面模糊、具有颗粒感等特点。

扫码看视频

图10-41

10.2.7 实战：校正超广角镜头引起的弯曲

"自适应广角"滤镜能自动检测照片的元数据，并查找相应的配置文件。一旦匹配成功，该滤镜能够将全景图像或使用鱼眼（即超广角）镜头拍摄的弯曲对象拉直。

扫码看视频

01 执行"滤镜>自适应广角"命令，打开"自适应广角"对话框，如图10-42所示。对话框左下角显示这是用佳能EF8-15mm f/4L FISHEYE USM（超广角）镜头拍摄的照片。

02 Photoshop会对照片进行简单的校正，但效果还不完美。在"校正"下拉列表中选择"鱼眼"选项。选择约束工具，将鼠标指针放在出现弯曲的对象上，拖曳出一条绿色的约束线，可将弯曲的对象拉直。采用这种方法在玻璃展柜、顶棚和墙的侧立面创建约束线，如图10-43所示。

图10-42

图10-43

03 单击"确定"按钮，关闭对话框。用裁剪工具将空白部分裁掉即可。

"自适应广角"滤镜工具及选项

● 约束工具：单击图像或拖曳端点，可以添加或编辑约束线。按住Shift键并单击可添加水平/垂直约束线，按住Alt键并单击可删除约束线。

● 多边形约束工具：单击图像或拖曳端点，可以添加或编辑多边形约束线。按住Alt键并单击可删除约束线。

● 校正：在该下拉列表中选择"鱼眼"选项，可以校正由鱼眼镜头所引起的极度弯度；"透视"选项用来校正由视角和相机倾斜角所引起的汇聚线；"自动"选项能自动检测并进行校正；"完整球面"选项可以校正360°全景图。

● 缩放：校正图像后缩放图像，以填满空白区域。

● 焦距：用来指定镜头的焦距。如果在照片中检测到镜头信息，会自动填入此值。

● 裁剪因子：用来确定如何裁剪最终图像。此值与"缩放"配合使用可以填充应用滤镜时出现的空白区域。

● 原照设置：勾选该选项，可以使用镜头配置文件中定义的值。如果没有找到镜头信息，则禁用此选项。

● 细节：该选项中会实时显示鼠标指针下方图像的细节（比例为100%）。使用约束工具和多边形约束工具时，可通过观察该图像来准确定位约束点。

● 显示约束/显示网格：显示约束线和网格。

10.2.8 实战：制作哈哈镜效果大头照

鱼眼镜头的焦距通常为16mm或更短，其视角接近或达到180°，可以拍摄超广角照片，常见于无人机拍摄地面全景及场所监控设备拍摄监控内容。使用鱼眼镜头拍摄时，物体会发生弯曲，呈现明显的透视畸变。在人像摄影中使用这种镜头，可以获得类似哈哈镜的夸张效果。"自适应广角"滤镜可以制作这种效果，如图10-44所示。

扫码看视频

图10-44

01 执行"滤镜>自适应广角"命令，打开"自适应广角"对话框。在"校正"下拉列表中选择"透视"选项。将"焦距"滑块拖曳到最左侧，让膨胀最大化，此时图像会扩展到画面以外，将"缩放"设置为80%，使图像缩小，重新回到画面中，如图10-45所示。

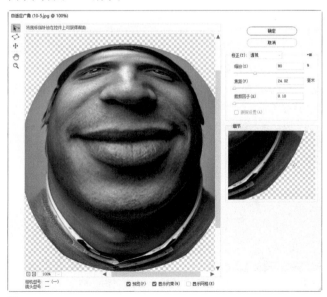

图10-45

02 经过滤镜的扭曲后图像的边界不太规则。使用椭圆选框工具○创建选区，单击"图层"面板中的■按钮创建蒙版，将选区外的图像遮盖。

10.2.9 实战：散景效果

"滤镜>模糊画廊"子菜单中的"场景模糊"滤镜可以在不同区域创建模糊效果，可用于制作散景效果，如图10-46所示。使用时，在需要模糊的位置添加图钉，之后调整模糊范围即可。

扫码看视频

图10-46

10.2.10 实战：旋转镜头效果

"滤镜>模糊画廊"子菜单中的"旋转模糊"滤镜可以创建多个模糊区域，并对每一个区域进行旋转模糊。该滤镜能制作使用旋转镜头拍摄的特效，如图10-47所示。

扫码看视频

图10-47

10.2.11 实战：场景虚化效果

"滤镜>模糊画廊"子菜单中的"光圈模糊"滤镜可以定义多个圆形或椭圆形焦点，并对焦点之外的图像进行模糊，生成散景和虚化

扫码看视频

效果，如图10-48所示。

图10-48

10.2.12 实战：移轴摄影微缩模型效果

移轴摄影是一种使用移轴镜头拍摄的作品，其效果就像缩微模型一样，非常特别。"移轴模糊"滤镜可以模拟这种特效，如图10-49所示。

图10-49

10.2.13 实战：摇摄镜头效果

摇摄是摇动相机追随对象拍摄的特殊方法，拍出的照片中既有清晰的主体，又有因模糊而呈现流动感的背景。"滤镜>模糊画廊"子菜单中的"路径模糊"滤镜可以制作这种特效，如图10-50所示。

图10-50

01 按Ctrl+J快捷键复制"背景"图层。执行"滤镜>模糊画廊>路径模糊"命令。将鼠标指针移动到路径的端点，进行拖曳，移动路径位置，如图10-51所示。拖曳中间的控制点，调整路径的弧度，如图10-52所示。

图10-51　　　　　图10-52

02 在当前路径下方添加一条路径，如图10-53所示。调整弧度，如图10-54所示。在路径上单击，添加一个控制点并将路径调整为S形，如图10-55所示。

图10-53　　　图10-54　　　图10-55

03 添加第3条路径，这3条路径汇集在女孩的肩部，之后向外发散开，如图10-56所示。调整滤镜参数，让图像沿着路径创建运动模糊，单击"确定"按钮应用滤镜，如图10-57和图10-58所示。

图10-56　　　图10-57　　　图10-58

04 单击"图层"面板中的按钮添加蒙版。用画笔工具在女孩面部、胳膊上涂抹黑色，让"背景"图层中的原图显示出来，如图10-59和图10-60所示。

图10-59　　　　图10-60

图10-67　　　　图10-68　　　　图10-69

05 打开"渐变"面板。单击"彩虹色"渐变组中的渐变，如图10-61所示，创建填充图层。设置混合模式为"柔光"，如图10-62和图10-63所示。

图10-61　　　　图10-62　　　　图10-63

"路径模糊"滤镜选项

● 速度/终点速度："速度"选项决定了所有路径的模糊量。如果要单独调整一条路径，可单击该路径上的控制点，如图10-64所示，之后在"终点速度"选项中进行设置，如图10-65和图10-66所示。

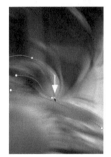

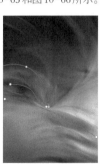

图10-64　　　　图10-65　　　　图10-66

● 锥度：其值较高时会使模糊逐渐减弱。

● 居中模糊：以任何像素的模糊形状为中心创建稳定的模糊。如果想生成更有导向性的运动模糊效果，就不要勾选该选项。效果如图10-67所示。

● 编辑模糊形状：勾选该选项或双击路径上的一个控制点，可以显示模糊形状参考线（红色），如图10-68所示。按住 Ctrl 键并单击一个控制点，可将其模糊形状参考线的效果减为0，如图10-69所示。

● 编辑控制点：按住 Alt 键并单击路径上的曲线控制点，可将其转换为角点；按住 Alt 键并单击角点，可将其转换为曲线点；按住 Ctrl 键并拖曳路径，可以移动路径；如果同时按住 Alt+Ctrl 键，则可复制路径；单击路径的一个端点，按 Delete 键，可删除路径。

10.2.14 实战：制作全景深照片

拍摄照片时，通过调节镜头使离相机较远的景物清晰成像的过程叫作对焦，景物所在的点，称为对焦点。因为清晰并不是一种绝对的概念，所以，对焦点前（靠近相机）、后一定距离内景物的成像也可以是清晰的，这个前后范围，就叫作景深，如图10-70所示。

扫码看视频

图10-70

景深是由相机镜头控制的，Photoshop无法做出改变，但我们可以通过合成多张照片来改变景深效果。例如，图10-71所示的3张照片在拍摄时分别对焦于茶碗、水滴壶和笔架，可以合成为一张全景深照片，即让清晰范围最大化。由于这3张照片的曝光和清晰范围不一样，在合成时，除了要让茶碗、水滴壶和笔架都清晰，色调的细微差别也需要用Photoshop修正。

图10-71

01 执行“文件>脚本>将文件载入堆栈”命令，打开“载入图层”对话框，单击“浏览”按钮，选择照片素材，如图10-72所示，将这3张照片添加到“使用”列表中，如图10-73所示。单击“确定”按钮，所有照片会加载到新建的文件中，如图10-74所示。

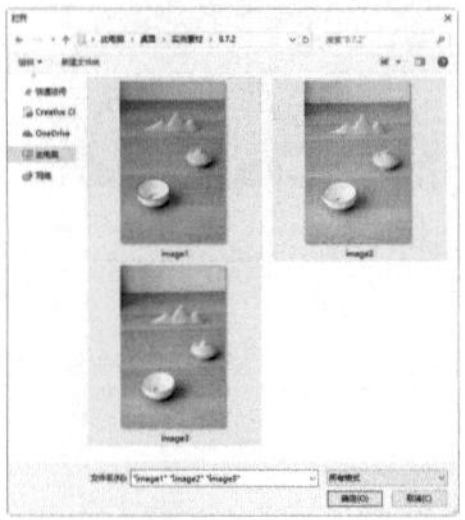

图10-72

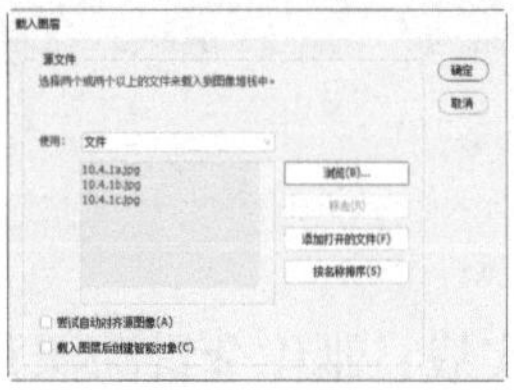

图10-73

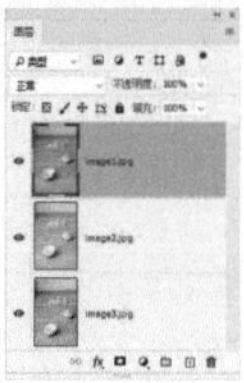

图10-74

02 由于拍摄时没有使用三脚架，在根据每个器物的位置调整对焦点时，相机免不了有轻微的移动，哪怕是极小的移动，照片中器物的位置都会改变。所以，在进行图层混合前要先对齐图层，使3件器物能有一个统一的位置。选取这3个图层，执行“编辑>自动对齐图层”命令，打开“自动对齐图层”对话框，默认选项为“自动”，如图10-75所示。Photoshop会自动分析图像内容的位置，然后进行对齐，单击“确定”按钮，将图层中的主体对象对齐。边缘部分可以在最后整理图像时进行裁切，如图10-76所示。

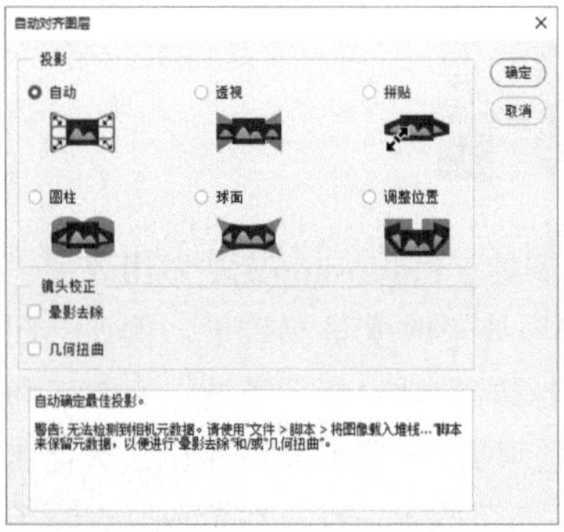

图10-75

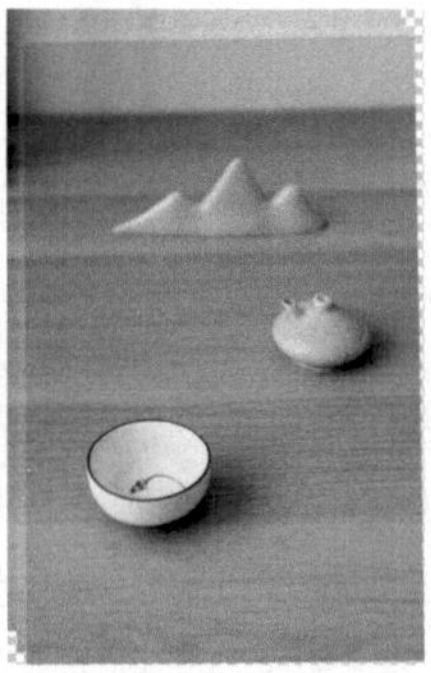

图10-76

03 执行“编辑>自动混合图层”命令，将“混合方法”设置为“堆叠图像”，它能很好地将已对齐的图层的细节呈现出来；勾选“无缝色调和颜色”选项，调整颜色和色调，以便进行混合；勾选“内容识别填充透明区域”选项，将透明区域用自动识别的内容填满，如图10-77所示。单击“确定”按钮，3个图层上会自动创建蒙版，以遮盖内容有差异的区域，并将混合结果创建为一个新的图层，如图10-78所示。混合后的照片扩展了景深，每件器物的细节都清晰可见，如图10-79所示。

04 取消选择。使用裁剪工具将多余的图像裁切掉，如图10-80所示。单击“调整”面板中的按钮，添加“色彩平衡”调整图层，将色调调暖，体现瓷器古典、温润的质感，与其所呈现的文人气息相合，便可作为设计素材使用，如图10-81~图10-83所示。再添加一些书法字和装饰线条来装饰图像，就成了一幅完整的设计作品，如图10-84所示。

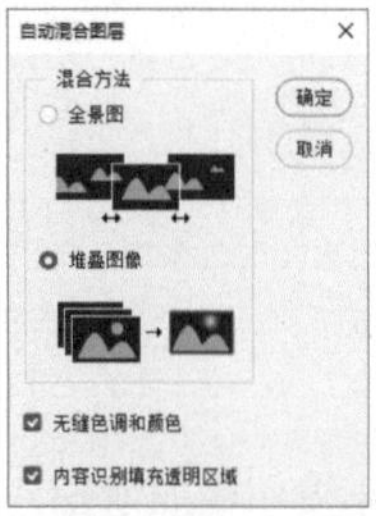

图10-77

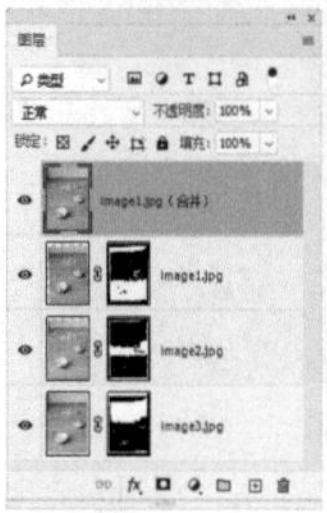

图10-78

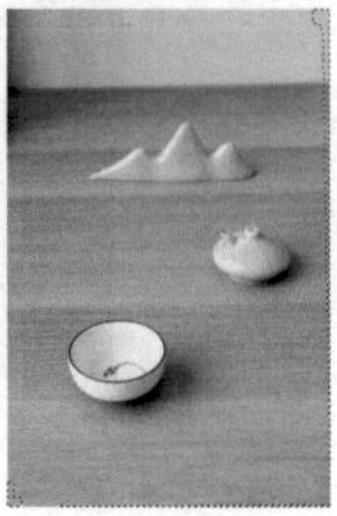

图10-79

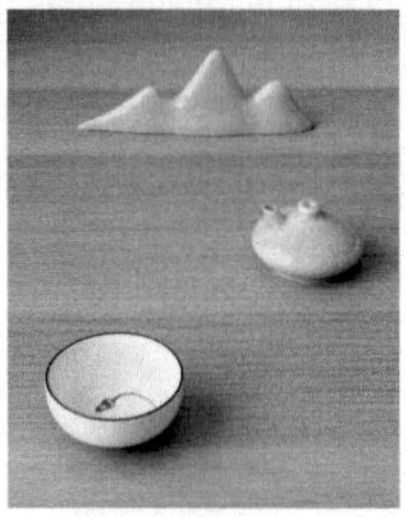

图10-80

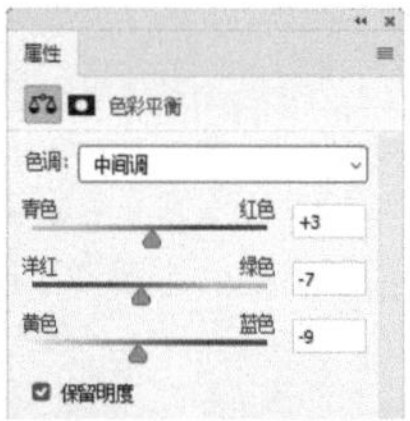

图10-81

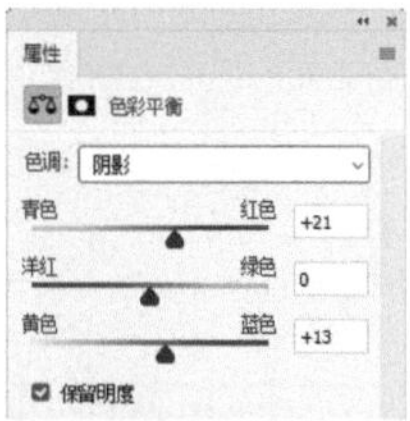

图10-82

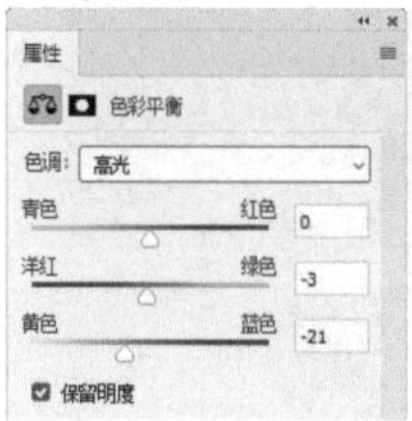

图10-83

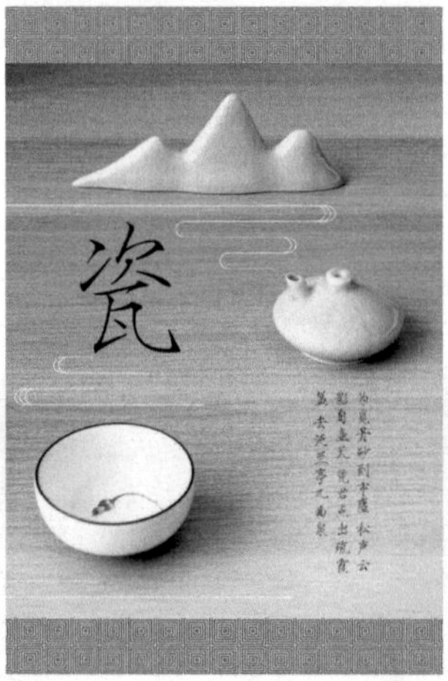

图10-84

10.2.15 实战：普通照片变大光圈效果

本实战使用“发现”面板制作浅景深效果，再用“镜头模糊”滤镜生成漂亮的光斑。

扫码看视频

01 单击Photoshop窗口右上角的按钮，打开“发现”面板，依次单击“快速操作”“模糊背景”条目，显示“套用”按钮后，单击，如图10-85所示。Photoshop首先会将图层转换为智能对象，然后进行模糊处理，并自动识别画面中的人及背景，之后通过蒙版将滤镜范围限定在背景区域，如图10-86所示。

图10-85　　　　图10-86

02 当前的模糊效果过于轻微。双击"图层"面板中的智能滤镜，如图10-87所示，打开"高斯模糊"对话框，将参数调大，如图10-88所示。

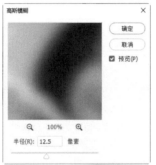

图10-87　　　　图10-88

03 单击"背景"图层，按Ctrl+J快捷键复制，按Ctrl+]快捷键移至顶层。执行"滤镜>模糊>镜头模糊"命令，打开"镜头模糊"对话框。在"光圈"选项组的"形状"下拉列表中选择"六边形（6）"选项，然后调整"半径""亮度"和"阈值"，生成漂亮的六边形光斑，如图10-89所示。单击"确定"按钮关闭对话框。

图10-89

04 单击"图层"面板中的 ■ 按钮添加蒙版。使用画笔工具 ✎ 在女孩身上涂抹黑色，通过蒙版将身上的滤镜效果遮盖住，如图10-90和图10-91所示。

图10-90　　　　图10-91

技术看板 限定滤镜范围

"镜头模糊"滤镜可以使用Alpha通道或图层蒙版的深度值映射像素的位置，让图像中的某一区域出现在焦点内，其他区域模糊。例如，在"源"下拉列表中选择"图层1拷贝"，便可用该图层中的蒙版将模糊效果限定在背景上，人不会受到影响。

"镜头模糊"滤镜选项

● 更快：可提高预览速度。

● 更加准确：可查看图像的最终效果，但会增加预览时间。

● "深度映射"选项组：在"源"下拉列表中可以选择使用 Alpha 通道和图层蒙版来创建深度映射。如果图像包含 Alpha 通道并选择了该项，则 Alpha 通道中的黑色区域被视为位于照片的前面，白色区域被视为位于远处的位置。"模糊焦距"选项用来设置位于焦点内像素的深度。勾选"反相"选项，可以反转蒙版和通道，然后应用。

● "光圈"选项组：用来设置模糊的显示方式。在"形状"下拉列表中可以设置光圈的形状，效果如图10-92所示。通过"半径"值可以调整模糊的数量，拖曳"叶片弯度"滑块可对光圈边缘进行平滑处理，拖曳"旋转"滑块则可旋转光圈。

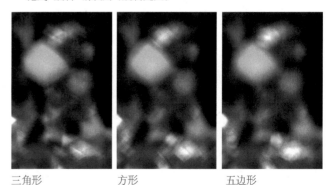

三角形　　　　方形　　　　五边形

图10-92

● "镜面高光"选项组：可设置镜面高光的范围，如图10-93所示。"亮度"选项用来设置高光的亮度；"阈值"选项用来设置亮度截止点，比该截止点亮的所有像素都被视为镜面高光。

  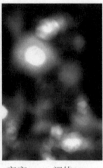

亮度0、阈值200　　亮度50、阈值200　　亮度100、阈值200
图10-93

- "杂色"选项组：拖曳"数量"滑块可在图像中添加或减少杂色。勾选"单色"选项，可以添加杂色而不影响颜色。添加杂色后，还可以设置杂色的分布方式，包括"平均分布"和"高斯分布"。

10.2.16 局部模糊和锐化

如果想处理局部图像的清晰度，使用模糊工具 △ 和锐化工具 △ 效率更高。模糊工具 △ 可以柔化图像，使细节变得模糊。锐化工具 △ 可以增强相邻像素之间的对比，提高图像的清晰度。例如，图10-94所示为原图，使用模糊工具 △ 处理背景，可以创建景深效果，如图10-95所示。使用锐化工具 △ 可以锐化前景，如图10-96所示。

图10-94　　　　　图10-95　　　　　图10-96

这两个工具通过拖曳鼠标的方法使用。需要注意的是，在同一区域反复拖曳，会使图像变得更加模糊，造成图像失真。

模糊工具/锐化工具选项栏

模糊工具 △ 和锐化工具 △ 的选项栏基本相同，如图10-97所示。

图10-97

- 画笔 / 模式：可以选择一个笔尖，设置涂抹效果的混合模式。
- 强度 / 角度 △：用来设置工具的修改强度和画笔角度。
- 对所有图层取样：如果文件中包含多个图层，勾选该选项，表示使用所有可见图层中的数据进行处理，否则处理当前图层中的数据。
- 保护细节：勾选该选项，可以增强细节，弱化不自然感。如果要产生更夸张的锐化效果，应取消勾选该选项。

10.3 修片

使用 Photoshop 修片包含很多方面的工作，如调整曝光和对比度（参见第8章）、色彩校正（参见第9章）、锐化和模糊（参见第10章）、磨皮和身体塑形等（参见第11章）。除了这些较大的工作项目，还有如替换内容、图像修饰、物体移除、扩展画面等，本节介绍这些功能。

10.3.1 实战：消除彩光还原本色

本实战使用"Neural Filters"滤镜消除照片中的彩色灯光，如图10-98所示。用该方法校正偏色的照片，效果也不错。

扫码看视频

01 按Ctrl+J快捷键复制"背景"图层。执行"滤镜>Neural Filters"命令，打开"Neural Filters"面板。

图10-98

02 开启"着色"功能，无须调整任何参数，只勾选"自动调整图像颜色"选项即可消除彩色灯光的颜色，如图10-99和图10-100所示。

图10-99　　　　图10-100

10.3.2 实战：替换天空

01 打开素材，如图10-101所示。按Ctrl+-快捷键将视图比例调小，让暂存区显示出来。选择裁剪工具 ⌗，在工具选项栏的"填充"下拉列表中选择"内容识别填充"选项，拖曳鼠标，拉出裁剪框，如图10-102所示。按Enter键扩展画布，新增的区域会填充天空图像，如图10-103所示。

图10-101

图10-102　　　　图10-103

02 执行"编辑>天空替换"命令，打开"天空替换"面板，选择一个天空图像并调整参数，如图10-104所示，替换原有天空，如图10-105所示。

图10-104　　　　　　　图10-105

提示
如果自己有更好的天空素材，可以执行"选择>天空"命令自动选取，再用素材将其替换。

03 替换天空后，会创建一个图层组以存储新天空图像。在该图层组的上方创建调整图层，使用预设的调整文件，可以改变照片的风格，如图10-106和图10-107所示。

电影的 - 忧郁蓝　　　　黑白 - 浑厚
图10-106　　　　　　　图10-107

天空替换工具和选项

● 天空移动工具 ✛：可以移动天空图像。

● 天空画笔 ✔：在天空图像上涂抹，可以扩展或缩小天空区域。

● 移动边缘：确定天空图像和原始图像之间边界的开始位置。

● 渐隐边缘：设置天空图像和原始照片相接处的渐隐或羽化量。

● 亮度 / 色温：可以调整天空图像的亮度或者让天空颜色变暖或变冷。

● 缩放 / 翻转：可以调整天空图像的大小或对其进行翻转。

● 光照模式：确定用于光照调整的混合模式。

249

● 光照调整：使原始图像变亮或变暗，以与天空混合。

● 颜色调整：调整前景与天空颜色的协调度。

● 输出到：可以选择将修改结果存放到新图层或复制的图层上。

10.3.3 实战：衣服去褶皱

本实战使用混合器画笔工具 ✔ 处理衣服褶皱，如图10-108所示。其原理是拾取非褶皱区域的颜色，然后将其推向褶皱处并与之混合。

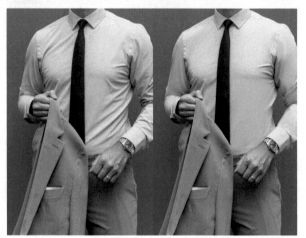

图10-108

01 按Ctrl+J快捷键复制"背景"图层。选择混合器画笔工具 ✔ 及柔边圆笔尖，设置画笔的"硬度"为50%，然后单击工具选项栏中的每次描边后清理画笔按钮 ✗ ，选择"湿润，浅混合"选项，如图10-109所示。

图10-109

02 将鼠标指针放在靠近褶皱的位置，如图10-110所示，向褶皱处拖曳，将褶皱抹平，如图10-111所示。

图10-110

图10-111

03 采用同样的方法处理其他位置，如图10-112和图10-113所示。需要调整笔尖大小时，可以按 [键和] 键。操作出现失误时，可以按Ctrl+Z快捷键进行撤销。

图10-112

图10-113

10.3.4 实战：拼接全景照片

拍摄风景时，如果广角镜头无法拍全，可以将场景分成几段拍摄，再用Photoshop拼接成全景图。在全景照片中，相邻的两张照片之间应该有10%～15%的内容重叠，也就是说前一张照片中至少有10%的内容在下一张照片中出现，这样Photoshop才能通过识别重叠的图像来拼接照片。通常垂直拍摄的照片边缘的变形比水平拍摄的照片少，因此合成效果更好。此外，为了确保照片的曝光值保持一致，最好使用手动模式，因为采用曝光优先或快门优先模式时，每张照片的曝光参数都会不同，这将导致拍摄出的照片亮度不一致，不适合做全景图。

01 执行"文件 > 自动 > Photomerge"命令，打开"Photomerge"对话框。单击"浏览"按钮并选择照片素材，如图10-114所示，单击"确定"按钮，将其添加到"源文件"列表中，如图10-115所示。

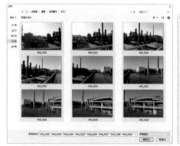

图10-114

图10-115

02 选择"混合图像"选项，让Photoshop修改曝光，使图像自然衔接。选择"内容识别填充透明区域"选项，让

Photoshop填充拼接时出现的空缺。单击"确定"按钮拼合照片，Photoshop会添加蒙版，使照片无缝衔接。使用裁剪工具 ▢ 将空白区域和多余的内容裁掉，如图10-116所示。

图10-116

"版面"选项

- 自动：Photoshop 会分析源文件并应用"透视"或"圆柱"版面（取决于哪一种版面能够生成更好的复合图像）。

- 透视：将源文件中的一个图像（默认情况下为中间的图像）指定为参考图像来创建一致的复合图像。然后变换其他图像（必要时进行位置调整、伸展或斜切），以便匹配图层的重叠内容。

- 圆柱：在展开的圆柱上显示各个图像来减少在"透视"版面中出现的"领结"扭曲。图层的重叠内容仍匹配，将参考图像居中放置。该方式适合创建宽全景图。

- 球面：将图像与宽视角对齐（垂直和水平）。指定某个源图像（默认情况下是中间图像）作为参考图像，并对其他图像执行球面变换，以便匹配重叠的内容。如果是360° 全景拍摄的照片，可选择该选项，拼合并变换图像，以模拟观看360° 全景图的感受。

- 拼贴：对齐图层并匹配重叠内容，不修改图像中对象的形状（例如，圆形将保持为圆形）。

- 调整位置：对齐图层并匹配重叠内容，但不会变换（伸展或斜切）任何源图层。

提示

使用"编辑"菜单中的"自动对齐图层"和"自动混合图层"命令也可以制作全景照片。其中，"自动对齐图层"命令可根据不同图层中的相似内容（如角和边）自动对齐图层。我们可以指定一个图层作为参考图层，也可让Photoshop自动选择参考图层，其他图层将与参考图层对齐，以便匹配的内容能够自行叠加。用"自动混合图层"命令制作全景照片时，Photoshop会根据需要对每个图层应用图层蒙版，以遮盖过度曝光或曝光不足的区域或内容之间的差异，从而创建无缝拼贴和平滑过渡的效果。

技术看板 创建联系表

如果想为某个文件夹中的图像创建缩览图，以便通过缩略图预览图像或方便对其进行编目，可以执行"文件>自动>联系表 II"命令，创建联系表。

10.3.5 实战：风光照去人（内容识别填充）

扫码看视频

"内容识别填充"命令功能非常强大，可以快速移除不需要的对象，修复图像中的瑕疵和缺陷。它能根据图像周围的纹理和颜色信息智能地填充瑕疵区域，使修复后的图像看起来更加真实和完整。需要注意的是，它在处理复杂的图像或有大量细节的区域时可能不够精确，需要进行一些手动的修正和调整。

01 选择多边形套索工具 ⧩，单击工具选项栏中的添加到选区按钮 ▣，如图10-117所示。创建选区，将人及投影选中，如图10-118所示。

图10-117　　　　　　图10-118

02 执行"编辑>内容识别填充"命令，切换到这一工作区。设置"颜色适应"为"高"，如图10-119所示，Photoshop会从选区周围复制图像来填充选区。观察"预览"面板中的填充效果，位于女孩腿部的云彩衔接得不太自然，如图10-120所示。

图10-119　　　图10-120

03 选择取样画笔工具 ✏，单击 ⊖ 按钮，在腿部涂抹，将取样位置向外扩展，如图10-121所示。单击"确定"按钮填充选区并应用到一个新的图层中，效果如图10-122所示。

图10-121　　　　　　图10-122

内容识别填充工作区

执行"内容识别填充"命令时，会切换到内容识别填充工作区。此时文档窗口中选区之外的图像上会覆盖一层绿色的半透明蒙版，其用途类似于快速蒙版（362页），只是颜色略有不同。"工具"面板中的取样画笔工具 🖌 与"选择并遮住"命令中的画笔工具 🖌（369页）用法相同。套索工具 🔘 和多边形套索工具 📐 可用于修改选区。"预览"面板可实时显示填充结果。

取样

选区内所填充的图像是从其周围取样之后生成的。这里有3种取样方法。单击"自动"按钮，表示从填充区域周围的内容取样；单击"矩形"按钮，则使用填充区域周围的矩形区域中的图像填充；单击"自定"按钮，可手动定义取样区域，此时可使用取样画笔工具 🖌 确定取样区域。

填充设置

取样方法设置好以后，还可根据实际情况，在"填充设置"选项组中对填充内容与周围图像的匹配度进行设定。当填充渐变或纹理时，可以从"颜色适应"下拉列表中选择适当的选项，以调整对比度和亮度，使填充图像与周围内容更好地匹配。当填充包含旋转或弯曲图案的内容时，可在"旋转适应"下拉列表中选择适当的选项，通过旋转图像，取得更好的匹配效果，如图10-123所示。单击 🔄 按钮，可重置为默认的填充设置。

原图及选区　　旋转适应：无 　　旋转适应：低

旋转适应：中　　旋转适应：高　　旋转适应：完全
图10-123

如果填充不同大小或具有透视效果的重复图案，可勾选"缩放"选项，自动调整内容大小，如图10-124所示。如果水平翻转图像可以取得更好的匹配效果，可以勾选"径向"选项，效果如图10-125所示。

原图 　　　　未勾选"缩放"选项　　勾选"缩放"选项
图10-124

原图及选区　　未勾选"径向"选项　　勾选"径向"选项
图10-125

蒙版与输出设置

- 显示取样区域：显示蒙版。
- 不透明度/颜色：在"不透明度"选项中可以调整蒙版的遮盖程度；单击颜色块，可以打开"拾色器"对话框修改蒙版颜色。
- 表示：可设置蒙版是覆盖选区之外的图像（"取样区域"选项），还是覆盖选中的图像（"已排除区域"选项）。
- 输出到：可以设置填充的图像应用于当前图层、新建图层或复制图层上。

10.3.6 实战：用人工智能修片及生成图像

Photoshop 2024版新增的生成式填充基于人工智能。进行填充时，软件能够自动分析图像中的纹理、颜色和结构，生成与周围相匹配的内容。该功能对于修复图像、移除不需要的物体或填补空白区域非常有用。生成式填充功能还能依照用户的指令生成全新的图像。本实战介绍它的用法，其中囊括了消图和生成图像两个方面的应用，即首先使用它消除多余的人物，然后修改人的动作，再生成小狗和新的场景，最后为男士换装。图10-126所示为原图，图10-127所示为处理效果。要注意的是，该功能需要联网才能使用。

图10-126

图10-127

01 使用套索工具 ♀ 选取左侧女孩，如图10-128所示。选区范围一定要扩展到女孩外部区域，以便为人工智能创造图像留出可识别的信息。按住Alt键拖曳鼠标，将右侧女孩也选中，如图10-129所示。

图10-128 　　　　　　　图10-129

02 将鼠标指针移动到"上下文任务栏"的文本框上，单击，按Delete键删除其中的文字，如图10-130所示。

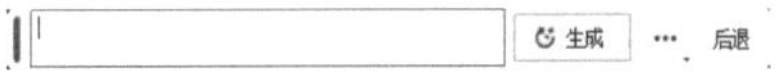

图10-130

> **提示**
>
> 如果未出现"上下文任务栏"，可以打开"窗口"菜单，执行菜单底部的"上下文任务栏"命令，让其显示出来。

03 单击"生成"按钮或按Enter键，进行智能填充。"属性"面板中会提供3种变化效果，如图10-131~图10-134所示。第一种效果最好，使用它继续创作。

图10-131

图10-132

图10-133　　　　　　　图10-134

04 使用套索工具 ♀ 选取女孩的手部，在"上下文任务栏"的文本框中单击，输入关键词Hold the dog，如图10-135所示，按Enter键确认，可将选中的图像改为女孩抱着一只小狗。所生成的图像保存在"生成式图层"上，如图10-136所示。同样，Photoshop会在"属性"面板中提供3种变化效果，选择图10-137所示的效果。

图10-135

图10-136　　　　　　　图10-137

05 执行"选择>主体"命令，将人和小狗选中。用"选择>反选"命令选取背景。输入关键词Chinese restaurant，将背景改为中餐厅，如图10-138和图10-139所示。

图10-138

图10-139

06 选择男士的衣服和肚皮，为尽量减少变形，手指处的选区可以精确一些。输入关键词Suit，为男士换一套西服，如图10-140所示。

图10-140

07 女孩的手臂有些变形，将此处选中，如图10-141所示。在"上下文任务栏"的文本框中单击，按Delete键删除其中的文字，按Enter键进行修改，效果如图10-142所示。

图10-141　　　　　　　图10-142

10.3.7 实战：用人工智能工具扩展画面

使用裁剪工具 或"图像>画布大小"命令扩大画布范围后，可以使用生成式填充功能在空白区域填充与周围环境相匹配的图像。本实战使用该功能扩展画面，生成大场景婚纱照，如图10-143所示。

扫码看视频

图10-143

01 打开素材，如图10-144所示。连续按Ctrl+-快捷键，将视图比例调小，显示暂存区。选择裁剪工具 叶 及16：9裁剪预设，如图10-145所示。调整裁剪框大小，如图10-146所示。

将女孩移动到参考线的交点处，即黄金分割位置，如图10-147所示，按Enter键确认。

图10-144　　　　　图10-145

图10-146

图10-147

02 选择矩形选框工具 ，按住Shift键拖曳鼠标加选，在图像四周创建选区（也可以先选取图像内容，再反转选区），将空白画面选中，注意选区要包含现有图像四个边的内容，如图10-148所示。

图10-148

03 将鼠标指针移动到"上下文任务栏"的文本框上，单击，如图10-149所示，单击"生成"按钮或按Enter键，

对所选区域进行智能填充。在"属性"面板中选择效果最好的图像，如图10-150和图10-151所示。

图10-149   图10-150

图10-151

04 左下角的杂草有些模糊，使用套索工具 ♀ 将其选中，如图10-152所示。在"上下文任务栏"文本框上单击并按Enter键，针对此处重新生成图像，如图10-153所示。

图10-152   图10-153

05 按住Shift键将婚纱上模糊的区域选中，如图10-154所示。在"上下文任务栏"文本框上单击并输入关键词white wedding，如图10-155所示，按Enter键，生成清晰的婚纱，如图10-156所示。

图10-154

图10-155

图10-156

06 选择图10-157所示的婚纱范围，在"上下文任务栏"文本框上单击并按Enter键，对婚纱进行修补，如图10-158所示。

图10-157   图10-158

07 远处的树不是很美观，看起来不像婚纱的取景地。将树木及天空选中，如图10-159所示，在"上下文任务栏"文本框上单击并输入关键词Alpine Snowy Mountains，按Enter键，生成雪山，让场景富有浪漫气息，如图10-160所示。

图10-159

图10-160

10.4 修复带有透视空间的图片

在包含透视平面（如建筑物侧面或任何矩形对象）的图像上添加文字或其他图像时，如果希望对象符合场景的透视要求，可以使用"消失点"滤镜对其进行透视变换。"消失点"滤镜还可进行绘画、复制和粘贴，所有操作都在透视平面中进行。

10.4.1 实战：在"消失点"对话框中修复图像

01 打开素材，执行"滤镜>消失点"命令，打开"消失点"对话框。选择创建平面工具 ⊞，在图像上单击，确定透视平面的4个角后，可以创建透视平面，如图10-161所示。

02 选择仿制图章工具 ♣，在地板上按住Alt键并单击，对图像进行取样，如图10-162所示；放开Alt键，在需要修复的绳子上拖曳鼠标，Photoshop会自动匹配图像，使其衔接效果自然、真实，如图10-163和图10-164所示。

图10-161

图10-162

图10-163

图10-164

· PS技术讲堂 ·

透视平面

创建透视平面

在矩形结构中，如门、窗户、建筑立面或延伸到远处的道路等地方，更容易创建准确的透视平面。只有透视平面（蓝色平面）准确，如图10-165所示，才能确保复制、修复等操作按照准确的透视关系进行扭曲。黄色平面是无效的透视平面，如图10-166所示，尽管可以进行操作，但无法保证产生准确的透视效果。红色平面完全无效，如图10-167所示。

图10-165

图10-166

图10-167

当透视平面的颜色变为黄色或红色时，可以使用编辑平面工具 ▶ 拖曳角点，如图10-168所示。在网格变为蓝色之后，再进行后续的操作。然而，蓝色网格并不能保证一定会产生准确的透视效果，还需要确保外框和网格与图像中的几何元素或平面区域精确对齐才行。

创建透视平面后，可以拖曳定界框中间的控制点来拉伸透视平面，如图10-169所示。按住Ctrl键并拖曳，还可以拉出新的透视平面，如图10-170所示。按住Alt键并拖动定界框中的控制点可以调整新平面的角度，如图10-171所示，也可在"角度"文本框中输入数值。如果想移动整个透视平面，可以将鼠标指针放在网格内并进行拖曳。如果需要修改网格的间距，可以调整"网格大小"的参数值。

图10-168　　　　　　　　　　图10-169

图10-170

图10-171

技巧

除了上述基本操作，还有一些小技巧也很实用。例如，放置角点时，按Backspace键可以删除最后一个角点，创建好透视平面后按Backspace键，可删除平面。拖曳角点时，按住X键可以临时放大窗口的视图比例，以便更准确地定位角点。这也适用于复制图像时观察细节。有些时候，需要将网格拉到画面外，才能让透视平面完全覆盖所要编辑的图像。如果遇到这种情况，可以按Ctrl+-快捷键将视图比例缩小，让画布外的区域显示出来，然后使用编辑网格工具 ▶ 拖曳网格上的控制点进行移动或拉伸。按Ctrl+Z快捷键可撤销操作，按Shift+Ctrl+Z快捷键可恢复被撤销的操作（可连续按）。另外，按Ctrl++、Ctrl+-快捷键可以分别放大和缩小窗口的显示比例；按住空格键并拖曳鼠标可以移动画面。这些快捷键可用来替代缩放工具 🔍 和抓手工具 🖐 。

工具

● 编辑平面工具 ▶ ：用来选择、编辑、移动平面，调整平面的大小。此外，选择该工具后，可以在对话框顶部输入"网格大小"值，调整透视平面网格的间距。

● 创建平面工具 ⊞ ：使用该工具可以定义透视平面的4个角点，调整平面的大小和形状并拖出新的平面。在定义透视平面的角点时，如果角点的位置不正确，可以按Backspace键，将该角点删除。

● 选框工具 ⌷ ：可创建正方形或矩形选区，同时移动或复制选区内的图像。

● 仿制图章工具 ▲ ：使用该工具时，按住 Alt 键并在图像中单击可以设置取样点，在其他区域拖曳鼠标可复制图像；在某一点处单击，然后按住Shift键并在另一点处单击，可以在透视平面中绘制出一条直线。

● 画笔工具 ✏ ：可以在图像上绘制选定的颜色。

● 变换工具 ▷◁ ：使用该工具时，可以通过拖曳定界框的控制点来缩放、旋转或移动浮动选区，就类似于在矩形选区上使用"自由变换"命令。

● 吸管工具 ✒ ：可以拾取图像中的颜色作为画笔工具 ✏ 的绘画颜色。

● 测量工具 ▭ ：可以在透视平面中测量项目的距离和角度。

10.4.2 在"消失点"对话框中绘画

选择"消失点"滤镜中的画笔工具 ✎，将"修复"选项设置为"关"，这样就可以在图像上绘制颜色，如图10-172所示。单击"画笔颜色"右侧的颜色块，可以打开"拾色器"对话框设置颜色。使用吸管工具 ✐ 可拾取图像中的颜色。

图10-172

10.4.3 实战：在"消失点"对话框中使用选区

"消失点"对话框中的选区可用于选取图像，复制图像，如图10-173和图10-174所示；也可以限定仿制图章工具 ▲ 和画笔工具 ✎ 的操作范围。在这个特殊空间中，不管跨越几个透视平面，选区都会依照透视平面变形。

扫码看视频

图10-173　　　　图10-174

10.4.4 实战：服饰包装盒展示效果

使用"消失点"滤镜为包装盒贴图片，能让图像与包装盒的表面完美贴合，如图10-175所示。该方法适用于展示产品包装设计、虚拟样机制作及产品营销推广等。

扫码看视频

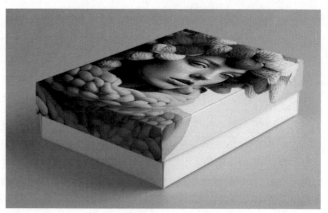

图10-175

01 打开素材，按Ctrl+A快捷键全选，如图10-176所示，按Ctrl+C快捷键复制图像。打开包装盒素材，新建一个图层。执行"滤镜>消失点"命令，打开"消失点"对话框。使用创建平面工具 ⊞ 在包装盒的4个角单击创建透视平面。

02 选择编辑平面工具 ▶，将鼠标指针移动到图10-177所示的控制点上，按住Ctrl键并拖曳，拉出新的透视平面，如图10-178所示。在右侧也拉出透视平面，如图10-179所示。

 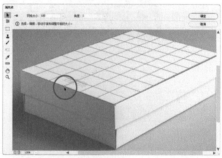

图10-176　　　图10-177

图10-178

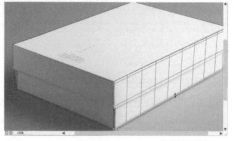

图10-179

03 按Ctrl+V快捷键粘贴图像，如图10-180所示。选择变换工具 ◻，将鼠标指针移动到图像左上角，如图10-181所示，按住Shift键并拖曳鼠标，将图像等比缩小，如图10-182所示。

图10-180

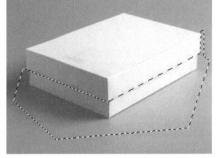

图10-185　　　　　图10-186

06 重新显示图层，效果如图10-187所示。按住Alt键单击 ◻ 按钮，添加一个反向的蒙版，将选区外的图像隐藏，如图10-188所示。

图10-187　　　　　图10-188

07 修改图层的混合模式和不透明度，如图10-189所示。按Ctrl+J快捷键复制图层，修改它的混合模式和不透明度，如图10-190和图10-191所示。

图10-181　　　　　图10-182

04 当前图像中有一部分区域位于包装盒顶面，将鼠标指针移动到此处，如图10-183所示，将图像拖曳到包装盒顶面，如图10-184所示。

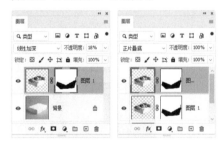

图10-189　　　　　图10-190

图10-183　　　　　图10-184

05 将当前图层隐藏，如图10-185所示。用多边形套索工具 ⊻ 在包装盒下半部分创建选区，如图10-186所示。

图10-191

第11章
人像修图

New Function | 生成式填充 • 移除工具 • 上下文任务栏 • Camera Raw 16.0 | ☞ **Photoshop 2024（版本 25.0）** ✍

本章简介

服装杂志和广告上的模特个个
光彩照人、美丽无瑕。其实在生
活中，他们的皮肤也有色斑和
痘痘。完美的面孔是化妆师和
修图师的功劳。本章介绍与此
相关的修图技术。

学习目标

本章实战涉及的项目较为全面，
包括唇、眼、牙齿、皮肤瑕疵、
磨皮、修改表情、身体塑形、改
换发型，甚至换脸等。其中部分
实战用到了人工智能功能（需
要用正版软件并连接网络）。通
过本章的学习，还可以掌握降
噪和锐化等改善图像画质和清
晰度的技巧。

学习重点

实战：修疤痕（人工智能+仿
制图章）
实战：让眼睛更有神采
实战：改变发型（移除工具）
实战：换脸
实战：快速磨皮并修正肤色
实战：强力祛斑+皮肤纹理再造
实战：用"高反差保留"滤镜
锐化

11.1 美颜

　　由于审美有差异，人们对于完美面孔的定义并没有统一标准，然而无瑕的皮肤、神采奕奕
的眼睛、洁白的牙齿、红润的嘴唇等作为健康和美丽的标志，是大多数人的共识。这些都可以
通过后期技术实现。成功修饰人像照片，不仅需要丰富的技术和经验，还需要正确的方法和处
理手段。本节介绍五官修饰技巧。

11.1.1 实战：绘制唇彩

01 打开素材，如图11-1所示。单击"图层"面板中的 ◎ 按钮打开下拉列表，选
择"纯色"命令，打开"拾色器（纯色）"对话框，设置颜色为红色，如图
11-2所示，创建填充图层。设置混合模式为"正片叠底"。单击图层蒙版缩览图，将蒙版填充为
黑色，如图11-3所示。此时填充效果被蒙版完全遮盖，图像恢复原样。

图11-1

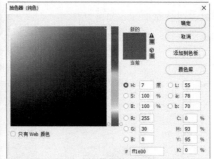

图11-2

图11-3

02 使用画笔工具 ✐ 在嘴唇上涂抹白色，将调整应用于嘴唇，如图11-4和图11-5所示。

03 在该图层的名称右侧双击，打开"图层样式"对话框。按住Alt键并单击"下一图层"的白
色滑块，将其分开，然后将两个滑块向左拖曳。观察图像，原始图像中嘴唇的高光区域穿
透填充图层显现出来即可，此时滑块上方对应的数字是110/193，如图11-6和图11-7所示。这一层
是唇彩的主色，下面制作嘴唇高光处的唇彩。

图11-4　　　　　　　　　图11-5

图11-6　　　　　　　　　图11-7

04 创建填充图层，设置颜色为朱红色（R255，G121，B62），这个颜色与眼影比较接近，可以让妆容风格统一。设置混合模式为"滤色"，如图11-8所示，以提亮颜色，表现莹润效果。按住Alt键，将前一个填充图层的蒙版拖曳过来，替换原有蒙版，如图11-9所示，这样填充范围就被限定在嘴唇区域，如图11-10所示。

图11-8　　　图11-9　　　图11-10

05 双击填充图层，打开"图层样式"对话框。按住Alt键单击"下一图层"的黑色滑块并分开调整，让下方图层中

的阴影区域显现出来，从而缩小朱红色的填充范围，使其只覆盖嘴唇的高光，如图11-11和图11-12所示。

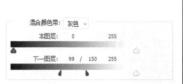

图11-11　　　　　　　　　图11-12

06 选择这两个填充图层，如图11-13所示，按Ctrl+G快捷键编入图层组中。将组的不透明度设置为80%，如图11-14所示，使颜色稍微弱化。图11-15和图11-16所示分别为原图及修饰效果。

图11-13　　　　　　图11-14

图11-15　　　　　　　图11-16

11.1.2 小结

绘制唇彩有很多种方法。例如，可以使用颜色替换工具涂上颜色，也可以用"色相/饱和度"命令调色。这些方法难度不大，但效果比较一般。

上面实战中使用的是填充图层+混合颜色带。这种方法的好处在于：一是方便修改唇彩颜色，只要双击填充图层的缩览图，就能打开"拾色器"对话框修改颜色，如图11-17和图11-18所示；其次是可以调整混合颜色带，让颜色自然地融入皮肤中，而且还不会遮盖嘴唇上的纹理，唇彩看上去更加真实，如图11-19所示。如果不采用这种方法，唇彩看上去很假，如图11-20所示。

 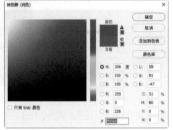

图11-17　　　　　　　图11-18

 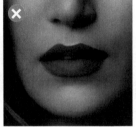

修改后的唇彩颜色　　　唇彩颜色遮住了皮肤纹理
图11-19　　　　　　　图11-20

爱美之心人皆有之。我们都希望照片能展现自己最佳的一面。然而，修饰不可过度，否则容易导致人像失去真实感。例如，过度磨皮会使皮肤像塑料般光滑，五官比例的改动则可能导致眼睛看起来太大，身体比例不协调（如腰部过于细长等），这也容易让人产生不适感。

本章介绍怎样恰到好处地进行修图，从五官、皮肤、发型到身材比例，提供全套的改善方案。我们的原则是一切以真实为基础，保持人像的原始特征和个人特色，让人像呈现自然的美感。

11.1.3 实战：修粉刺和暗疮（修复画笔工具）

睡眠不足、过度疲累、饮食不均衡、化妆物残留等都会引发暗疮。如果暗疮多且明显，使用污点修复画笔工具 🖌 清除还是比较简单的。但肤色较白的年轻女孩，脸上的暗疮颜色较轻就不是特别明显，如图11-21所示（左图为原图，右图为修复效果）。修此类图时，可以用一个技巧，就是先将图

像转换为黑白效果，再调整红色和黄色的明度，以增大肤色与暗疮之间的反差，让那些轻微的暗疮凸显出来，之后使用修复画笔工具 🖌 将其清除。

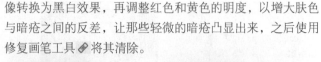

图11-21

01 单击"调整"面板中的 ◨ 按钮，创建"黑白"调整图层，将图像转换为黑白效果，如图11-22所示。暗疮比皮肤颜色深且发红，降低红色的亮度，就能让暗疮的颜色更深、更加明显，如图11-23所示。

图11-22　　　　　　　图11-23

02 将黄色的亮度提高，皮肤上的瑕疵就都显现出来了，如图11-24和图11-25所示。

图11-24　　　　　　　图11-25

03 选择修复画笔工具 🖌，在"源"选项中单击"取样"按钮，这表示将要像使用仿制图章工具 🖈 (264页)那样从图像中取样了。在"样本"选项中选取"所有图层"，如图11-26所示。按住Ctrl键并单击 ◨ 按钮，在调整图层下方新建一个图层，这样修复结果只应用于该图层，而不会破坏原图。

模式：正常　　　源：取样　图案　　　　　　对齐　使用旧版　　样本：所有图层

图11-26

04 按住Alt键并在暗疮附近的皮肤上单击进行取样，如图11-27所示。放开Alt键，在暗疮上涂抹，用取样的图像将其覆盖，如图11-28所示。

图11-27　　　　　　　图11-28

05 采用相同的方法处理其他暗疮，如图11-29和图11-30所示。操作时可根据暗疮大小，用 [键和] 键灵活调整笔尖大小。另外，为确保修复后皮肤的纹理仍然清晰可见，修复画笔工具 ✐ 的"硬度"值最好设置为80%左右。

图11-29　　　　　　　图11-30

06 处理完成后，将调整图层隐藏即可，如图11-31和图11-32所示。

图11-31　　　图11-32

修复画笔工具选项栏

修复画笔工具 ✐ 可以从被修饰的图像周围取样，之后将

样本的纹理、光照、透明度和阴影等与所修复的像素匹配，使其不留痕迹地融合到图像中。

● 模式：在下拉列表中可以设置修复图像的混合模式。其中的"替换"模式可以保留画笔描边边缘处的杂色、胶片颗粒和纹理，使修复效果更加真实。

● 源：设置用于修复的像素的来源。单击"取样"按钮，可以从图像上取样，如图11-33所示。单击"图案"按钮，可在图案下拉面板中选择一种图案，用图案绘画。在这种状态下，修复画笔工具 ✐ 的作用与图案图章工具 ✻▲（127页）相差不大。

图11-33

● 对齐：勾选该选项，可以对像素进行连续取样，在修复过程中，取样点随修复位置的移动而变化；取消勾选，则在修复过程中始终以一个取样点为起始点。

● 使用旧版／扩散：勾选"使用旧版"选项后，可以将修复画笔工具 ✐ 恢复到 Photoshop CC 2014版本状态，此时不能设置"扩散"选项，而该选项可控制修复的区域能够以多快的速度适应周围的图像。一般来说，较低的值适合修复具有颗粒或较多细节的图像，而较高的值则适合修复平滑的图像。

● 样本：控制在哪些图层中取样。参见仿制图章工具 ▲ 的"样本"选项介绍（266页）。

● 在修复时包含／忽略调整图层 ◎：如果人像图层上方有调整图层，单击 ◎ 按钮，可以让取样的图像显示为原始图像或调整图层修改后的图像。

11.1.4 实战：去除色斑（污点修复画笔工具）

污点修复画笔工具 ✐ 可以快速去除照片中的污点、划痕和其他不理想的部分。该工具与修复画笔工具 ✐ 的工作原理相似，但可自动从所修饰区域的周围取样，因此更容易操作。

扫码看视频

01 打开素材，如图11-34所示。选择污点修复画笔工具 ✐ 及柔边圆画笔，单击"内容识别"按钮，如图11-35所示。

图11-34　　　图11-35

02 在鼻子上的斑点处单击，清除斑点，如图11-36和图11-37所示。采用相同的方法修复下巴和眼角的皱纹，如图11-38所示。

图11-36 图11-37 图11-38

污点修复画笔工具选项栏

● 模式：用来设置修复图像时使用的混合模式。除"正常""正片叠底"等常用模式外，还包含"替换"模式。选择该模式，可以保留画笔描边边缘处的杂色、胶片颗粒和纹理。

● 类型：用来设置修复方法。单击"内容识别"按钮，Photoshop会比较鼠标指针附近的图像内容，不留痕迹地填充选区，同时保留让图像栩栩如生的关键细节，如阴影和对象边缘；单击"创建纹理"按钮，可以使用选区中的所有像素创建一个用于修复该区域的纹理，如果纹理不起作用，可尝试再次拖过该区域；单击"近似匹配"按钮，可以使用选区边缘的像素来查找要用作选定区域修补的图像区域，如果该选项的修复效果不能令人满意，可以还原修复并尝试用"创建纹理"选项修复。图11-39所示为这3种修复方式的对比效果。

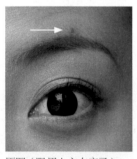 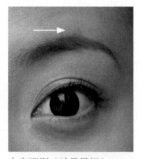

原图（眼眉上方有瘤子） 内容识别（效果最好）

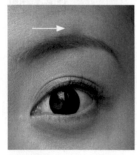 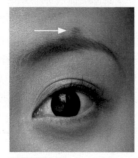

创建纹理 近似匹配

图11-39

● 对所有图层取样：如果文件中有多个图层，勾选该选项后，可以从当前效果中取样，否则只从所选图层取样。

11.1.5 实战：修疤痕（人工智能+仿制图章）

本实战修复疤痕，如图11-40所示。疤痕从男子的额头开始，跨过眉、眼，一直到颧骨，痕迹较长。因为人的面部起伏较大，如果工具选择不当，修疤痕会破坏面部结构。此外，笔尖的柔角范围不好控制，太小了图像衔接不好；过大的话，会将纹理抹平。采用普通工具修复难度较大，还是交给人工智能处理稳妥一些。

扫码看视频

图11-40

01 按Ctrl+J快捷键复制"背景"图层。使用套索工具 ♀ 创建选区，选取眉上方的疤痕，如图11-41所示。

02 按住Shift键拖曳鼠标，将下眼睑下方的疤痕一同选中，如图11-42所示。

图11-41 图11-42

03 将鼠标指针移动到"上下文任务栏"的文本框上，单击，如图11-43所示，按Enter键，进行智能填充，效果

如图11-44所示。可以看到，疤痕虽然消失了，但修复处的皮肤颜色与周围皮肤明显不同，而且纹理也不够清晰。单击"属性"面板中的"生成"按钮，如图11-45所示，继续修复，如图11-46和图11-47所示。这样处理之后问题就解决了。

图11-43

图11-44

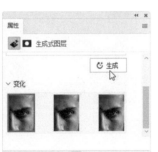

图11-45

图11-46

图11-47

04 脸上还有一些凹痕和痘痘，这些范围比较小且零星的瑕疵，用仿制图章工具 ▲ 处理效率很高。新建一个图层。选择仿制图章工具 ▲ 及柔边圆笔尖，选择"所有图层"选项（修复结果应用到该图层），如图11-48所示。依据疤痕大小用 [键和] 键调整画笔大小，笔尖范围稍微超过所修复的区域即可。画笔的"硬度"值不宜过低，否则复制皮肤时，画笔边缘的皮肤是模糊的、没有纹理的。"硬度"值太高也不行，因为皮肤的颜色和明暗都有变化，所复制的皮肤边界太清晰，就会像膏药贴在脸上一样。

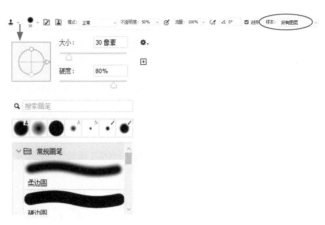

图11-48

05 按住Alt键，在需要修饰的皮肤旁边单击进行取样，如图11-49所示，放开Alt键拖曳鼠标，用复制的皮肤将瑕疵盖住，如图11-50所示。另外几处也用同样的方法修复，原图和效果图分别如图11-51和图11-52所示。

图11-49

图11-50

图11-51

图11-52

仿制图章工具选项栏

图11-53所示为仿制图章工具 🔖 的选项栏，除"对齐"和"样本"外，其他选项均与画笔工具 ✏ 相同（108页）。

图11-53

● 切换画笔设置/仿制源面板 📝 📋：单击这两个按钮，可分别打开"画笔设置"面板和"仿制源"面板。

● 对齐：勾选该选项，可以连续对像素进行取样；取消勾选，则每单击一次鼠标，都使用初始取样点中的样本像素，因此，每次单击都被视为另一次复制。

● 样本：用来选择从哪些图层中取样。如果要从当前图层及其下方的可见图层中取样，应选择"当前和下方图层"；如果仅从当前图层中取样，应选择"当前图层"；如果要从所有可见图层中取样，应选择"所有图层"；如果要从调整图层以外的所有可见图层中取样，应选择"所有图层"，然后单击选项右侧的忽略调整图层按钮 ◔。

技术看板 十字线的用处

使用仿制图章工具 🔖 时，按住Alt键并在图像中单击，定义要复制的内容（称为"取样"），然后将鼠标指针放在其他位置，放开Alt键并拖曳鼠标涂抹，即可将复制的图像应用到当前位置。与此同时，画面中会出现一个圆形鼠标指针和一个十字形鼠标指针，圆形鼠标指针是正在涂抹的区域，该区域的内容则是从十字形鼠标指针所在位置的图像上复制的。在操作时，两个鼠标指针始终保持相同的距离，只要观察十字形鼠标指针位置的图像，便可知道将要涂抹出哪些图像。

· PS技术讲堂 ·

"仿制源"面板

打开一幅图像，如图11-54所示。执行"窗口>仿制源"命令，打开"仿制源"面板，如图11-55所示。使用仿制图章工具 🔖 和修复画笔工具 ✒ 时，如果想更好地定位和匹配图像，或者需要对取样的图像做出缩放、旋转等处理，可以使用该面板中的选项进行调整。

扫码看视频

● 仿制源：单击仿制源按钮 🔖 后，使用仿制图章工具或修复画笔工具时，按住Alt键并在画面中单击，可以设置取样点；再单击下一个仿制源按钮 🔖，还可以继续取样，采用同样的方法最多可以创建5个取样源。"仿制源"面板会存储样本源，直到关闭文件。

● 位移：如果想要在相对于取样点的特定位置进行绘制，可以指定X和Y像素位移值。

● 缩放：输入W（宽度）和H（高度）值，可以缩放所仿制的图像，如图11-56所示。默认情况下，缩放时会约束比例。如果要单独调整尺寸或恢复约束选项，可以单击保持长宽比按钮 🔗。

● 旋转：在 ∠ 文本框中输入旋转角度，可以旋转仿制的源图像，如图11-57所示。

图11-54

图11-55

图11-56

图11-57

● 翻转：单击水平翻转按钮 ⮂，可水平翻转图像，如图11-58所示；单击垂直翻转按钮 ⮁，可垂直翻转图像，如图11-59所示。

● 复位变换 ↻ : 单击该按钮, 可以将样本源复位到其初始的大小和方向。

● 帧位移 / 锁定帧 : 在"帧位移"中输入帧数, 可以使用与初始取样的帧相关的特定帧进行绘制。输入正值时, 要使用的帧在初始取样的帧之后 ; 输入负值时, 要使用的帧在初始取样的帧之前 ; 如果选择"锁定帧", 则总是使用与初始取样帧的相同帧进行绘制。

● 显示叠加 : 勾选"显示叠加"并指定叠加选项, 可在使用仿制图章工具 ▲ 或修复画笔工具 ✐ 时更好地查看叠加及下面的图像, 如图11-60所示。其中, "不透明度"选项用来设置叠加图像的不透明度 ; 选择"自动隐藏"选项, 可以在应用绘画描边时隐藏叠加 ; 勾选"已剪切"选项, 可以将叠加剪切到画笔大小 ; 如果要设置叠加的外观, 可以从"仿制源"面板底部的弹出菜单中选择一种混合模式 ; 勾选"反相"选项, 可以让叠加的颜色反相。

图11-58

图11-59

图11-60

11.1.6 实战：修眼袋和黑眼圈（修补工具）

与污点修复画笔工具 ✐ 和修复画笔工具 ✐ 的工作原理类似, 修补工具 ✪ 也能对纹理、光照和透明度进行匹配, 图像的融合效果较好, 如图11-61所示。修补工具 ✪ 需要创建选区来定义编辑范围, 因此, 在控制修复及区域方面更准确。

扫码看视频

图11-61

01 按Ctrl+J快捷键复制"背景"图层。选择修补工具 ✪ 并设置选项, 如图11-62所示。

修补: 正常 ✓ 源 目标 □ 透明 使用图案 扩散: 5 ✓
图11-62

02 在睫毛下方拖曳鼠标创建选区, 将眼袋和比较明显的皱纹选中, 如图11-63所示。将鼠标指针移至选区内, 向下拖曳, 当前选区内部的图像会复制到先前的选区内, 将皱纹盖住, 如图11-64所示。释放鼠标左键后, 复制的图像与原图像自动融合, 如图11-65所示。

图11-63 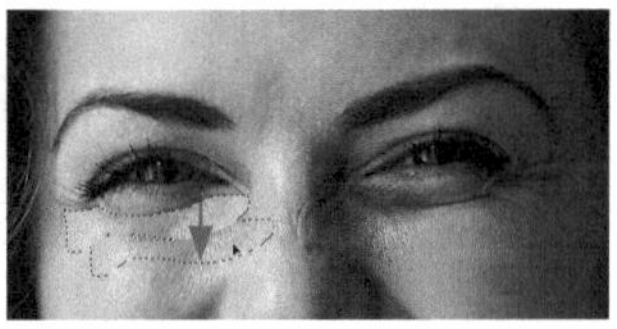   图11-64

图11-65

03 在选区外单击, 取消选择。观察效果, 在颜色不自然的地方创建选区, 继续修补, 如图11-66~图11-68所示。

图11-66   图11-67

267

图11-68

04 使用同样的方法处理右侧眼袋，如图11-69所示。如果一次不能完全修复，可以分多次处理，但要做好衔接。

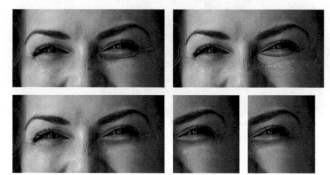

图11-69

05 鼻子上的皱纹需要复制不同区域的皮肤来覆盖，可先将鼻梁上的皱纹覆盖掉，如图11-70所示，再修饰鼻翼两侧的皱纹，如图11-71和图11-72所示。

图11-70

图11-71

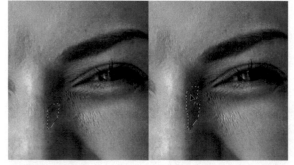

图11-72

06 眼睛上方有一处皮肤颜色有点深，把这里修掉，如图11-73所示。

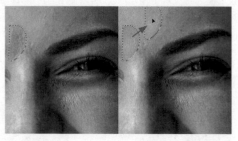

图11-73

07 现在眼袋和皱纹已经处理好了，但眼窝的颜色还是比较深，看上去有黑眼圈。下面解决这个问题。新建一个图层。选择仿制图章工具🔖并设置参数，如图11-74所示。按住Alt键，在眼窝下方正常颜色皮肤上单击，进行取样，涂抹眼窝，进行修复，如图11-75和图11-76所示。

图11-74

处理前
图11-75

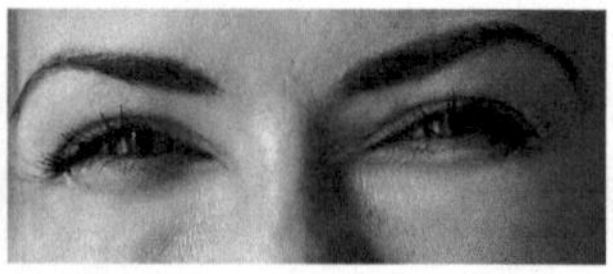

处理后
图11-76

08 将该图层的不透明度调低，设置为60%左右。由于修复操作具有一定的随机性，每个人的结果都不一样，这里的参数设置不必太过死板，最终还是要看具体效果，只要深色被修正就可以了。如果衔接的地方不太自然，可以用蒙版来处理，如图11-77和图11-78所示。

图11-77　　　图11-78

修补工具选项栏

● 选区运算按钮 ▣▣▣▣：可进行选区运算*(55页)*。

● 修补：在该选项右侧的下拉列表中可以选择"正常"和"内容识别"模式，用途参见污点修复画笔工具相应选项。单击"源"按钮，之后将选区拖至要修补的区域，会用当前鼠标指针下方的图像修补选中的图像，如图11-79和图11-80所示；单击"目标"按钮，则会将选中的图像复制到目标区域，如图11-81所示。

图11-79

图11-80

图11-81

● 透明：使修补的图像与原图像产生透明的叠加效果。

● 使用图案：单击它右侧的 按钮，打开下拉面板选择一个图案后，单击该按钮，可以使用图案修补选区内的图像。

● 扩散：可以控制修复的区域能够以多快的速度适应周围的图像。一般来说，较低的值适合修复具有颗粒或较多细节的图像，而较高的值适合修复平滑的图像。效果如图11-82所示。

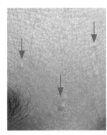
原图（额头）

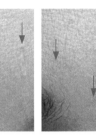
扩散2

扩散5

图11-82

· PS技术讲堂 ·

修复类工具的特点及区别

清晰度

在Photoshop中，修复类工具通常是先复制图像，再将图像应用到需要修复的区域。有些工具运用了人工智能技术，使图像之间的融合效果比以往更出色。仿制图章工具 是个例外，它不会自动融合图像。在复制时，该工具会将源图像（即取样图像）完全应用于绘制区域，即忠实于"原作"，而不对修复区域做其他处理，这是其独特之处。当使用硬边圆笔尖，并将不透明度设置为100%时，该工具修复的图像细节最完整，效果最佳。相比之下，使用修复画笔工具 、污点修复画笔工具 和修补工具 时，绘制的图像会与源图像中的纹理、亮度和颜色进行匹配。虽然这样能更好地融合图像，但会损失画笔边缘图像的细节。图11-83所示为原图及使用不同工具修复产生的效果。如果对于融合效果有较高的要求，但不太在意细节的清晰度，如修复污点、划痕、裂缝、破损等，使用这3个工具可以又快又好地完成任务。

原图

图11-83

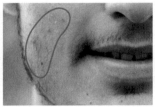

需要修复的粉刺

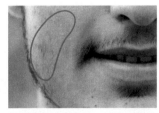

用仿制图章工具修复，皮肤纹理清晰

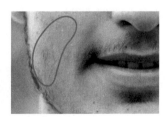

污点修复画笔工具会磨平纹理

是否取样

修复画笔工具 可以控制取样位置，也能从另一个打开的图像中取样。污点修复画笔工具 与前者的工作原理相同，但不需要取样，因而更加简单易用，可以作为修图首选。

如果对取样图像的形状有要求，如需要复制矩形或三角形范围内的图像，可以使用修补工具 ⊕。如果控制不好选区范围，可先用矩形选框工具 [] 和多边形套索工具 ✑ 等创建选区，再用修补工具 ⊕ 处理。

内容感知移动工具

内容感知移动工具 ✂ 的功能比修补工具 ⊕ 还要强大，修复图像时效果更好，尤其是修复较大范围的图像时，其空白区域会自动填充近似图像，因而效果更加出色。该工具有两种工作方式。图11-84所示为它的工具选项栏，将"模式"设置为"移动"选项时，可以移动所选图像，如图11-85所示；选择"扩展"选项时，则可复制图像，如图11-86所示。

用内容感知移动工具将鸭子选中
图11-84

移动鸭子，Photoshop自动填补空缺
图11-85

复制鸭子
图11-86

● 结构：可以输入1~5的值，以指定修补结果与现有图像图案的近似程度。如果输入5，修补内容将严格遵循现有图像的图案；如果将该值指定为1，则修补结果会最低限度地符合现有的图像图案。

● 颜色：可以输入0~10的值，以指定希望Photoshop在多大限度上对修补内容应用算法颜色混合。如果输入0，将禁用颜色混合；输入10，则将应用最大颜色混合。

● 对所有图层取样：如果文件中包含多个图层，勾选该选项，可以从所有图层的图像中取样。

● 投影时变换：可以先应用变换，再混合图像。具体来说就是勾选该选项，并拖曳选区内的图像，选区上方会出现定界框，此时可对图像进行变换（缩放、旋转和翻转），完成变换之后，按Enter键才正式混合图像。

非破坏性编辑

修复画笔工具 ✎、污点修复画笔工具 ✎、仿制图章工具 ♨ 和内容感知移动工具 ✂ 的工具选项栏中都有"对所有图层取样"这一选项。修图时，可以先创建一个图层，然后勾选该选项，再对图像进行编辑。这样可将所复制的图像绘制在新建的图层上，从而避免原图被破坏。修补工具 ⊕ 只支持当前图层，不能进行非破坏性编辑。但也没有关系，只要在操作前复制图像所在的图层，也能避免原始图像被修改。

11.1.7 消除红眼

红眼工具 ⁺ 可修复用闪光灯拍摄的人物照片中的红眼，以及动物照片中的白色和绿色反光。操作时，将鼠标指针放在红眼区域内，如图11-87所示，单击即可，效果如图11-88和图11-89所示。如果对结果不满意，可以执行"编辑>还原"命令还原，然后设置不同的"瞳孔大小"（设置眼睛暗色的中心的大小）和"变暗量"

图11-87

（设置瞳孔的暗度）并再次尝试。

图11-88

图11-89

11.1.8 实战：让眼睛更有神采

图11-90所示为眼睛结构图。眼睛美化的关键在虹膜。虹膜主要由结缔组织构成，内含

扫码看视频

色素、血管和平滑肌。如果按照虹膜的结构去增强血管和肌肉组织，即强化其放射状形状，就能丰富眼球细节、增强其立体感；再辅以色彩修正（主要是饱和度和亮度控制），眼睛看上去就会变得非常有神采。另外，提亮瞳孔附近反光点的亮度，也是让眼睛变得明亮的有效方法。下面就按照此思路进行修图，如图11-91所示。

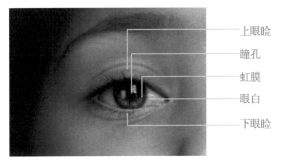

图11-90

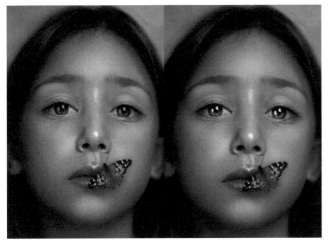

图11-91

01 单击"调整"面板中的 ⊞ 按钮，创建"曲线"调整图层并进行提亮操作，如图11-92和图11-93所示。

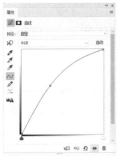

图11-92　　　　图11-93

02 按Alt+Delete快捷键，为调整图层的蒙版填充黑色，如图11-94所示。这样调整效果就被蒙版遮盖住了，图像又恢复到调整前的状态，如图11-95所示。选择画笔工具 ✏️，将大小调至3像素左右。将前景色切换为白色，在虹膜上绘制放射

线，如图11-96所示。因为涂抹的是白色，所以画笔涂抹之处会应用曲线调整，会被提亮。

　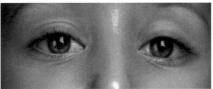

图11-94　　　　图11-95

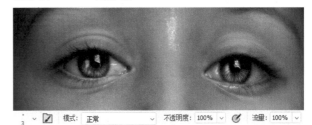

图11-96

> **提示**
>
> 控制鼠标画直线不太容易操作，下面两个方法可以提供帮助。第1个方法：在画面上单击，按住Shift键并在另一位置单击，这样两点之间就会以直线连接。第2个方法：用旋转视图工具 🖐 旋转画布，一般从左向右绘制直线比较容易，那么就把画面旋转到相应的方向，再进行绘制。需要画面恢复正常角度时，双击该工具即可。
>
> 先旋转画布，然后在这里绘制

03 新建一个图层。使用画笔工具 ✏️ 在瞳孔及虹膜上绘制高光点，如图11-97所示。

图11-97

04 双击该图层，如图11-98所示，打开"图层样式"对话框。按住Alt键并单击"下一图层"的黑色滑块，将其分开，然后拖曳右侧的滑块，如图11-99所示，让眼球中的深色细节透过当前图层显现出来，如图11-100所示。

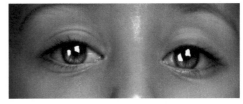　

图11-98　　　　图11-99

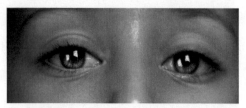

图11-100

05 创建一个"色相/饱和度"调整图层,提高虹膜的色彩饱和度,如图11-101所示。将该调整图层的蒙版填充为黑色,再使用画笔工具 🖊 在虹膜上涂抹白色,如图11-102和图11-103所示。

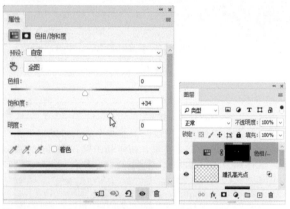

图11-101　　　　图11-102

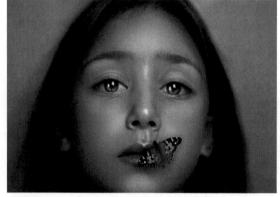

图11-103

11.1.9 实战:牙齿美白与整形

人们常用"明眸皓齿"来形容一个人貌美。这说明单是眼睛好看还不够,牙齿不好也会令容貌大打折扣。牙齿相关的问题主要有3个,即发黄、有缺口和参差不齐。本实战介绍解决方法,如图11-104所示。

扫码看视频

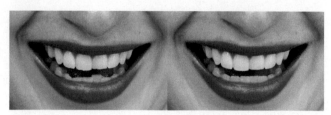

图11-104

01 单击"调整"面板中的 🖽 按钮,创建"色相/饱和度"调整图层。单击"属性"面板中的图像调整工具 🖑,选最黄的牙齿,单击进行取样,如图11-105所示。"调整"面板的渐变颜色条上会出现滑块,取样的颜色就在滑块区间,如图11-106所示。

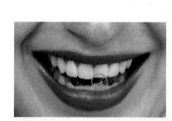

图11-105　　　　图11-106

02 将"饱和度"值调低,黄色会变白。注意不能调到最低值,否则牙齿会变成黑白效果,没有色彩感,像黑白照片一样了。将"明度"值提高,让牙齿颜色明亮一些,有一点晶莹剔透的感觉更好,如图11-107和图11-108所示。

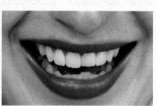

图11-107　　　　图11-108

03 调色完成以后,按Alt+Shift+Ctrl+E快捷键将当前效果盖印到一个新的图层中,在这个图层中修复牙齿。执行"滤镜>液化"命令,打开"液化"对话框,默认选取的是向前变形工具 🖑,使用 [键和] 键调整画笔工具大小,通过拖曳鼠标的方法将缺口上方的图像向下"推",把缺口补上,如图11-109~图11-111所示。"推"过头的地方,可以从下往上"推",为牙齿找平。上面牙齿的缺口比较小,将画笔工具调到比缺口大一点再处理;下面一排牙齿主要是参差不齐的问题,画笔工具应调大一些。另外,处理时尽量不要反复地修改一处缺口，否则图像会变得越来越模糊。

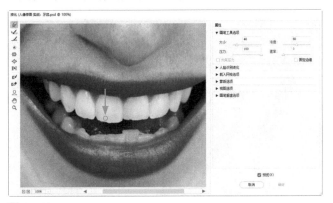

图11-109

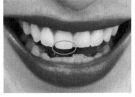

图11-110

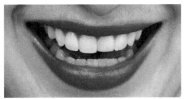

图11-111

11.1.10 实战：黑白照片上色

本实战使用"Neural Filters"滤镜为黑白人像照片上色，如图11-112所示。

图11-112

01 执行"滤镜>Neural Filters"命令，打开Neural Filters面板，开启"着色"功能，如图11-113和图11-114所示。

图11-113

图11-114

02 将鼠标指针移动到背景上，单击，添加一个焦点，此时会弹出"拾色器"对话框，将颜色设置为蓝色，为背景上色，如图11-115和图11-116所示。

图11-115

图11-116

03 按住Alt键并拖曳焦点，复制一个焦点，然后移至肩部上方，如图11-117和图11-118所示。将焦点拖曳到对话框外，可将其删除。单击"确定"按钮关闭对话框。

图11-117

图11-118

11.1.11 实战：妆容迁移

本实战使用"Neural Filters"滤镜将一幅图像中的眼部和嘴部的妆容应用到另一幅图像上，如图11-119所示。

图11-119

01 打开本实战的两幅图像。将未画眼影的女性素材设置为当前操作的文件。执行"滤镜>Neural Filters"命令，切

换到该工作区。开启"妆容迁移"功能，选取另一幅图像，如图11-120所示。单击"确定"按钮关闭滤镜，效果如图11-121所示。

从而实现眼镜挪移，如图11-125所示。

图11-125

01 选择套索工具 ◡，在眼镜外部拖曳鼠标创建选区，如图11-126所示。按住Alt键，分别在两个眼镜片内部拖曳鼠标，将这两处排除到选区之外，通过此方法将眼镜框选中，如图11-127所示。

图11-120 　　　　　　　图11-121

02 按住Alt键单击"图层"面板中的 ⊞ 按钮，打开"新建图层"对话框，设置选项，如图11-122所示，创建一个混合模式为"叠加"的中性色图层，如图11-123所示。

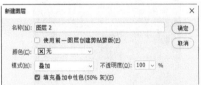

图11-122 　　　　　　　图11-123

03 选择加深工具 ◔，对眼影和嘴唇进行加深处理，以增强色彩感和立体感，如图11-124所示。

图11-124

图11-126 　　　　　　　图11-127

02 将鼠标指针移动到"上下文任务栏"的文本框上，如图11-128所示，单击，之后按Enter键，对所选区域进行智能填充，消除眼镜框，如图11-129所示。

图11-128

图11-129

11.1.12 实战：眼镜挪移

本实战使用生成式填充功能将照片中女士的眼镜消除，再为小狗生成一个类似的眼镜，

扫码看视频

03 新建一个图层。选择移除工具 🩹，勾选"对所有图层取样"选项，如图11-130所示，在眼镜框留下的痕迹上拖曳鼠标涂抹，消除痕迹，如图11-131所示。

图11-130

图11-131

04 在狗狗的面部创建选区，如图11-132所示。在"上下文任务栏"的文本框上单击，输入关键词dog with glasses，按Enter键生成眼镜，如图11-133所示。

图11-132

图11-133

05 在眼镜腿处创建选区，如图11-134所示，通过生成式填充功能将缺失的部分补全，如图11-135所示。

图11-134

图11-135

06 单击眼镜所在图层的蒙版，如图11-136所示，通过生成式填充功能将缺失的部分补全。选择画笔工具 🖌，在狗狗眼睛上涂抹黑色，将眼睛隐藏，显示原始图像中的眼睛，效果如图11-137所示。

图11-136

图11-137

11.1.13 实战：改变发型（移除工具）

本实战为男士换一个比较酷的发型，如图11-138所示。操作时需要先将头发抠出来，再利用变形功能进行扭曲，使其符合新场景的透视要求，再用蒙版和移除工具修饰细节。

扫码看视频

图11-138

01 使用套索工具 ♀ 选取头发，如图11-139所示。单击工具
选项栏中的"选择并遮住"按钮，切换到选择并遮住工
作区，此时原选区外的图像上会覆盖一层半透明的红色，如图
11-140所示。

图11-139　　　　　　　图11-140

02 选择调整边缘画笔工具 ✎，通过[键和]键调整笔尖大小，
如图11-141所示。沿头发边缘拖曳鼠标涂抹，Photoshop
会自动识别边缘并调整选区范围，如图11-142所示。

图11-141　　　　　　　图11-142

03 单击"对象识别"按钮，如图11-143所示，切换到该
模式，让选区更加精确。在"输出到"下拉列表中选择
"新建带有图层蒙版的图层"选项，如图11-144所示。

图11-143　　　　　　　图11-144

04 单击"确定"按钮，将选取的头发复制到新图层中，如
图11-145所示。在蒙版上单击右键打开快捷菜单，选择
"应用图层蒙版"命令，如图11-146所示，将被蒙版遮盖的图
像删除。

图11-145　　　　　　　图11-146

05 使用移动工具 ✛ 将头发拖曳到另一个短发男子文档中，
如图11-147所示。按Ctrl+T快捷键显示定界框，单击右键
打开快捷菜单，选择"斜切"命令，如图11-148所示。

图11-147　　　　　　　图11-148

06 拖曳控制点，对头发进行扭曲，将其调整为偏正方向，
如图11-149和图11-150所示。按Enter键确认。

图11-149　　　　　　　图11-150

07 单击 ◻ 按钮添加蒙版。选择画笔工具 ✎ 和柔边圆笔尖，
在头发衔接处涂抹黑色，让图像的融合效果真实、自
然，如图11-151和图11-152所示。

图11-151　　　　　图11-152

08 单击 ⊘ 打开下拉列表，选择"黑白"命令，创建"黑白"调整图层。按Ctrl+[快捷键，将其调整到"背景"图层上方。按Ctrl+Delete快捷键将蒙版填充为黑色，如图11-153所示。将前景色设置为白色，使用画笔工具 ✐ 在两侧鬓角上涂抹白色，消除鬓角颜色，如图11-154所示。

图11-153　　　　　图11-154

09 新建一个图层，按Shift+Ctrl+]快捷键移至顶层。选择移除工具 ✐，在鬓角缺少头发的位置拖曳鼠标，复制头发，如图11-155和图11-156所示。

图11-155　　　　　图11-156

11.1.14 实战：换脸

扫 码 看 视 频

本实战用自动混合图层功能为男士换脸，如图11-157所示。

图11-157

01 选择套索工具 ♀，拖曳鼠标创建选区，将男士的脸部选中，如图11-158所示。选择移动工具 ✛，将鼠标指针放在选区内，拖曳图像至另一个素材中，如图11-159所示。

图11-158　　　　图11-159

02 将图层的不透明度设置为50%，如图11-160所示。调整图像位置，让五官对齐，如图11-161所示。

图11-160　　　　图11-161

03 按Ctrl+T快捷键显示定界框，如图11-162所示。拖曳控制点，将图像缩小，以下方人像的眼睛为基准，调整到与其相适应的大小，如图11-163所示。按Enter键确认。

图11-162　　　　　　　　图11-163

04 使用套索工具 ♀ 选择下方的胡子，如图11-164所示。按Delete键删除选区内的图像，如图11-165所示。

图11-164　　　　　　　　图11-165

05 按Ctrl+D快捷键取消选择。将不透明度恢复为100%。按住Ctrl键单击"图层1"的缩略图，加载其中的选区，如图11-166和图11-167所示。

图11-166　　　　　　　　图11-167

06 执行"选择>修改>收缩"命令，将选区向内收缩5像素，如图11-168所示。

图11-168

07 将鼠标指针放在"背景"图层的锁状图标上 🔒，如图11-169所示，单击，解除图层的锁定。按Delete键删除选中的图像，如图11-170所示。按Ctrl+D快捷键取消选择。

图11-169　　　　　　　　图11-170

08 按住Ctrl键单击"图层1"，将两个图层一同选取，如图11-171所示。执行"编辑>自动混合图层"，打开"自动混合图层"对话框，选择"全景图"，如图11-172所示，单击"确定"按钮，将两个面孔完美地融合在一起，如图11-173所示。

图11-171

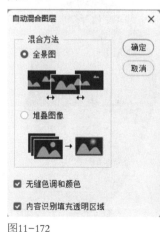

图11-172　　　　　　　　图11-173

11.2 磨皮

在处理人像照片时，通过磨皮可以去除面部瑕疵，让皮肤看起来更加白皙、细腻、光滑，纹理更为柔和，人也显得更年轻、漂亮。磨皮能够显著提升人像的外观，为人物形象增色。除此之外，磨皮也有助于突出人物的五官和表情，让焦点更加突出，照片更吸引人。

11.2.1 实战：快速磨皮并修正肤色

本实战用"Neural Filters"滤镜磨皮，并用填充图层修改肤色，如图11-174所示。该滤镜能移除皮肤的瑕疵和痘痕，不仅效果好，速度也很快。

扫码看视频

图11-174

01 执行"图层>智能对象>转换为智能对象"命令，将"背景"图层转换为智能对象。执行"滤镜>Neural Filters"命令，切换到该工作区。开启"皮肤平滑度"功能，进行磨皮，如图11-175和图11-176所示。

图11-175　　　　　　图11-176

02 单击智能滤镜的蒙版缩览图，如图11-177所示。使用画笔工具 ✎ 在眼睛和面部轮廓等处涂抹深灰色，对滤镜效果进行遮挡，恢复这些区域的细节和清晰度，如图11-178和图11-179所示。

图11-177　　　　　图11-178　　　　　图11-179

03 单击"图层"面板中的 ◐ 按钮打开下拉列表，选择"纯色"命令，打开"拾色器（纯色）"对话框，设置颜色（R236,G245,B255），如图11-180所示，创建填充图层。修改其混合模式和不透明度，如图11-181和图11-182所示。

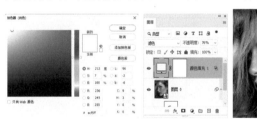

图11-180　　　　　　图11-181　　　　　图11-182

04 单击填充图层的蒙版缩览图，使用画笔工具 ✎ 修改蒙版，限制填色范围，如图11-183和图11-184所示。

图11-183　　　　　图11-184

11.2.2 实战：磨皮并保留皮肤细节

如果运用简单的方法磨皮，如使用"高斯模糊"滤镜处理，效果会非常夸张，就像现在很多手机美颜App一样，磨出来的皮肤像塑料般光滑，没有纹理和细节，一看就非常假。纹理是体现真实感的关键要素，好的磨皮方法应该能够还原皮肤的纹理细节，如图11-185所示。

扫码看视频

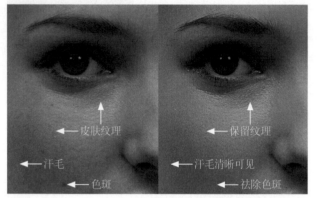

—皮肤纹理   —保留纹理

—汗毛   —汗毛清晰可见

—色斑   —祛除色斑

原图   磨皮之后皮肤纹理依然清晰

图11-185

01 按两次Ctrl+J快捷键，复制出两个图层。单击下方图层，如图11-186所示，执行"滤镜>模糊>表面模糊"命令，进行磨皮，即模糊处理，如图11-187所示。

图11-186   图11-187

02 单击上方图层，按Shift+Ctrl+U快捷键去色，设置混合模式为"叠加"，如图11-188和图11-189所示。

图11-188   图11-189

03 执行"滤镜>其他>高反差保留"命令，对皮肤进行柔化处理，如图11-190和图11-191所示。

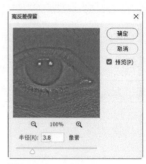 

图11-190   图11-191

04 按住Ctrl键并单击"图层1"，将该图层一同选中，如图11-192所示，按Ctrl+G快捷键编入图层组中。单击 ▢ 按钮，为图层组添加蒙版。使用画笔工具 ✏ 将眼睛、嘴、头发和花饰等不需要磨皮的地方涂黑，如图11-193和图11-194所示。

图11-192   图11-193   图11-194

05 双击图层组，打开"图层样式"对话框，在"混合颜色带"选项组中，按住Alt键并在"下一图层"的黑色滑块上单击，将这个滑块分为两半。拖曳右侧的滑块，如图11-195所示，让组下方的"背景"图层，也就是未经磨皮图像中的阴影区域显现出来，这些暗色调包含了皮肤纹理和毛孔中的深色，如图11-196所示。

 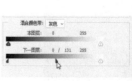

图11-195   图11-196

06 新建一个图层。使用污点修复画笔工具 ✏ 将色斑清除，如图11-197所示。操作时将画笔笔尖调整到比色斑稍大一点，然后在其上方单击或拖曳即可。需要修饰的细节主要分布在图11-198所示的这些地方。

图11-197　　　图11-198

> **提示**
>
> 调整混合颜色带的目的是让皮肤纹理和毛孔中的深色出现在磨皮后的图像中，以还原纹理质感。这两个滑块中间有一条自然过渡的颜色带，它确保深色纹理逐渐显现，从而避免突兀。滑块位置不能太靠近右侧，否则纹理和色斑会变得过于清晰，磨皮效果就被抵消了。右侧滑块拖曳到什么位置比较合适呢？拖曳滑块时注意观察，图像中汗毛变明显时就可以停止拖曳了。当然，色斑也会变明显，但没关系，它们很容易处理。
>
>
>
> 过渡区可以让深色逐渐显现

11.2.3 实战：磨皮并保留皮肤细节（增强版）

既能磨皮又能保留皮肤细节的方法有很多，在此精选一种效果好、灵活度高的方法。本实战原图与效果图如图11-199所示。

图11-199

这种方法的基本原理是通过模糊来消除皮肤瑕疵，同时改善皮肤颜色，之后再运用技术手段将皮肤的纹理细节恢复过来。它有很多优点。首先，可以随时修改滤镜参数。例如，如果觉得模糊效果过度，可以双击"高斯模糊"滤镜，在相应对话框中降低参数值；其次，智能滤镜可复制，如果有其他照片需要磨皮，先将其转换为智能对象，然后将智能滤镜复制给它，并根据当前照片的情况适当调整滤镜参数就行。这种方法类似于磨皮动作，但是动作中的滤镜参数是固定的，并不是所有类型的人像都适用。

01 按Ctrl+J快捷键复制"背景"图层。设置混合模式为"亮光"。在图层上单击鼠标右键打开快捷菜单，选择其中的命令，将图层转换为智能对象，如图11-200所示。按Ctrl+I快捷键反相，如图11-201所示。

图11-200　　　图11-201

02 执行"滤镜>其他>高反差保留"命令，设置"半径"为5.2像素，将色斑磨掉，这样皮肤会显得光滑细腻，颜色也更加柔和，如图11-202和图11-203所示。

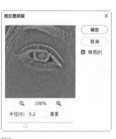　

图11-202　　　图11-203

> **提示**
>
> "半径"值不能太低，否则皮肤上的瑕疵磨不掉。该值越高，模糊效果越强烈、皮肤越光滑。但过高的话，会强化重要的边界线，使色彩结块，以及出现严重的重影。
>
> 　
>
> "半径"值过低　　　"半径"值过高

03 执行"滤镜>模糊>高斯模糊"命令，设置"半径"为1.7像素，对当前效果进行模糊。这其实是在还原细节，在该滤镜的作用下，皮肤的纹理会出现在磨皮效果中，

如图11-204和图11-205所示。

图11-204　　　　　图11-205

04 按住Alt键并单击 ■ 按钮，添加一个反相的（黑色）蒙版。使用画笔工具 ✐ 在皮肤上涂抹白色，使磨皮效果只应用于皮肤，如图11-206和图11-207所示。注意，不要在脸的轮廓处涂抹，因为这里有重影。

图11-206　　　　图11-207

05 当前状态下，皮肤上还有一些色斑，如图11-208所示。新建一个图层。选择污点修复画笔工具 ✐，在色斑上单击，进行清理，效果如图11-209所示。

图11-208　　　　　图11-209

06 鼻翼外侧皮肤的颜色有点深且发红，也需要处理。新建一个图层。选择仿制图章工具 ♣ 及柔边圆画笔（用 [键和] 键调整大小），选择"所有图层"选项（修复结果应用到该图

层），如图11-210所示。按住Alt键并在正常的皮肤上单击，进行取样，放开Alt键，在发红的皮肤上拖曳鼠标，进行修复，如图11-211和图11-212所示。

图11-210

图11-211　　　　　图11-212

07 将图层的不透明度调低至50%左右。添加蒙版。使用画笔工具 ✐ 在新皮肤边缘涂抹黑色，使皮肤的融合效果更加真实、自然，如图11-213和图11-214所示。

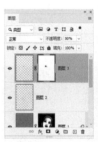

图11-213　　　　　图11-214

08 单击"调整"面板中的 ▥ 按钮，创建"可选颜色"调整图层。减少黄色中黑色的含量，黄色变浅以后，肤色就会变白，如图11-215和图11-216所示。

图11-215　　　　　图11-216

09 创建一个"色相/饱和度"调整图层，提高色彩的饱和度，如图11-217所示。使用画笔工具 ✏ 修改调整图层，让它只应用于头发、眼睛和嘴巴，如图11-218所示。创建"曲线"调整图层，调整曲线，如图11-219所示。使用画笔工具 ✏ 修改调整图层的蒙版，将眼睛提亮，如图11-220所示。

图11-217　　　　　　　图11-218

图11-219　　　　　　　图11-220

提示

在蒙版上涂抹黑色，可以隐藏调整效果；想让效果重现，可以涂抹白色；想降低调整效果的强度，可以将蒙版涂灰。修改蒙版时，可以按X键切换前景色和背景色。

11.2.4 实战：通道磨皮

本实战使用通道磨皮，如图11-221所示。通道磨皮是一种传统的磨皮技术，需要在通道中对皮肤进行模糊，以消除色斑、痘痘等，再用曲线将色调提亮，让皮肤颜色变亮。有的会用到滤镜+蒙版磨皮，高级一些的还会用滤镜重塑皮肤纹理。

扫码看视频

图11-221

01 将"绿"通道拖曳到"通道"面板中的 ⊞ 按钮上复制，如图11-222所示。现在文档窗口中显示的是"绿 拷贝"通道中的图像，如图11-223所示。

图11-222　　　　　图11-223

02 执行"滤镜>其他>高反差保留"命令，设置"半径"为20像素，如图11-224所示。执行"图像>计算"命令，打开"计算"对话框，选择"强光"混合模式，将"结果"设置为"新建通道"，如图11-225所示。单击"确定"按钮关闭对话框，新建的通道自动命名为"Alpha 1"，如图11-226和图11-227所示。

图11-224

图11-225

域模糊，如图11-232和图11-233所示。

图11-232　　　　图11-233

图11-226　　　　图11-227

06 使用污点修复画笔工具 将面部瑕疵清除，如图11-234所示。执行"滤镜>锐化>USM锐化"命令，设置参数如图11-235所示，单击"确定"按钮，关闭对话框。再次应用该滤镜，加强锐化效果，如图11-236所示。

03 再执行两次"计算"命令，以强化色点，得到"Alpha 3"通道，如图11-228所示。单击"通道"面板底部的 按钮，载入选区，如图11-229所示。按Ctrl+2快捷键，返回彩色图像编辑状态。

图11-234　　　　图11-235　　　　图11-236

07 创建一个"色阶"调整图层，向左拖曳中间调滑块，如图11-237所示，使皮肤的色调变亮。双击该调整图层，打开"图层样式"对话框，按住Alt键并拖曳"下一图层"的黑色滑块，将滑块拖曳至数值显示为164处，让底层图像的黑色像素显示出来，如图11-238和图11-239所示。

图11-228　　　　图11-229

04 按Shift+Ctrl+I快捷键反选，按Ctrl+H快捷键隐藏选区，以便更好地观察图像。单击"调整"面板中的 按钮，创建"曲线"调整图层，将曲线略向上调整，如图11-230所示。经过磨皮处理，人物的皮肤变得光滑、细腻，如图11-231所示。

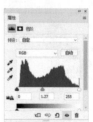 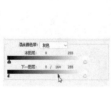 

图11-237　　　　图11-238　　　　图11-239

图11-230　　　　图11-231

11.2.5 实战：强力祛斑+皮肤纹理再造

05 提亮肤色，修复小瑕疵。按Alt+Shift+Ctrl+E快捷键，将当前效果盖印到一个新的图层中，设置混合模式为"滤色"，不透明度为33%。单击"图层"面板中的 按钮，添加图层蒙版。使用渐变工具 在蒙版中填充线性渐变，将背景区

如果皮肤本身的纹理不太明显，磨皮以后光滑程度会变得更高，即便使用"高反差保留"滤镜等进行强化，也无法找回细节，因为原本就没有多少细节。这种照片只能通过再造皮肤纹理的方法进行补救。此类情况比较多，尤其是从网上

扫码看视频

下载的素材，很多人像是被磨过皮的，这种照片看上去很柔美，却没法使用。不过不用担心，只要掌握下面的方法，以后就知道该怎么处理了。用"强力祛斑+皮肤纹理再造"方法处理图像，如图11-240所示。

图11-240

01 先来修色斑。按两次Ctrl+J快捷键，复制"背景"图层并修改名称，如图11-241所示。执行"滤镜>模糊>表面模糊"命令，调整参数值，对下方图层磨皮，如图11-242和图11-243所示。

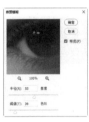

图11-241　　　图11-242　　　图11-243

02 选择位于上方的图层。执行"滤镜>杂色>添加杂色"命令，调整参数值，生成杂点，如图11-244所示。执行"滤镜>风格化>浮雕效果"命令，调整参数值，让杂点立体化并呈现不规则排布的效果，类似于皮肤纹理状，如图11-245所示。设置混合模式为"柔光"，效果如图11-246所示。

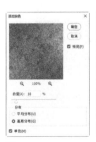

图11-244　　　图11-245　　　图11-246

03 按住Ctrl键并单击下方图层，如图11-247所示，按Ctrl+G快捷键，将所选图层编入图层组中。单击 ◻ 按钮添加蒙版。使用画笔工具 ✎ 将眼睛、眉毛、嘴、头发和衣服等涂黑，让原图，即未经磨皮的效果显现出来，如图11-248~图11-250所示。有些地方（如鼻子右侧的阴影区域、下巴等处）的纹理过于突出，可在其上方涂灰色（可以通过按相应的数字键来改变画笔的不透明度），以降低纹理强度。

图11-247　　　　　图11-248

图11-249　　　　　图11-250

04 单击"调整"面板中的 按钮，创建"曲线"调整图层。将滑块对齐到直方图端点，增强色调的对比，如图11-251和图11-252所示。

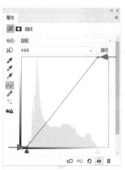

图11-251　　　　　图11-252

05 新建一个图层。选择污点修复画笔工具 ✎，勾选"近似匹配"和"对所有图层取样"选项，将脸上的小瑕疵修掉，主要修饰嘴到鼻子之间的皮肤，如图11-253和图11-254所示。将鼻梁上的色斑也清除。修复的内容会保存到新建的图层上，不会破坏原图像。

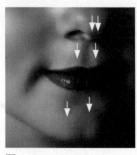

图11-253　　　　　　图11-254

图11-261　　　　图11-262　　　　图11-263

06 单击"调整"面板中的 ■ 按钮，创建"可选颜色"调整图层。降低红、黄两种颜色中黑色的含量，使颜色变浅。由于肤色的主要成分就是红色和黄色，因此它们的明度提高后，皮肤就变亮了，如图11-255~图11-257所示。

图11-255　　　　　图11-256　　　　　图11-257

07 将图层的不透明度设置为80%。选择画笔工具 ✎，将除皮肤之外的图像涂黑，限定好调整范围，如图11-258和图11-259所示。

图11-258　　　　　　图11-259

08 提高眼睛的亮度。女孩的眼睛非常漂亮，增强色彩对比，可以让眼睛像湖水一样清澈，眼神光也更加突出。创建一个"曲线"调整图层，将曲线调整为图11-260所示的形状。将蒙版填充为黑色，使用画笔工具 ✎ 将瞳孔周围涂白，调整的重点就在这里，在周围的眼白上涂浅灰色，让眼白也明亮一些，如图11-261~图11-263所示。

图11-260

11.2.6 实战：人工智能修图+磨皮

本实战用生成式填充功能去除女孩脸上的花瓣并进行磨皮，如图11-264所示。

扫码看视频

图11-264

01 使用套索工具 ♮ 将女孩脸上的花瓣选中，如图11-265所示。在"上下文任务栏"的文本框上单击，按Enter键进行智能填充，消除花瓣，如图11-266所示。

图11-265　　　　　　图11-266

02 新建一个图层。选择移除工具 ✎ 并勾选"对所有图层取样"选项，如图11-267所示，在几块比较大的色斑上拖曳鼠标涂抹，将其清除，如图11-268所示。

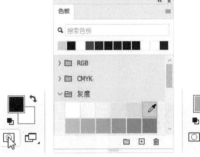

图11-267　　　　　　　　图11-268

skin smoothing,skin lighting,skin toning

图11-274　　　　　　　图11-275

03 单击"工具"面板中的⬚按钮，如图11-269所示，进入快速蒙版模式。在"色板"面板中单击30%灰色，如图11-270所示，将其设置为前景色，如图11-271所示。

图11-269　　图11-270　　　　　图11-271

04 按Alt+Delete快捷键填充灰色，如图11-272所示。单击⬚按钮或按Q键退出快速蒙版模式，从快速蒙版中转换出选区，如图11-273所示。

图11-276　　　　　　　图11-277

06 单击生成式图层的蒙版，如图11-278所示。使用画笔工具🖌在眼睛、眉毛、嘴巴、耳朵、头发和下巴沿线涂抹黑色，让原始图像（即清晰效果）显现出来，如图11-279所示。

图11-272　　　　　　　　图11-273

05 在"上下文任务栏"的文本框上单击，输入指令skin smoothing, skin lighting, skin toning，如图11-274所示，按Enter键进行磨皮，效果如图11-275所示。设置当前图层的混合模式为"浅色"，让下层原始图像中皮肤的纹理透出来，如图11-276和图11-277所示。

图11-278　　　　　　　图11-279

07 磨皮后左侧的头发被破坏了，显得比较生硬。新建一个图层，使用移除工具🩹对此处进行修复，以改善效果，如图11-280所示。

图11-280

11.3 修改表情

"液化"滤镜能识别人的五官，可以调整脸、眼睛、鼻子、嘴的位置和形态。例如，能让脸形变窄、让眼睛变大、让嘴角上翘以展现微笑等。用它修改表情非常方便。

11.3.1 实战：修出瓜子脸

"液化"滤镜中的工具可以对图像进行推拉、扭曲、旋转和收缩，也可以用预设的选项修改人的脸形和表情，如图11-281所示。它就像高温烤箱，能把图像"烘焙"得柔软，像融化的凝胶一样。该滤镜能处理面向相机的面孔，半侧脸也可以，但完全侧脸就不太好处理。

图11-281

01 打开素材。执行"滤镜>转换为智能滤镜"命令，将图层转换为智能对象。执行"滤镜>液化"命令，打开"液化"对话框，选择脸部工具 ⊗，将鼠标指针移动到人物面部，Photoshop会自动识别图片中的人脸，并显示相应的调整控件，如图11-282所示。

图11-282

02 拖曳下颌控件，将下颌调窄，如图11-283所示。向上拖曳前额控件，让额头看上去长一些，如图11-284所示。

图11-283　　　　　　图11-284

03 向上拖曳嘴角控件，让嘴角扬起，以展现出微笑，如图11-285所示。拖曳上嘴唇控件，增加嘴唇的厚度，如图11-286所示。由于面颊收缩，嘴比之前小了，有些不自然，可将嘴唇再拉宽一些，如图11-287所示。

图11-285　　　　图11-286　　　　图11-287

04 单击"眼睛大小"和"眼睛斜度"选项右侧的 ⑧ 按钮，将左眼和右眼链接起来，然后拖曳滑块，调整这两个参数，让眼睛变大，并适当旋转眼睛。链接之后，两只眼睛的处理效果是对称的，如图11-288所示。

图11-288

05 五官的修饰基本完成了，但下颌骨还是有点突出，脸形显得不够圆润，可以手动调整。选择向前变形工具 🖐 并设置参数，在脸颊下部拖曳鼠标，将脸向内推，如图11-289和图11-290所示。该工具的变形能力非常强，操作时，如果脸部轮廓被扭曲了，或左右脸颊不对称，可以按Ctrl+Z快捷键依次向前撤销，再重新调整。

图11-289

图11-290

11.3.2 液化工具和选项

图11-291所示为"液化"对话框。其中的变形类工具有3种用法：单击、按住鼠标左键及拖曳鼠标。操作时，变形会集中在画笔区域中心，并会随着鼠标指针在某个区域的重复拖曳而增强。

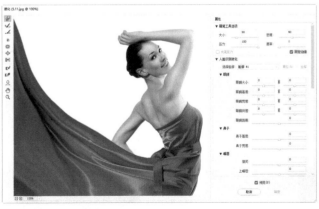
图11-291

● 向前变形工具 🖐 ：可以推动像素，如图11-292所示。

● 重建工具 ✎ ：在变形区域单击或拖曳涂抹，可以将其恢复原状。

● 平滑工具 ✎ ：可以对扭曲效果进行平滑处理。

● 顺时针旋转扭曲工具 ☺ ：可顺时针旋转像素，如图11-293所示。

按住 Alt 键操作可逆时针旋转像素。

图11-292

图11-293

● 褶皱工具 🌀 / 膨胀工具 ◇ ：褶皱工具 🌀 可以使像素向画笔区域的中心移动，产生收缩效果，如图11-294所示；膨胀工具 ◇ 可以使像素向画笔区域中心以外的方向移动，产生膨胀效果，如图11-295所示。使用其中的一个工具时，按住 Alt 键可以切换为另一个工具。此外，按住鼠标左键不放，能持续地应用扭曲。

图11-294

图11-295

● 左推工具 ▓ ：拖曳鼠标向上移动，像素向左移动，如图11-296所示；拖曳鼠标向下移动，像素向右移动，如图11-297所示。按住 Alt 键操作，可以反转图像的移动方向。

图11-296

图11-297

● 脸部工具 ♀ ：可以对人像的五官做出调整。

● 大小：可以设置各种变形工具及重建工具、冻结蒙版工具和解冻蒙版工具的画笔大小。也可以通过按 [键和] 键来进行调整。

● 密度：使用工具时，画笔中心的效果较强，并向画笔边缘逐渐衰减，因此，该值越小，画笔边缘的效果越弱。

● 压力 / 光笔压力："压力"用来设置工具的压力强度。如果计算机配置了数位板和压感笔，可以选择"光笔压力"选项，用压感笔的压力控制"压力"。

● 速率：使用重建工具、顺时针旋转扭曲工具、褶皱工具、膨胀工具时，"速率"决定这些工具的应用速度。例如，使用顺时针旋转扭曲工具时，"速率"值越高，图像的旋转速度越快。

● 固定边缘：勾选该选项，可以锁定图像边缘。

冻结图像

使用"液化"滤镜时，如果想保护某处图像，使之不被修改，可以使用冻结蒙版工具 在其上方绘制出蒙版，将图像冻结，如图11-298所示。默认状态下，蒙版颜色为半透明的红色，如果与图像颜色接近而不易识别，可在"蒙版颜色"下拉列表中选择其他颜色。取消勾选"显示蒙版"选项，可以隐藏蒙版，但它仍然存在，对图像的冻结依然有效。

图11-298　　　　　　图11-299

创建冻结区域后，再进行变形处理，蒙版会像选区限定操作范围一样将图像保护起来，如图11-299所示。需要编辑被冻结的图像时，用解冻蒙版工具 将蒙版擦掉即可。

在"蒙版选项"选项组中，有3个大按钮和5个小按钮，如图11-300所示。单击"全部蒙住"按钮，可以将图像全部冻结，其作用类似于"选择"菜单中的"全部"命令。如果要冻结大部分图像，只编辑很小的区域，就可以单击该按钮，之后使用解冻蒙版工具 将需要编辑的区域解冻，再进行处理。单击"全部反相"按钮，可以将未冻结区域冻结，将冻结区域解冻，其作用类似于"选择>反选"命令。单击"无"按钮，可一次性解冻所有区域，其作用类似于"选择>取消选择"命令。"蒙版选项"中的5个小按钮在图像中有选区、图层蒙版或包含透明区域时，可以发挥作用。

图11-300

- 替换选区 ：显示原图像中的选区、蒙版或透明度。
- 添加到选区 ：显示原图像中的蒙版，此时可以使用冻结蒙版工具将其添加到选区。
- 从选区中减去 ：从冻结区域中减去通道中的像素。
- 与选区交叉 ：只使用处于冻结状态的选定像素。
- 反相选区 ：使当前的冻结区域反相。

降低扭曲强度

进行扭曲操作时，如果图像的变形幅度过大，可以使用重建工具 在其上方拖曳鼠标，使其恢复。反复拖曳，图像会逐渐复原到扭曲前的状态。

使用重建工具 的好处是可以根据需要对任何区域进行不同程度的恢复，非常适合用于处理局部图像。如果想调整所有扭曲，用该工具一处一处地编辑就比较麻烦。这种情况下，可单击"重建"按钮，打开"恢复重建"对话框，拖曳"数量"滑块来进行整体恢复，如图11-301~图11-303所示。"数量"值越低，图像的扭曲程度越弱，越接近原始图像。单击"液化"对话框中的"恢复全部"按钮，则可取消所有扭曲，图像中被冻结的区域也不例外。

扭曲效果
图11-301

恢复重建
图11-302

恢复效果
图11-303

· PS技术讲堂 ·

在网格或背景上观察变形效果

使用网格

使用"液化"滤镜时，细微的变动很容易被忽略。需要通过一种方法来了解图像中哪些区域发生了变形，以及变形程度有多大。这里有一个技巧，取消"显示图像"选项的勾选，然后勾选"显示网格"选项，隐藏图像，只显示网格，如图11-304所示。在这种状态下，图像上微小的扭曲都会在网格上反映出来。此外，还可以调整"网格大小"和"网格颜色"选项，让网格更加清晰，易于识别。

如果同时勾选"显示网格"和"显示图像"两个选项，则网格会出现在图像上方，如图11-305所示。以网格作为参考，可进行小幅度且精准的扭曲操作。在进行扭曲时，还可以单击"存储网格"按钮，将网格保存为单独的文件（扩展名为.msh）。这样做有两个好处。一是可以随时单击"载入网格"按钮，加载网格并用它扭曲图像，相当于为图像的扭曲状态创建了一个"快照"（*22页*）。如果当前效果不如之前的好，就可以通过"快照"（加载网格）来进行恢复。二是存储的网格可以用于其他图像。也就是说，在使用"液化"滤镜编辑其他图像时，可以单击"载入网格"按钮，加载网格文件并用它扭曲当前图像。如果网格尺寸与图像不同，Photoshop还会缩放网格，以适应当前图像。

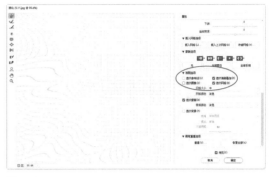

图11-304

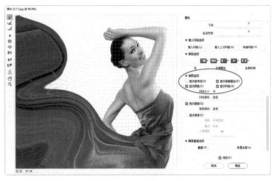

图11-305

以图像为背景

如果图像中包含多个图层，可以通过设置"显示背景"选项组让其他图层作为背景来显示，这样能预览扭曲后的图像与其他图层的合成效果，如图11-306所示。

在"使用"下拉列表中可以选择作为背景的图层；在"模式"下拉列表中可以选择将背景放在当前图层的前面或后面，以便观察效果；"不透明度"选项用来设置背景图层的不透明度。

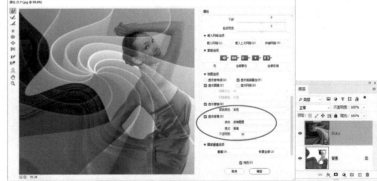

撤销、导航和工具使用技巧

使用"液化"滤镜时，操作失误可以按Ctrl+Z快捷键进行撤销，连续按可依次向前撤销。如果要恢复被撤销的操作，可以按Shift+Ctrl+Z快捷键（可连续按）。如果要撤销

图11-306

所有扭曲，可单击"恢复全部"按钮，将图像恢复到最初状态。这样做不会复位工具参数，也不会破坏画面中的冻结区域。如果要进行彻底复位，包括恢复图像、复位工具参数、清除冻结区域，可以按住Alt键并单击窗口右上角的"复位"按钮。

编辑图像细节时，可以按Ctrl++快捷键放大窗口的显示比例；需要移动画面时，则可按住空格键并拖曳鼠标；需要缩小图像的显示比例时，可以按Ctrl+-快捷键；按Ctrl+0快捷键，可以让图像完整地显示在窗口中。这些操作与Photoshop文档导航（*18页*）的操作方法一样，可以替代"液化"滤镜中的缩放工具 🔍 和抓手工具 ✋。

使用"液化"滤镜中的各种变形工具时，也可以像使用画笔工具 ✐ 一样用快捷键调整工具大小，包括按] 键将画笔调大，按 [键将画笔调小。使用向前变形工具 ✋ 时，在图像上单击，然后按住Shift键在另一处单击，两个单击点之间可以形成直线轨迹，这也与画笔工具 ✐ 的使用技巧相同。

11.4 身体塑形

好身材，"P"出来。用Photoshop修改身材，其实就是对图像做变形处理，因此使用的主要是变形功能。修图方法其实都不太难，只是操作要细心，尤其要注意人体的对称关系。

$11.4.1$ 实战：10分钟瘦身

环肥燕瘦，各有千秋。唐代以体态丰满为美，汉代崇尚身姿轻盈，可见审美标准是随着时代的不同而改变的。在当今这个时代，女性还是多认为瘦一点更美。下面就来看一看，怎样使用"液化"滤镜将多余的脂肪和赘肉修掉，如图11-307所示。如果反向操作，则可以让身体看起来更强壮、肌肉更发达，这是修男性照片的方法。

具的一半在身体内，一半在背景上，如图11-308所示，向身体内部拖曳鼠标，将身体轮廓往内"推"，如图11-309所示。通过 [键和] 键可以调整变形工具 ✋ 的大小。画笔不能太大，否则容易把胳膊弯曲处这样的转折区域也给扭曲了；画笔太小也不行，那样轮廓会显得很不流畅。

图11-307

图11-308　　图11-309

01 为了不破坏原始图像，也便于修改，先执行"图层>智能对象>转换为智能对象"命令，将"背景"图层转换为智能对象。执行"滤镜>液化"命令，打开"液化"对话框。默认选择的是向前变形工具 ✋，将"大小"设置为125，这样处理身体的轮廓比较合适。在对话框中，鼠标指针是一个圆形，代表了工具及其覆盖范围。将鼠标指针中心放在轮廓处，即工

02 通过前面的方法让身体"瘦下来"，如图11-310所示。按 [键将工具调小，处理图11-311所示几个区域的图像。处理时，有不满意的地方，可以按Ctrl+Z快捷键撤销操作。如果哪里的效果不好，可以使用重建工具 ✐ 将其恢复原状，再重新扭曲。另外，有两点要注意：一是轮廓一定要流畅，能用大画笔的时候，尽量不要用小画笔；二是不能反复处理同一个区

域，这会导致图像模糊不清。

图11-310　　　　　　图11-311

03 身体瘦下来之后，胳膊和腿显得更粗了。使用向前变形工具 ⚙ 处理。这里要用一个技巧，就是使用冻结蒙版工具 ✎ 给头发区域做一下保护，以防止其被扭曲，如图11-312所示，之后再处理与其接近处的图像（胳膊），效果如图11-313所示。

图11-312　　　　　　图11-313

04 另一只胳膊主要是处理外侧，所以不需要冻结，直接扭曲即可，如图11-314和图11-315所示。

图11-314　　　　　　图11-315

05 处理腿，如图11-316和图11-317所示。腿后面的背景是地砖，地砖的边界线如果被扭曲了，要修正过来。

图11-316　　　　　　图11-317

11.4.2 实战：修出大长腿

01 打开人像素材。按Ctrl+J快捷键复制"背景"图层。

02 选择矩形选框工具 ▭，创建图11-318所示的选区。按Ctrl+T快捷键显示定界框，如图11-319所示。按住Shift键拖曳定界框的边界，调整选区内图像的高度，如图11-320所示。按Enter键确认操作，按Ctrl+D快捷键取消选择，效果如图11-321所示。

扫码看视频

图11-318　　　　　　图11-319

图11-320　　　　　　图11-321

11.5 降噪，提高画质

噪点是数码照片中的杂色和杂点，会影响图像细节、降低画质。降噪就是使用滤镜或其他方法对噪点进行模糊处理，使其不再明显，或者完全融入图像的细节中。

11.5.1 实战：用"减少杂色"滤镜降噪

图像和色彩信息保存在颜色通道（221页），因此，噪点也在各个颜色通道中，只是分布并不均衡，有的通道噪点多一些，有的可能少一些。如果对噪点多的通道进行较大幅度的模糊，对噪点少的通道进行轻微模糊或者不做处理，就可以在不过多影响图像清晰度的情况下最大限度地减少噪点。下面就用这种方法给人像照片降噪。

扫码看视频

01 打开素材，如图11-322所示。双击缩放工具 🔍，让图像以100%的比例显示，以便看清细节。可以看到，颜色噪点还是比较多的，如图11-323所示。

图11-322　　　　　　图11-323

02 分别按Ctrl+3、Ctrl+4、Ctrl+5快捷键，逐个显示红、绿、蓝通道，如图11-324所示。可以看到，蓝通道中的噪点最多，红通道较少。

红通道　　　　　　绿通道　　　　　　蓝通道

图11-324

03 按Ctrl+2快捷键恢复为彩色图像。执行"滤镜>杂色>减少杂色"命令，打开"减少杂色"对话框。选择"高级"单选项，然后单击"每通道"选项卡，在"通道"下拉列表中选择"绿"选项，拖曳滑块，减少绿通道中的杂色，如图

11-325所示。之后减少蓝通道中的杂色，如图11-326所示。

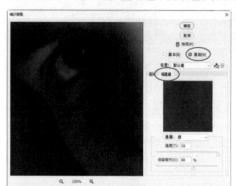 

图11-325　　　　　　　　　　　　　图11-326

04 单击"整体"选项卡，将"强度"值调到最大，其他参数如图11-327所示。单击"确定"按钮关闭对话框。图11-328和图11-329所示分别为原图局部及其降噪效果。

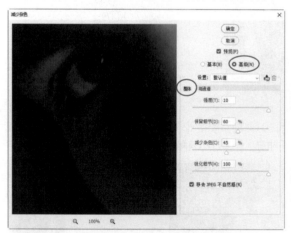

图11-327

图11-328　　　　　　图11-329

"减少杂色"滤镜选项

● 设置：单击 按钮，可以将当前设置的调整参数保存为一个预设。以后需要使用该参数调整图像时，可在"设置"下拉列表中将它选中，从而对图像进行调整。如果要删除创建的自定义预设，可以单击 按钮。

● 强度：用来控制应用于所有图像通道的亮度杂色的减少量。

● 保留细节：用来设置图像边缘和图像细节的保留程度。当该值为100%时，能保留大多数图像细节，但亮度杂色减少不明显。

● 减少杂色：用来消除随机的颜色像素。该值越高，减少的杂色越多。

● 锐化细节：可以对图像进行锐化。

● 移去 JPEG 不自然感：使用低 JPEG 品质设置存储图像，可能会导致斑驳的图像伪像和光晕。此功能可以去除这种瑕疵。

11.5.2 噪点的成因及表现形式

数码照片中的噪点分为两种——明度噪点和颜色噪点，如图11-330所示。明度噪点会让图像看起来有颗粒感，颜色噪点则是彩色的颗粒。

在编辑黄昏、夜景等低光照环境下拍摄的照片时，提高曝光度、进行锐化，或者色彩的调整幅度过大，会增强图像中所有的细节，噪点颗粒和杂色也会被强化，如图11-331所示。噪点的成因比较复杂，其中有照相设备的因素。数码相机内部的影像传感器在工作时受到电路的电磁干扰，就会生成噪点。尽管现在数码相机的控噪能力越来越强，但仍然无法完全消除噪点。此外，拍摄环境也会给噪点的形成提供条件。尤其是在夜里或其他光线较暗的环境中拍摄时，需要提高感光度，以便传感器增加电荷耦合器件所接收的进光量，单元之间受光量的差异会生成噪点。

图11-330

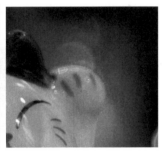

提高曝光度（左图）及增强色彩饱和度（右图）都会增强噪点
图11-331

11.6 锐化，最大限度展现影像细节

使用数码相机拍摄的照片，或用扫描仪扫描的图片，其画面的锐度通常不够。此外，拍摄照片时持机不稳，或者没有准确对焦，也会造成图像模糊。用锐化的方法可以让图像看上去更加清晰。

◆ ·PS技术讲堂· ▶

让图像看上去更清晰

锐化技术可以增强相邻像素之间的对比。例如，能让树叶边缘、脸部轮廓、眉毛、头发等细节，以及画面四周的边框等的像素更易识别，使其看上去显得更加清晰，如图11-332和图11-333所示。需要明确的是，这种增强只是人眼所看到的效果，而并不能让原始的模糊的细节真正变得清晰。

原图　　　　　　　　锐化后
图11-332　　　　　　图11-333

在锐化图像时，最重要的不是技术本身，而是合适的锐化程度。过低的锐化程度会导致效果不明显，而过高的锐化程度则可能产生光环、颜色偏差、晕影、杂色和颗粒等问题，从而损害图像的质量和观感，如图11-334所示。

原图　　　　　　　　锐化不足　　　　　　　适度的锐化　　　　　　过度的锐化

图11-334

为了更准确地观察锐化对图像的改变，必须以100%的比例显示图像，否则可能会产生误判。例如，当视图比例小于100%时，即使锐化已经到位了，锐化效果看起来可能也不太明显；而视图比例大于100%时，图像会显得不清晰，给观察造成干扰。为了避免这些情况，可以创建两个窗口（*操作方法见20页*），一个窗口显示图像细节（视图比例为100%），另一个窗口显示完整图像，如图11-335所示。

100%比例显示　　　　50%比例显示　　　　　300%比例显示　　　　两个窗口同步显示

图11-335

锐化的时机也很重要，一般应安排在最后的处理环节，即在裁剪、调整曝光和色彩、修饰、调整大小和分辨率等之后进行。如果在开始阶段就进行锐化，调整曝光和色彩时会强化边缘，这样会限制后续处理的空间。此外，在调整图像大小和分辨率时，也可能会使清晰度发生改变。因此，将锐化步骤放在最后是较为合理的做法，这样能够确保获得更好的效果。

11.6.1 实战：用"智能锐化"滤镜锐化

图11-336所示的金发女孩是本实战的素材及效果图。女孩的五官很有立体感，整个画面柔美、温馨，只是锐度不够高。

扫码看视频

提高瞳孔透明度，提亮眼神高光

增强头发的层次感和光泽度

图11-336

在设计锐化方案时就要考虑到，锐化会强化轮廓及各种瑕疵（如色斑、痘痘等）。如果不想破坏原片的氛围，就要有所取舍。对于绝大多数女性照片，只要把锐化的重点放在3个位置——眼睛、嘴和头发，就能获得不错的效果。皮肤很少有锐化的，皮肤锐化一般用于处理老年人和年轻男性照片（锐化方法也不一样）。因此，锐化范围一定要明确。如果这时候我们的脑海中跳出一个名词——蒙版，那么思路就对了。没错，要使用蒙版限定锐化范围。

本实战用的是"智能锐化"滤镜。在没有特殊要求的情况下，其效果是非常好的，尤其适合处理人像。该滤镜最主要的特点是提供了几种锐化算法，能对高斯模糊、镜头模糊和动感模糊造成的模糊进行较有针对性的锐化，而且还能单独控制阴影和高光区域的锐化量。用滤镜锐化后，还需要提高眼睛的明亮度，使眼睛更有神。头发也需要改善，要增强头发的层次感和光泽度。

01 按Ctrl+J快捷键复制"背景"图层,在得到的图层上单击右键,使用快捷菜单中的命令将图层转换为智能对象,如图11-337所示。执行"滤镜>锐化>智能锐化"命令,进行锐化,如图11-338所示。

图11-337　　　　　　图11-338

02 智能滤镜自带图层蒙版。选择画笔工具 ✐,并选择柔边圆画笔,在皮肤上涂抹黑色,通过蒙版遮盖滤镜,让未经锐化的皮肤显现出来。另外,人物轮廓没必要强化,把头发外侧边缘也涂黑,以保持轮廓的柔美感。按数字键3,将工具的不透明度调低,在肩部涂抹,这样可以抹出灰色,降低肩部衣服的锐化强度(这里的纹理太突出了)。效果如图11-339所示。处理后的蒙版如图11-340所示。

图11-339　　　　　　图11-340

03 处理头发。创建"曲线"调整图层。设置混合模式为"明度",将曲线调整为S形,这是用于增强对比的形状,如图11-341所示,这样可以提高头发的光泽度。按Alt+Delete快捷键,将曲线的蒙版填充为黑色,如图11-342所示。由于蒙版变为黑色,曲线调整实际上被隐藏了,画面效果又恢复为上一步的状态。

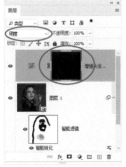

图11-341　　　　　　图11-342

提示

将"曲线"调整图层的混合模式设置为"明度",以增强对比。其优点是只影响色调,不会提高色彩的饱和度。

04 使用画笔工具 ✐ 在头发处涂抹深浅不同的灰色(可通过数字键修改工具的不透明度),如图11-343所示(此为蒙版图像)。头发的高光区域用浅灰色处理,阴影区域用深灰色处理,这样头发的层次感就表现出来了,如图11-344所示。

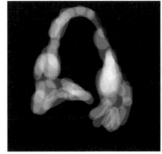

图11-343　　　　　　图11-344

05 眼睛虽然也经过了锐化,但效果还不够突出。再创建一个"曲线"调整图层,用于调整眼睛。将曲线调整为图11-345所示的形状。通过右上角的锚点将曲线向上拉,为的是提高高光和中间调的亮度,但这会使阴影区域也受到影响。在曲线右下角添加锚点,并将阴影区域的曲线形状往回拉一拉,即可抵消这种影响。按Alt+Delete快捷键,将该曲线的蒙版填充为黑色,如图11-346所示。

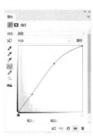

图11-345　　　　　　图11-346

06 使用画笔工具 ✐ 在瞳孔和虹膜处涂抹白色,提高瞳孔的亮度,增强眼神光,如图11-347和图11-348所示。

图11-347　　　　　　图11-348

11.6.2 实战：用"高反差保留"滤镜锐化

下面使用"高反差保留"滤镜锐化照片，如图11-349所示。用该滤镜处理图像时，往往会在颜色中融入大量的中性灰，使色彩感变弱，所以锐化后还要适当提高色彩的饱和度。

扫码看视频

图11-349

01 按Ctrl+J快捷键复制"背景"图层。按Shift+Ctrl+U快捷键去色，设置图层的混合模式为"叠加"，如图11-350和图11-351所示。

图11-350　　图11-351

02 执行"滤镜>其他>高反差保留"命令，如图11-352和图11-353所示。锐化效果初步完成。

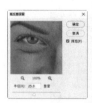

图11-352　　图11-353

03 单击"图层"面板中的 ◻ 按钮，添加蒙版。使用画笔工具 ✎ 编辑蒙版，减弱几处滤镜的效果（即涂抹黑色和灰色），如图11-354所示。其中脸部轮廓、胳膊外侧、面部的皮肤这些区域都是被提亮的；手臂轮廓外侧区域则被加深了。通

过蒙版即可改善这些区域的问题，如图11-355所示。

图11-354

图11-355

技术看板　强化轮廓＋混合模式产生锐化效果

让滤镜图层单独显示，就会看到下面这幅灰色图像。从中可以发现，"高反差保留"滤镜增强了人物面部五官轮廓和身体轮廓，也让眼睫毛和发丝纤毫毕现。其他细节，如眼睛下方的皮肤纹理、衣服的纹路等也得到了很好的展现。这幅图像是灰色的，在混合模式的作用下，被强化的部分对下层图像产生了影响，使色调对比更强了，给人的直观感受就是图像的清晰度提高了。锐化效果就是这样产生的。

04 使用"高反差保留"滤镜后，画面中融入了大量的中性灰，整个图像的色彩感变弱了。单击"调整"面板中的 ▦ 按钮，创建"色相/饱和度"调整图层，提高色彩的饱和度，如图11-356所示。再单独选择红色，先提高明度，这样可以提亮肤色（皮肤颜色以红色、黄色为主），之后提高饱和度，如图11-357所示。黄色也需要单独处理，如图11-358所示，但只提高明度即可（因为黄色如果被增强，皮肤会呈现出一种病态的蜡黄色）。经过这样调整以后，色彩感重现，女孩

的气色也显得比原先红润了，而且随着黄色明度的提高，牙齿也变白了，可谓一举多得，如图11-359所示。

图11-356　　　　　　　　图11-357

图11-358

图11-359

05 使用画笔工具 ✏ 把衣服和沙发等区域涂黑，使其颜色恢复过来，如图11-360和图11-361所示。

图11-360

图11-361

06 创建"色相/饱和度"调整图层，提高头发的色彩饱和度。先提高整幅图像的饱和度，如图11-362所示，然后按Alt+Delete快捷键将蒙版填充为黑色，如图11-363所示；再使用画笔工具 ✏ 将头发涂白，这个调整图层只影响头发，如图11-364所示。效果如图11-365所示。

图11-362

图11-363

图11-364

图11-365

11.6.3 实战：用"防抖"滤镜锐化

如果相机没有固定好，或者在行进过程中拍摄，拍出的照片会产生运动模糊，如线性、弧形、旋转和Z形模糊等，那么用"防抖"滤镜锐化的效果最好，因为该滤镜能"对症下药"。"防抖"滤镜锐化非运动型模糊也很有效。例如，锐化曝光适度且杂色较少的图像，包括使用长焦镜头拍摄的室内或室外图像，以及在不开闪光灯的情况下使用较慢的快门拍摄的室内照片等，如图11-366所示。此外，也可用它锐化模糊的文字。

扫码看视频

图11-366

01 打开素材。执行"滤镜>转换为智能滤镜"命令，将图像转换为智能对象。执行"滤镜>锐化>防抖"命令，打开"防抖"对话框。Photoshop 会分析图像中适合使用防抖功能处理的区域，并确定模糊性质，然后给出相应的参数。按Ctrl++快捷键，将视图比例调整为100%。图像上的"细节"窗口中显示的是锐化结果，将其拖曳到图11-367所示的位置。先关掉伪像抑制功能（取消"伪像抑制"选项的勾选，它是用来控制杂色的，比较耗费计算时间），再将"平滑"设置为0%（即关掉这个功能），此时只进行锐化处理。拖曳"模糊描摹边界"滑块，同时观察窗口，大概到65像素时就差不多了，再高的话，纹理就不好控制了，如图11-368所示。

图11-367

图11-368

02 拖曳"平滑"滑块，让画质柔和一些，类似于进行了轻微的模糊，如图11-369所示。

图11-369

03 勾选"伪像抑制"选项，然后拖曳下方的滑块，将伪像尽量抵消，如图11-370所示。这里主要处理的是五官，

效果到位就可以了，头发是次要的。单击"确定"按钮关闭对话框。

图11-370

04 单击智能滤镜的蒙版，如图11-371所示。选择画笔工具 ✎，并选择柔边圆画笔，将不透明度设置为50%，在头发上涂抹黑色，通过蒙版的遮挡降低锐化强度。将衣服的边线也涂黑，如图11-372所示。图11-373和图11-374所示为原图（局部）及其锐化效果。

图11-371　　　　图11-372

锐化前　　　　　　锐化后
图11-373　　　　图11-374

"防抖"滤镜工具和基本选项

● 模糊评估工具 ⬚：使用该工具在对话框中的画面上单击，窗口右下角的"细节"预览区会显示单击点图像的细节；在画面上拖曳鼠标，则可以自由定义模糊评估区域。

● 模糊方向工具 ➴：使用该工具可以在画面中手动绘制表示模糊方向的直线。这种方法适用于处理因相机线性运动产生的图像模糊。

如果要准确调整描摹长度和方向，可以在"模糊描摹设置"选项组中进行调整。按 [键或] 键可微调长度，按 Ctrl+ [快捷键或 Ctrl+] 快捷键可微调角度。

- 模糊描摹边界：模糊描摹边界是 Photoshop 估计的模糊大小（以像素为单位），如图 11-375 和图 11-376 所示。也可拖曳该选项中的滑块自行调整。

"模糊描摹边界"为10像素
图11-375

"模糊描摹边界"为199像素
图11-376

- 源杂色：默认状态下，Photoshop 会自动估计图像中的杂色量。也可以根据需要选择不同的值（自动 / 低 / 中 / 高）。

- 平滑：能有效减少高频锐化导致的杂色，如图 11-377 和图 11-378 所示。官方建议是使"平滑"保持较低值。

平滑50%
图11-377

平滑100%
图11-378

- 伪像抑制：锐化图像时，如果出现了明显的杂色伪像，如图 11-379 所示，可将该值设置得较高，以便抑制这些伪像，如图 11-380 所示。100% 伪像抑制效果会更接近原始图像，而 0% 伪像抑制不会抑制任何杂色伪像。

伪像抑制0%
图11-379

伪像抑制100%
图11-380

高级选项

图像的不同区域可能具有不同形状的模糊。在默认状态下，"防抖"滤镜只将模糊描摹（模糊描摹表示影响图像中选定区域的模糊形状）应用于图像的默认区域，即Photoshop所确定的适合模糊评估的区域，如图11-381所示。单击"高级"选项组中的 ⊹∷ 按钮，Photoshop会突出显示图像中适于模糊评估的区域，并为其创建模糊描摹，如图11-382所示。也可以使用模糊评估工具 ⊡，在具有一定边缘对比的图像区域中手动创建模糊评估区域。

图11-381

图11-382

创建多个模糊评估区域后，按住Ctrl键并单击这些区域，如图11-383所示。这时Photoshop 会显示它们的预览窗口，如图11-384所示。此时可调整窗口上方的"平滑"和"伪像抑制"选项，并查看对图像有何影响。

图11-383

图11-384

如果要删除一个模糊评估区域，可以在"高级"选项组中单击它，然后单击 🗑 按钮。如果要隐藏画面中的模糊评估区域组件，可以取消勾选"显示模糊评估区域"选项。

查看细节

单击"细节"选项组左下角的 ◉ 图标，模糊评估区域会自动移动到"细节"窗口中所显示的图像上。

单击 ↖ 按钮或按Q键，"细节"窗口会移动到画面上。在该窗口上拖曳鼠标，可以移动它的位置。想要观察哪里的细节，就可以将窗口拖曳到那里。再次按Q键，可使其停放回原来的位置。

New Function | 生成式填充・移除工具・上下文任务栏・Camera Raw 16.0 | ☞ **Photoshop 2024（版本 25.0）**

本章简介

本章介绍 Photoshop 中的矢量功能。在实际工作中，App、UI、VI、网页等设计所涉及的图形、图标和界面大多用矢量工具绘制。这是因为矢量图形绘制方便，容易修改且可无损缩放，加之与图层样式及滤镜等结合使用，可以模拟金属、玻璃、木材、大理石等材质；表现纹理、浮雕、光滑、褶皱等质感；创建发光、反射、反光和投影等特效。

学习目标

通过本章的学习，掌握矢量图形的绘制和编辑方法，了解矢量技术在 App、UI、网页等设计中的应用，并制作相关案例。

学习重点

矢量图的特点
实战：手机App列表页
实战：邮票齿孔效果（自定形状工具）
调整曲线形状
实战：用钢笔工具编辑路径
UI设计：超酷打孔字

12.1 矢量图形

矢量图形也叫矢量形状或矢量对象，由几何（点、线或曲线）、有机或自由形状组成。在 Photoshop 中，矢量图形主要是指用钢笔工具或形状类工具绘制的路径和形状，以及加载到 Photoshop 中的由其他软件制作的可编辑的矢量素材。

12.1.1 实战：电商促销页

01 按住Ctrl键单击"图层1"的缩览图，如图12-1所示，加载人物选区，如图12-2所示。执行"选择>修改>扩展"命令，将选区向外扩展20像素，如图12-3和图12-4所示。

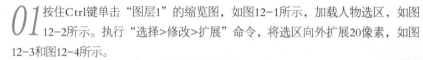

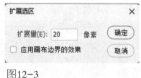

图12-1　　　　图12-2　　　　图12-3　　　　图12-4

02 单击"路径"面板中的 ◇ 按钮，将选区保存为路径，如图12-5和图12-6所示。选择钢笔工具 ✍，在工具选项栏中选择"路径"选项，单击"形状"按钮，如图12-7所示，将路径转换为形状，如图12-8和图12-9所示。

03 选择矩形工具 □，在工具选项栏中设置描边颜色为白色，描边粗细为5像素，选择虚线描边样式，如图12-10和图12-11所示。

图12-5　　　　　　图12-6　　　　　　　　　　图12-7　　　　　　　　　　　　　图12-8

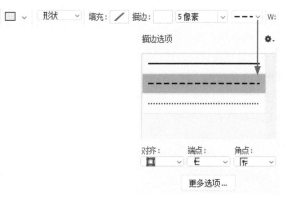

图12-9　　　　　　图12-10　　　　　　　　　　　　　　　　　　　图12-11

12.1.2 小结

　　路径是由一系列线条状轮廓构成的，这些轮廓段通过锚点连接（路径的形状也通过锚点调节），如图12-12所示。

　　从路径中可以转换出6种对象，包括选区、形状图层、矢量蒙版、文字基线、填充颜色的图像，以及用颜色描边的图像，如图12-13所示。这些转换操

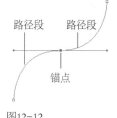

图12-12

扫码看视频

作可用于绘图、抠图、图像合成，以及创建路径文字等任务。

　　创建和编辑路径时，需要使用矢量工具。未填色或描边时，如果取消选择路径，它会自动"隐身"而无法看到。存储文件时，如果想保存路径，可以使用PSD、TIFF、JPEG或PDF格式。

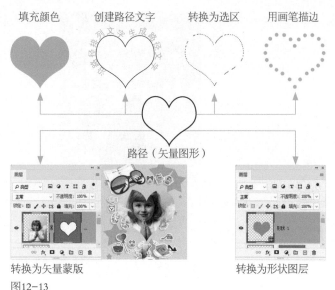

图12-13

· PS技术讲堂 ·

矢量图的特点

　　矢量图和位图是互补的。矢量图的优点恰好弥补了位图的缺点，而矢量图的缺点又是位图的优点，它们之间不存在谁替代谁的问题。

　　矢量图形的最大优点在于与分辨率无关，可以进行无损编辑，无论进行怎样的旋转和缩放操作，图形都能保持清晰，如图12-14所示。所以矢量图常被用于制作不同尺寸或分辨率的对象，如图标和Logo等。

　　位图在旋转和放大时，需要新的像素来填充多出的空间（85页）。然而，Photoshop无法生成原始像素，只能从现有的像素中取样来生成新像素，这导致图像失去了原本的清晰度，这是位图的主要缺点。例如，图12-15所示展示了原图及放大600％后的局部，可以明显看到图像细节已经模糊了。

图12-14

图12-15

　　位图的优点在于能够展现丰富的颜色变化、细微的色调过渡和清晰的图像细节，完整地呈现真实世界中的所有色彩和景物，这也是它成为照片标准格式的原因。虽然矢量图形也可以表现一些细腻效果，但在细节呈现方面无法与位图相媲美，尤其是在处理复杂图形时表现不足，这是矢量图的主要缺点。例如，图12-16所示的照片，一旦被转换为矢量图格式，会变成图12-17所示的效果。可以看到，图像中很多细节都被简化了。

除上述区别之外，矢量图和位图在来源、编辑方法、存储方式和应用领域等也有很大的差别。

从来源上看，矢量图形只能通过特定软件（如Illustrator、CorelDRAW、FreeHand和AutoCAD等）生成。而位图可以用多种设备获取，例如数码相机、摄像机、手机、扫描仪等，也可以使用绘画类软件（如Photoshop、Painter）绘制出来。

在编辑方法方面，基于矢量图的绘图工具能够绘制光滑流畅的曲线，并能准确地描绘对象的轮廓。在修改时，只需调整路径和锚点即可，非常方便。相比之下，基于位图的绘画工具则以鼠标的运行轨迹进行绘画，很难精确控制，修改时通常涉及选区、图层、颜色、形状等多个因素，较为麻烦。因此，从绘图方面来看，矢量工具胜过位图工具。

图12-16　　　　　　　　图12-17

在存储方面，矢量图是由一系列计算指令来表示的图形，存储时只需保存这些计算指令，因此占用的空间较小。而位图在保存时需要记录每一个像素的位置和颜色信息。现代数码照片通常拥有数百万到数千万个像素，文件的信息量非常大，导致位图会占用较大的存储空间。

在应用方面，位图受到绝大多数软件和输出设备的支持，在不同软件间交换使用、浏览观看和编辑都非常方便。矢量图不具备那么好的兼容性，主要在专业领域使用。此外，Photoshop中的很多功能无法用于编辑矢量图，如滤镜和画笔等。

12.1.3 绘图模式

Photoshop中的矢量工具一般能创建3种对象，即形状、路径和图像（前两种是矢量对象）。在操作前，需要在工具选项栏中选择一种绘图模式，如图12-18所示，以"告诉"Photoshop要绘制的是哪一种对象。

扫码看视频

图12-19

图12-18

使用"形状"模式绘制出的是形状图层，其轮廓是矢量图形，内部可用纯色、渐变和图案填充。所绘形状同时出现在"图层"和"路径"面板中，如图12-19所示。

使用"路径"模式绘制出的是路径轮廓，只保存在"路径"面板中，如图12-20所示。绘制路径后，分别单击工具选项栏中的"选区"、"蒙版"或"形状"按钮，可将其转换为选区、矢量蒙版或形状图层。

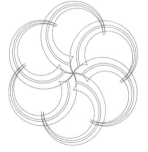

图12-20

使用"像素"模式可以在当前图层中绘制出用前景色填充的图像，如图12-21所示。在工具选项栏中还可以设置其混合模式和不透明度。如果想使图像的边缘平滑，可以勾选"消除锯齿"选项。

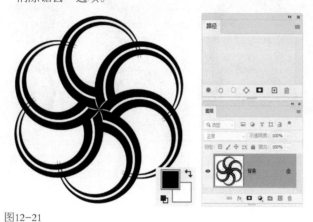

图12-21

技术看板 修改和替换填充内容

单击形状图层，执行"图层>图层内容选项"命令，可以修改填充内容。此外，也可以单击"色板"面板、"渐变"面板或"图案"面板中的预设，替换原有的填充内容。

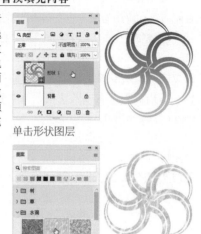

单击形状图层

用图案替换渐变

12.1.4 填充矢量图形

以"形状"模式绘图时，可以单击"填充"和"描边"选项，在打开的下拉面板中选择用纯色、渐变或图案对图形进行填充和描边，如图12-22所示。

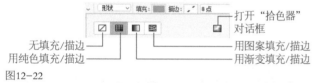

图12-22

图12-23所示为采用不同内容对图形进行填充的效果。如果要自定义颜色，可以单击█按钮，打开"拾色器"对话框进行设置。

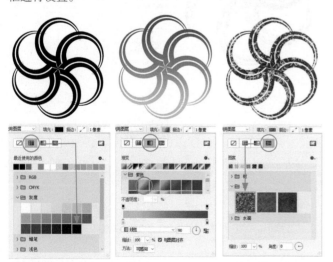

用纯色填充　用渐变填充　用图案填充

图12-23

12.1.5 为矢量图形描边

绘制形状时，可以在"描边"选项组中选择用纯色、渐变或图案为图形描边，如图12-24所示。

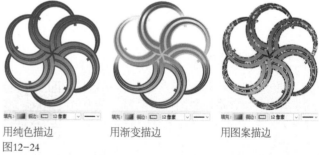

用纯色描边　　用渐变描边　　用图案描边

图12-24

"描边"右侧的选项用于调整描边粗细，如图12-25所示。单击第2个 ⌄ 按钮，可以打开图12-26所示的下拉面板，修改描边样式和其他参数。

图12-25　　　　　图12-26

● 描边样式：可以选择用实线、虚线和圆点来描边路径，如图12-27所示。

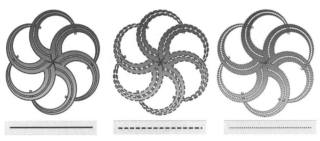

图12-27

● 对齐：单击 ﹀ 按钮，可在打开的下拉列表中选择描边与路径的对齐方式，包括内部■、居中■和外部■。

● 端点：单击 ﹀ 按钮打开下拉列表可以选择路径端点的样式，包括端面■、圆形■和方形■，效果如图12-28所示。

端面　　　　　圆形　　　　　方形

图12-28

● 角点：单击 ﹀ 按钮，可以在打开的下拉列表中选择路径转角处的转折样式，包括斜接■、圆形■和斜面■，效果如图12-29所示。

斜接　　　　　圆形　　　　　斜面

图12-29

● 更多选项：单击该按钮，可以打开"描边"对话框，该对话框中除包含前面的选项外，还可调整虚线的间隙，如图12-30所示。

图12-30

12.2 用形状工具绘图

Photoshop 中的形状工具可以绘制三角形、矩形、圆形、多边形、星形和直线等形状。其中的自定形状工具可绘制 Photoshop 中预设的图形，以及用户自定义的图形或从外部加载的图形。

12.2.1 实战：手机App列表页

本实战使用形状工具制作一个简洁风格的 App界面，如图12-31所示。

扫 码 看 视 频

图12-31

01 按Ctrl+N快捷键，打开"新建文档"对话框，使用其中的预设创建手机屏幕大小的文件，如图12-32所示。

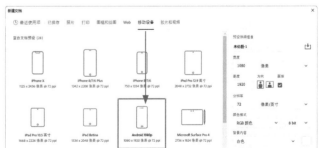

图12-32

02 选择矩形工具 □ 及"形状"选项，设置填充颜色为渐变，拖曳鼠标，创建一个与画布大小相同的矩形，如图12-33所示。

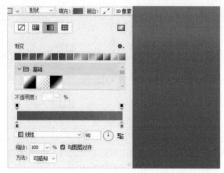

图12-33

03 选择椭圆工具 ○ ，单击工具选项栏中的 □ 按钮或新建一个图层，按住Shift键拖曳鼠标，创建圆形，填充和描边均为渐变，描边粗细为100像素，如图12-34所示。

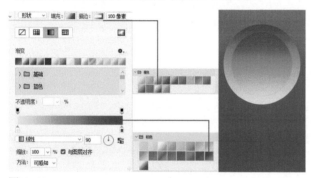

图12-34

提示

要想让图形中心与界面中心对齐，可以单击形状图层，然后选择移动工具 ✛ ，再单击工具选项栏中的 ♣ 按钮。

---

04 选择矩形工具 □ ，单击工具选项栏中的 □ 按钮（也可新建一个图层），创建白色矩形（图形位于形状图层中）。再创建一个矩形，在"属性"面板中设置参数，使其左边变为圆角，如图12-35和图12-36所示。创建同样大小的矩形，右侧为圆角，如图12-37所示。

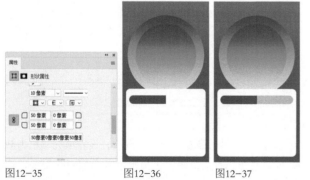

图12-35　　　　　图12-36　　　　图12-37

05 使用移动工具 ✛ 将素材拖入界面文档中，如图12-38和图12-39所示。

图12-38　　　　　　　图12-39

12.2.2 创建直线和箭头

直线工具 ／ 用来创建直线和带箭头的线段，如图12-40所示。操作时，按住Shift键并拖曳鼠标，可以以水平、垂直或45°角为增量的方向进行绘制。

选择"起点"　选择"终点"　两项都选择　鼠标移动距离很短

（在终点添加箭头，设置"长度"为1000像素）"宽度"值分别设置为100像素、300像素、500像素和1000像素的箭头

（在终点添加箭头，设置"宽度"为500像素）"长度"值分别设置为100像素、500像素、1000像素和2000像素的箭头

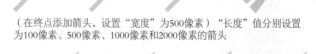

（在终点添加箭头，设置"宽度"为500像素、"长度"为1000像素）"凹度"值分别为−50%、0%、20%和50%的箭头

图12-40

在该工具的选项栏中可以设置直线的粗细，在下拉面板中可以设置箭头选项，如图12-41所示。

图12-41

- 粗细/颜色：可以设置路径的外观，即粗细和颜色。
- 实时形状控件：勾选该选项，绘图后，路径上会显示实时形状控件，可用于调整形状(311页)。
- 起点/终点：可以分别或同时在直线的起点和终点处添加箭头。
- 宽度：设置箭头的宽度。
- 长度：设置箭头的长度。
- 凹度：用来设置箭头的凹陷程度(-50%~50%)。该值为0%时，箭头尾部平齐；该值大于0%时，向内凹陷；该值小于0%时，向外凸出。

12.2.3 创建矩形和圆角矩形

矩形工具 ▢ 用来创建矩形，如图12-42所示。使用该工具时，拖曳鼠标可以创建矩形；按住Shift键并拖曳创建的是正方形；按住Alt键并拖曳，则会以单击点为中心创建矩形；按住Shift+Alt键，会以单击点为中心创建正方形。单击工具选项栏中的 ⚙. 按钮打开下拉面板，可以设置其他创建方法，如图12-43所示。

图12-42

图12-43

- 不受约束：可以通过拖曳鼠标创建任意大小的矩形和正方形。
- 方形：只创建正方形。
- 固定大小：选择该选项并在其右侧的文本框中输入数值(W为宽度，H为高度)后，在画板上单击，可按照预设大小创建矩形。
- 比例：选择该选项并在其右侧的文本框中输入数值，拖曳鼠标时，无论创建多大的矩形，矩形的宽度和高度都保持预设的比例。
- 从中心：以任何方式创建矩形时，鼠标在画面中的单击点即为矩形的中心，拖曳鼠标时矩形将由该中心点向外扩展。

创建矩形后，在"属性"面板中设置圆角半径，可将其

转换为圆角矩形，如图12-44和图12-45所示。

图12-44

图12-45

12.2.4 创建圆形和椭圆

椭圆工具 ◯ 用来创建圆形和椭圆形，如图12-46和图12-47所示。使用时，拖曳鼠标可以创建椭圆形；按住Shift键并拖曳，可以创建圆形。其选项及创建方法与矩形工具 ▢ 基本相同。

图12-46

图12-47

12.2.5 创建三角形、多边形和星形

三角形工具 △ 用来创建三角形，多边形工具 ⬡ 可以创建三角形、星形和多边形。

选择多边形工具 ⬡ 后，可以在工具选项栏 # 选项中设置多边形(或星形)的边数。如果要创建星形，还需单击工具选项栏中的 ⚙. 按钮，打开下拉面板设置星形的比例等参数，如图12-48和图12-49所示。其中还包含路径的粗细、颜色设置选项。

图12-48

图12-49

● 星形比例：该值低于100%可以生成星形。

● 平滑星形缩进：勾选该选项，可以在缩进星形边的同时使边缘圆滑，如图12-50所示。

图12-50

● 从中心：以鼠标单击点为中心向外扩展图形。

12.2.6 实战：邮票齿孔效果（自定形状工具）

本实战使用Photoshop中预设的矢量图形制作邮票齿孔效果，如图12-51所示。邮票图形使用现成的形状，不需要自己画出来。

扫码看视频

图12-51

01 打开素材，如图12-52所示。选择图框工具 ⊠，单击工具选项栏中的 ⊠ 按钮，在小羊图像上创建矩形图框，图框外的内容会被隐藏，同时，图像会转换为智能对象，如图12-53和图12-54所示。

图12-52　　图12-53　　图12-54

02 选择自定形状工具 ✿，在工具选项栏中选择"形状"选项，设置填充颜色为白色。打开"形状"面板菜单，选择"旧版形状及其他"命令，加载Photoshop提供的形状库，然后选择邮票状图形，如图12-55所示。

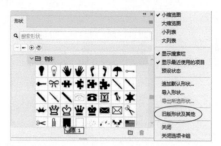

图12-55

03 单击"背景"图层，如图12-56所示。按住 Shift 键并拖曳鼠标绘制图形，如图12-57所示。

图12-56　　　　图12-57

> **提示**
>
> 绘制图形时，向上、下、左、右方向拖曳鼠标，可以拉伸图形。按住Shift键并拖曳，可以让图形保持原有的比例。

04 双击邮票形状图层，打开"图层样式"对话框，添加"投影"效果，如图12-58所示。

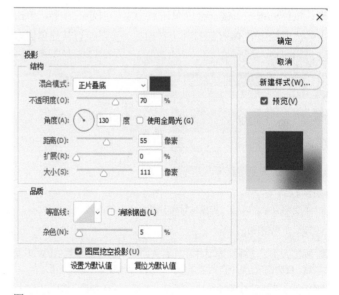

图12-58

05 使用横排文字工具 **T** 添加文字，如图12-59所示。单击小羊所在的图层，如图12-60所示，执行"文件>置入嵌入对象"命令，可替换图框中的图像，如图12-61所示。

图12-59   图12-60   图12-61

12-63和图12-64所示。

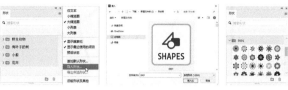

图12-62   图12-63   图12-64

加载形状库后，如果想将其删除，可先单击它所在的组图标 ∨ 🗀，再单击"形状"面板中的 🗑 按钮即可。

12.2.7 加载外部形状

单击"形状"面板右上角的 ☰ 按钮，打开面板菜单，如图12-62所示，选择"导入形状"命令，可以将计算机中或从网上下载的形状库加载到该面板中，如图

12.2.8 保存形状

绘制图形后，执行"编辑>定义自定形状"命令，可将其保存到"形状"面板中，成为一个预设的形状。

· PS技术讲堂 ·

中心绘图、动态调整及修改实时形状

从中心绘图并动态调整

需要对齐图形时，通常会创建参考线或显示网格，然后以参考线和网格的交叉点为基准进行绘图。使用自定形状工具 ✿ 和多边形工具 ⬡ 绘图时，图形是以鼠标单击点为中心向外展开的，因此很容易就能对齐到交叉点上。然而，使用矩形工具 ▢ 、圆角矩形工具 ▢ 和椭圆工具 ○ 时，图形沿对角线方向展开，如图12-65所示。如果也想从中心绘图，需要在拖曳鼠标的过程中按住Alt键，如图12-66所示。

采用动态绘图的方法，可以在绘图的过程中自由调整形状并移动其位置。操作方法如下：拖曳鼠标绘制形状时（不要释放鼠标左键），按住空格键并拖曳，可以移动形状；放开空格键后继续拖曳鼠标，可调整形状大小。这样连贯地操作，就能动态调整形状的大小及位置，如图12-67~图12-69所示。

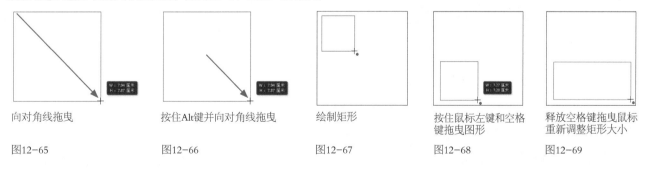

向对角线拖曳   按住Alt键并向对角线拖曳   绘制矩形   按住鼠标左键和空格   释放空格键拖曳鼠标
                                                                    键拖曳图形   重新调整矩形大小

图12-65   图12-66   图12-67   图12-68   图12-69

修改实时形状

图12-70所示为创建形状图层或路径后的矩形、三角形、多边形和直线，拖曳控件可以调整图形大小和角度，也可将直角改成圆角，如图12-71所示。

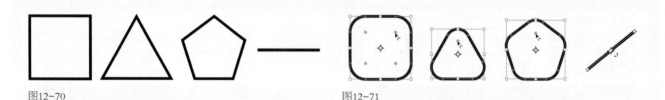

图12-70   图12-71

用"属性"面板修改形状

创建形状图层或路径后，可以通过"属性"面板调整图形的大小、位置、颜色和描边等，如图12-72所示。

● W/H/X/Y：可以设置图形的宽度(W)和高度(H)，水平位置(X)和垂直位置(Y)。

● 填色／描边：可以设置图形的填充和描边颜色。

● 描边宽度／描边类型：可以设置描边宽度，选择用实线、虚线和圆点来描边。

● 描边选项：单击 按钮，可在打开的下拉菜单中设置描边的对齐方式，包括内部、居中和外部；单击 按钮，可以设置描边的端点样式，包括端面、圆形和方形；单击 按钮，可以设置描边转角处的转折样式，包括斜接、圆形和斜面。

● 修改角半径：可以将矩形调整为圆角矩形或修改圆角矩形的角半径。此外，单击8按钮，可以解除参数的链接，分别调整各个角的角半径值。也可将鼠标指针放在角图标上，通过拖曳鼠标进行调整，如图12-73所示。

● 路径查找器：即路径运算按钮，可以对两个或更多的形状和路径进行运算(323页)。

图12-72

图12-73

12.3 用钢笔工具绘图

钢笔工具既能用来绘制图形，又能用于抠图。要想使用好该工具，应从最基本的图形开始入手练习，包括直线、曲线和转角曲线，其他复杂的图形都由这些简单的图形演变而来。

12.3.1 锚点的类型

锚点连接了路径段，如图12-74所示，同时标记了开放式路径的起点和终点，如图12-75所示。复杂的图形一般由多个相互独立的路径组成，这些路径称为子路径，如图12-76所示。

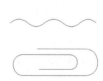

封闭式路径   开放式路径   包含3个子路径
图12-74   图12-75   图12-76

锚点有两种类型，即平滑点和角点。平滑点连接平滑的

曲线，如图12-77所示；角点连接直线和转角曲线，如图12-78和图12-79所示。

平滑点连接的曲线　　角点连接的直线　　角点连接的转角曲线

图12-77　　　　　　图12-78　　　　　　图12-79

在曲线路径段上，锚点有方向线，方向线的端点是方向点，如图12-80所示，拖曳方向点可以拉动方向线，进而改变曲线的形状，如图12-81所示。

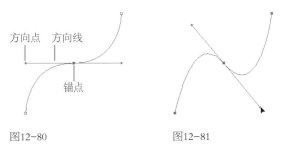

图12-80　　　　　　　图12-81

12.3.2 实战：绘制直线

01 选择钢笔工具 ✍ ，在工具选项栏中选择"路径"选项。在画布上（鼠标指针变为 ✍.状）单击，创建锚点，如图12-82所示。

02 释放鼠标左键，在下一位置按住Shift键（锁定水平方向）并单击，创建第2个锚点，两个锚点会连接成一条直线路径。在其他区域单击可继续绘制直线路径，如图12-83所示。操作时按住Shift键还可以锁定垂直方向，或以45°角为增量进行绘制。

03 如果要闭合路径，将鼠标指针放在路径的起点，当鼠标指针变为 ✍.状时，如图12-84所示，单击即可，如图12-85所示。如果要结束一段开放式路径的绘制，可以按住Ctrl键（临时转换为直接选择工具 ➤ ）并在空白处单击。单击其他工具或按Esc键也能结束绘制。

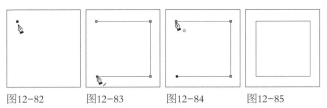

图12-82　　　图12-83　　　图12-84　　　图12-85

12.3.3 实战：绘制曲线

扫码看视频

使用钢笔工具 ✍ 绘制的曲线被称为贝塞尔曲线，它由法国工程师皮埃尔·贝塞尔（Pierre Bézier）开发。其原理是在锚点上添加两个控制柄，无论调整哪个控制柄，另外一个始终与它保持在一条直线上并与曲线相切，这使得贝塞尔曲线具有精确和易于修改的特点。由于这种优势，这种曲线被广泛地应用在计算机图形领域，像Illustrator、CorelDRAW、FreeHand和3ds Max等软件都包含可绘制贝塞尔曲线的工具。

01 选择钢笔工具 ✍ 及"路径"选项。向上拖曳鼠标，创建一个平滑点，如图12-86所示。

02 将鼠标指针移至下一位置上，如图12-87所示，向下拖曳鼠标，创建第2个平滑点，如图12-88所示。在拖曳的过程中可以调整方向线的长度和方向，进而影响下一个锚点生成路径的走向。因此，要绘制出平滑的曲线，需要控制好方向线。

03 继续创建平滑点，即可生成一段光滑、流畅的曲线，如图12-89所示。

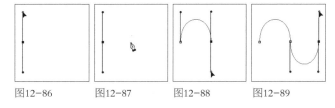

图12-86　　　图12-87　　　图12-88　　　图12-89

12.3.4 实战：在曲线后面绘制直线

01 选择钢笔工具 ✍ 及"路径"选项。在画布上拖曳鼠标，绘制出一条曲线，如图12-90所示。将鼠标指针移动到最后一个锚点上，按住Alt键单击，如图12-91所示，将该平滑点转换为角点，这时它的另一侧方向线会被删除，如图12-92所示。

扫码看视频

02 在其他位置单击（不要拖曳），即可在曲线后面绘制出直线，如图12-93所示。

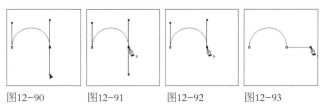

图12-90　　　图12-91　　　图12-92　　　图12-93

12.3.5 实战：在直线后面绘制曲线

01 选择钢笔工具 ✐ 及 "路径" 选项。在画布上单击，绘制一段直线路径。将鼠标指针放在最后一个锚点上，如图12-94所示，按住Alt键并拖曳鼠标，从该锚点上拖出方向线，如图12-95所示。

扫码看视频

02 在其他位置拖曳鼠标，可以在直线后面绘制出曲线。如果拖曳方向与方向线的方向相同，可创建S形曲线，如图12-96所示；如果方向相反，则创建C形曲线，如图12-97所示。

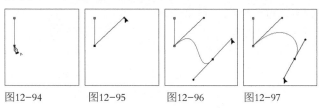

图12-94　　图12-95　　图12-96　　图12-97

12.3.6 实战：绘制转角曲线

如果想绘制出与上一段曲线之间出现转折的曲线（即转角曲线），需要在创建锚点前改变方向线的方向。下面通过该方法绘制一个心形图形。

扫码看视频

01 创建一个大小为788像素×788像素，分辨率为100像素/英寸的文件。执行 "视图>显示>网格" 命令，显示网格，通过网格辅助很容易绘制对称图形。当前的网格颜色为黑色，不利于观察路径，可以执行 "编辑>首选项>参考线、网格和切片" 命令，将网格颜色改为灰色，如图12-98所示。

图12-98

02 选择钢笔工具 ✐ 及 "路径" 选项。在网格点上单击并向画面右上方拖曳鼠标，创建一个平滑点，如图12-99所示。将鼠标指针移至下一个锚点处，向下拖曳鼠标，创建曲线，如图12-100所示。将鼠标指针移至下一个锚点处，单击（不要拖曳鼠标），创建一个角点，如图12-101所示。这样就完成了心形右侧的绘制。

03 在图12-102所示的网格点上向上拖曳鼠标，创建曲线。将鼠标指针移至路径的起点上，单击，闭合路径，如图12-103所示。

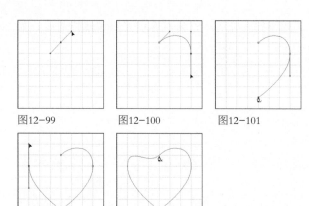

图12-99　　　图12-100　　　图12-101

图12-102　　　图12-103

04 按住Ctrl键（切换为直接选择工具 ▷）在路径的起始处单击，显示锚点，如图12-104所示。此时锚点上会出现两条方向线，将鼠标指针移至左下角的方向线上，按住Alt键切换为转换点工具 ⌐，如图12-105所示。向上拖曳该方向线，使之与右侧的方向线对称，如图12-106所示。按Ctrl+'快捷键隐藏网格，完成绘制，如图12-107所示。

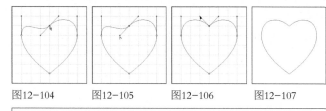

图12-104　　图12-105　　图12-106　　图12-107

技 术 看 板 预判路径走向

单击钢笔工具选项栏中的 ✿. 按钮打开下拉面板，勾选 "橡皮带" 选项，此后使用钢笔工具 ✐ 绘制路径时，可以预先看到将要创建的路径段，从而判断出路径的走向。

12.3.7 用弯度钢笔工具绘图

使用钢笔工具 ✐ 绘图时，可以同时编辑路径，但需要配合相应的工具才能完成（320页）。弯度钢笔工具 ✐ 可以直接编辑路径，用它绘制的曲线非常平滑，只是准确性稍差一点。

绘制路径

选择弯度钢笔工具 ✐，在画布上单击创建第1个锚点，如图12-108所示。在其他位置单击，创建第2个锚点，它们之间会生成一段路径，如图12-109所示。如果想要路径发生弯曲，可在下一位置单击，如图12-110所示。拖曳鼠标，可以控制路径的弯曲程度，如图12-111所示。如果想要绘制出直线，则需要双击，然后在下一位置单击，如图12-112所示。完成绘制后，可以按Esc键。

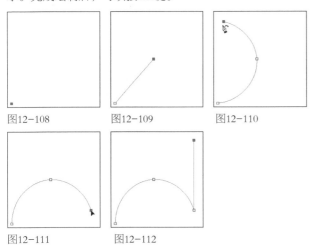

图12-108　　　　图12-109　　　　图12-110

图12-111　　　　图12-112

编辑路径

在路径上单击可以添加锚点，如图12-113和图12-114所示。单击一个锚点，按Delete键可将其删除，如图12-115和图12-116所示。拖曳锚点可以移动其位置，如图12-117所示。双击锚点可以转换其类型，即将平滑锚点转换为角点，如图12-118所示，或者相反。

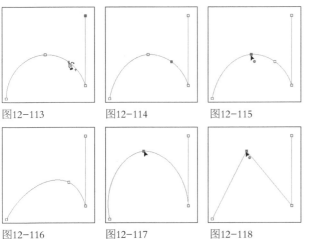

图12-113　　　　图12-114　　　　图12-115

图12-116　　　　图12-117　　　　图12-118

技术看板 让路径更易识别

使用钢笔工具 ✐、弯度钢笔工具 ✐、自由钢笔工具 ✐和磁性钢笔工具 ✐时，可以在工具选项栏中设置路径线条的粗细和颜色，使路径更加便于绘制和观察。

12.3.8 实战：高科技发光外套（描边路径）

科幻大片里经常会出现穿着发光外套，或挥动发光武器的人，科技感爆棚。本实战就来制作一款这样的发光外套，如图12-119所示。

扫码看视频

图12-119

01 单击"调整"面板中的 ⊞ 按钮创建"颜色查找"调整图层，使用预设文件将图像调暗，如图12-120和图12-121所示。

图12-120　　　　　　　　图12-121

02 选择画笔工具 ✐ 及柔边圆笔尖，在女孩皮肤区域涂抹黑色，恢复亮度，如图12-122和图12-123所示。

图12-122　　　　图12-123

03 使用钢笔工具 ✎ 沿衣服边缘绘制路径，如图12-124所示。新建一个图层。选择画笔工具 ✎ 并调整参数，如图12-125所示。

图12-124　　　　　图12-125

04 将前景色设置为白色，单击"路径"面板中的 ◯ 按钮描边路径，如图12-126所示。

05 新建一个图层，设置混合模式为"颜色减淡"。将前景色设置为洋红色（R255，G0，B145）。修改画笔工具 ✎ 参数，如图12-127所示。单击"路径"面板中的 ◯ 按钮，用画笔描边路径。在"路径"层空白处单击，隐藏路径，如图12-128~图12-130所示。

图12-126

图12-127

图12-128

图12-129　　　　　图12-130

06 执行"滤镜>模糊>高斯模糊"命令，对线条进行模糊，如图12-131和图12-132所示。

图12-131　　　　　图12-132

07 按Ctrl+J快捷键复制图层，再使用"高斯模糊"滤镜处理一遍，让光向外发散，如图12-133和图12-134所示。

图12-133　　　　　图12-134

08 新建一个图层，设置混合模式为"颜色减淡"。使用画笔工具 ✎ 绘制光效。为表现好光的变化，可以为图层添加蒙版，用画笔工具 ✎ 修改颜色范围，如图12-135和图12-136所示。

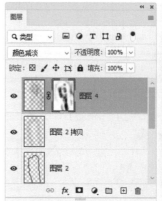

图12-135　　　　　图12-136

12.4 编辑锚点和路径

使用钢笔工具绘图或描摹对象的轮廓时，很难一次就能绘制得非常准确，多数情况下，还需要对锚点和路径进行编辑，才能得到所需图形。此外，对现有图形进行路径运算，也能生成新的图形。

12.4.1 实战：创意条码签

01 选择椭圆工具 ○，在工具选项栏中选择"形状"选项，设置描边颜色为黑色，宽度为5像素，按住Shift键拖曳鼠标创建圆形，如图12-137所示。

扫码看视频

02 使用直接选择工具 ▷ 单击圆形底部的锚点，将其选中，如图12-138所示，按Delete键删除，得到一个半圆，如图12-139所示。

图12-137　　　图12-138　　　图12-139

03 执行"视图>显示>智能参考线"命令，开启智能参考线。选择矩形工具 □ 及"形状"选项，设置填充和描边颜色为黑色，创建几个矩形，如图12-140所示。有了智能参考线的帮助，可以轻松对齐图形。

04 按住Ctrl键单击这几个矩形所在的形状图层，选中它们，如图12-141所示，执行"图层>合并形状>统一形状"命令，将它们合并到一个形状图层中，如图12-142所示。

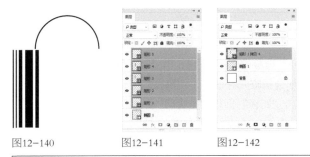

图12-140　　　图12-141　　　图12-142

> **提示**
> 选择多个形状图层后，执行"图层>合并形状"子菜单中的命令，可以将所选形状合并到一个形状图层中，并进行图形运算（323页）。

05 新建一个图层。修改矩形工具 □ 的填充和描边颜色，采用同样的方法再制作几组矩形，组成一个完整的手提袋样式。使用横排文字工具 T 在手提袋的底部输入一行数字，如图12-143所示。

图12-143

06 执行"图像>复制"命令，从当前文件中复制出一个相同效果的文件，用来制作咖啡杯。单击半圆形所在的形状图层，如图12-144所示，按Ctrl+T快捷键显示定界框，按住Shift键并拖曳，将其旋转-90°并移动到左侧，作为杯子的把手，如图12-145所示。按Enter键确认。选择矩形工具 □，设置描边宽度为15像素，将把手加粗，如图12-146所示。

图12-144　　　图12-145　　　图12-146

07 创建一个矩形，如图12-147所示。按Ctrl+T快捷键显示定界框，按住Shift+Alt+Ctrl键并拖曳底部的控制点，进行透视扭曲，制作出小盘子，按Enter键确认，如图12-148所示。

图12-147　　　图12-148

・PS技术讲堂・

"路径"面板、路径层与工作路径

图12-149

"路径"面板

执行"窗口>路径"命令，打开"路径"面板，如图12-149所示。该面板中显示了文件中存储的路径、当前的工作路径、当前矢量蒙版的名称和缩览图。

● 路径/工作路径/矢量蒙版：显示了当前文件中包含的路径、临时路径和矢量蒙版。

● 用前景色填充路径 ●：用前景色填充路径区域。

● 用画笔描边路径 ○：用画笔工具对路径进行描边。

● 将路径作为选区载入 ⋮⋮⋮：将当前选择的路径转换为选区。

● 从选区生成工作路径 ◇：从当前的选区中生成工作路径。

● 添加蒙版 ▣：单击该按钮，可以从路径中生成图层蒙版，再次单击可生成矢量蒙版。

● 删除当前路径 🗑：删除当前选择的路径。

管理路径层

单击"路径"面板中的 ⊞ 按钮，可以创建一个路径层，如图12-150所示。如果想在新建路径层时为路径命名，可以按住Alt键并单击 ⊞ 按钮，在打开的"新建路径"对话框中进行设置，如图12-151和图12-152所示。如果要修改路径层的名称，可在其名称上双击，输入新名称并按Enter键。

图12-150

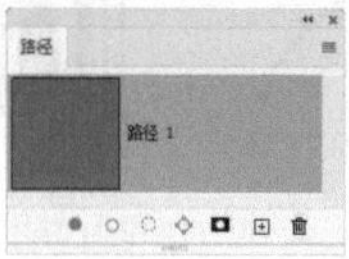

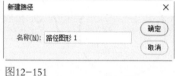
图12-151

图12-152

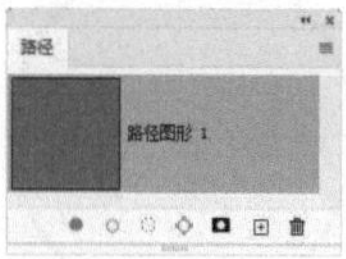

当路径层较多时，按住Ctrl键并单击各个路径层，可以将它们同时选中，如图12-153和图12-154所示。在这种状态下，可以使用路径选择工具 ▶ 和直接选择工具 ▷ 编辑分属不同路径层上的路径，图12-155所示为同时选择两个路径层上的锚点。按Delete键，可将选取的路径层删除。按住Alt键并拖曳路径层，可以像复制图层一样复制路径层，如图12-156和图12-157所示。

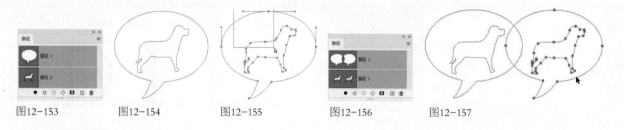

图12-153　　图12-154　　图12-155　　图12-156　　图12-157

管理工作路径

使用钢笔工具 ✐ 或其他形状工具时，如果在绘图之前单击"路径"面板中的 ⊞ 按钮，再绘图，所绘图形就会保存在路径层上，如图12-158所示；如果未单击 ⊞ 按钮而直接绘图，则图形会被临时存储在工作路径层上，如图12-159所示。工作路径层就像是"临时工"，稍有不慎就会被"开除"。例如，单击"路径"面板的空白区域，如图12-160所示，之后绘制一个圆形路径，则前一个图形就会被圆形替代，如图12-161所示。有3种方法可以避免出现这种情况。

1. 对于已绘制好的工作路径，可以将其所在的路径层拖曳到"路径"面板中的

图12-158

图12-159

图12-160

图12-161

⊞ 按钮上，这样该路径层的名称会变为"路径1"，表示它已转换为正式的路径，从"临时工"变为"正式工"。

2. 如果路径层较多，使用拖曳的方法会比较麻烦，可以双击工作路径层，在打开的"存储路径"对话框中为它设置一个名称。通过这种方法保存路径后，有利于查找管理。

3. 如果尚未绘图，可以先单击 ⊞ 按钮，创建一个路径层，再绘制路径。这样可以确保图形直接被保存在路径层上。

12.4.2 选择与移动路径

使用路径选择工具 ▶ 在路径上单击，即可选择路径，如图12-162所示。按住Shift键并单击其他路径，可以将其一同选取，如图12-163所示。拖曳出一个选框，则可将选框内的所有路径同时选取，如图12-164所示。

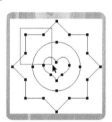

图12-162　　　　　图12-163　　　　　图12-164

选择一个或多个路径后，将鼠标指针放在路径上方，拖曳鼠标可以进行移动，如图12-165所示。如果只想移动一条路径，将鼠标指针移动到该路径上方，直接拖曳即可，如图12-166所示。

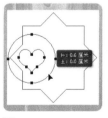

图12-165　　　　　图12-166

12.4.3 选择与移动锚点和路径段

选择或移动锚点前，先要让锚点显示出来。

使用直接选择工具 ▶ 并将鼠标指针放在路径上，单击可以选择路径段并显示其两端的锚点，如图12-167所示。显示锚点后，如果单击它，便可将其选取（选取的锚点为实心方块，未选取的锚点为空心方块），如图12-168所示。拖曳它可将其移动，如图12-169所示。

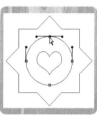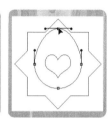

图12-167　　　　　图12-168　　　　　图12-169

需要注意的是，在锚点位置按住鼠标左键不放，之后进行拖曳，才能移动锚点。如果单击锚点，之后将鼠标指针从锚点上方移开，这时又想移动锚点，则需要将鼠标指针重新定位在锚点上，拖曳鼠标才能将其移动。否则，只能拖曳出一个矩形框（可框选锚点、路径、路径段）。此外，从选择的路径或路径段上移开鼠标指针后，再想移动，也要重新将鼠标指针定位在路径和路径段上才行。

路径段的选取方法比锚点简单，使用直接选择工具 ▶ 单击路径即可，如图12-170所示。在路径段上拖曳鼠标，则可将其移动，如图12-171所示。

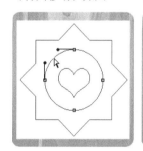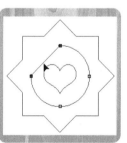

图12-170　　　　　　图12-171

如果想要选取多个锚点（或多条路径段），可以使用直接选择工具 ▶ 按住Shift键并逐个单击锚点（或路径段）。或者拖曳出一个选框，将需要选取的对象框选。如果要取消选择，可在空白处单击。

12.4.4 添加与删除锚点

选择添加锚点工具 ✎，将鼠标指针放在路径上方，鼠标指针会变为 ▶₊状，如图12-172所示，单击可以添加一个锚点，如图12-173所示。进行拖曳，还可调整路径形状。

图12-172　　　　　　图12-173

选择删除锚点工具 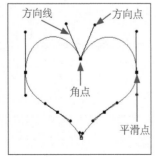，将鼠标指针放在锚点上方，当鼠标指针变为 状时，如图12-174所示，单击可删除该锚点，如图12-175所示。此外，使用直接选择工具 选择锚点后按Delete键也可将其删除，但用这种方法操作时，锚点两侧的路径段也会同时被删除，导致闭合的路径变为开放的路径。

图12-174　　　　　　图12-175

> *提示*
> 适当减少锚点能降低路径的复杂度，使其更加易于编辑。对于曲线，锚点越少，曲线越平滑、流畅。

12.4.5 调整曲线形状

锚点分为平滑点和角点两种。在曲线路径段上，每个锚点还包含一条或两条方向线，方向线的端点是方向点，如图12-176所示。拖曳方向点可以调整方向线的长度和方向，进而改变曲线的形状。

使用直接选择工具 和转换点工具 都可以拖曳方向点。直接选择工具 会区分平滑点和角点。对于平滑点，拖曳其任何一端的方向点时，都会影响锚点两侧的路径段，因此，方向线永远是一条直线，如图12-177所示。角点上的方向线可单独调整，即拖曳角点上的方向点时，只调整与方向线同侧的路径段，如图12-178所示。

图12-176

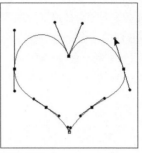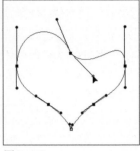

图12-177　　　　　　图12-178

转换点工具 对平滑点和角点一视同仁，无论拖曳哪种方向点，都只调整锚点一侧的方向线，不影响另外一侧的方向线和路径段，如图12-179和图12-180所示。

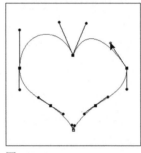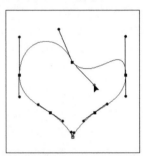

图12-179　　　　　　图12-180

12.4.6 转换锚点

转换点工具 可以转换锚点的类型。选择该工具后，将鼠标指针放在锚点上方，如果这是一个角点，对其进行拖曳，可将其转换为平滑点，如图12-181和图12-182所示；如果这是一个平滑点，则单击可将其转换为角点，如图12-183所示。

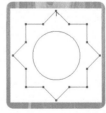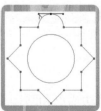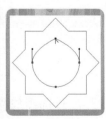

图12-181　　　　图12-182　　　　图12-183

12.4.7 实战：用钢笔工具编辑路径

前面介绍的所有关于锚点的操作都能用钢笔工具 完成，也就是说，使用该工具绘图时，可同时编辑路径，而不必借助其他工具。

扫码看视频

其中涉及一些技巧，需要反复练习才能熟练掌握。下面介绍具体操作方法。每完成一步，可以按Ctrl+Z快捷键撤销操作，将图形恢复为原样，再练习下一个技巧。

01 打开素材。单击"路径"面板中的路径层，在画布中显示它，如图12-184所示。选择钢笔工具 ✐ 并勾选"自动添加/删除"选项。

02 首先学习怎样选择和移动路径。按住Ctrl+Alt键并单击路径，可将其选中，如图12-185所示。选中后按住Ctrl键单击路径并进行拖曳，可进行移动，如图12-186所示。按住Ctrl键并在空白处单击结束编辑。

图12-184
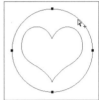
图12-185
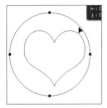
图12-186

03 下面练习怎样移动路径段和锚点。按住Ctrl键并单击路径，可以在选取路径段的同时显示锚点，如图12-187所示。按住Ctrl键单击路径段并进行拖曳可将其移动，如图12-188所示。按住Ctrl键并单击锚点，可以选择锚点，如图12-189所示。按住Ctrl键单击锚点并进行拖曳，则可移动锚点。

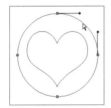
图12-187
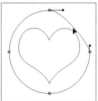
图12-188
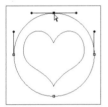
图12-189

04 如果要进行添加和删除锚点的操作，可以将鼠标指针放在路径段上，单击可以添加锚点，如图12-190所示。将鼠标指针放在锚点上，如图12-191所示，单击鼠标可将其删除，如图12-192所示。

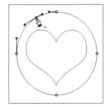
图12-190

图12-191

图12-192

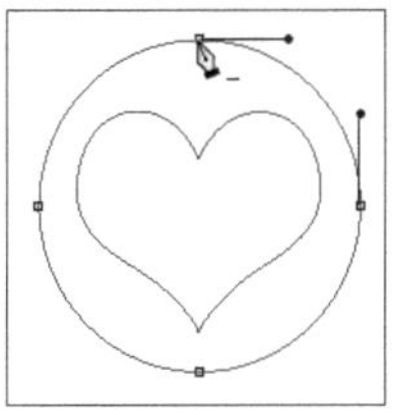

05 按住Ctrl键并单击心形图形，将其选取。下面学习怎样转换锚点的类型。将鼠标指针放在锚点上方，按住Alt键（临时切换为转换点工具 ⊾）单击并拖曳角点，可将其转换为平滑点，如图12-193和图12-194所示；按住Alt键并单击平滑点，则可将其转换为角点，如图12-195所示。

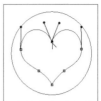
图12-193

图12-194
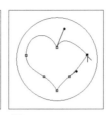
图12-195

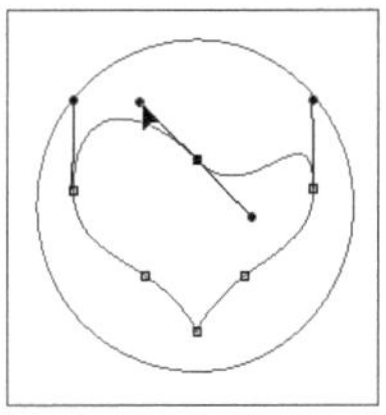

06 下面学习怎样拖曳方向点。按住Ctrl键可临时切换为直接选择工具 ▸，此时可拖曳方向点。按住Alt键也可拖曳方向点。这两种方法的区别在于编辑平滑点，按住Ctrl键操作会影响平滑点两侧的路径段，如图12-196所示；按住Alt键操作只影响一侧的路径段，如图12-197所示。编辑角点时，二者相同。

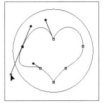
图12-196
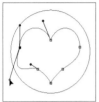
图12-197

技术看板 观察钢笔工具的鼠标指针

● ✐×：鼠标指针显示为 ✐× 状时，单击可以创建一个角点；拖曳鼠标可以创建一个平滑点。

● ✐○：在绘制路径的过程中，将鼠标指针移至路径的起始位置的锚点上，鼠标指针变为 ✐○ 状时单击，可闭合路径。

● ✐／：选择一条开放式路径，将鼠标指针移至该路径的一个端点上，鼠标指针变为 ✐／ 状时单击，之后便可继续绘制该路径。如果在绘制路径的过程中将鼠标指针移至另一条开放路径的端点，鼠标指针变为 ✐／ 状时单击，则可将这两段开放式路径连接成一条路径。

12.4.8 对齐与分布路径

使用路径选择工具 ▸ 按住Shift键并单击画布上的多个子路径（或同一个形状图层中的多个形状），将其选中，单击工具选项栏中的 ⊫ 按钮，打开下拉面板，如图12-198所示，选择一个选项，即可让所选路径（或形状）对齐，或者按一定的规则均匀分布，如图12-199所示。其他效果可参见图层对齐（*70页*、*71页*）。

图12-198

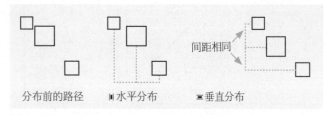

图12-199

分布前的路径　　■水平分布　　≡垂直分布

至少选择3个路径才能进行分布操作。如果选择"对齐到画布"选项，还能相对于画布来对齐或分布对象。例如，单击左对齐按钮■，可以让路径与画布的左边界对齐。

需要注意的是，只有同一个路径层中的多个路径，以及同一个形状图层中的多个形状才能进行上述操作。不同的路径层、不同的形状图层不能这样处理，如图12-200所示。

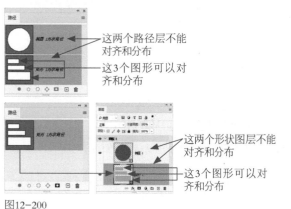

这两个路径层不能对齐和分布

这3个图形可以对齐和分布

这两个形状图层不能对齐和分布

这3个图形可以对齐和分布

图12-200

12.4.9 复制与删除路径

如果想在原位置复制路径，可以将路径层拖曳到"路径"面板中的⊞按钮上（工作路径需要拖曳两次）。此时复制出的路径与原路径重叠，但它们位于不同的路径层中，如图12-201所示。

如果不在意路径的位置，可以使用路径选择工具▶单击画板中的路径，按住Alt键并进行拖曳，此时可沿拖曳方向复制出路径，但复制出的路径与原始路径位于同一个路径层中，如图12-202和图12-203所示。

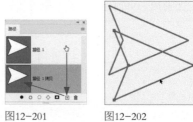

图12-201　　　图12-202　　　图12-203

如果想将路径复制到其他打开的文件中，使用路径选择

工具▶将其拖曳到另一文件即可。操作方法与拖曳图像到其他文件是一样的（69页）。

如果要删除文档窗口中的路径，可以使用路径选择工具▶单击画布上的路径，再按Delete键。如果要删除"路径"面板中的路径层，可将其直接拖曳到🗑按钮上。

12.4.10 显示与隐藏路径

单击一个路径层，如图12-204所示，或单击画布上的路径，它便始终显示，即使切换为其他工具也是如此。如想保持路径的选取，又不希望它对视线造成干扰，可以按Ctrl+H快捷键，将画布上的路径隐藏。再次按该快捷键能重新显示。也可以在面板的空白处单击，如图12-205所示，取消选择路径层，此时画布上也不会显示路径。

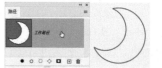

图12-204　　　　　　　　　图12-205

12.4.11 路径变换与变形

选择路径选择工具▶时，当前路径上会显示定界框（如果未出现定界框，可以执行"编辑>变换路径"子菜单中的命令），如图12-206所示，拖曳定界框和控制点，可对路径进行缩放、旋转、斜切和扭曲操作，如图12-207所示。

图12-206　　　　　　　　　图12-207

12.4.12 路径与选区互相转换

创建选区之后，如图12-208所示，单击"路径"面板中的◇按钮，可将选区转换为路径，如图12-209所示。按住Ctrl键并单击路径层的缩览图，可以从路径中加载选区，如

图12-210和图12-211所示。

图12-208　　　　　　　　图12-209

图12-210　　　　　图12-211

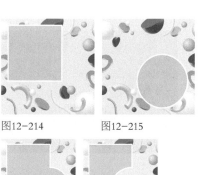

图12-214　　　　　　图12-215

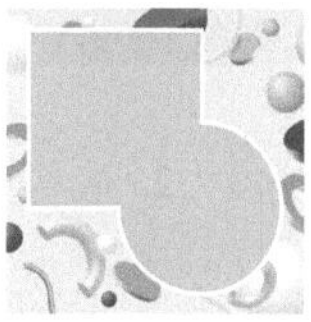

合并形状　　　　减去顶层形状

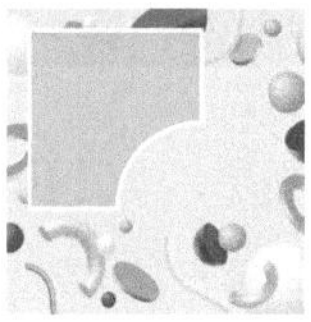

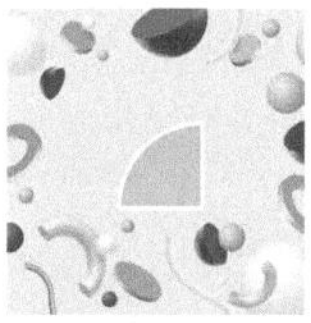

与形状区域相交　　排除重叠形状
图12-216

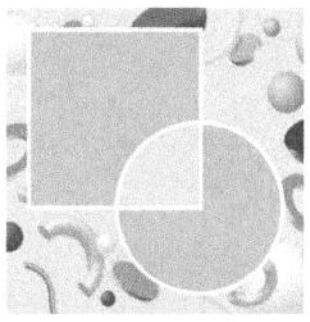

● 新建图层 □：创建新的路径层。

● 合并形状 🖫：将新绘制的图形与现有的图形合并。

● 减去顶层形状 🖫：从现有的图形中减去新绘制的图形。

● 与形状区域相交 🖫：单击该按钮后，得到的图形为新图形与现有图形相交的区域。

● 排除重叠形状 🖫：单击该按钮后，得到的图形为合并路径中排除重叠的区域。

● 合并形状组件 🖫：合并重叠的路径组件。

12.4.13　调整路径的堆叠顺序

Photoshop中的图层按照其创建的先后顺序依次向上堆叠，路径也依照这一规则，即各个路径层上下堆叠。但又有所区别，那就是同层路径也会上下堆叠，也就是说，在同一个路径层中绘制多条路径时，这些路径也能按照创建的先后顺序堆叠。

进行路径相减运算时（单击减去顶层形状按钮 🖫），Photoshop会使用所选路径中的上层路径减去下层路径，因此，要想获得预期结果，就需要先将路径的堆叠顺序调整好。操作方法是：选择路径，然后单击工具选项栏中的按钮打开下拉菜单，执行一个需要的命令即可，如图12-212所示。

图12-212

12.4.14　路径及形状运算

使用钢笔工具 ⌀ 和形状工具时，可以对路径或形状进行运算，以得到所需的轮廓。

进行路径运算时至少要有两个图形，如果图形是现成的，可以使用路径选择工具 ▶ 将它们选取；如果想在绘制路径时进行运算，可以先绘制第1个图形，之后单击工具选项栏中的 🖫 按钮，打开下拉列表选择运算方法，如图12-213所示，然后再绘制另一个图形。图12-214所示为现有的矩形，图12-215所示为将要绘制的圆形，图12-216所示为不同的运算结果。

图12-213

12.4.15　实战：将白昼变黑夜并添加窗影

本实战先将白天照片改造成夜晚效果，再使用形状工具绘制窗户（重点练习图形运算），并制作成窗影效果，如图12-217所示。

扫码看视频

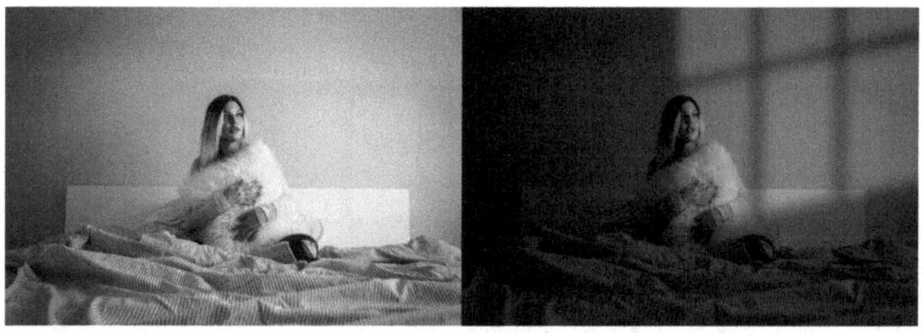

图12-217

01 单击"图层"面板中的 🔾 按钮打开下拉列表，选择"颜色查找"命令，创建"颜色查找"调整图层，使用预设将图像调整为暗夜效果，如图12-218和图12-219所示。

图12-218 图12-219

02 按Ctrl+J快捷键复制调整图层，设置不透明度为25%，如图12-220和图12-221所示。

图12-220 图12-221

03 选择矩形工具 □ 及"形状"选项，拖曳鼠标创建一个矩形，如图12-222所示。选择路径选择工具 ▶ ，在工具选项栏的下拉面板中选择" □ 合并形状"选项，如图12-223所示。以便复制矩形时，使它们位于同一个形状图层中。

图12-222 图12-223

04 按住Shift+Alt键拖曳矩形进行复制，拖曳到位后，先释放鼠标左键，再同时释放Shift键和Alt键，效果如图12-224所示。继续复制矩形，如图12-225所示。

图12-224 图12-225

05 拖曳出一个选框，如图12-226所示，将这3个图形选取，按住Shift+Alt键向下拖曳进行复制，如图12-227所示。

图12-226 图12-227

技术看板 修改运算结果

路径（及形状）是矢量对象，修改起来非常方便。例如，使用路径选择工具 ▶ 选择多个子路径后，单击工具选项栏中的运算按钮，便可修改运算结果。

选择路径 修改运算方法 当前运算结果

06 在空白处单击取消选择。按Ctrl+T快捷键显示定界框，将图形移动到画面右侧。单击鼠标右键打开快捷菜单，选择"斜切"命令，如图12-228所示。将鼠标指针移动到左侧定界框附近，拖曳进行斜切扭曲，如图12-229所示。

图12-228 图12-229

07 打开快捷菜单，选择"缩放"命令，如图 12-230所示。拖曳控制点，调整图形大小，如图12-231所示。按Enter键确认。

图12-230 图12-231

08 设置形状图层的混合模式为"叠加"。执行"图层>智能对象>转换为智能对象"命令，将形状图层转换为智能对象，如图12-232和图12-233所示。

09 执行"滤镜>模糊>高斯模糊"命令，为图形添加模糊效果，如图12-234和图12-235所示。

图12-232

图12-233

图12-234

图12-235

12.5 UI设计：超酷打孔字

本实例使用形状图层和图层样式制作打孔特效字，如图 12-236 所示。用形状制作的文字是矢量对象，可以无损缩放，在任何尺寸的文件中使用都能保持清晰度。

扫码看视频

图12-236

图12-238　图12-239　图12-240

03 单击"路径 1"，如图12-241所示，按Ctrl+C快捷键复制，在面板空白处单击隐藏路径，如图12-242所示。使用路径选择工具 ▶ 单击蓝色图形，如图12-243所示，按Ctrl+V快捷键，将复制的路径粘贴到该图形所在的形状图层中，如图12-244和图12-245所示。

01 打开素材，如图12-237所示。下面先根据文字的结构重新绘制路径，再为每个笔画添加图层样式，使文字呈现层次感。

图12-237

02 将前景色设置为蓝色（R0，G183，B238）。选择矩形工具 □ 及"形状"选项，根据字母P的笔画轮廓绘制一个矩形，在"图层"面板中会自动生成一个形状图层。在"属性"面板中设置填充为蓝色，无描边，圆角半径设置为30像素。如图12-238~图12-240所示。

图12-241　　　　图12-242

图12-243

图12-244

图12-245

04 选择椭圆工具 ◯，在工具选项栏中选取"形状"选项，单击排除重叠形状按钮 ▣，如图12-246所示。

图12-246

05 在画布上先拖曳鼠标，此时不要释放鼠标左键，按住Shift键，这样可以将椭圆转换为圆形，释放鼠标后可创建打孔效果，如图12-247所示。使用路径选择工具 ▶ 在圆形路径上单击将其选取，如图12-248所示，按住Alt键并拖曳，将其复制到相应位置，得到图12-249所示的效果。

图12-247　　　　图12-248　　　　图12-249

06 双击"形状 1"图层，打开"图层样式"对话框，添加"投影"和"内发光"效果，参数设置如图12-250和图12-251所示。

图12-250　　　　　　图12-251

07 继续添加"斜面和浮雕"效果，使字母产生一定厚度，参数如图12-252所示。添加"光泽"效果，在字母表面增加光泽感，参数如图12-253所示，效果如图12-254所示。

图12-252　　　　　　　　图12-253

——— 提示 ———
要改变路径形状的颜色，可先调整前景色，之后按Alt+Delete快捷键填充。

图12-254

08 继续绘制路径，并以不同的颜色填充，组成完整的文字。可以按Ctrl+[或Ctrl+] 快捷键调整形状的前后位置。隐藏最底层的PLAY图层，效果如图12-255所示。

图12-255

09 为了便于区分字母，可以将组成每个字母的图层选取，按Ctrl+G快捷键编组。按住Shift键并选取这些图层组，如图12-256所示，按Alt+Ctrl+E快捷键盖印图层，将字母效果合并到一个新的图层中，如图12-257所示。

图12-256　　　　　　　图12-257

10 按Ctrl+J快捷键复制图层，单击图层左侧的眼睛图标 ◉ 隐藏图层。选择第一个盖印的图层，如图12-258所示。执行"编辑>变换>垂直翻转"命令，翻转图像，使之成为倒影，如图12-259所示。

图12-258　　　　　图12-259

11 执行"滤镜>模糊>高斯模糊"命令，对倒影进行模糊，如图12-260和图12-261所示。

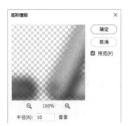

图12-260　　　　　图12-261

图12-268

12 单击"图层"面板中的 ■ 按钮，添加图层蒙版。使用渐变工具 ■ 填充线性渐变，将字母的下半部分隐藏，如图12-262和图12-263所示。

图12-262　　　　　图12-263

图12-269

13 选择并显示另一个盖印的图层，按Shift+Ctrl+[快捷键将其移至底层，如图12-264所示。执行"滤镜>模糊>动感模糊"命令，设置参数如图12-265所示。再应用一次该滤镜，这次沿垂直方向模糊，如图12-266和图12-267所示。

15 设置混合模式为"叠加"，不透明度为60%，按住Ctrl键并单击PLAY图层缩览图，如图12-270所示，加载选区。单击 ■ 按钮，基于选区生成图层蒙版，将选区外的图像隐藏，如图12-271和图12-272所示。打开飞鸟素材文件，将其拖入文件中，效果如图12-273所示。

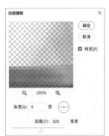
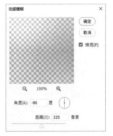

图12-264　　　　图12-265　　　　图12-266

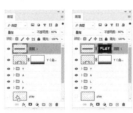
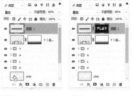

图12-270　　　图12-271　　　图12-272

图12-267

14 使用矩形选框工具 ▢ 选取文字的下半部分，如图12-268所示。在"图层"面板最上方新建一个图层。将前景色设置为黑色。使用渐变工具 ■ 填充"前景色到透明渐变"，按Ctrl+D快捷键取消选择，效果如图12-269所示。

图12-273

12.6 UI设计：玻璃质感卡通图标

本实例使用绘图工具绘制五官和头发形状，应用图层样式制作出具有立体感的、可爱有趣的卡通头像，如图 12-274 所示。

扫码看视频

图12-274

12.6.1 绘制五官

01 按Ctrl+N快捷键，打开"新建"对话框，创建一个210毫米×297毫米、200像素/英寸的文件。将前景色设置为白色。选择椭圆工具 ◯，在工具选项栏中选择"形状"选项，创建一个长度约3.5厘米的椭圆形，如图12-275所示。

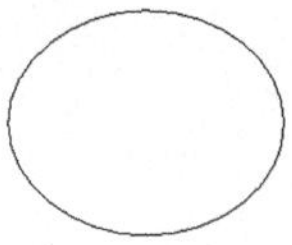

图12-275

02 双击该图层，在打开的"图层样式"对话框中分别勾选"投影"和"内阴影"效果，将投影的颜色设置为深棕色，而内阴影颜色设置为深红色，其他参数设置分别如图12-276和图12-277所示。

图12-276

图12-277

03 添加"内发光""斜面和浮雕""等高线"效果，设置参数如图12-278~图12-280所示，制作出一个立体的图形效果，如图12-281所示。

图12-278 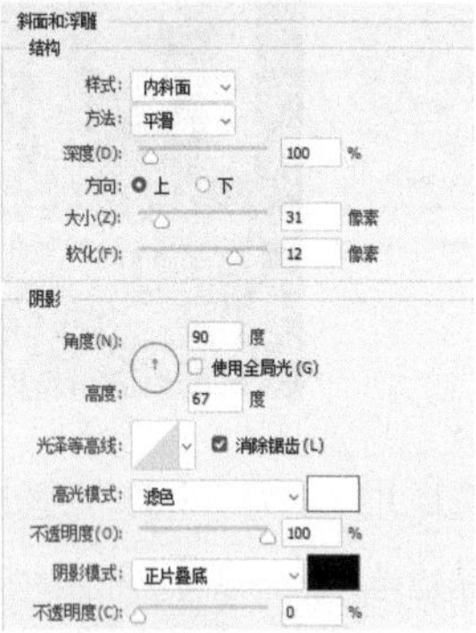 图12-279

图12-280 图12-281

04 选择工具选项栏中的"合并形状"选项，再绘制一个小一点的椭圆，这样它会与大椭圆位于同一个图层中，如图12-282和图12-283所示。

图12-282 图12-283

05 新建一个图层。选择椭圆选框工具 ◯，按住Shift键拖曳鼠标，创建一个圆形。选择渐变工具 ▮，单击径向渐变按钮 ▮，再单击 ▮▮ 按钮打开"渐变编辑器"对话框，调整渐变颜色，如图12-284所示。在圆形选区内填充径向渐变，如图12-285所示。

06 依然保留选区的存在。选择画笔工具 ✎，设置大小为55像素，"不透明度"为80%，在选区内为眼珠点上高

光，如图12-286所示。选择移动工具 ✛，按住Alt键并将眼珠图形拖曳到另一只眼睛上进行复制，按Ctrl+D快捷键取消选择，如图12-287所示。

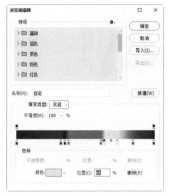

图12-284　　　　　　　　图12-285

图12-286　　　　　　　　图12-287

07 选择自定形状工具 ✿，在形状下拉面板中选择"雨滴"形状，如图12-288所示，在眼睛中间绘制出图形，作为卡通人的鼻子，如图12-289所示。

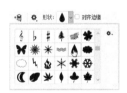

图12-288　　　　　　　　图12-289

08 按住Alt键将"形状1"图层的 fx 图标拖曳到"形状2"图层中，复制图层样式，如图12-290和图12-291所示。

图12-290　　　　　　　　图12-291

09 双击该图层，打开"图层样式"对话框，勾选"外发光"效果，将发光颜色设置为红色，如图12-292所示。选择"渐变叠加"效果，单击渐变按钮 打开"渐变编辑器"对话框，设置渐变颜色如图12-293和图12-294所示，使鼻子颜色呈现渐变过渡效果，如图12-295所示。

图12-292　　　　　　　　图12-293

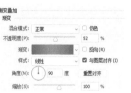

图12-294　　　　　　　　图12-295

10 使用钢笔工具 ✐ 绘制眉毛，将"形状 2"图层的效果复制给"眉毛"图层。将前景色设置为深棕色（R106,G57,B6），按Alt+Delete快捷键填充前景色，如图12-296所示。

11 将前景色设置为黄色。双击"眉毛"图层，添加"光泽"效果，设置发光颜色为红色，如图12-297所示。勾选"渐变叠加"效果，设置为包含透明度的条纹渐变，由于前景色为黄色，所以条纹也会呈现黄色，如图12-298和图12-299所示。

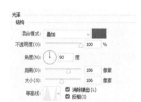

图12-296　　　　　　　　图12-297

图12-298　　　　　　　　图12-299

12 单击外发光左侧的眼睛图标 ◉，将该效果隐藏，如图12-300和图12-301所示。

图12-300　　　　　　　　图12-301

13 用同样的方法制作出胡须，如图12-302所示。将前景色设置为深棕色（R54，G46，B43），按Alt+Delete快捷键填充图形，将该图层拖曳到鼻子图层下方，如图12-303所示。

图12-302　　　　图12-303

14 绘制出脸的图形，按Shift+Ctrl+[快捷键将其移至底层。按住Alt键，将"形状 2"（鼻子）图层后面的 *fx* 图标拖曳到脸图层，如图12-304和图12-305所示。

图12-304　　　图12-305

15 选择椭圆工具 ○，在工具选项栏中选择"减去顶层形状"选项，如图12-306所示。绘制一个椭圆形，作为卡通人的嘴，这个图形会与脸部图形相减，生成凹陷状效果，如图12-307和图12-308所示。

图12-306　　　图12-307　　　图12-308

12.6.2 制作领结和头发

01 绘制出衣领图形，将前景色设置为深紫色（R87，G60，B100），按Alt+Delete快捷键填充颜色，将该图层拖曳到脸部图层下方。添加"渐变叠加"效果，将渐变样式设置为"对称的"，如图12-309和图12-310所示。

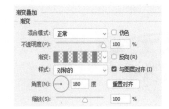

图12-309　　　　　　图12-310

02 在"形状"下拉面板中选择"花1"图形，创建一个填充黄色的形状，并添加条纹渐变，如图12-311和图12-312所示。

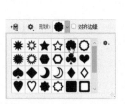

图12-311　　　　　图12-312

03 按住Ctrl键并单击"形状 5"（脸部）图层，载入脸部选区，如图12-313所示。按住Alt键并单击面板底部的 ◘ 按钮，基于选区创建一个反相的蒙版，如图12-314所示。

图12-313　　　　　图12-314

04 选择矩形工具 □，设置半径为50像素，按住Shift键并绘制一个矩形并在"属性"面板中调成圆角，隐藏"渐变叠加"效果，如图12-315和图12-316所示。将前景色设置为黑色，在圆角矩形的下面绘制一个矩形，如图12-317所示。

图12-315　　　　图12-316　　　　图12-317

05 在面部图层上方新建一个图层，如图12-318所示。选择椭圆工具 ○ 及"像素"选项，在卡通人的脸上绘制一些粉红色的圆点，模拟雀斑，如图12-319所示。

图12-318　　　　　图12-319

12.7 宠物店App主页设计

本实例制作社交类应用 App "以猫会友" 的个人主页，展示猫咪的日常生活趣事，如图 12-320 所示。

扫 码 看 视 频

图12-320

01 使用矩形工具 ▢ 创建矩形，如图12-321所示。将猫咪素材拖入文件中，如图12-322所示，按Alt+Ctrl+G快捷键创建剪贴蒙版，如图12-323所示。

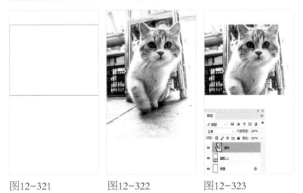

图12-321　　图12-322　　图12-323

02 将前景色设置为白色。选择渐变工具 ▦，在工具选项栏中单击 ▦ 按钮，打开渐变下拉面板，选择"前景色到透明渐变"渐变，在猫咪图像左上角填充径向渐变，如图12-324所示。调整前景色，单击工具选项栏中的线性渐变按钮 ▦，在猫咪右侧填充线性渐变，降低右侧背景的亮度，如图12-325所示。将状态栏和导航栏素材拖入文件中，如图12-326所示。

03 选择椭圆工具 ○，在画布上单击，打开"创建椭圆"对话框，设置椭圆大小为144像素，如图12-327所示。使用椭圆选框工具 ○ 在猫咪脸部创建选区，如图12-328所示，将鼠

标指针放在选区内，按住Ctrl键并拖曳选区内的图像到当前文件中。按Alt+Ctrl+G快捷键创建剪贴蒙版，制作出猫咪的头像。按Ctrl+T快捷键显示定界框，按住Shift键并拖曳定界框的一角，将图像等比缩小，如图12-329所示。

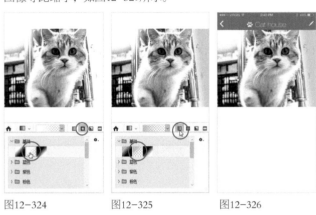

图12-324　　图12-325　　图12-326

图12-327　　图12-328　　图12-329

04 选择自定形状工具 ✿，在形状下拉面板中选择"雄性符号"形状，如图12-330所示，在头像右上方绘制该形状，绘制时按住Shift键可锁定形状比例。使用横排文字工具 **T** 输入猫咪的名字、品种、年龄和个性特征等信息，都使用"苹方"字体，字号为28点，其他文字的字号为24点，颜色有深浅变化，白色文字用一个矩形色块作为背景，如图12-331所示。

图12-330

图12-331

05 调整前景色（R153，G102，B102）。选择"雨滴"形状，如图12-332所示，绘制该形状，如图12-333所示。按Ctrl+T快捷键显示定界框，在图形上单击鼠标右键打开快捷菜单，执行"垂直翻转"命令，效果如图12-334所示。按Enter键确认。

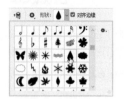

图12-332　　　图12-333　　　图12-334

06 选择椭圆工具 ○，在工具选项栏中选择"排除重叠形状"选项，按住Shift键并绘制一个圆形，与雨滴图形相减，制作出地理位置图标，如图12-335所示。在图标右侧添加猫咪的地址，如图12-336所示。

图12-335　　　图12-336

07 在画面下方绘制爪印图形，如图12-337所示。使用矩形工具 □ 绘制一个圆角矩形按钮，如图12-338所示。

08 双击该图层，打开"图层样式"对话框，添加"投影"效果，如图12-339和图12-340所示。

图12-337　　　　　　图12-338

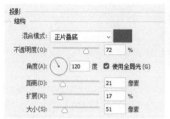 

图12-339　　　　　　　图12-340

09 在按钮上添加白色文字，如图12-341所示。添加其他信息，如图12-342所示。

图12-341　　　图12-342

12.8 个人中心页设计

本实例使用形状工具和形状图层绘制手机界面图形，制作个人中心页，如图 12-343 所示。个人中心页又称"我的"页面，在这里可以查看个人头像、个人相关信息，以及其他相关功能界面。

扫码看视频

图12-343

01 打开素材。选择矩形工具 □ 及"形状"选项，设置填充颜色为白色，如图12-344所示。在画布上单击，打开"创建矩形"对话框并设置参数，如图12-345所示，创建一个圆角矩形，如图12-346所示。单击工具选项栏中的"减去顶层形状"按钮，如图12-347所示，在圆角矩形顶部创建一个矩形，制作出豁口。在"属性"面板中设置圆角半径为50像素，如图12-348和图12-349所示。

图12-344　　　图12-345　　　图12-346　　　图12-347　　　图12-348　　　图12-349

02 双击形状图层，打开"图层样式"对话框，添加"投影"效果，如图12-350和图12-351所示。

图12-350　　　　　　　　　　　　　图12-351

03 新建一个图层，在该图层中创建一个矩形，填充颜色为浅粉色（R251，G138，B229），此图层会转换为形状图层，如图12-352所示，这样可以避免它与先前创建的形状图层发生运算。在"属性"面板中将顶部的两个角调整为圆角，如图12-353和图12-354所示。

图12-352　　　　　图12-353　　　　　　　　图12-354

04 新建一个图层。选择椭圆工具○，按住Shift键拖曳鼠标，创建一个橙色的圆形（R255，G159，B116），如图12-355所示。为该图形添加"投影"效果，如图12-356和图12-357所示。

图12-355

05 新建一个图层。选择直线工具╱按住Shift键拖曳鼠标，创建一条白色的直线，如图12-358所示。按Ctrl+J快捷键复制图层。将鼠标指针放在直线端点外侧，按住Shift键拖曳，将直线旋转90°，如图12-359所示。

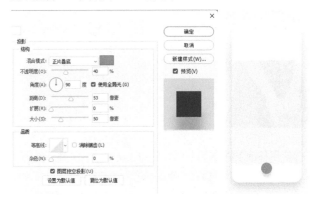

图12-356　　　　　　　　　图12-357

图12-358　　　　　　　图12-359

06 打开卡通素材，使用移动工具✛拖入App文件中，如图12-360所示。双击其所在的图层，添加"内发光"效果，在图像边缘营造出一圈淡淡的白光，使其与App界面更好地融合在一起，如图12-361和图12-362所示。

图12-360　　　　图12-361　　　　　　　　图12-362

07 按Ctrl+J快捷键复制图层。选择图框工具⊠并单击工具选项栏中的⊗按钮，按住Shift键拖曳鼠标，创建圆形图框，如图12-363所示。移动图框，如图12-364所示。

08 按住Shift键单击图像缩览图，将其与图框一同选取，如图12-365所示。按Ctrl+T快捷键显示定界框，拖曳控制点将图像缩小，如图12-366所示。按Enter键确认。将"组1"显示出来，组中包含了一些常用的手机图标，效果如图12-367所示。

图12-363　　　　　图12-364

图12-365　　　　图12-366　　　　图12-367

12.9 女装电商详情页设计

本实例制作电商详情页，如图 12-368 所示。详情页用于向用户介绍产品，引导用户下单购买。在详情页中要完美地展示产品，同时产品信息也要清晰，而且"加入购物车"按钮要格外醒目。

图12-368

12.9.1 导航栏

01 打开素材文件，文件中包含了状态栏。选择矩形工具 □ 并在画布上单击，打开"创建矩形"对话框，创建一个 750 像素×88 像素的矩形，填充浅灰色，如图 12-369 和图 12-370 所示。

图12-369　　　　　　图12-370

02 选择钢笔工具 ⌀，在导航栏左侧绘制后退图标，在右侧绘制分享图标，如图 12-371 所示。

03 选择横排文字工具 T，输入导航栏标题文字，以等量的间距作为分隔，如图 12-372 所示。

图12-371　　　　　　图12-372

12.9.2 产品展示及信息

01 选择"背景"图层，填充浅灰色。打开服装详情页文件，如图 12-373 所示，按住 Shift 键并选取与人物及背景相关的图层，如图 12-374 所示，按 Alt+Ctrl+E 快捷键，将所选图层盖印到一个新的图层中。

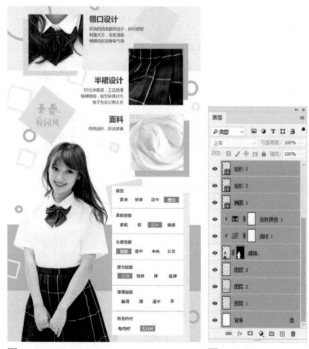

图12-373　　　　　　　　　图12-374

02 使用移动工具 ✛ 将盖印图层拖入文件中，调整其大小，作为服装的展示信息。使用矩形工具 □ 在图片左下角绘制一个矩形，作为页码指示器，提示用户当前展示的是第一页视图，如图 12-375 所示。

图12-375

03 选择横排文字工具 **T** ，输入服装的信息。标题文字可以大一点，如图12-376所示。与优惠相关的信息用红色，这样文字虽小也能足够吸引眼球，如图12-377所示。输入价格信息，如图12-378所示。文字有大小、深浅的变化，以体现出信息传达的主次和重要程度。在设计时应了解用户的购买心理，主要文字突出显示，使用户能一眼看到，如图12-379所示。

图12-376   图12-377

图12-378   图12-379

04 选择自定形状工具 及图12-380所示的形状，在商家承诺的条款信息前面绘制图形，如图12-381所示。

图12-380   图12-381

12.9.3 标签栏

01 用矩形工具 □ 绘制两个白色的矩形，按Ctrl+[快捷键调整到文字下方，使文字阅读起来更加方便，尽量给用户创造良好的阅读体验。在画面中单击，打开"创建矩形"对话框，创建一个750像素×98像素的矩形，填充略深一点的灰色，如图12-382和图12-383所示。

图12-382 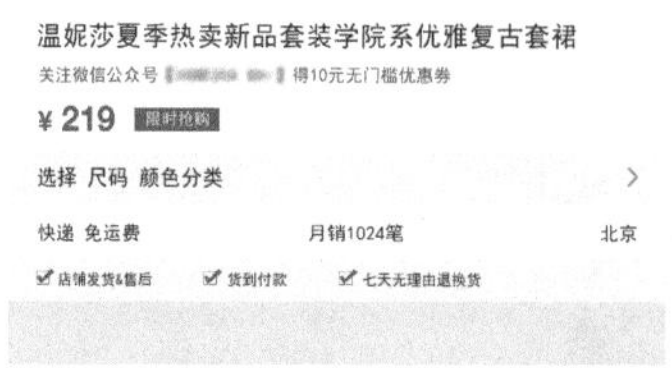   图12-383

02 用自定形状工具 绘制图标，客服、关注和购物车图标都来源于形状库，店铺图标可使用钢笔工具 绘制，如图12-384所示。输入标签名称，如图12-385所示。

图12-384   图12-385

03 输入文字"加入购物车"，将文字设置为白色，并用红色矩形作为背景，如图12-386和图12-387所示。

图12-386

图12-387

> **提示**
>
> 状态栏位于界面最上方，显示信息、时间、信号和电量等。它的规范高度为40像素。导航栏位于状态栏下方，用于在层级结构的信息中导航或管理屏幕信息。左侧为后退图标，中间为当前界面内容的标题，右侧为操作图标。导航栏的规范高度为88像素。

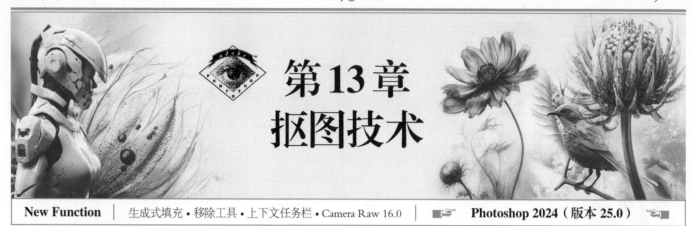

第13章
抠图技术

New Function | 生成式填充 • 移除工具 • 上下文任务栏 • Camera Raw 16.0 | ☞ **Photoshop 2024（版本 25.0）**

本章简介

本章介绍抠图技术。抠图是 Photoshop 中最难的技术之一。其中既有图片自身的原因，例如，浓密的长发、透明或模糊的物体等，需要使用通道、混合模式、蒙版、钢笔等工具来抠，方法较多，而且富有挑战性；也有图像的唯一性因素，即抠某个图像的方法，不一定适用于同类的其他图像，这就使得技术的适用范围很难界定。本章将破解这些难题。

学习目标

首先学会分析图像，找到不同类型图像的各自特点，之后通过实战学习各种抠图技术。

学习重点

实战：抠瓷器工艺品（钢笔工具）

实战：图标抠图（"色彩范围"命令）

实战：印章抠图

实战：酒杯抠图（通道+曲线）

实战：婚纱抠图（钢笔工具+通道）

实战：抱宠物的女孩抠图

13.1 分析图像，找对抠图方法

了解选区的不同形式及特点，可以更好地发挥 Photoshop 的各种编辑功能。将抠图方法与不同类型的图像匹配，则能更加灵活地运用抠图技术。

13.1.1 实战：抠沙发制作家居App页面

01 打开沙发素材，执行"选择>主体"命令，将沙发选取，如图13-1所示。单击"图层"面板中的 ◙ 按钮，基于选区创建蒙版，将沙发背景隐藏，完成抠图，如图13-2和图13-3所示。

02 打开App页面素材，使用移动工具 ✛ 将沙发拖入该文件中，如图13-4所示。

扫码看视频

图13-1　　　　图13-2

图13-3　　　　图13-4

13.1.2 小结

所谓抠图，是指将图像从背景中分离出来。抠图有两个关键步骤：首先，要通过创建选区将目标对象选取；然后利用选区将所选图像分离到一个独立的图层上，或者使用蒙版将选区外的图像遮挡住。

为什么需要进行抠图呢？这主要是因为许多设计图需要使用没有背景的素材，例如，商品Banner、网店详情页、杂志封面等，如图13-5～图13-7所示。

网店详情页　　　　　杂志封面
图13-6　　　　　　　图13-7

除了以上涉及的应用，在调色和使用滤镜时，利用抠图技术创建选区可以限定影响的范围，从而实现更精确的控制。

Banner
图13-5

·PS技术讲堂·

选区的4张"面孔"

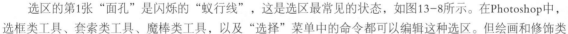

学习抠图实际上就是学习选区的创建和编辑技术。由于选区能以不同的"面貌"示人，在开始学习之前，需要对它有充分的了解才行。如果不知其中的奥妙，就驾驭不好它。

扫码看视频

选区的第1张"面孔"是闪烁的"蚁行线"，这是选区最常见的状态，如图13-8所示。在Photoshop中，选框类工具、套索类工具、魔棒类工具，以及"选择"菜单中的命令都可以编辑这种选区。但绘画和修饰类工具（如画笔工具 ✐、渐变工具 ▣、模糊工具 ◌、锐化工具 △、减淡工具 ✎、加深工具 ✆），以及种类繁多的滤镜不能识别"蚁行线"。如果想用这些工具编辑选区，就必须将其转换为它们可以识别的"面孔"——图像。使用快速蒙版（362页）可以将选区临时转换为图像，如图13-9所示。这是选区的第2张"面孔"。

尽管快速蒙版很方便，但它只是一种临时的转换工具。要想让选区变为永久的图像，需要使用通道存储它，如图13-10所示。这是选区的第3张"面孔"。当选区转换为图像后，就可以像编辑普通图像一样修改选区，可以实现选区编辑方法的最大化。

选区的第4张"面孔"是路径。通过单击"路径"面板中的 ◇ 按钮，可以将选区转变为矢量对象（304页），如图13-11所示。有了这张"面孔"，我们就能使用

图13-8

图13-9

图13-10

图13-11

Photoshop中的矢量工具编辑它。如果将选区转换为图像看作是量变的话，那么将其转变为路径就是质变，是从位图到矢量图的跨界之旅。

13.1.3 从形状特征入手

选区就像一个神秘的精灵，时而在画面上闪烁、跳跃，时而隐身于通道和蒙版中，或者干脆变身为矢量图形。当选区改变形态之后，Photoshop中的各种工具就能发挥作用，抠图方法也因此而异彩纷呈。

每幅图像都是独一无二的，因而没有哪种抠图技术能适用于所有类型的图像。事实上，即使针对同一类别的图像，抠图的方法也会有所不同。因此，在抠图之前，需要对图像进行分析，了解其特点，才能找到最合适的抠图方法。此外，还要根据各种抠图方法的优势、限制和适用范围来对图像进行分类，让抠图技术与图像能够匹配上。

边界清晰且没有透明区域的图像很容易抠图。如果对象外形为基本的几何形状，可以使用选框类工具（矩形选框工具 []、椭圆选框工具 ○）和多边形套索工具 ✈ 进行选择，如图13-12和图13-13所示。

图13-12　　　　　　　图13-13

对于具有不规则形状但边缘清晰的对象，比较适合用对象选择工具 🖻 选取，如图13-14所示。它具有自动识别图像的能力，即使对象边缘不规则，也能轻松应对。

如果对象的边缘非常光滑，则可用钢笔工具 ✎ 描绘其轮廓，如图13-15所示，再将轮廓转换为选区。

图13-14　　　　　　图13-15

13.1.4 边缘是否复杂

人和动物的毛发、树木的枝叶等边缘复杂的对象，以及风吹动的旗帜、高速行驶的汽车、飞行的鸟类等具有模糊边缘的对象，都较难选择。

对于边缘复杂的对象（如毛发），一般使用"选择并遮住"命令和通道来抠图。

这两个工具也适合抠具有模糊边缘的对象。此外，快速蒙版、"色彩范围"命令也常用来抠此类图像。在实际应用中，快速蒙版适合处理边缘简单的对象；"色彩范围"命令适用于抠取边缘复杂的对象；"选择并遮住"命令比前两种强大，而对图像的要求也很简单，只要对象的边缘与背景色有明显差异，即使对象内部的颜色与背景颜色接近，也能成功地将其抠出来；通道在处理边缘模糊的对象时可控性更好，能够修改边缘的模糊程度。图13-16所示为不同类型的图像及适合采用的选取方法。

适合用快速蒙版选取　　　　适合用"色彩范围"命令选取

适合用"选择并遮住"命令选取　　适合用通道选取

图13-16

13.1.5 有没有透明区域

图像由像素构成，因此，选区选择的是像素，抠图抠出来的也是像素。使用未经羽化的选区可以将图像完全抠出，如图13-17所示。就是说，未经羽化的选区对像素的选择程度是100％。如果选择程度低于100％，则抠出的图像会呈现透明效果，如图13-18所示。

图13-17　　　　　　　　图13-18

"羽化"命令、"选择并遮住"命令和通道都能以低于100％的选取程度进行抠图，适用于具有一定透明度的对象，例如玻璃杯、冰块、烟雾、水珠、气泡等，如图13-19所示。在处理像素的选取程度方面，通道更加灵活。通过改变通道中图像的灰度值，可以调整选区的选取程度（灰色越浅，选取程度越高）。

图13-19

13.1.6 色调差异能否最大化

在Photoshop内部（即通道中），无论多么绚丽的色彩，都被其视为黑白"素描"。所谓的红、橙、黄、绿、蓝、紫等颜色，只是具有不同明度的灰色。如果图像情况复杂，没有特别适合的抠图工具，可以考虑编辑通道，通过增加对象与背景之间的色调差异来为抠图创造机会，如图13-20所示。

彩色图像　　　　通道中的黑白图像　　利用色调差异创建选区

图13-20

磁性套索工具 、魔棒工具 、快速选择工具 、背景橡皮擦工具 、魔术橡皮擦工具 、对象选择工具 、通道、混合颜色带、混合模式，以及"色彩范围"命令（部分功能）、"主体"命令、"选择并遮住"命令，都能基于色调差异生成选区。

当背景相对简单且对象的色调与背景有明显差异时，可以使用魔棒工具 或快速选择工具 先选取背景，如图13-21所示，再通过反选来选择对象，如图13-22所示。

当对象内部的颜色与背景的颜色接近时，魔棒工具 可能不太"听话"，它只选择在"容差"范围内的图像，而不太关注我们需要选取的是哪些对象。遇到魔棒工具 "躺平"的情况，可以使用磁性套索工具 来进行选取，如图13-23所示。

图13-21　　　　　图13-22　　　　　图13-23

13.1.7 图像的分析技巧

分析图像的技巧在于：如果不能直接使用工具选择对象，就要找出对象与背景之间的差异，再想办法用工具和命令让差异更明显，这样就好抠了。

例如，图13-24所示是一个比较有难度的抠图案例，这种复杂的毛发类图像只有通道能够应付得了。这个案例的难点在于：在通道中，棕褐色毛发呈现为深灰色，而白色的毛发呈现为白色和浅灰色。就是说，深色和浅色中都包含要抠的图像，如图13-25所示。针对这种类型的图像，通常使用"计算"和"应用图像"命令来抠图，因为它们能对通道应用混合模式，从而增强色调差异。然而，在此案例中，上述方法的处理效果并不理想，它们会导致毛发边缘的灰色丢失较多。因此，需要另辟蹊径。

图13-24

　　笔者想到了"通道混合器"命令。该命令可以创建高质量的灰度图像，并且可以通过源通道向目标通道添加或减少灰度信息。那么，是否可以用它来制作两个高质量的灰度图像，一个针对棕褐色毛发，另一个针对白色毛发呢？结果是可行的。制作好这两个图像后，将它们粘贴到通道中，通过选区运算合并为一个完整的毛发选区，从而成功地将对象抠出来，如图13-26所示。以上说明，多思考、多动手，就能够发现更适合特定图像的抠图方法，解决复杂对象的抠图问题。

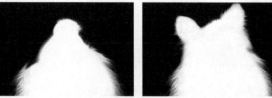

用"通道混合器"命令针对棕褐色和白色毛发制作的灰度图像，在通道中将两个选区（图像）合并

通道中的灰度图像

图13-25

抠出的图像

图13-26

将图像合成到新背景中以检验抠图效果

13.2 抠边缘清晰、轮廓光滑的图像

　　矢量工具适合抠轮廓光滑、边缘清晰的图像。如果这类对象内部有透明区域，可以用钢笔工具与蒙版和通道等配合来抠图，即钢笔工具抠取外轮廓，蒙版和通道处理图像内部的透明区域。

13.2.1 实战：巧变墨镜（磁性钢笔工具）

　　自由钢笔工具 与套索工具 类似，都是通过拖曳鼠标的方法使用，只是绘制出的不是选区，而是路径。需要封闭路径时，将鼠标指针拖曳到路径的起点处，鼠标指针变为 状后释放鼠标左键即可。该工具的绘图速度较快，但可控性较差，只适合绘制比较随意的图形。这点也与套索工具 相同。

扫码看视频

　　自由钢笔工具 可以转变成磁性钢笔工具 。磁性钢笔工具 与磁性套索工具 的用法相同。下面用它描绘眼镜轮廓，转换成选区后制作墨镜效果，如图13-27所示。

图13-27

01 选择自由钢笔工具 ✍，在工具选项栏中选择"形状"选项，设置填充颜色为黑色，无描边，勾选"磁性的"选项，单击 ✿ 按钮打开下拉面板，设置参数，如图13-28所示。

图13-28

02 将鼠标指针放在眼镜片上，如图13-29所示，单击创建第一个锚点，然后释放鼠标左键，沿着眼镜片边缘拖曳，创建路径，如图13-30所示。如果锚点位置不正确，可以按Delete键删除。

图13-29   图13-30

03 拖曳到路径的起点时，鼠标指针会变为 ✍。状，单击，封闭路径，完成轮廓的描绘，如图13-31所示。如果有位置不正确的锚点，可以按住Ctrl键临时切换为直接选择工具 ↳，对其进行移动或调整方向线，修改路径，如图13-32所示。

图13-31   图13-32

04 选择工具选项栏中的" ⬜合并形状"选项，如图13-33所示，描绘右侧的镜片轮廓，如图13-34所示。

图13-33   图13-34

05 设置混合模式为"柔光"。按Ctrl+J快捷键，设置不透明度为40%，如图13-35和图13-36所示。

图13-35   图13-36

磁性钢笔工具选项

在磁性钢笔工具 ✍。的下拉面板中，"曲线拟合"和"钢笔压力"是自由钢笔工具 ✍ 和磁性钢笔工具 ✍。的共同选项，"磁性的"选项控制是否启用磁性钢笔工具 ✍。

● 曲线拟合：控制鼠标或压感笔移动时生成路径的灵敏度，该值越高，生成的锚点越少，路径越简单。

● "磁性的"选项组："宽度"选项用于设置磁性钢笔工具 ✍。的检测范围，该值越高，工具的检测范围就越广；"对比"选项用于设置工具对于图像边缘的敏感度，如果图像的边缘与背景的色调比较接近，可将该值设置得大一些；"频率"选项用于确定锚点的密度，该值越高，锚点的密度越大。

● 钢笔压力：如果计算机配置有数位板，可以选择"钢笔压力"选项，然后通过钢笔压力控制检测宽度，钢笔压力增加将导致工具的检测宽度减小。

13.2.2 实战：抠竹篮（内容感知描摹工具）

内容感知描摹工具 ✍ 也能像磁性钢笔工具 ✍。那样识别对象的边缘，并且支持预览及调整路径的范围。本实战使用该工具抠竹篮，如图13-37所示。

扫码看视频

图13-37

01 执行"编辑>首选项>技术预览"命令,打开"首选项"对话框,勾选"启用内容感知描摹工具"选项,如图13-38所示。关闭该对话框并重启Photoshop,这样便可显示内容感知描摹工具 🐾。

首选项

	技术预览
常规	☑ 使用修改键调板
界面	
工作区	☑ 启用保留细节 2.0 放大
工具	☑ 启用内容感知描摹工具
历史记录	

图13-38

02 打开素材。选择内容感知描摹工具 🐾。单击"细节"选项右侧的 ∨ 按钮,显示滑块并进行拖曳,调整边缘的检测量,与此同时观察图像,画面中的蓝色线条代表了路径,当竹篮外轮廓被路径包围时便可释放鼠标左键,如图13-39和图13-40所示。

图13-39　　　　　　　　图13-40

──── 提示 ────

在"描摹"下拉列表中选择要检测的边缘类型(包括"详细""正常""简化"),可以在处理描摹之前根据需求调整图像的细节或纹理。

描摹: 详细 ∨　细节: 50% ∨

描摹: 正常 ∨　细节: 50% ∨　　描摹: 简化 ∨　细节: 50% ∨

03 将鼠标指针移动到竹篮边缘,检测到的边缘会高亮显示,如图13-41所示。单击高亮部分,创建路径,如图13-42所示。继续创建路径,如图13-43和图13-44所示。

图13-41　　　　　　　　图13-42

图13-43　　　　　　　　图13-44

04 有两条路径断开了,需要连接上。连接之前先删除多余的路径段。按住Alt键,在图13-45所示的两段路径上单击,将它们删除,如图13-46所示。也可沿路径拖曳鼠标进行删除。

图13-45　　　　　　　　图13-46

05 按住Ctrl键单击上段路径,显示锚点,如图13-47所示。按住Ctrl键拖曳到竹篮上,如图13-48所示。

图13-47　　　　　　　　图13-48

06 放开Ctrl键,下面来连接路径。将鼠标指针移动到断开处,按住Shift键,出现粉红线时,如图13-49所示,单击进行连接,如图13-50所示。

07 采用同样的方法创建路径。在连接底部路径时,需要将"细节"值提高,否则检测不到边缘,如图13-51和图13-52所示。将路径封闭。

图13-49

图13-50

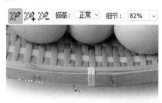
图13-51

图13-52

08 按Ctrl+Enter快捷键将路径转换为选区。选择魔棒工具 🪄 并设置"容差"值为32，按住Alt键在竹篮空隙单击，将空隙从现有的选区中排除出去，如图13-53所示。单击"图层"面板中的 ◧ 按钮抠图。

图13-53

13.2.3 实战：抠陶罐（弯度钢笔工具）

如果用不好钢笔工具 ✏️，可以使用弯度钢笔工具 ✒️ 替代它来进行抠图，如图13-54所示。该工具很容易绘制曲线，操作时无须切换工具就能编辑、添加和删除锚点。

扫码看视频

图13-54

01 使用弯度钢笔工具 ✒️ 在对象边缘单击，放置锚点，如图13-55所示；移动鼠标，再次单击，定义第2个锚点并完成路径的第一段，如图13-56所示；继续移动鼠标，单击可创建

曲线路径，如图13-57所示。双击会生成直线路径。

图13-55

图13-56

图13-57

02 继续创建锚点，如图13-58所示。拖曳锚点可移动，如图13-59所示。绘制到瓶口处，如图13-60所示。

图13-58

图13-59

图13-60

03 在图13-61所示的锚点上双击，将该平滑锚点转换为角点。在瓶塞轮廓的各个转折处双击，绘制出直线路径，在路径的起点处双击，封闭路径，如图13-62所示。按Ctrl+Enter快捷键将路径转换为选区。单击"图层"面板中的 ◧ 按钮抠图，如图13-63所示。

图13-61

图13-62

图13-63

> **提示**
> 双击角点可将其转换为平滑锚点。在路径上单击可添加锚点。单击锚点，按 Delete 键可将其删除。

13.2.4 实战：抠瓷器工艺品（钢笔工具）

弯度钢笔工具 ✒️ 只适合抠轮廓简单的对象，如果对象外形复杂，轮廓的转折又比较大，就需要不断地移动锚点位置、修改路径形状，才能描绘准确，因而比较麻烦。此类对象应该用钢笔工具 ✏️ 来抠图。与其他抠图工具相比，钢笔工具 ✏️ 绘制的路径转换出来的选区最为明确，边缘也十分光滑，抠出的图像可以满足大画幅印刷要求，如图13-64所示。

扫码看视频

图13-64

01 选择钢笔工具 ✐，在工具选项栏中选择"路径"选项，并单击"▣合并形状"按钮，如图13-65所示。按Ctrl++快捷键放大窗口的显示比例。在脸部与脖子的转折处向上拖曳鼠标，创建一个平滑点，如图13-66所示。在其上方拖曳鼠标，生成第2个平滑点，如图13-67所示。

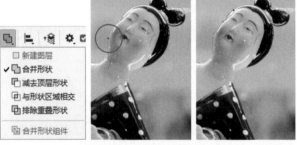

图13-65　　　　图13-66　　　　图13-67

02 在发髻底部创建第3个平滑点，如图13-68所示。由于此处的轮廓出现了转折，需要按住Alt键并在该锚点上单击一下，将其转换为只有一个方向线的角点，如图13-69所示，这样在绘制下段路径时就能发生转折了。继续在发髻顶部创建路径，如图13-70所示。

图13-68　　　　图13-69　　　　图13-70

03 外轮廓绘制完成后，在路径的起点上单击，将路径封闭，如图13-71所示。下面进行路径运算，单击"▣排除

重叠形状"按钮，如图13-72所示，在两只胳膊的空隙处绘制路径，将这两处图像排除出去，如图13-73和图13-74所示。

图13-71　　　　图13-72

图13-73　　　　图13-74

> **提示**
>
> 如果锚点偏离轮廓，可以按住Ctrl键切换为直接选择工具 ▷ 将描点拖回轮廓上。使用钢笔工具 ✐ 抠图时，最好通过快捷键来切换直接选择工具 ▷（按住Ctrl键）和转换点工具 ⊵（按住Alt键），在绘制路径的同时便可对其进行调整。此外，还可以适时按Ctrl++快捷键和Ctrl+-快捷键放大、缩小视图比例，按住空格键可以移动画面，以便观察细节。

04 按Ctrl+Enter快捷键将路径转换为选区，按Ctrl+J快捷键抠图，如图13-75所示。隐藏"背景"图层，图13-76所示为将抠出的图像放在新背景上的效果。

图13-75　　　　图13-76

13.3 抠文字和图标

抠文字和图标时，要求轮廓必须清晰，这样抠好的图像才能用于设计或印刷。如果这两种对象比较简单，可以使用钢笔工具来抠图。如果外形复杂，不适合用钢笔工具处理，可以采用下面介绍的方法抠图。这几种方法简单有效，有的所抠出的图像还能像矢量对象一样任意缩放。

13.3.1 实战：文字抠图（混合颜色带）

使用混合颜色带抠文字，不仅速度快，质量也非常高，如图13-77所示。由于它能创建羽化区域，在抠边缘没有那么生硬的图像时，能呈现轻微的柔边效果。

图13-77

01 单击锁状图标 🔒，如图13-78所示，将"背景"图层转换为普通图层。创建一个红色填充图层，并拖曳到最下方，如图13-79所示。

图13-78　　图13-79

02 双击福字所在的"图层0"图层，打开"图层样式"对话框。将"本图层"下方的白色滑块向左侧拖曳，此时背景颜色会隐藏，下方填充图层的红色逐渐显现，如图13-80所示。注意观察文字边缘，当背景图像（白色）消失时放开滑块，如图13-81所示。

03 现在文字就已经抠好了。但因为这是毛笔字，它的边缘应该柔和一些，太过清楚了会有锯齿感。按住Alt键并单击这个白色滑块，将其一分为二，再将分离出来的两个白色滑

块往左右两侧各拖曳一点，建立一个过渡的羽化区域，便可在文字边缘生成轻微的模糊效果，如图13-82所示。

图13-80

图13-81

图13-82

13.3.2 实战：图标抠图（"色彩范围"命令）

一般情况下，抠单色背景上的图像时，可以使用对象选择工具 🔲、魔棒工具 🪄、"色彩范围"命令等先选取背景，再通过反选将对象选取，然后进行抠图。但是，如果采用常规方法（如使用蒙版或按Ctrl+J快捷键）抠图，对象的边缘就会带有背景色（参见第3步结果）。本实战介绍此问题的解决方法。效果如图13-83所示。

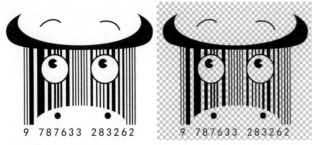

图13-83

01 执行"选择>色彩范围"命令，打开"色彩范围"对话框。在白色背景上单击进行取样，向右拖曳"颜色容差"滑块，如图13-84所示（白色代表选中的区域）。单击"确定"按钮关闭对话框，选取背景，如图13-85所示。

图13-84　　　　　　图13-85

02 按住Alt键并单击 ◙ 按钮创建一个反相的蒙版，将选中的背景遮盖，完成抠图，如图13-86和图13-87所示。

图13-86　　　　　　图13-87

03 下面来检验抠图效果。单击"图层"面板中的 ◉ 按钮打开下拉列表，选择"纯色"命令，打开"拾色器"对话框，设置颜色为深灰色（R54，G53，B53），创建填充图层。按Ctrl+[快捷键调整到底层，如图13-88所示。在深灰色的衬托下可以看到，图形的边缘有白边（背景色），如图13-89所示。对于其他类型的图像，这意味着抠图失败了，但图标这类单色图像不一样，用一个小技巧就能扭转败局。

04 将图标所在的图层隐藏，然后按住Ctrl键并单击其蒙版缩览图，如图13-90所示，将图标的选区加载到画布上，如图13-91所示。

图13-88　　　　　　图13-89

图13-90　　　　　　图13-91

05 创建一个黑色填充图层，选区会转换到其蒙版中，如图13-92所示。由于只是使用了图标的选区，而未在图标图层上抠图，所以就没有背景色干扰，图标也就没有白边，如图13-93所示。如果图标为其他颜色，可创建与图标相同颜色的填充图层。

图13-92　　　　　　图13-93

13.3.3 实战：印章抠图

扫码看视频

本实战介绍怎样使用通道和"色彩范围"命令抠印章，如图13-94所示。

图13-94

01 使用椭圆选框工具 ⬭ 选取印章，如图13-95所示。按 Ctrl+J快捷键将其复制到新的图层中，如图13-96所示。

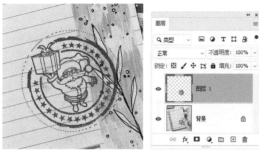

图13-95　　　　　图13-96

02 将"蓝"通道拖曳到 ⊞ 按钮上进行复制，如图13-97和图13-98所示。按Ctrl+I快捷键，将当前通道中的图像反相。单击 ⬭ 按钮，将通道中的选区加载到画面上，如图13-99和图13-100所示。

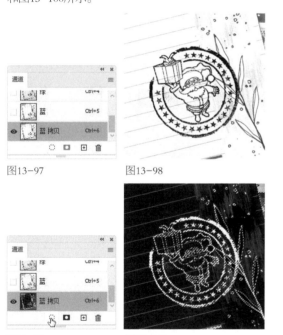

图13-97　　　　　图13-98

图13-99　　　　　图13-100

03 单击"通道"面板中的 ⬭ 按钮，从通道中加载选区，如图13-101和图13-102所示。

图13-101　　　　　图13-102

04 单击"图层"面部中的 ▣ 按钮添加图层蒙版，进行抠图。单击"背景"图层的眼睛图标 ◉ ，将该图层隐藏，如图13-103和图13-104所示。

图13-103　　　　　图13-104

05 对于印章后方残留的图像（手绘的小草），可通过调色将其颜色调淡。单击"调整"面板中的 ▣ 按钮创建"可选颜色"调整图层，在"属性"面板的"颜色"下拉列表中分别选取中性色和黑色，将这两种颜色中的黑色油墨的百分比调整为0%，如图13-105~图13-107所示。

图13-105　　　　图13-106　　　　图13-107

06 单击"调整"面板中的 ▣ 按钮，创建"色相/饱和度"调整图层，选择红色，将其"饱和度"调到最高，如图13-108和图13-109所示。

图13-108　　　　　图13-109

07 由于印章在透明背景上，看起来是抠好了，但放在带有颜色的背景上就能看到，还有残留的图像，如图13-110所示。这很容易处理，印章颜色是红色的，残留的背景图像为淡灰色，可以利用颜色差异将印章抠出来。执行"选择>色彩范围"命令，打开"色彩范围"对话框，在印章上单击，对颜色

进行取样，如图13-111所示，将"颜色容差"调到最高，如图13-112所示，按Enter键关闭对话框，选取印章，如图13-113所示。

图13-110

图13-111

图13-112

图13-113

08 单击"图层"面板中的 ⊘ 按钮打开下拉列表，选择"纯色"命令，创建红色填充图层，如图13-114所示。图13-115所示为将抠好的印章放在白色背景上的效果。

图13-114

图13-115

技术看板 修改印章颜色

创建红色填充图层时，印章的选区会转换到此填充图层的蒙版中，就是说当前抠出的印章其实与原图像毫无关系。这样做的好处在于，双击填充图层，可以打开"拾色器"对话框修改印章颜色，非常方便。

· PS技术讲堂 ·

颜色取样与颜色容差

颜色取样

在"色彩范围"对话框中选择"选择范围"选项后，可以看到选区的预览效果，此时白色代表选区范围，黑色代表选区外部，灰色区域是羽化区域，如图13-116所示。如果勾选"图像"选项，则预览区还会显示彩色图像。

通常情况下，选区的创建主要依赖对话框中的吸管工具和"颜色容差"选项，如图13-117所示。操作时，在图像上（鼠标指针会变为 ✔ 状）单击，即可拾取颜色，并选取所有与之相似的颜色。颜色范围可以在"颜色容差"选项中调整。如果要将其他颜色添加到选区中，可以使用添加到取样工具 ✔ 在目标颜色上方上单击；如果要在选区中排除某些颜色，可以使用从取样中减去工具 ✔ 进行处理。

选区外部
羽化区域
选区内部
图13-116

除了使用吸管工具拾取颜色外，还可以通过"选择"下拉列表中的选项来选取图像中的特定颜色，包括红色、黄色、绿色、青色、蓝色和洋红色，以及溢色（*电子文档71页*）（"溢色"选项）和皮肤颜色（"肤色"选项）。图13-118所示为部分选项选取效果。此外，使用"高光""中间调""阴影"选项，还可以选取图像中的高光、中间调和阴影区域，这3个选项在校正照片的影调时非常有用。

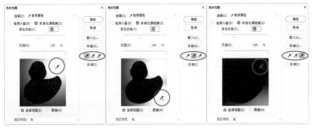

拾取颜色　　　　　　添加颜色　　　　　　减去颜色

图13-117

选择红色　　　　　　选择黄色　　　　　　选择高光

图13-118

颜色容差

对颜色进行取样后，可以通过"颜色容差"选项定义颜色的选取范围，该值越高，包含的颜色范围越广，这从"色彩范围"对话框的预览图中就能看出来。选择程度为100%时（即完全选择）的像素显示为白色；未选取的像素，即选择程度为0%的像素显示为黑色；介于二者之间的像素在预览图上呈现深浅不一的灰色，抠图后可以表现出一定程度的透明效果，如图13-119所示。

"色彩范围"对话框其他选项

● 选区预览：用来设置文档窗口中的选区的预览方式。"无"表示不在窗口显示选区；"灰度"可以按照选区在灰度通道中的外观来显示选区；"黑色杂边"可以在未选择的区域上覆盖一层黑色；"白色杂边"可以在未选择的区域上覆盖一层白色；"快速蒙版"可以显示选区在快速蒙版状态下的效果，此时，未选择的区域会覆盖一层淡淡的红色。

左图为使用"色彩范围"对话框中的吸管在图像上取样（"颜色容差"为120）。右图为抠出的图像，可以清楚地看到半透明的像素

图13-119

● 检测人脸：选择人像或因需要调整肤色而选择皮肤时，勾选该选项，可以更加准确地选择肤色，如图13-120所示。

● 本地化颜色簇/范围：可以控制要包含在蒙版中的颜色与取样点的最大和最小距离，距离的大小通过"范围"选项设定。通俗说就是，勾选"本地化颜色簇"选项后，Photoshop会以取样点（鼠标单击处）为基准，只查找位于"范围"值之内的图像。例如，画面中有两朵荷花，如果只想选择其中的一朵，可在其上方单击进行颜色取样，如图13-121所示，然后调整"范围"值来缩小范围，这样就能够避免选中另一朵荷花，如图13-122所示。

图13-120　　　　　　　　　　　　　　　　　　　　　图13-121　　　　　　　　　　　图13-122

● 存储/载入：单击"存储"按钮，可以将当前的设置状态保存为选区预设；单击"载入"按钮，可以载入预设文件。

● 反相：可以反转选区。相当于创建选区后执行"选择>反选"命令。

13.4 抠毛发类及边缘复杂的图像

使用 Photoshop 抠图时，边缘复杂的图像，尤其是毛发尤其难处理，非常考验抠图技术，本节介绍相关技巧。

13.4.1 实战：抠毛绒玩具（"焦点区域"命令）

"焦点区域"是一个很有特色的抠图命令，它能识别位于焦点范围内的对象，并将其选取，同时排除那些次要的、虚化的图像，所以非常适合抠大光圈镜头拍摄的照片（即主体清晰、背景虚化）。

扫码看视频

本实战用它抠毛绒玩具，如图13-123所示。由于玩具长颈鹿与后面车及人的距离还不够远，所以背景的虚化效果不是特别强，但"焦点区域"命令仍能识别出来。

图13-123

01 执行"选择>焦点区域"命令，打开"焦点区域"对话框。在"视图"下拉列表中选择"叠加"并设置颜色的不透明度为50%，让非焦点区域的图像（即选区之外的）显现出来，以便观察和修改选区。勾选"自动"选项，Photoshop会识别图像中的焦点区域并将"焦点对准范围"参数调到最佳位置，如图13-124所示。现在长颈鹿除了身体下方及右侧的毛绒玩具局部，其他部分都被选取了，如图13-125所示。

02 长颈鹿背部有一个白点，这是背景中车窗上的高光，使用"焦点区域"对话框中的减去工具将其去除，如图13-126所示。将长颈鹿身体下方的背景及右侧的毛绒玩具抹掉，如图13-127所示。如果长颈鹿有被抹掉的部分，可以使用焦点区域添加工具将其恢复。这两个工具与快速选择

工具的用法相同。

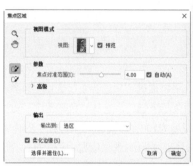

图13-124   图13-125

图13-126   图13-127

03 单击"选择并遮住"按钮，切换到这一工作区。使用调整边缘画笔工具在长颈鹿脖子的毛发边缘涂抹，把毛发间的背景清理掉，如图13-128和图13-129所示。选择画笔工具，按住Alt键，将蹄子下方的阴影抹掉，如图13-130所示。

图13-128   图13-129   图13-130

04 在"输出到"下拉列表中选择"新建带有图层蒙版的图层"选项，按Enter键抠图。将图像放在彩色背景上观察，如图13-131所示，可以看到毛发完整，边缘也没有杂色。"焦点区域""选择并遮住"这两个命令配合起来抠图，效果非常不错。

图13-131

"焦点区域"对话框选项

"焦点区域"对话框中的"视图"和"输出到"选项与"选择并遮住"命令的选项相同（368页）。其他选项如下。

● 焦点对准范围：可以扩大或缩小选区。将滑块拖曳到0，会选择整个图像；将滑块拖曳到最右侧，只会选择图像中位于最清晰焦点内的部分。

● 焦点区域添加工具 ✐/焦点区域减去工具 ✐：可用于扩展和收缩选区范围。修改选区时，可以通过"预览"选项切换原始图像和当前选取效果，更简便的切换方法是按F键。

● 图像杂色级别：如果选择区域中存在杂色，可以拖曳该滑块来进行控制。

● 自动："焦点对准范围"和"图像杂色级别"选项右侧都有"自动"选项。勾选该选项，Photoshop 将自动为这些参数选择适当的值。

● 柔化边缘：可以对选区边缘进行轻微的羽化。

13.4.2 实战：快速抠闪电（混合颜色带）

本实战使用混合颜色带抠闪电。混合颜色带是一种高级蒙版，它能依据像素的亮度来决定像素是否显示，非常适合处理火焰、烟花、云彩等处于深色背景中的图像。使用混合颜色带的优点是抠图速度快，缺点是相比图层蒙版可控性稍差。同时，对图像也有一定的要求，只有在图像背景简单且具有足够的色调差异时，它才能发挥较好的作用。

扫码看视频

01 打开素材，如图13-132所示。使用移动工具 ✛ 将闪电图像拖入城市夜景图像中，如图13-133所示。

02 双击闪电所在的图层，打开"图层样式"对话框。按住Alt键并拖曳"本图层"中的黑色滑块，将其分开后，将黑色滑块的右半边滑块向右侧拖曳至靠近白色滑块处。这样可以创建一个较大的半透明区域，使闪电周围的蓝色能够较好地

融合到背景中，并且半透明区域还可以增加背景的亮度，体现出闪电照亮夜空的效果，如图13-134和图13-135所示。

图13-132　　　图13-133

图13-134　　　　　　图13-135

03 按两下Ctrl+J快捷键复制闪电图层，让光感更强，如图13-136和图13-137所示。

图13-136　　　图13-137

> **提示**
>
> 混合颜色带可以隐藏像素，而不会将其删除。打开"图层样式"对话框，将滑块拖回原位置，被隐藏的像素就会重新显示出来。

13.4.3 实战：快速抠大树（混合颜色带）

大树枝叶繁茂，细节丰富，是具有代表性的复杂对象。对于这类对象，是否容易抠图主要取决于其所处的背景环境。如果背景也同样复杂，例如树后面有其他树木、人物或建筑等，抠图需要花很多时间。如果背景是天空或其他简单的内容，那么使用"色彩范围"命令、通道或混合颜色带等方法就能较为轻松地将大树抠出来。图13-138所示为使用混合颜色带的抠图效果。你绝对想象不到这么复杂的大树一下子就能抠出来！

扫码看视频

图13-138

01 单击锁状图标 🔒，如图13-139所示，将"背景"图层转换为普通图层。双击该图层，如图13-140所示，打开"图层样式"对话框。

图13-139　　　图13-140

02 在"混合颜色带"列表中选择"蓝"（即"蓝"通道）选项。向左拖曳"本图层"下方的白色滑块，隐藏蓝天，如图13-141和图13-142所示。

图13-141　　　　图13-142

03 按住Alt键并单击滑块，将其分开，然后将右半边滑块稍微往右拖曳一点，建立一个过渡区域，枝叶边缘就不会过于琐碎，如图13-143和图13-144所示。

图13-143　　　　图13-144

技术看板 通过盖印的方法获取抠图内容

观察图像的缩览图可以发现，天空仍然存在。如果想让大树与天空真正分离，可以创建一个图层，按Alt+Shift+Ctrl+E快捷键，将抠图效果盖印到新建的图层中，这样既抠出了大树，原始图像还能保留下来。

天空只是被隐藏了　盖印图像

13.4.4 实战：抠变形金刚（魔术橡皮擦工具）

本实战使用魔术橡皮擦工具 🖌 抠图，如图13-145所示。该工具可以看作是魔棒工具 ✐ 和橡皮擦工具 ✐ 的结合体，其图标中融合了这两个工具的元素，说明它与两者有一定的关联。在操作时，魔术橡皮擦工具 🖌 会像魔棒工具 ✐ 那样选择目标对象，然后像橡皮擦工具 ✐ 那样将所选对象擦除。这个过程是同步进行的，不会显示选区。我们也可以将该工具视为添加了擦除功能的魔棒工具 ✐，其主要用途是快速擦除所选对象。

扫码看视频

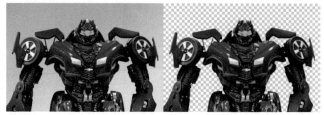

图13-145

魔术橡皮擦工具 🖌 的使用方法很简单，在图像上单击即可，不必拖曳鼠标，Photoshop会将所有与单击点相似的像素擦除，使之成为透明区域。如果是在"背景"图层或锁定了透明度的图层（单击"图层"面板中的 🔲 按钮锁定透明度）上使用，则会将像素更改为背景色，"背景"图层也会自动转换为普通图层。

01 按Ctrl+J快捷键复制"背景"图层，以保留原始图像。单击"背景"图层的眼睛图标 👁，将该图层隐藏，如图13-146所示。单击 ◑ 按钮打开下拉列表，选择"纯色"命令，创建黑色填充图层。按Ctrl+[快捷键将其调整到"图层1"下方，如图13-147所示。在黑色背景的衬托下抠图，有任何不足都能在第一时间被发现。

图13-146　　　　图13-147

02 单击变形金刚所在的"图层1"。选择魔术橡皮擦工具 🖌 并将"容差"设置为15，勾选"连续"选项，如图13-148所示，在背景上单击，擦除背景，如图13-149所示。剩余的残留背景用橡皮擦工具 ✐ 擦掉，如图13-150所示。

图13-148

图13-149　　　　　　　　　　图13-150

03 现在检查一下抠图效果。按Ctrl++快捷键放大视图比例，可以看到，变形金刚的轮廓不够光滑，还有一圈白边，如图13-151所示。按住Ctrl键并单击缩览图，如图13-152所示，将变形金刚的选区加载到画布上。

图13-151　　　　　　　　　　图13-152

04 执行"选择>修改>平滑"命令，设置参数如图13-153所示，让选区变得平滑一些，这样在下一步添加蒙版时，变形金刚的轮廓就是光滑的。执行"选择>修改>收缩"命令，将选区向内收缩2像素，如图13-154所示，让白边位于选区之外。如果白边较宽，可以将"收缩量"调大。单击 ◻ 按钮添加蒙版，将白边遮盖住。

图13-153　　　　　　　　　　图13-154

> **提示**
>
> 魔术橡皮擦工具 虽然简单易用，但较容易形成琐碎的边界（参见下面左图），因此，必须对选区进行调整才能改善抠图效果。除了"选择>修改"子菜单中的几个命令外，还可以使用"选择并遮住"命令修改选区。
>
>
>
> 未修改选区的抠图效果　　　进行收缩和平滑处理后的效果

魔术橡皮擦工具的选项栏

在魔术橡皮擦工具 的工具选项栏中，"不透明度"用来设置擦除强度，100%的不透明度将完全擦除像素，较低的不透明度可擦除部分像素，其效果类似于将所擦除区域的图层的不透明度设置为低于100%的数值。其他选项均与魔棒工具 相同。

13.4.5 实战：抠宠物小狗（背景橡皮擦工具）

背景橡皮擦工具 可以自动识别对象边缘，并将指定范围内的图像擦除，适合处理边界清晰的图像。对象的边缘与背景的反差越大，擦得越彻底。用它抠毛发效果也不错，如图13-155所示。

扫码看视频

图13-155

01 选择背景橡皮擦工具 并单击连续按钮 ，设置"容差"值，如图13-156所示。

图13-156

02 将鼠标指针放在背景上，如图13-157所示，拖曳鼠标将背景擦除，如图13-158所示。背景的灰色调呈上深下浅变化，擦除时，可多次单击进行取样。但要注意，鼠标指针中心的十字线不能碰触毛发，否则会将毛发擦掉。

图13-157　　　　　　　　　　图13-158

> **提示**
>
> 背景橡皮擦工具 的鼠标指针是一个圆形，代表了工具的大小。圆形中心有十字线，擦除图像时，Photoshop会自动采集十字线位置的颜色，并将工具范围内（即圆形区域内）出现的类似颜色擦除。

03 按住Ctrl键并单击"图层"面板中的 ⊞ 按钮，在当前图层下方新建一个图层，将其填充为黑色。将前景色设置为绿色。选择画笔工具 ，选择柔边圆笔尖，将其调整为椭圆形并进行旋转，如图13-159所示，绘制绿色背景，如图13-160所示。

图13-159   图13-160

04 在新背景上很容易发现，宠物狗的毛发边缘还残留一圈淡淡的背景色。单击"图层 0"，如图13-161所示。重新调整工具参数，单击背景色板按钮 、选择"不连续"选项及勾选"保护前景色"选项，如图13-162所示。

图13-161   图13-162

05 选择吸管工具 ，在狗的浅色毛发上单击，拾取颜色作为前景色，如图13-163所示。由于启用了"保护前景色"功能，在擦除时能避免伤害到宠物狗的毛发。按住Alt键并在残留的背景上单击，拾取颜色作为背景色，如图13-164所示。这样做的目的是配合背景色板 ，单击该按钮，就只擦除与拾取的背景色相似的颜色，这样能最大限度地减少狗毛发的损失，保留足够多的细节。

图13-163   图13-164

06 使用背景橡皮擦工具 处理狗身体边缘的毛发，将残留的背景擦除，如图13-165所示。毛发之外如果还有残留的背景图像，可以用橡皮擦工具 擦掉。图13-166所示为抠出的图像在透明背景上的效果。

图13-165   图13-166

取样方法

图13-167所示为背景橡皮擦工具 的选项栏。

图13-167

使用背景橡皮擦工具 时会进行颜色取样，也就是采集图像中的颜色信息。该工具使用鼠标指针中的十字线作为取样点，并以圆形鼠标指针的范围为工具的作用区域。

单击连续按钮 后，拖曳鼠标时可以连续对颜色进行取样，在这种模式下，所有出现在鼠标指针中心十字线内，且符合"容差"设定要求的图像都会被擦除，如图13-168所示。这种方式适合在需要擦除多种颜色时使用，但需要特别小心，不要让鼠标指针中的十字线碰触到需要保留的图像。

单击一次按钮 时，只会对鼠标单击点十字线处的颜色进行一次取样，如图13-169所示，之后会连续擦除与之类似的颜色。在这种状态下，鼠标指针可以在图像上任意移动，如图13-170所示。

图13-168   图13-169   图13-170

单击背景色板按钮 后，会擦除与背景色类似的颜色。操作之前，需要单击"工具"面板中的背景色块，打开"拾色器"对话框，然后将鼠标指针放在需要擦除的颜色上方，单击，将这种颜色设置为背景色，之后关闭"拾色器"对话框，再使用背景橡皮擦工具 进行擦除。除此之外，也可以自定义取样颜色，这在处理多色背景时非常方便。例如，当需要擦除的图像中有白色和蓝两种颜色时，由于色调差异较大，一次不容易清除干净，最好分开处理。在这种情况下，可先单击背景色板按钮 ，再使用吸管工具 按住Alt键在白色背景上单击，拾取颜色作为背景色，如图13-171所示，之后，在背景上拖曳鼠标，先将白色擦除，如图13-172所示。处理蓝色时，也是先使用吸管工具 拾取蓝色作为背景色，再进行擦除，如图13-173和图13-174所示。

图13-171　　　　　　图13-172　　　　　　图13-173　　　　　　图13-174

通过限制措施保护前景色

在背景橡皮擦工具 的工具选项栏中，有一个"限制"下拉列表，它包含3个选项："不连续""连续""查找边缘"，这些选项用于控制擦除的限制模式，即在拖曳鼠标时，是擦除连接的像素还是擦除工具范围内的所有相似像素。

选择"不连续"选项，可以擦除出现在鼠标指针范围内的任何位置的样本颜色；选择"连续"选项，只擦除包含样本颜色并且互相连接的区域；"查找边缘"选项与"连续"选项有些相似，它可以擦除包含取样颜色的连接区域，同时能更好地保留形状边缘的锐化程度。

如果想保护某种颜色不被擦除，可以勾选"保护前景色"选项，之后使用吸管工具 拾取这种颜色作为前景色，再进行擦除操作。这样可以只擦除与背景色相似的颜色，保留前景色。

·PS技术讲堂·

橡皮擦类抠图工具的利与弊

魔术橡皮擦工具 和背景橡皮擦工具 能将图像直接从背景中抠出，这是因为背景都被它们擦掉了。虽然这样做相对简便，但也有一些弊端。

这两个工具的优点在于操作方法简单，比前面介绍的其他抠图工具更易上手，同时能够快速清除图像的背景。然而，它们的缺点也很明显。首先，擦除背景意味着图像遭到破坏，并且一旦删除背景，后期调整会变得不太方便；其次，这两个工具对图像也有一定的要求，即背景不能太过复杂，最好是单色或较简单的纯色背景；最后，它们的抠图精度不够高。

既然存在这么多缺点，为什么还要介绍这两个工具呢？这是因为，抠图通常是为了进一步使用图像，例如用于合成、制作封面、制作商品目录等。从事摄影后期处理、平面设计、网页设计等工作时，在创作初期，可以使用这两个工具快速抠图，制作一些草图或示意图，以初步了解效果。随后，再根据需要决定是否投入更多时间和精力使用其他方法进行更细致的抠图处理。

13.4.6 实战：抠古代建筑（"应用图像"命令）

本实战抠古代建筑（以下称古建）。这张古建照片中的背景（天空）很简单，但琉璃瓦、飞檐上的走兽和照明线管比较复杂，由于其轮廓清晰，用魔棒工具 、快速选择工具 、"色彩范围"命令、"选择并遮住"命令等抠图容易形成琐碎的边界，效果不太好。这样的图像适合用传统技术，即通道来抠图。虽然有些难度，但全程可控。图13-175所示是做了一个图像合成，以检验抠图效果。可以看到，古建与新背景的结合浑然天成，建筑轮廓的准确度和光滑度都非常好。

扫码看视频

355

图13-175

Photoshop不断改进抠图工具，尤其是应用了人工智能技术，使得抠图的难度大大降低。但传统的通道抠图技术仍有其优势，还没有看到能够被替代的迹象。除该案例外，后面还有几个实战也是用通道或通道与其他工具结合抠图的，这些案例有助于更加全面地掌握通道抠图技术。

01 按Ctrl+3快捷键、Ctrl+4快捷键、Ctrl+5快捷键，文档窗口中会显示红、绿和蓝通道中的灰度图像，如图13-176所示。

"红"通道　　　　"绿"通道　　　　"蓝"通道

图13-176

02 在通道中，白色可以转换为选区。"蓝"通道中的天空接近白色，而且很容易处理成白色，那么只要再把古建处理为黑色就行了。将该通道拖曳到"通道"面板中的 ⊞ 按钮上复制，得到"蓝 拷贝"通道，如图13-177所示。执行"图像>应用图像"命令，让该通道以"线性加深"模式与自身混合，如图13-178所示。当色调的对比度增强以后，背景（天空）更白，古建色调更深，如图13-179所示。单击"确定"按钮关闭对话框。再使用"应用图像"命令处理一次，参数不变，效果如图13-180所示。

图13-177　　　　图13-178

图13-179　　　　图13-180

03 按Ctrl+L快捷键，打开"色阶"对话框，用增强对比度的调整方法（即滑块向中间集中）将画面右下角的灰色（天空）调为白色，如图13-181和图13-182所示。

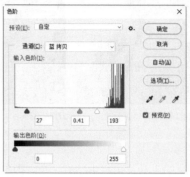

图13-181　　　　图13-182

04 现在古建内部还有星星点点的白色存在，如图13-183所示，使用画笔工具 ✎ 涂黑。为避免遗漏（兽首上的高光点）和涂错位置，可以在RGB通道的左侧单击，显示出眼睛图标 👁，如图13-184所示，这样会显示图像并与通道叠加，呈现的是快速蒙版状态，即在选区外的图像（古建）上覆盖一层淡淡的红色。将兽首上的高光点及其他白点上涂抹黑色，效果如图13-185和图13-186所示。

图13-183　　　　图13-184

图13-185　　　　图13-186

05 处理好以后，单击"通道"面板中的 ○ 按钮，将通道转换为选区，如图13-187所示。按住Alt键并单击"图层"面板中的 ▢ 按钮，基于选区创建一个反相的蒙版，将选中的天空遮盖住，完成抠图，如图13-188所示。

图13-187　　　　图13-188

扫码看视频

·PS技术讲堂·

"应用图像"命令与颜色、图像和选区

修改颜色

为图层设置混合模式后，可让其与下方所有图层混合，这是创建图像合成效果的常用方法。通道也能进行混合，但主要用于调色和编辑选区（即抠图）。使用"应用图像"命令前，先要选择被混合对象。这里有一个技巧，单击一个颜色通道，如图13-189所示，之后在RGB复合通道的左侧单击，显示出眼睛图标 👁 ，如图13-190所示。在这种状态下，当前选择的仍然是颜色通道，但文档窗口中显示的是彩色图像，这样在操作时就能看到图像颜色的变化情况。选择被混合的目标对象后，执行"图像>应用图像"命令，打开"应用图像"对话框，可看到3个选项组，如图13-191所示。

图13-189

图13-190

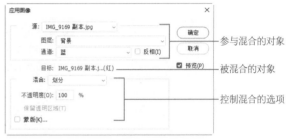

参与混合的对象
被混合的对象
控制混合的选项

图13-191

"源"选项组是指参与混合的对象，"目标"选项组是指被混合的对象（即执行该命令前选择的通道），"混合"选项组用来控制二者如何混合。被混合的通道在打开对话框时就已选择好了，选择参与混合的对象后，设置一种混合模式即可。在混合模式的作用下，被混合的通道的明度发生改变，进而影响图像的颜色，如图13-192所示。如果要降低混合强度，可以调整"不透明度"值，该值越小，混合强度越弱，如图13-193和图13-194所示。

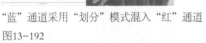

"蓝"通道采用"划分"模式混入"红"通道

图13-192

将"不透明度"设置为50%

图13-193

混合强度降低为之前的一半

图13-194

当图层中包含透明区域时，勾选"保留透明区域"选项，可以将混合效果限定在图层的不透明区域。如果勾选"蒙版"选项，则会显示隐藏的选项，此时可选择包含蒙版的图像和图层。在"通道"选项中可以选择颜色通道或Alpha通道作为蒙版，也可以使用基于当前选区或选中图层（透明区域）边界的蒙版。"反相"选项用于反转蒙版。

修改图像

使用"应用图像"命令时，如果被混合的目标对象是图层，则会修改所选图层中的图像，其效果类似于在图层之间创建混合。区别在于图层间混合是可以修改和撤销的，而使用"应用图像"混合操作不能逆转，如图13-195和图13-196所示。

"应用图像"命令参数设置

图13-195

"蓝"通道混入"背景"图层

图13-196

修改选区

如果被混合的目标对象是Alpha通道，会修改Alpha通道中的灰度图像，进而改变选区范围。有两种混合模式在修改选区时比较有用，即"相加"和"减去"模式（"图层"面板中没有"相加"模式）。它们与选区的加、减运算类似（55页），只是作用对象是通道，其结果影响的是选区，如图13-197~图13-199所示。

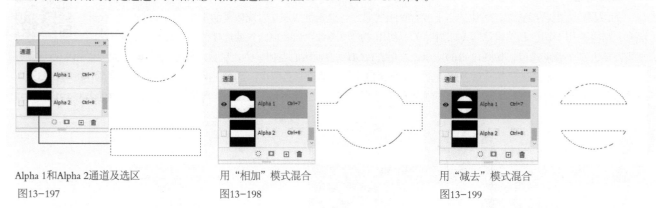

Alpha 1和Alpha 2通道及选区
图13-197

用"相加"模式混合
图13-198

用"减去"模式混合
图13-199

13.5 抠透明图像

"色彩范围"和"选择并遮住"命令，以及通道和快速蒙版都可以抠内部透明或边缘模糊的对象。其中，"色彩范围"命令相对简单，但抠图效果不如后几个工具好。后面会专门介绍快速蒙版和"选择并遮住"命令，本节重点讲解如何使用通道抠图。

13.5.1 实战：酒杯抠图（通道+曲线）

本实战抠酒杯，如图13-200所示。一般此类透明物体通道抠图是第一选择，可以先看一看通道的情况再做决定。

扫码看视频

图13-200

01 选择对象选择工具 ，将鼠标指针移动到酒杯上，如图13-201所示，单击，选取酒杯，如图13-202所示。单击

"通道"面板中的 按钮，将选区保存到通道中，如图13-203所示。

图13-201　　图13-202　　图13-203

02 图13-204所示为酒杯素材的红、绿、蓝通道图像。可以看到，"红"通道中玻璃杯细节更充足。按住Ctrl键单击该通道的缩览图，如图13-205所示，将通道中的选区加载到画布上。按住Alt+Shift+Ctrl键并单击Alpha1通道的缩览图，通过这种方法加载酒杯选区并进行运算，将酒杯外的选区排除掉，如图13-206和图13-207所示。

图13-204

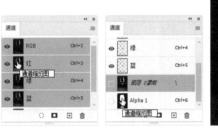

图13-205　　图13-206　　图13-207

03 单击"图层"面板中的 ■ 按钮创建蒙版，进行抠图，如图13-208和图13-209所示。

图13-208　　图13-209

04 按住Ctrl键单击Alpha 1通道缩览图，加载酒杯轮廓选区，如图13-210所示。选择画笔工具 ✔ 及柔边圆笔尖，将工具的不透明度设置为30%，在红酒和杯座等处涂抹白色，增强这些区域的显示程度，如图13-211所示。

图13-210　　图13-211

05 按Ctrl+D快捷键取消选择。使用移动工具 ✛ 将酒杯拖入图13-212所示的素材中。按Ctrl+J快捷键复制图层，增强

酒杯的显示程度，如图13-213和图13-214所示。

图13-212　　图13-213　　图13-214

06 单击"图层"面板中的 ● 按钮，打开下拉列表，选择"曲线"命令，创建"曲线"调整图层。单击"属性"面板中的 ⬛ 按钮创建剪贴蒙版，拖曳滑块调整曲线，将杯子调亮，如图13-215和图13-216所示。

图13-215　　图13-216

07 单击调整图层的蒙版缩览图，如图13-217所示，使用画笔工具 ✔ 在红酒和杯座等处涂抹黑色，通过修改蒙版，将这些区域的亮度降下来，如图13-218和图13-219所示。

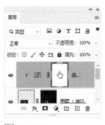

图13-217　　图13-218　　图13-219

13.5.2 实战：婚纱抠图（钢笔工具+通道）

01 打开素材，如图13-220所示。选择钢笔工具 ✐ 及"路径"选项。单击"路径"面板中的 ➕ 按钮，新建一个路径层。沿人物的轮廓绘制路径。描绘时注意，应避开半透明的头纱，如图13-221和图13-222所示。

扫码看视频

图13-220

图13-221

图13-222

02 按Ctrl+Enter快捷键将路径转换为选区，如图13-223所示。单击"通道"面板中的 ▣ 按钮，将选区保存到通道中，如图13-224所示。将"蓝"通道拖曳到 ⊞ 按钮上进行复制，如图13-225所示。

图13-223

图13-224

图13-225

03 使用快速选择工具 ✓ 选取女孩（包括半透明的头纱），按Shift+Ctrl+I快捷键反选，如图13-226所示。在选区中填充黑色，如图13-227和图13-228所示。取消选择。

图13-226

图13-227

图13-228

04 执行"图像>计算"命令，让"蓝 拷贝"通道与"Alpha 1"通道采用"相加"模式混合，如图13-229所示。单击"确定"按钮，得到一个新的通道，如图13-230所示。

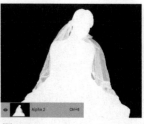
图13-229　　　　　　　　　　　图13-230

05 当前显示的是通道图像，可单击"通道"面板底部的 ⟷ 按钮，直接载入婚纱选区。按Ctrl+2快捷键显示彩色图像，如图13-231所示。将抠出的婚纱图像拖入背景素材中，如图13-232所示。

图13-231　　　　　　　　　　　图13-232

06 添加"曲线"调整图层，如图13-233所示，将图像调亮。按Ctrl+I快捷键将蒙版反相，隐藏调整效果，使用画笔工具 ✓ 在头纱上涂抹白色，使头纱变亮，按Alt+Ctrl+G快捷键创建剪贴蒙版，如图13-234和图13-235所示。

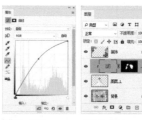

图13-233　　　　图13-234　　　　图13-235

◆ · PS技术讲堂 · ◆

"计算"命令

　　讲"计算"命令就不能不让人想起"应用图像"命令，因为二者太相似了。例如，在"计算"对话框中，"图层""通道""混合""不透明度""蒙版"等选项均与"应用图像"命令相同，如图13-236所示，而且控制混合强度的方法（即调整"不透明度"）也一样。

　　"计算"命令既可以混合一个图像中的各个通道，也能让不同图像中的通道互相混合，混合结果可以生成不同的对象，包括新的通道、选区和黑白图像。

　　使用该命令混合颜色通道时，会将混合结果应用到一个新的Alpha通道中，因此，不会像"应用图像"命令那样改变颜色通道而导致图像变色。因而其主要用途就是编辑Alpha通道中的选区。

图13-236

在操作方面，使用"应用图像"命令前，需要先选择要被混合的目标对象，打开"应用图像"对话框后再指定参与混合的对象。而"计算"命令没有这种限制，打开"计算"对话框后可以任意指定目标对象，从这方面看，"计算"命令灵活度更高。如果需要对同某个通道进行多次混合，那么使用"应用图像"命令就比"计算"命令方便，因为"计算"命令每操作一次会生成一个通道，必须来回切换通道才能完成多次混合，而"应用图像"命令没有这种麻烦。

13.6 抠人像

抠图的终极指向是抠人像。男性图片比较容易抠图，而女性就麻烦一些，主要是头发难抠，尤其长发，发丝长而纤细，包含的细节非常多。此外，服饰也有很多难点，如纱裙、皮草、蕾丝边等。

13.6.1 实战：用"色彩范围"命令抠像

01 执行"选择>色彩范围"命令，打开"色彩范围"对话框。在背景上单击，对颜色进行取样，如图13-237和图13-238所示。

扫码看视频

图13-237

图13-238

02 单击添加到取样按钮 ✔，在右上角的背景区域内向下拖曳鼠标，如图13-239所示，将该区域的背景全部添加到选区中，如图13-240所示。从"色彩范围"对话框的预览区域中可以看到，背景全部变成了白色。

图13-239

图13-240

03 向左拖曳"颜色容差"滑块，让羽毛翅膀的边缘保留一些半透明的像素，如图13-241所示。单击"确定"按钮关闭对话框，选择背景，如图13-242所示。

图13-241

图13-242

04 执行"选择>反选"命令，将小女孩选中。图13-243所示为抠图效果。可以看到，图像边缘有一圈蓝边，并呈现半透明效果，这是原背景的颜色，看上去似乎抠得不太干净，其实不然。这一圈蓝色包含了羽毛、小女孩头发的边缘部分。下面用一个技巧将颜色去除，效果就完美了。

05 使用移动工具 ✛ 将小女孩拖入新背景中，如图13-244所示。执行"图层>图层样式>内发光"命令，打开"图层样式"对话框，为小女孩添加"内发光"效果，让发光颜色盖住图像边界的蓝色，如图13-245和图13-246所示。

图13-243

图13-244

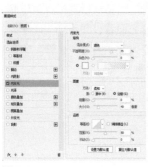

图13-245　　　　　　图13-246　　　　　　图13-247　　　　图13-248

13.6.2 实战：用快速蒙版抠像

快速蒙版能临时将选区转换成图像，可以很好地控制选区边界及羽化范围。虽然现在它不太常用，但作为一种较有特色抠图技术，它仍然以简便易用的特点而具有一定的价值。并且，能用好快速蒙版对于更好地使用"调整边缘"命令也大有帮助。因为在该命令的"叠加"模式下编辑选区时，与使用快速蒙版完全相同。

01 使用快速选择工具 ☑️ 选取小孩，如图13-247所示。下面制作阴影的选区。阴影不能完全选取，否则无法体现透明效果。执行"选择>在快速蒙版模式下编辑"命令（也可以单击"工具"面板底部的 ▣ 按钮或按Q键），进入快速蒙版编辑状态，此时被选择的区域保持不变，未选中的区域会覆盖一层半透明的红色，如图13-248所示。

02 选择画笔工具 🖌️，在工具选项栏中将"不透明度"设置为30%，如图13-249所示，在阴影上涂抹白色，将阴影添加到选区中，如图13-250所示。如果涂抹到背景区域，可以按X键将前景色切换为黑色，用黑色涂抹。

图13-249　　　　　　　　　　　　图13-250

03 单击"工具"面板中的 ▣ 按钮退出快速蒙版，图13-251所示为修改后的选区。使用移动工具 ✛ 将小孩拖入新素材中，如图13-252所示。

图13-251　　　　　　图13-252

· PS技术讲堂 ·

用快速蒙版编辑选区

怎样编辑快速蒙版

创建选区后，按Q键进入快速蒙版模式，选区轮廓会消失，原选区内的图像正常显示，选区之外则覆盖一层半透明的淡红色，如图13-253所示，同时，"通道"面板中会出现一个临时的蒙版图像，如图13-254所示。在这种状态下，可以使用图像编辑工具，如画笔、渐变、滤镜、"曲线"命令等在文档窗口中编辑蒙版图像，就像修改图层蒙版或Alpha通道一样。例如，在图像上涂抹黑色时，图像上出现的是淡红色，代表选区范围正在缩小；在覆盖淡红色的区域涂抹白色，则图像会显现出来，因此可以扩展选区；涂抹灰色时，可以使红色变淡，进而创建羽化区域。快速蒙版修改好之后，如图13-255所示，按Q键将其转换为选区，如图13-256所示，再进行抠图，如图13-257所示。

图13-253

图13-254

图13-255

图13-256

图13-257

快速蒙版选项

双击"工具"面板中的以快速蒙版模式编辑按钮 ⬚，打开"快速蒙版选项"对话框，可以设置快速蒙版的覆盖范围、颜色和不透明度等，如图13-258所示。

● 被蒙版区域：被蒙版区域是指选区之外的区域。将"色彩指示"设置为"被蒙版区域"后，选区外的图像将被蒙版颜色覆盖。

● 所选区域：所选区域是指选中的区域。如果将"色彩指示"设置为"所选区域"，则选择的区域将被蒙版颜色覆盖，未被选择的区域显示为图像本身的效果，如图13-259所示。该选项比较适合在没有选区的状态下直接进入快速蒙版状态，然后在快速蒙版的状态下制作选区。

● 颜色/不透明度：单击颜色块，可以打开"拾色器"对话框设置蒙版颜色，如果对象与蒙版的颜色非常接近，可以对蒙版颜色做出调整；"不透明度"选项用来设置蒙版颜色的不透明度。设置"颜色"选项和"不透明度"选项都只影响蒙版的外观，不会对选区产生任何影响。修改它们的目的是让蒙版与图像中的颜色对比更加鲜明，以便准确操作。

图13-258

图13-259

13.6.3 实战：长发少女抠图

本实战抠长发少女，如图13-260所示。抠图中最难处理的是毛发，因为其细节多，且细小琐碎，需要根据图像特点来寻找合适的方法。本实战素材中的头发与背景的色调有明显的差别，可以利用色调差异，在通道中将背景处理为白色，让头发变为黑色，这样就好抠了。模特的服装轮廓并不复杂，用钢笔工具 ✎ 抠即可。因为前面有些实战已经用过此方法，不需要再重复练习了。所以本实战将另辟蹊径，多学些方法总没坏处。

01 首先找一个色调对比最清晰的通道来抠头发。图13-261所示分别为红、绿、蓝通道图像。"红"通道中的头发色调太浅，不适合使用。"绿"通道和"蓝"通道中的头发都很清晰，但在"蓝"通道中，头发与背景的色调差别更明显，将"蓝"通道拖曳到 ⊞ 按钮上进行复制。

扫码看视频

图13-260

图13-261

02 执行"图像>应用图像"命令，打开"应用图像"对话框，将混合模式设置为"正片叠底"，如图13-262和图13-263所示。该模式可以让保持白色不变，而其他颜色变得更暗，使对比度得到增强。

图13-262　　　　　　　　图13-263

03 再次执行该命令，设置相同的参数，效果如图13-264所示。此时不仅头发、裙子变为黑色，皮肤的色调也变深了，抠图的难度大大降低了。

04 上衣轮廓比较简单，使用快速选择工具 ✎ 将其选取，如图13-265所示。

图13-264　　　　　　　　图13-265

05 由于衣服与背景颜色相近，在处理右侧衣袖时会选取一些背景。选择多边形套索工具 ✐，按住Alt键并在多选的区域上创建选区，将其排除，如图13-266和图13-267所示。

图13-266　　　　　　　　图13-267

06 单击工具选项栏中的"选择并遮住"按钮，切换到该工作区。在"视图"下拉列表中选择"黑白"模式，如图13-268所示。按Ctrl++快捷键放大视图，如图13-269所示，可以看到选区边缘有锯齿，不够光滑。勾选"智能半径"选项并设置参数，对选区进行平滑处理，如图13-270和图13-271所示。单击"确定"按钮

关闭对话框。按Ctrl+Delete快捷键填充黑色，如图13-272所示。按Ctrl+D快捷键取消选择。

图13-268　　　　　　　　图13-269

图13-270　　　　图13-271　　　　图13-272

07 按Ctrl+L快捷键打开"色阶"对话框，选择设置白场工具 ✐，在背景上单击，如图13-273所示，所有比该点亮的像素都会变为白色，如图13-274所示。在通道中，白色才是可以选中的区域，按Ctrl+I快捷键反相，使女孩变成白色，如图13-275所示。

图13-273　　　　图13-274　　　　图13-275

08 选择画笔工具 ✐，在工具选项栏中设置混合模式为"叠加"，不透明度为75%。在女孩脸上的灰色区域涂抹白色，如图13-276所示。由于设置为"叠加"模式，即便涂到

黑色背景上，也不会有任何效果，可以放心大胆地操作。调整画笔工具 ✏ 不透明度的作用是使边缘线的对比不过于强烈。裙子可以使用多边形套索工具 ☑ 选取，如图13-277所示，填充白色，然后取消选择。边缘处的小部分灰色就更好处理了，如图13-278所示。

图13-276　　　图13-277　　　图13-278

09 单击"通道"面板中的 ◻ 按钮，从通道中加载选区，如图13-279所示。单击RGB复合通道或按Ctrl+2快捷键，显示彩色图像。单击"图层"面板中的 ◻ 按钮，基于选区创建蒙版，将背景隐藏，如图13-280所示。将窗口放大，再仔细检查一下抠图效果，如图13-281所示。

图13-279　　　图13-280　　　图13-281

13.6.4 实战：抱宠物的女孩抠图

本实战所抠图像的难点仍在发丝上，如图13-282所示。这一次我们使用"选择并遮住"命令来抠图。该命令使用了人工智能技术，比通道容易操作。

图13-282

01 执行"选择>主体"命令，选取女孩和狗狗，如图13-283所示。下面处理毛发选区。执行"选择>选择并遮住"命令，切换到这一工作区。将"视图"设置为"叠加"，不透明度调整为50%，让选区外的图像淡淡地显现出来。选择调整边缘画笔工具 ✏，将笔尖设置为30像素（也可以按[键和]键调整其大小），如图13-284所示，处理左侧发丝，先将鼠标指针放在发丝空隙中的黑色背景上单击，如图13-285所示，然后拖曳鼠标，在发丝上涂抹，如图13-286所示。

图13-283　　　图13-284

图13-285　　　图13-286

02 头顶发丝也同样处理。先在发丝空隙包含背景的区域单击，如图13-287所示，再拖曳鼠标，如图13-288所示。

图13-287　　　图13-288

03 使用画笔工具 ✏ 在右侧发丝上涂抹，向外扩大选区，将发丝都包含进来，选区里有背景图像也没关系，可以使用调整边缘画笔工具 ✏ 处理，如图13-289和图13-290所示。

图13-289　　　　　　图13-290

04 使用调整边缘画笔工具 处理狗的边缘。重点是狗的眉毛和胡须，如图13-291和图13-292所示。

图13-291　　　　　　图13-292

05 勾选"净化颜色"选项，如图13-293所示，这样可以改善毛发选区，将断掉的选区连接起来。图13-294和图13-295所示为对照效果，在黑色背景下，区别非常明显。

图13-293

净化颜色前　　　　　　净化颜色后

图13-294　　　　　　图13-295

06 在"输出到"下拉列表中选择"新建带有图层蒙版的图层"选项，按Enter键抠图，如图13-296所示。将图像放在黑色背景上观察效果，如图13-297所示。发丝很完整，但还

不够清晰，这很容易处理，按Ctrl+J快捷键，将抠好的图像再复制一层即可，如图13-298和图13-299所示。

图13-296　　　　　　图13-297

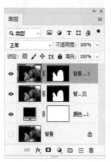

图13-298　　　　　　图13-299

13.6.5 实战：男孩抠图

本实战使用钢笔工具 和选区编辑命令抠图，如图13-300所示。虽然的人工智能工具让抠图变得越来越简便，但也需要注意，在商业领域使用的图像，如公司网站上的大幅图片、需要印刷的海报等，对抠图的精度要求也更高。在这方面，钢笔工具 是其他任何工具都替代不了的，虽然操作有些麻烦，但能确保一流的质量。

扫码看视频

图13-300

01 选择钢笔工具 ✐ 及"路径"选项，单击 🖫 合并形状按钮，如图13-301所示。按Ctrl++快捷键放大视图，沿男孩轮廓绘制路径（避开头发和眼睫毛），如图13-302所示。

图13-301　　　　　图13-302

02 单击工具选项栏中的"🖫排除重叠形状"按钮，如图13-303所示，在鞋带、胳膊等空隙处绘制路径，将它们从选区中排除出去，如图13-304~图13-306所示。

图13-303　　　　　图13-304

 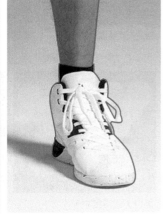

图13-305　　　　　图13-306

03 按Ctrl+Enter快捷键将路径转换为选区，如图13-307所示。单击"通道"面板中的 ◨ 按钮保存选区。按Ctrl+D快捷键取消选择。使用对象选择工具 🖫 在头部拖曳鼠标，如图13-308所示，创建选区。

 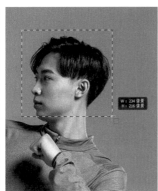

图13-307　　　　　图13-308

04 单击工具选项栏中的"选择并遮住"按钮，切换到该工作区。使用调整边缘画笔工具 ✐ 处理头发和眼睫毛，如图13-309所示。

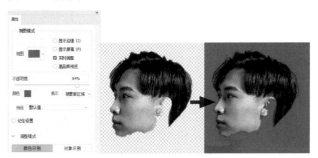

图13-309

05 在"输出到"下拉列表中选择"选区"选项，单击"确定"按钮创建选区。单击"通道"面板中的 ◨ 按钮保存选区。按住Shift键和Ctrl键同时单击"通道"面板中的选区，如图13-310所示，将其加载到画布上并与当前选区相加，这样就得到了男孩的完整选区，如图13-311所示。

图13-310　　　　　图13-311

技术看板 为所有对象生成蒙版

"图层"菜单中的"遮住所有对象"是基于人工智能技术的抠图命令，可以抠图并为检测到的所有对象生成蒙版。

图13-312   图13-313

06 单击"图层"面板中的 ◻ 按钮，将选区外的背景隐藏，完成抠图，如图13-312所示。抠图后，即使不做合成也应该将图像放在不同颜色的背景上进行检验，看看有没有需要完善的地方，如图13-313所示。

・ PS技术讲堂 ・

"选择并遮住"命令详解

　　"选择并遮住"命令能有效识别对象的边缘及透明区域和毛发。进行抠图时，可以先使用魔棒工具 🪄、快速选择工具 🖌 或"色彩范围"命令创建一个大致的选区，再用"选择并遮住"命令进行细化。

视图模式

　　本章开始介绍过，选区能够以"蚁行线"、快速蒙版、黑白图像等多种"面孔"出现。选区的这些形态有利于对其进行编辑，也为更好地观察其范围提供了帮助。除路径形态外，"选择并遮住"命令能将选区的"面孔"全都展现出来，如图13-314所示。其中还有一个是"洋葱皮"，能让选区显示为动画样式的洋葱皮结构。

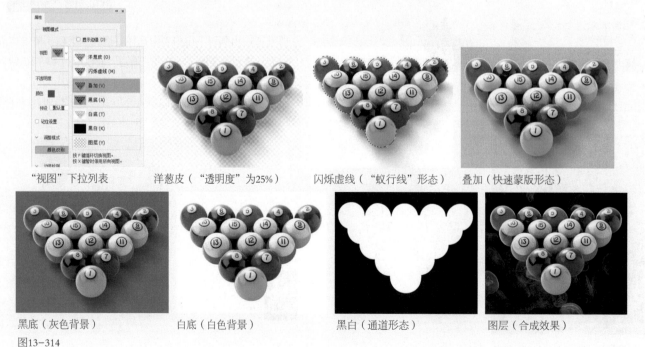

"视图"下拉列表　　洋葱皮（"透明度"为25%）　　闪烁虚线（"蚁行线"形态）　　叠加（快速蒙版形态）

黑底（灰色背景）　　白底（白色背景）　　黑白（通道形态）　　图层（合成效果）

图13-314

修改选区边缘时，在"叠加"模式下操作比较好，它可以显示类似于快速蒙版状态下的选区，在处理选区边界时也能看到选区外的图像，有利于更准确地进行编辑。处理透明区域时，可以切换为"黑白"模式，显示通道状态下的选区，在这种模式下，透明区域可依据图像中灰色的深浅程度来辨别。处理毛发时，也可以在"叠加"模式和"黑白"模式间来回切换，以便更好地观察细节，看清选区的真实情况，检查选区边界是否光滑、位置对不对等。

选区编辑好之后，可以切换到"黑底"和"白底"模式，预览抠好的图像在黑、白背景上的效果，发现问题好及时进行处理。此外，如果当前图层不是"背景"图层，还可以选择"图层"选项，将选取的对象放在"背景"图层上观察。创建图像合成效果时，该选项比较有用，它能让我们看到图像与背景的融合是否完美。如果发现选区有缺陷，在"选择并遮住"对话框中就能修正。

● 显示边缘：显示调整区域。

● 显示原稿：显示原始选区。

● 实时调整：实时更新效果。

● 高品质预览：勾选该选项后，在处理图像时，按住鼠标左键（向下滑动）可以查看更高分辨率的预览效果；取消勾选该选项后，向下滑动时，会显示更低分辨率的预览效果。

● 透明度：可以为所选视图模式设置透明度。

工具和选项栏

"选择并遮住"工作区中包含一个"工具"面板，如图13-315所示。选择一个工具后，可以在工具选项栏中设置工具的属性，如图13-316所示。

图13-315　　　　图13-316

这其中有两个新工具。调整边缘画笔工具 可以精确调整发生边缘调整的边框区域，在处理柔化区域（如头发或毛皮）时，可以向选区中加入准确的细节。

画笔工具 可用于完善细节。例如，使用快速选择工具 （或其他选择工具）先进行初选，再使用调整边缘画笔工具 对其进行调整，之后可用画笔工具 清理细节。它能按照以下两种简便的方式微调选区：在添加模式下，可绘制想要选择的区域；在减去模式下，可绘制不想选择的区域。

使用工具描绘细节时，建议将窗口放大再进行处理。虽然抓手工具 和缩放工具 负责此项工作，但用快捷键操作更方便（按Ctrl++快捷键可放大，按Ctrl+-快捷键可缩小，按住空格键拖曳可以移动画面）。

调整模式

"选择并遮住"命令提供了两种边缘调整方法，如图13-317所示。如果背景简单或色调对比比较清晰，可以单击"颜色识别"按钮，在此模式下操作。"对象识别"模式适合复杂的背景，如毛发类。

图13-317

边缘检测

在"属性"面板中，"半径"和"智能半径"选项可以对选区边界进行控制，如图13-318所示。其中"半径"选项可以确定发生边缘调整的选区边界的大小。如果选区边缘较锐利，使用较小的半径值效果更好；如果选区边缘较柔和，则半径值较大为宜。"智能半径"选项允许选区边缘出现宽度可变的调整区域。在处理人的头发和肩膀时，该选项十分有用，它能根据需要为头发设置比肩膀更大的调整区域。

选区　　　　　　　　　　半径5像素　　　　　　　　半径70像素　　　　　半径70像素并勾选"智能半径"选项

图13-318

净化颜色及输出

"属性"面板中的"输出设置"选项组用于设置选区的输出方式及消除选区边缘的杂色，如图13-319所示。

勾选"净化颜色"选项并拖曳"数量"滑块，可以将彩色边替换为附近完全选中的像素的颜色。如图13-320所示，轮廓有一圈黑边，进行颜色净化处理后，便可将其消除，如图13-321所示。

图13-319　　　　　　　　　　　　　　　图13-320　　　　　图13-321

选区编辑完成后，可以在"输出到"下拉列表中选择输出方式，即得到修改后的选区或基于它创建蒙版，或者生成一个新图层或新文件。

· PS技术讲堂 ·

扩展、收缩、平滑和羽化选区

"选择并遮住"命令还能对选区进行扩展、收缩、平滑和羽化处理，如图13-322所示。

扩展和收缩选区

"移动边缘"选项用来扩展和收缩选区。该值为负值时，选区向内移动（这有助于从选区边缘移去不想要的背景颜色）；为正值时，选区向外移动。由于该选项以百分比为单位，因此，选区的变化范围较小，只适合做轻微移动。如果移动范围较大，建议使用"选择>修改"子菜单中的"扩展"和"收缩"命令操作，如图13-323~图13-325所示。

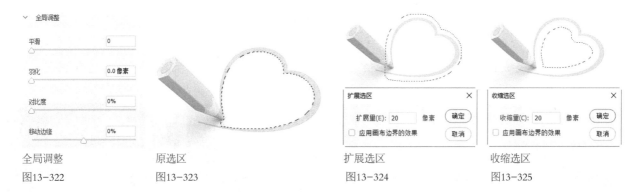

全局调整

图13-322

原选区

图13-323

扩展选区

图13-324

收缩选区

图13-325

平滑选区

使用魔棒工具 ✦ 和"色彩范围"命令选择图像时，如果选区边缘比较琐碎，可以使用"属性"面板中的"平滑"选项进行平滑处理，以减少选区的不规则区域，创建较为平滑的轮廓。但矩形选区不适合做平滑，因为会使其边角会变圆。

如果需要平滑的范围较大，则使用"选择>修改"子菜单中的"平滑"命令更有效。它以像素为单位进行处理，可设置的范围更广，但也会加大选区的变形程度，如图13-326所示。

图13-326

羽化

调整"羽化"值（范围为0像素～1000像素），可以羽化选区，抠图后可以让选区边缘的图像呈现透明效果。调整"对比度"值，则能锐化选区边缘并去除模糊，即消除羽化。因此，这两个选项是互相抵消的关系。

"羽化""平滑""移动边缘"等都以像素为单位进行处理。而实际的物理距离和像素距离之间的关系取决于图像的分辨率。例如，分辨率为300像素/英寸的图像中的5像素的距离要比72像素/英寸的图像中的5像素短。这是由于分辨率高的图像包含的像素多，像素点更小（82页）。

技术看板 **基于边界创建选区**

创建选区后，执行"选择>修改>边界"命令，可以将选区的边界同时向内部和外部扩展，进而形成新的选区。在"边界选区"对话框中，"宽度"用于设置选区扩展的像素值，如将该值设置为30像素时，原选区会分别向外和向内扩展15像素。

· PS技术讲堂 ·

协调图片与新环境

　　毛发和透明对象极易受环境色影响，如图13-327所示。抠好之后，如图13-328所示，移入不同颜色的背景中，其效果也大不一样，如图13-329和图13-330所示。

原图

图13-327

抠图效果

图13-328

在蓝色背景上效果没问题

图13-329

在黑色背景上发梢颜色发绿

图13-330

　　像这种情况，颜色不和谐的地方一般出现在发梢位置（透明对象则出现在透明区域）。为头发上色能解决这个问题，即创建一个图层，设置混合模式为"颜色"并与下方图层创建为剪贴蒙版，如图13-331所示；选择吸管工具 ✐，在接近头发的边缘处单击，如图13-332所示，拾取颜色作为前景色；之后使用画笔工具 ✐ 在发梢处，即受环境色影响的区域涂抹，进行上色，这样便可消除原环境色，如图13-333和图13-334所示。

创建图层

图13-331

拾取头发颜色

图13-332

为发梢上色

图13-333

整体效果

图13-334

　　如果将图片放置于与原背景色彩差异较大的素材中，头发可能还是与新背景格格不入，如图13-335所示。这就应该使用新背景中的"环境色"为发梢上色，如图13-336~图13-338所示。如果背景色调较亮，使用白色上色效果更好。以上可见，抠图之后并不意味着完成了所有工作，后续还要根据使用情况做必要的处理。

发丝与背景颜色不协调

图13-335

拾取背景图片中的颜色

图13-336

为发梢上色

图13-337

修改后的整体效果

图13-338

13.6.6 实战：抠像并协调整体颜色

抠好图像后，在做合成效果时，原图中对象所在的环境与新背景的差异越大，越难融合。"Neural Filters"滤镜可以匹配的图像颜色和色调，创造出完美的合成效果，如图13-339所示。该功能与"匹配颜色"命令有些类似，但可以进行智能处理，因而更加强大。

扫码看视频

图13-339

01 执行"选择>主体"命令，将女孩选中。执行"选择>选择并遮住"，切换到该工作区。使用调整边缘画笔工具 ✎ 处理头发，如图13-340所示。

图13-340

02 在"输出到"下拉列表中选择"新建带有图层蒙版的图层"选项，单击"确定"按钮抠图，如图13-341所示。打开背景素材，使用移动工具 ✛ 将背景拖曳到女孩所在的文件中，如图13-342所示。

图13-341

图13-342

03 单击女孩所在的图层，将其选择，如图13-343所示。执行"滤镜>Neural Filters"命令，切换到该工作区。开启"协调"功能，选取新背景并设置参数，如图13-344所示。单击"确定"按钮，应用滤镜，效果如图13-345所示。

图13-343 图13-344

图13-345

04 单击智能滤镜的蒙版，如图13-346所示。使用画笔工具 ✎ 在女孩面部涂抹深灰色，减弱滤镜效果，将面部色调提亮，如图13-347所示。

图13-346

图13-347

第14章
文字与版面设计

New Function | 生成式填充 • 移除工具 • 上下文任务栏 • Camera Raw 16.0 | ☞ **Photoshop 2024（版本 25.0）** ☜

本章简介

一幅优秀的作品能给人留下深刻的印象，其中创意、图像处理效果等固然重要，文字和版面设计也起到了关键的作用。本章系统地介绍Photoshop中不同类型的文字的创建及编辑方法，讲解如何通过编排文字、合理构图设计出美观的版面。

学习目标

学会文字的各种创建方法，了解文字在版面中的编排规范，并通过实战将所学应用于设计工作。

学习重点

实战：双十一促销页设计（点文字）
实战：选择和修改文字
实战：环形印章字
行距、字距、比例和缩放
段落对齐
文字创意海报
文字面孔特效

14.1 点文字和段落文字

Photoshop 中有许多用于创建和编辑文字的工具和命令，在学习它们之前，可以先了解一下文字的种类和变化形式。

14.1.1 实战：双十一促销页设计（点文字）

扫码看视频

本实战使用矢量工具和点文字制作双十一促销标签，如图14-1所示。标签采用倒三角形构图，这种构图形式张力较强，但不稳定，需要将文字与图形对齐，做好平衡处理，才能体现出动感和活力。

点文字适合处理字数较少的标题、标签和网页上的菜单项，以及海报上的宣传主题，如图14-2和图14-3所示。这种文字在输入时需要手动按Enter键换行。

图14-1   图14-2   图14-3

01 新建一个黑色背景的文件。选择三角形工具 △ 及"形状"选项，设置描边颜色为白色，描边粗细为20像素，按住Shift键拖曳鼠标创建三角形，如图14-4所示。切换为路径选择工具 ▶，按Ctrl+C快捷键复制图形，按Ctrl+V快捷键粘贴到同一形状图层中。执行"编辑>变换路径>垂直翻转"命令，翻转图形，之后移动两个图形的位置，如图14-5所示。

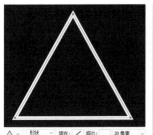

图14-4　　　　　　　　图14-5

02 在工具选项栏中选择"合并形状组件"命令，如图14-6所示，将两个图形合并。选择直接选择工具 ▷ ，拖曳出选框将路径选取，如图14-7所示。按Delete键删除，如图14-8所示。下边两个角上的路径也删除，如图14-9所示。

图14-6　　　　　　　　图14-7

图14-8　　　　　　　　图14-9

03 单击 🔒 按钮将该图层锁定。选择横排文字工具 **T** ，在画布上单击，出现"I"状闪烁光标后输入文字，单击工具选项栏中的 ✔ 按钮确认。在"字符"面板中选择字体，设置大小，如图14-10和图14-11所示。

图14-10　　　　　　　　图14-11

04 在其他位置单击并输入文字，单击 ✔ 按钮确认。在"字符"面板中修改文字属性，如图14-12~图14-15所示。图14-16所示为标签在海报中的展示效果。

图14-12　　　　　　　　图14-13

图14-14　　　　　　　　图14-15

图14-16

14.1.2 小结

在Photoshop中，文字是由以数学方式定义的形状组成的，因此属于矢量对象，这使得文字在缩放时能够保持清晰，并且可以随时修改文字内容及其他属性，如图14-17所示。文字虽然与路径同类，但二者的创建方式和编辑方法并不相同，它们各自拥有独立的工具和命令。不过，文字可以被转换成路径或矢量形状，一旦完成转换，就能够利用路径编辑工具进行修改。通过改变文字的结构，将其制作成Logo，或者赋予其全新的字体样式，可以使得文字焕然一新、与众不同。

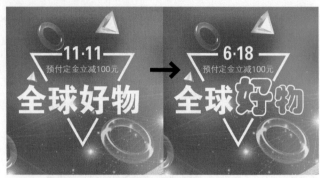

修改文字的字体、大小和文字内容

图14-17

文字也可以通过栅格化的方法转换为图像。转换后，可以使用画笔、渐变图像处理工具进行编辑，也可以用滤镜制作成特效字。在进行操作之前，最好的做法是复制一个文字图层，在图层副本上转换，原文字图层留作备份，如图14-18和图14-19所示。这样做的好处在于，将来需要修改文字时在原文字图层上编辑即可，否则就只能重新输入文字。

此外，对于制作以文字为主的印刷品，如宣传册、宣传单、商品简介、商品目录等，强烈建议使用专门的排版软件如InDesign、Illustrator，或其他矢量软件。相比之下，

Photoshop在文字排版方面的表现并不尽如人意。名片也最好使用矢量软件来制作，如图14-20和图14-21所示。名片中的文字通常较为细小，如果使用Photoshop制作，在打印时容易出现文字模糊的情况。

图14-18　　　　　　图14-19

图14-20　　　　　　图14-21

·PS技术讲堂·

文字外观的变化方法

扫码看视频

文字的创建方法

在Photoshop中可以通过3种方法创建文字：一是以任意一点为起始点创建横向或纵向排列的文字（称为"点文字"）；二是在矩形框内排布文字（称为"段落文字"）；三是在路径上方或在矢量图形内部排布文字（称为"路径文字"）。

Photoshop中有4个文字工具，其中的横排文字工具 **T** 和直排文字工具 **⥮T** 都能以上述方法创建文字。横排文字蒙版工具 **🃟** 和直排文字蒙版工具 **⥮T** 用来创建文字状选区。这两个工具并不常用，因为可以从横排文字工具 **T** 和直排文字工具 **⥮T** 创建的文字中加载选区。它们较为独特的地方是能在图层蒙版和Alpha通道中创建文字。

简单的文字排列方式

文字最基本的排列方式有两种：横向排列和纵向排列。这是点文字和段落文字所呈现的效果，如图14-22所示。点文字属于"一根筋"的性格，它只知道沿水平或垂直方向持续排列，只要不停止输入，它就会一直排列下去，整体效果较为单一。段落文字会将文字限定在一个矩形文字框内，形成方块状的整体布局。段落文字要比点文字"聪明"一些，它会在碰到"南墙"（文字框边缘）时自动"回头"（换行），从而避免将文字排布在画布之外。段落文字更方便进行输入和管理，适用于处理大段或多段文字，但其文字外观较点文字并无太大突破。很显然，这两种基本的文字排列方式仅能满足最基本的使用需求。在追求更加丰富多样的排版效果时，需要借助其他类型的文字排列方式和技巧来实现。

点文字　　　　　　　　　点文字　　　　　　　　　段落文字　　　　　　　段落文字

图14-22

图形化的文字排列

能让文字排列方式出现变化的是路径文字。以这种独特的方式操控文字布局时，文字会跟随路径的变化而灵活塑形。

路径文字包含两种变化样式：一种样式是让文字在封闭的路径内部排列，如图14-23和图14-24所示。文字的整体形状与路径的轮廓一致，例如，路径是心形的，那么文字也会排成心形。其原理是以路径轮廓为框架，在其中排布段落文字。当框架（即路径轮廓）发生改变时，文字还会自动适应并重新排列，以保持与路径相协调的布局。

另一种样式是在路径上方排布文字，让文字随着路径的弯曲而呈现起伏、转折效果，如图14-25所示。其原理是以路径为基线排布点文字。在这种状态下，点文字不仅可以沿路径排列，还能翻转到路径另一侧。

文字在图形内排列　　　　　　　文字在路径上排列

图14-23　　　　　　　　　图14-24　　　　　　　　　　图14-25

变形文字

有一点需要注意，虽然路径能让文字排成曲线、圆环和其他形状，但只是改变了文本的整体外观，文字本身并没有变形。如果想让文字本身变形，需要使用"文字变形"命令。这个命令类似于Illustrator中的封套扭曲功能，将文字"塞入"一个封套中，通过封套对文字的挤压而使其变形，如图14-26所示。

点文字、段落文字和路径文字都可以使用"文字变形"命令进行处理，通过它可以将文字变形为扇形、弧形等多种形状。该命令提供了15种效果，图14-27（拱形扭曲）和图14-28所示（拱形+水平扭曲）为部分效果。如果想突破这15种效果的限制，实现更大程度的变形，如图14-29和图14-30所示，则需要将文字转换为形状图层，或者从文字中生成路径，再对形状和路径进行编辑。

封套　需要扭曲的图形

将图形"塞入"封套中

图14-26　　　图14-27　　　图14-28　　　图14-29　　　图14-30

14.1.3 实战：创建段落文字

段落文字能限定文字范围，并自动换行，非常适合处理宣传单、说明书等文字内容较多的设计稿。如果使用点文字，则会花费大量时间，文字也很难对齐。

扫码看视频

01 选择横排文字工具 **T**，在画布上拖曳鼠标，拖出定界框，如图14-31所示。输入文字，文字会在定界框内排布，如图14-32所示。如果要开始新的段落，需要按Enter键。

图14-31　　　　　　图14-32

技术看板　设置段落文字范围

使用横排文字工具 **T** 按住Alt键拖曳定界框，可以打开"段落文字大小"对话框，在该对话框中可以设置文字定界框大小。

段落文字大小 ✕
宽度：100 毫米　确定
高度：50 毫米　取消

02 拖曳控制点，可以调整定界框的大小，文字会重新排列。当定界框被调小而不能显示全部文字时，其右下角

的控制点会变为 ⊞ 状，如图14-33所示。出现该标记时应将定界框范围调大，让隐藏的文字显示出来，如图14-34所示；或者将文字的字号调小。

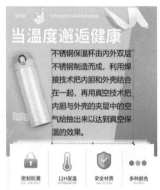

图14-33　　　　　　　图14-34

03 将鼠标指针放在定界框右下角的控制点上，单击并按住Shift+Ctrl键拖曳，可以等比缩放文字，如图14-35所示。如果没有按住Shift键，文字会被拉宽或拉长，如图14-36所示。

图14-35　　　　　　　图14-36

04 将鼠标指针放在定界框外，当指针变为弯曲的双向箭头时拖曳鼠标，可以旋转文字，如图14-37所示。如果同时按住Shift键，则能以15°角为增量进行旋转。单击工具选项栏中的✔按钮，结束文本的编辑。

图14-37

提示

结束编辑后，如果想再进行修改，可以使用横排文字工具 **T** 在文本中单击，显示文字定界框后再进行处理。

14.1.4 实战：选择和修改文字

01 打开素材，如图14-38所示。选择横排文字工具 **T**，在文字上拖曳鼠标，将需要修改的文字选取，如图14-39所示。

扫 码 看 视 频

图14-38

图14-39

02 在工具选项栏中修改字体和文字大小等，如图14-40和图14-41所示。

方正捕捉简体 12点 ⊥ 100点

图14-40

图14-41

03 输入文字，可以替换所选文字，如图14-42所示。按Delete键，可以删除所选文字，如图14-43所示。单击工具选项栏中的✔按钮，或在画布外单击，可结束编辑。

图14-42

图14-43

04 如果想在现有的文本中添加文字，可以将鼠标指针放在文字上方，当鼠标指针变为"I"状时，如图14-44所示，单击，设置文字插入点，如图14-45所示，之后输入文字，如图14-46所示。

图14-44

图14-45

图14-46

提示

使用横排文字工具 **T** 在文字中单击设置插入点后，再单击两下，可以选取一段文字；按Ctrl+A快捷键，可以选取全部文字。此外，双击文字图层中的"T"字缩览图，也可以选取所有文字。

14.1.5 实战：改变文字颜色

01 打开素材，如图14-47所示。使用横排文字工具 **T** 在文字上方拖曳，或者双击文字图层的缩览图，如图14-48所示，将文字选取，如图

扫 码 看 视 频

379

14-49所示。所选文字的颜色会变为原有颜色的补色，黑、白色则会互相转换。

图14-47　　　　　　　　　图14-48

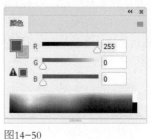

图14-50　　　　　　　　　图14-51

图14-49

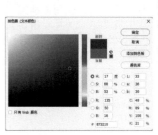

> **提示**
>
> 选取文字后，按Alt+Delete快捷键，可以使用前景色填充文字；按Ctrl+Delete快捷键，可以使用背景色填充。如果只是单击了文字图层，使其处于选取状态，而并未选择个别文字，用这两种方法都可以填充所有文字。

图14-53　　　　　　　　　图14-54

02 在这种状态下，使用"颜色"或"色板"面板修改文字颜色时，看不到真正的颜色。例如，在"颜色"面板中选取红色，如图14-50所示，但文字上显示的是其补色（青色），如图14-51所示。只有单击工具选项栏中的 ✔ 按钮确认之后，文字才能显示真正的颜色。

03 要想实时显示文字颜色，可以单击工具选项栏中的文字颜色图标，如图14-52所示，打开"拾色器"对话框进行设置，如图14-53和图14-54所示。单击 ✔ 按钮确认修改。

14.1.6 转换文本

单击点文本所在的图层，执行"文字>转换为段落文本"命令，可将其转换为段落文本。对于段落文本，可以执行"文字>转换为点文本"命令转换为点文本。要注意的是，转换前应调整定界框范围，使所有文字都显示出来，否则转换后溢出定界框外的字符将被删除。

使用"文字>文本排列方向"子菜单中的"横排"和"竖排"命令，则可让水平文字和垂直文字互相转换。

14.2 路径文字和变形文字

本节介绍两个能够让文字产生变形的功能，即路径文字和变形文字。路径文字最早出现在 Photoshop CS 中，在该版本之前，只有矢量软件才能制作这种文字。

14.2.1 创建路径文字

选择横排文字工具 **T**，当鼠标指针在路径上方变为 ⌘ 状时，如图14-55所示，单击，设置文字插入点，画面中会出现闪烁的"I"形光标,输入文字,即可让其沿路径排列,如图14-56所示。

图14-55　　　　　　图14-56

选择直接选择工具 ↳ 或路径选择工具 ▸ ,将鼠标指针放在文字上方,当鼠标指针变为 ɪ̞ 状时,如图14-57所示,沿路径拖曳可以移动文字,如图14-58所示。向路径的另一侧拖曳可以翻转文字,如图14-59所示。

图14-57　　　　　　图14-58

图14-59

> **提示**
>
> 在路径上输入文字时,文字的排列方向与路径的绘制方向一致。因此,使用钢笔工具 ✐ 绘制路径时,一定要从左向右进行,这样文字才能从左向右排列,否则会在路径上颠倒。

14.2.2 编辑路径文字

在路径转折处,文字会出现拥挤情况,导致文字互相重叠。通过修改路径形状,让转折处变得平滑、顺畅可以解决这一问题。此外,也可以采用增加文字间距(*386页*)的方法来进行处理,但这种方法可能会使文字的排列不均匀。

如果想修改文字的路径,可以使用直接选择工具 ↳ 单击路径,显示锚点,如图14-60所示,之后拖曳锚点修改路径的形状,文字会重新排列,如图14-61所示。

图14-60　　　　　　图14-61

14.2.3 实战:杂志版面图文混排效果

如果客户只给了一张图片和说明文字,怎样才能更好地表现创意?只能在文字的版面排布上下功夫。本实战即是一例,文字沿着人物轮廓排列,使排版立刻变得生动、有趣,解决了素材过于简单的难题,如图14-62所示。

扫码看视频

图14-62

01 选择钢笔工具 ✐ ,在工具选项栏中选择"路径"及"合并形状"选项,在人物右侧轮廓旁边绘制一个封闭的图形,如图14-63所示。绘制直线时,可按住Shift键操作。

图14-63

02 选择横排文字工具 **T**，在"字符"面板中设置字体、大小、颜色和间距等，如图14-64所示。将鼠标指针移动到图形内部，鼠标指针会变为⑴状，如图14-65所示。需要注意：鼠标指针不能放在路径上，否则文字会沿路径排列。

图14-64　　　　　图14-65

03 单击会显示定界框，然后输入文字，如图14-66所示。按两下Enter键进行换行。将文字大小设置为40点，如图14-67所示。

图14-66　　　　　　　　　图14-67

04 继续输入文字，如图14-68所示。在文字上拖曳鼠标，将其选取，如图14-69所示。单击"段落"面板中的 按钮，让除末行外的所选文字左右两端与定界框对齐，如图14-70和图14-71所示。

图14-68　　　　　　　　图14-69

图14-70　　　　　图14-71

05 在标题上拖曳鼠标，将其选取，如图14-72所示。单击"段落"面板中的 按钮，让文字居中，如图14-73所示。单击 ✔ 按钮，结束文本的编辑。

图14-72

图14-73

14.2.4 实战：环形印章字

当文字在路径上方排列时，它是点文字，如图14-74所示。在封闭的路径内部（即上一个实战）排列时，则为段落文字。

扫码看视频

图14-74

01 选择椭圆工具 ○ 及"路径"选项，按住Alt+Shift键拖曳鼠标创建圆形路径（在此过程中可同时按住空格键移动圆形），如图14-75所示。

图14-75

02 选择横排文字工具 **T**，将鼠标指针移动到路径上，鼠标指针变为 状时，如图14-76所示，单击，设置文字插入点，画面中会出现闪烁的"I"形光标，输入文字，如图14-77所示。

图14-76 图14-77

03 按Ctrl+A快捷键全选文字，如图14-78所示。在"字符"面板中选择字体，设置文字大小和间距等参数。单击颜色块，如图14-79所示，打开"拾色器"对话框，在图形上单击，拾取颜色作为文字颜色，如图14-80和图14-81所示。

图14-78 图14-79

图14-80 图14-81

04 选择路径选择工具 （也可用直接选择工具 ），将鼠标指针移动到文字结尾处，鼠标指针变为 状时，如图14-82所示。沿路径拖曳文字，将Photoshop这组字调整到居中位置，如图14-83所示。当前有部分文字被隐藏，将鼠标指针移动到图14-84所示的位置，沿路径拖曳，将文字显示出来，如图14-85所示。

图14-82 图14-83

图14-84 图14-85

05 选择椭圆工具 及"形状"选项，设置"描边"为10像素，按住Alt+Shift键拖曳鼠标创建圆形，如图14-86所示。

图14-86

14.2.5 实战：萌宠脚印字

本实战使用Photoshop预设的变形样式制作变形字，如图14-87所示。

图14-87

01 打开素材（包含萌宠脚印及文字），如图14-88所示。单击文字图层，如图14-89所示。

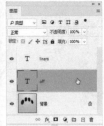

图14-88　　　　　　图14-89

02 执行"文字>文字变形"命令，打开"变形文字"对话框，在"样式"下拉列表中选择"扇形"，并调整变形参数，如图14-90和图14-91所示。

图14-90　　　　　　图14-91

03 创建变形文字后，其缩略图中会出现出一条弧线，如图14-92所示。双击该图层，打开"图层样式"对话框，添加"描边"效果，如图14-93和图14-94所示。

图14-92　　　　图14-93　　　　图14-94

04 选择另外一个文字图层，执行"文字>文字变形"命令，打开"变形文字"对话框，选择"膨胀"样式，创建收缩效果，如图14-95和图14-96所示。

图14-95　　　　　　图14-96

05 将前景色设置为黄色，如图14-97所示。新建一个图层，设置混合模式为"叠加"，如图14-98所示。选择画笔工具及柔边圆笔尖，在文字、脚掌顶部添加几处亮点作为高光，如图14-99所示。

图14-97　　　图14-98　　　　图14-99

"变形文字"对话框选项

● 样式：在该下拉列表中可以选择变形样式，效果如图14-100所示。

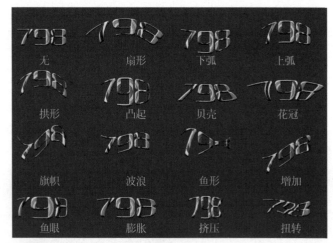

图14-100

● 水平 / 垂直：选择"水平"，文本扭曲的方向为水平方向；选择"垂直"，文本扭曲的方向为垂直方向，如图14-101所示。

图14-101

● 弯曲：用来设置文本的弯曲程度。

● 水平扭曲 / 垂直扭曲：可以让文本沿水平或垂直方向产生透视扭曲的效果，如图14-102所示。

图14-102

重置和取消变形

如果要修改变形参数，可以执行"文字>文字变形"命令，或者选择横排文字工具 **T** 或直排文字工具 **↓T**，再单击工具选项栏中的创建文字变形按钮 **⌁**，打开"变形文字"对话框，此时便可修改参数，也可以在"样式"下拉列表中选择其他样式。如果要取消变形，将文字恢复为变形前的状态，可以在"变形文字"对话框的"样式"下拉列表中选择"无"，然后单击"确定"按钮，关闭对话框。

14.3 调整版面中的文字

文字的字体、大小、颜色、行距和字距等属性既可在创建文字之前设置好，也可以在输入文字之后再修改。需要注意的是，修改文字属性会影响所选文字图层中的所有文字，如果只想改变部分文字，应提前用文字工具将其选取。

14.3.1 字号、字体、样式和颜色

在文字工具选项栏中可以选择字体、设置文字大小和颜色，以及进行简单的文本对齐等，如图14-103所示。

图14-103

● 更改文本方向 **↓T**：单击该按钮或执行"文字 > 文本排列方向"子菜单中的命令，可以让横排文字和直排文字互相转换。

● 设置字体：在该下拉列表中可以选择字体。选择字体的同时可查看字体的预览效果。如果字体太小，看不清楚，可以打开"文字 > 字体预览大小"子菜单，选择"特大"或"超大"选项，显示大字体。

● 设置字体样式：如果所选字体包含变体，可以在该下拉列表中进行选择，包括Regular（常规）、Italic（斜体）、Bold（粗体）和Bold Italic（粗斜体）等，如图14-104所示。该选项仅适用于部分英文字体。如果所使用的字体（英文字体、中文字体皆可）不包含粗体和斜体样式，可以单击"字符"面板底部的仿粗体按钮 **T** 和仿斜体按钮 **𝘛**，让文字加粗或倾斜。

ps **_ps_** **ps** **_ps_**

Regular   Italic   Bold   Bold Italic

图14-104

● 设置文字大小：可以设置文字的大小，也可以直接输入数值，并按Enter键来进行调整。

- 消除锯齿：可以消除文字边缘的锯齿（395页）。
- 对齐文本：根据输入文字时鼠标单击的位置对齐文本，包括左对齐文本▤、居中对齐文本▤和右对齐文本▤。
- 设置文本颜色：单击颜色块可打开"拾色器"对话框设置文字颜色。
- 创建变形文字⌶：单击该按钮可以打开"变形文字"对话框。
- 显示/隐藏"字符"和"段落"面板▤：单击该按钮，可以打开和关闭"字符"和"段落"面板。
- 从文本创建3D：从文字中创建3D模型。

技术看板 **文字技巧**

● 调整文字大小：选取文字后，按住Shift+Ctrl键并连续按>键能以2点为增量将文字调大；按住Shift+Ctrl+键并连续按<快捷键会以2点为增量将文字调小。

● 调整字间距：选取文字后，按住Alt键并连续按→键可以增加字间距；按住Alt键并连续按←快捷键可以减小字间距。

● 调整行间距：选取多行文字后，按住Alt键并连续按↑键可以增加行间距；按住Alt键并连续按↓快捷键可以减小行间距。

14.3.2 行距、字距、比例和缩放

在"字符"面板中，字体、样式、颜色、消除锯齿等选项均与文字工具选项栏相同。除此之外，使用该面板还可以调整文字的间距、对文字进行缩放，以及添加特殊样式等，如图14-105所示。

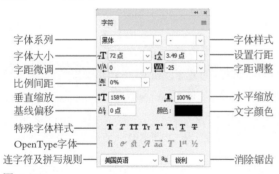

字体系列———字体样式
字体大小———设置行距
字距微调———字距调整
比例间距
垂直缩放———水平缩放
基线偏移———文字颜色
特殊字体样式
OpenType字体
连字符及拼写规则———消除锯齿

图14-105

● 设置行距⇧：行距是各行文字之间的垂直间距。默认选项为"自动"，Photoshop会自动分配行距，如图14-106所示，它会随着文字大小的改变而自动调整。图14-107所示是行距为100点的文本（文字大小为100点）。同一个段落中可以应用一个以上的行距量，但文字行中的最大行距值决定该行的行距值。

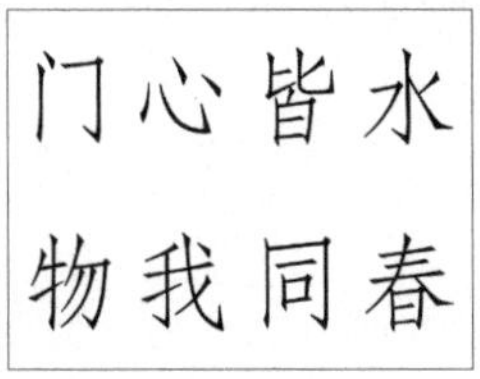

门心皆水
物我同春

图14-106

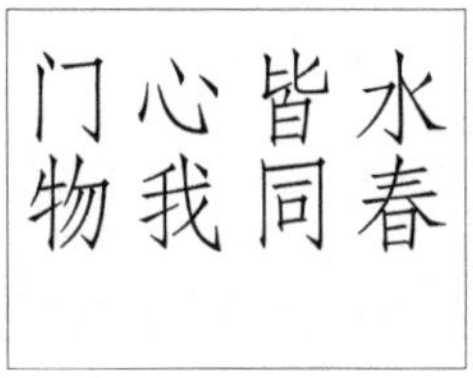

门心皆水
物我同春

图14-107

● 字距微调ⅤⱯ：可调整两个字符的间距。操作时使用横排文字工具 T 在两个字符之间单击，出现闪烁的"I"形光标后，如图14-108所示，在该选项中输入数值并按Enter键，正数增加字距，如图14-109所示，负数减少字距，如图14-110所示。此外，如果要使用字体的内置字距微调，可以在该下拉列表中选择"度量标准"选项；如果要根据字符形状自动调整间距，可以选择"视觉"选项。

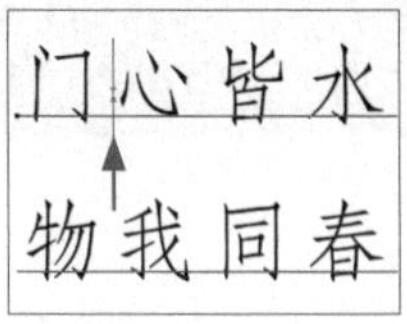

门心皆水
物我同春

图14-108

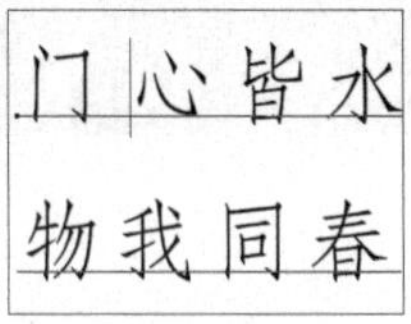

门心皆水
物我同春

图14-109

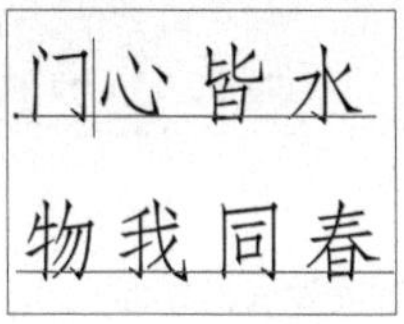

门心皆水
物我同春

图14-110

● 字距调整ⱯⱯ：字距微调ⱯⱯ只调整两个字符之间的间距，字距调整ⱯⱯ则能调整多个字符或整个文本字符的间距。如果要调整多个字符的间距，可以使用横排文字工具 T 将其选取，再进行调整，如图14-111所示。如果未进行选取，则会调整文中所有字符的间距，如图14-112所示。

门心皆水
物我同春

图14-111

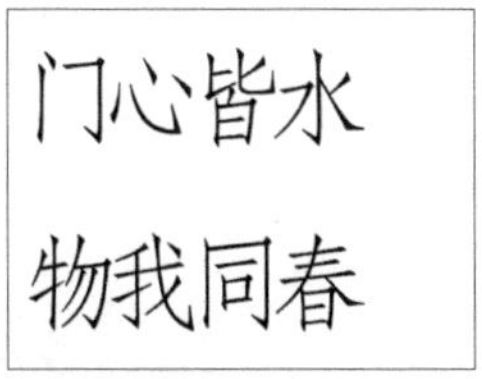

门心皆水
物我同春

图14-112

● 比例间距▥：可以按照一定的比例来调整字符的间距。在未进行调整时，比例间距值为0%，此时字符的间距最大，如图14-106所示；设置为50%时，字符的间距会变为原来的一半，如图14-113所示；当设置为100%时，字符的间距变为0，如图14-114所示。由此可知，比例间距▥只能收缩字符之间的间距，而字距微调ⱯⱯ和字距调整ⱯⱯ既可以缩小间距，也可以扩大间距。

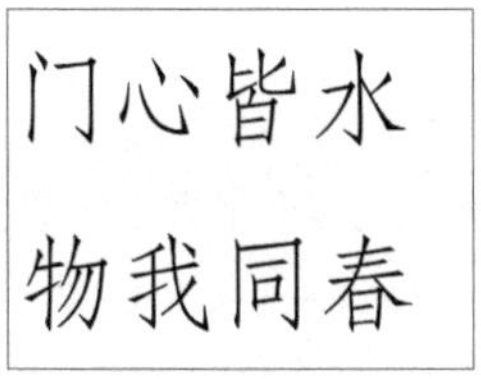

门心皆水
物我同春

图14-113

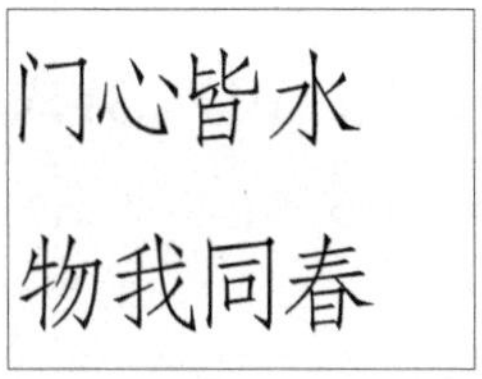

门心皆水
物我同春

图14-114

● 垂直缩放ⵏT/水平缩放T：垂直缩放ⵏT可以垂直拉伸文字，不会改变其宽度；水平缩放T可以在水平方向上拉伸文字，不会改变其高度。当这两个百分比相同时，可进行等比缩放。

● 基线偏移Aᵃ：使用文字工具在图像中单击设置文字插入点时，会出现闪烁的"I"形光标，光标中的小线条标记的便是文字的基线（文字所依托的假想线条）。在默认状态下，绝大部分文字位于基线之上，但如小写的g、p、q等则位于基线之下。调整字符的基线可以使字符上升，如图14-115所示，或者下降，如图14-116所示。

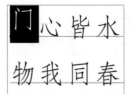

图14-115

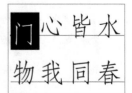

图14-116

● OpenType 字体(391页)：包含当前 PostScript 和 TrueType 字体不具备的功能，如花饰字和自由连字。

● 连字符及拼写规则：可对所选字符进行有关连字符和拼写规则的语言设置。Photoshop 使用语言词典检查连字符连接。

· PS技术讲堂 ·

快速找到所需字体

文字是设计作品中的组成要素，很多设计师倾向于安装大量字体，以满足不同风格作品的需求。然而，随着字体的增多，会占用大量内存，使得查找字体和执行更新时速度变得非常缓慢。此外，要从数百种字体中找到所需的那一个，也变成了一项繁琐的任务。因此，在非工作需要的情况下，最好不要安装过多的字体。如果字体较多且无法避免，下面的方法可以帮助我们快速查找所需字体。

如果知道字体名称，可以在字体列表中单击并输入其名称来进行查找，如图14-117所示。如果某个字体经常被使用，可以打开文字工具选项栏或"字符"面板的字体列表，然后单击该字体名称左侧的☆状图标，将其变为★状，如图14-118所示，这表示该字体已被收藏；之后单击"筛选"选项右侧的★图标，字体列表将只显示已被收藏的字体，如图14-119所示。如果要取消收藏，只需再次单击字体名称左侧的★图标即可。

图14-117　　　　　　　　　　图14-118　　　　　　　　　　图14-119

另外，也可以像屏蔽和隔离图层(34页)一样，对字体进行筛选和屏蔽。例如，单击 ⦾ 按钮，可以显示Adobe Fonts字体；单击 ≈ 按钮，可以显示与所选字体视觉效果相似的字体，如图14-120和图14-121所示。此外，在"筛选"下拉列表中还可以选择不同种类的字体，如图14-122所示。

当前选择的字体　　　　　　　视觉效果与之相近的字体　　　　　　筛选字体

图14-120　　　　　　　　　　图14-121　　　　　　　　　　图14-122

14.3.3 "段落"面板

在输入文字时，每按一次Enter键便会切换一个段落。图14-123所示为"段落"面板，它可以调整段落的对齐、缩进和文字行的间距等，让文字在版面中显得更加规整。

"段落"面板只能处理段落，不能处理单个或多个字符。如果要设置单个段落的格式，可以用文字工具在该段落中单击，设置文字插入点并显示定界框，如图14-124所示；如果想设置多个段落的格式，要先选择这些段落，如图14-125所示；如果要设置全部段落的格式，则可在"图层"面板中选择该文本图层，如图14-126所示。

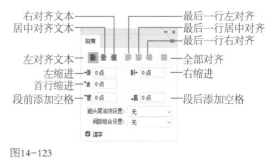

图14-123

图14-124

图14-125

图14-126

14.3.4 段落对齐

"段落"面板最上面一排按钮用来设置段落的对齐方式，它们能让文字与段落的某个边缘对齐。

● 左对齐文本▉：文字的左端对齐，段落右端参差不齐，如图14-127所示。

● 居中对齐文本▉：文字居中对齐，段落两端参差不齐，如图14-128所示。

图14-127   图14-128

● 右对齐文本▉：文字的右端对齐，段落左端参差不齐，如图14-129所示。

● 最后一行左对齐▉：段落最后一行左对齐，其他行左右强制对齐。

● 最后一行居中对齐▉：段落最后一行居中对齐，其他行左右两端强制对齐。

● 最后一行右对齐▉：段落最后一行右对齐，其他行左右两端强制对齐。

● 全部对齐▉：在字符间添加额外的间距，使文字左右两端强制对齐，如图14-130所示。

图14-129   图14-130

14.3.5 段落缩进

缩进用来调整文字与定界框之间或与包含该文字的行之间的间距量。它只影响所选择的一个或多个段落。因此，各个段落可以设置不同的缩进量。

● 左缩进▉：横排文字从段落的左边缩进，如图14-131所示，直排文字从段落的顶端缩进。

● 右缩进▉：横排文字从段落的右边缩进，如图14-132所示，直排文字则从段落的底部缩进。

● 首行缩进▉：缩进段落中的首行文字。对于横排文字，首行缩进与左缩进有关，如图14-133所示；对于直排文字，首行缩进与顶端缩进有关。如果将该值设置为负值，则可创建首行悬挂缩进。

图14-131   图14-132   图14-133

14.3.6 段落间距

"段落"面板中的段前添加空格按钮▉和段后添加空格按钮▉用于控制所选段落的间距。图14-134所示为选择的段落，图14-135所示为设置段前添加空格为60点的效果，图14-136所示为设置段后添加空格为60点的效果。

图14-134   图14-135   图14-136

14.3.7 连字标记

连字符是在每一行末端断开的单词间添加的标记。在将文本强制对齐时，为了对齐的需要，会将某一行末端的单词断开，断开的部分移至下一行。勾选"段落"面板中的"连字"选项，可以在断开的单词间显示连字标记。

14.3.8 创建字符和段落样式

字符样式是字体、字号、颜色等字符属性的集合。单击"字符样式"面板中的 ⊞ 按钮，可以创建一个空白的字符样式，如图14-137所示。双击该样式，打开"字符样式选项"对话框可以设置字符属性，如图14-138所示。

图14-137　　　　图14-138

创建字符样式后，选择其他文字图层，如图14-139所示。单击"字符样式"面板中的样式，可将其应用于所选文字图层，从而极大地节省操作时间，如图14-140和图14-141所示。

图14-139　　　图14-140　　　　图14-141

段落样式的创建和使用方法与字符样式相同。单击"段落样式"面板中的 ⊞ 按钮，创建空白样式，然后双击该样式，可以打开"段落样式选项"对话框设置段落属性。

14.3.9 存储和载入文字样式

当前的字符和段落样式可存储为文字默认样式，它们会自动应用于新的文件，以及尚未包含文字样式的现有文件。如果要将当前的字符和段落样式存储为默认文字样式，可以执行"文字>存储默认文字样式"命令。如果要将默认字符和段落样式应用于文件，可以执行"文字>载入默认文字样式"命令。

・PS技术讲堂・

版面中的文字设计规则

字体和字号（文字大小）

进行版面设计时，为了确保准确传递信息，选择适当的字体至关重要。在字体选择方面，可以基于这样的原则——文字越多，越应该使用简洁的字体，以避免阅读困难和眼睛疲劳。如图14-142所示，当笔画变得细小时，文字的可读性也相应提升。如果阅读文字的目标群体是老年人和小孩子，则应使用大一些的字号或粗体字，在相同字号的情况下，粗体字更易辨认。

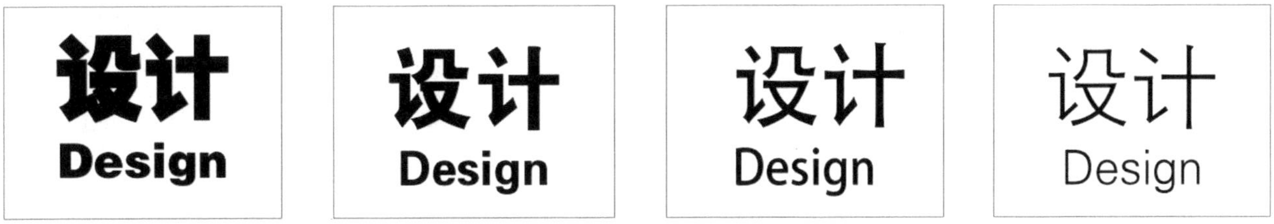

粗黑　　　　　　　大黑　　　　　　　黑体　　　　　　　细黑

图14-142

行距的设置也很重要。首先，行与行之间的距离不应过大。如果从一行末到下一行视线的移动距离过长，就会增加阅读难度，如图14-143所示。相反，行与行之间也不应过于紧密，以免影响视线，让人难以判断正在阅读的是哪一行，如图14-144所示。通常情况下，行距最佳的选择是文字大小的1.5倍，这样能够保持阅读的流畅性，如图14-145所示。

图14-143   图14-144   图14-145

如果有标题，应该让其醒目一些，但不能过于突兀，以免破坏整体效果。如果需要突出标题，可以使用文字加粗、放大、换颜色，或者加边框、底色等方法进行处理，如图14-146所示。

标题加粗   标题放大   标题换色   标题加底线

图14-146

文字颜色

想将某些文字与其他文字有效区分开，或者特别强调某部分文字时，较常用的方法是修改这一部分文字的颜色，如图14-147所示。这样操作时需要遵循一些规则。首先，保证颜色整体协调；其次，需要明确修改颜色的文字背后所要传达的含义，因为颜色的变化会赋予文字特殊的意义。如果没有明确的意图而随意改变文字颜色，会影响信息的正确传递。

此外，使用颜色时还需要考虑文字的可辨识度。例如，字号较小的文字不宜采用浅色，深色更容易辨认，如图14-148所示。如果字号较小、颜色较浅，且选择的是细字体，阅读会变得费力，读者可能会失去耐心，文字也就失去了其意义。

在彩色背景上，文字通常需要进行反白处理，如图14-149所示。使用较粗的字体，如黑体或粗宋体，更容易辨认。相比之下，细字体如仿宋、报宋等会降低文字的辨识度。在印刷时，文字周围的颜色会向内"吃掉"一部分白色，导致文字看起来更细。因此，尽管外观可能很吸引人，但难以辨认的字体在设计中并不可取。

原图（左图）/改变几个关键字的颜色，使标题醒目又有变化（右图）

图14-147

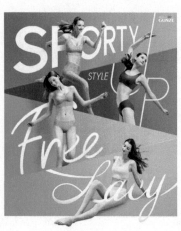

图14-148   图14-149

14.4 使用特殊字体

在文字工具选项栏和"字符"面板的字体下拉列表中，每个字体名称的右侧都用图标标识出它属于哪种类型。其中，比较特殊的几种字体有OpenType、OpenType SVG 和 OpenType SVG emoji，本节将介绍如何使用这些字体。

14.4.1 OpenType字体

在字体列表中，带有 **O** 状图标的是OpenType字体。这是一种Windows和Macintosh操作系统都支持的字体。也就是说，如果在文件中使用这种字体，不论是在Windows操作系统的计算机中，还是在Macintosh操作系统的计算机中打开，文字的字体和版面都不会有任何改变，也不会出现字体替换或其他导致文本重新排列的问题。

使用OpenType字体时，还可以在"字符"面板或"文字>OpenType"子菜单中选择一个选项，为文字设置格式，如图14-150和图14-151所示。

图14-150　　　　　图14-151

14.4.2 OpenType SVG字体

带有 SVG 状图标的是OpenType SVG字体。它有两个分支，在文字列表中的区别也很明显，一种在 SVG 图标右侧显示渐变文字 SAMPLE ，这是Trajan Color Concept 字体。另一种显示 状符号，这是Emoji字体。Emoji（绘文字——"绘"指图画，"文字"指的是字符）是表情符号的统称，创造者是日本人栗田穰崇，最早在日本计算机及手机用户中流行。自苹果公司发布的iOS 5输入法中加入了Emoji后，这种表情符号开始风靡全球。

使用Trajan Color Concept字体时，能生成立体效果的文字，如图14-152所示。选取这种文字以后，会自动显示一个下拉面板，在其中可以为字符选择多种颜色和渐变效果，如图14-153所示。

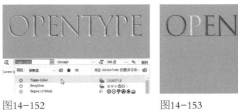

图14-152　　　　　图14-153

Emoji 字体是"符号大杂烩"，包含表情符号、旗帜、路标、动物、人物、食物和地标等图标。这些符号只能通过"字形"面板使用，无法用键盘输入。操作时，使用横排文字工具 **T** 在画布上或文本中单击，设置文字插入点，之后打开"字形"面板，选择Emoji字体，面板中就会显示各种图标，双击图标，即可将其插入文本中，如图14-154和图14-155所示。

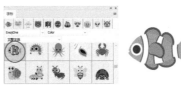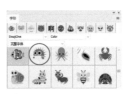

图14-154

图14-155

14.4.3 OpenType可变字体

带有 VAR 状图标的是OpenType可变字体，如图14-156所示。使用这种字体时，可以通过"属性"面板中的滑块调整文字的直线宽度、文字宽度、倾斜度和视觉大小等，如图

14-157和图14-158所示。

图14-156　　　　　　　　　　　　　　图14-157

调整前的文字　　　　　　　　直线宽度900

宽度80　　　　　　　　　　　倾斜12

图14-158

14.4.4　特殊字形

在"字符"面板或文字工具选项栏中选择一种字体，"字形"面板中会显示该字体的所有字符，如图14-159所示。使用该面板可以将特殊字符，如上标和下标字符、货币符号、数字、特殊字符及其他语言的字形插入文本中，如图14-160和图14-161所示。

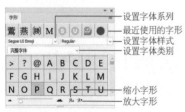

图14-159

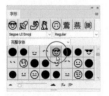

图14-160　　　　图14-161

在"字形"面板中，如果字形右下角有一个黑色的方块，就表示该字形有可用的替代字。在方块上方单击并按住鼠标左键，便可弹出窗口，将鼠标指针拖曳到替代字的上方并释放，可将其插入文本中，如图14-162所示。

选择文字

用替代字形替代文字

图14-162

字形由字体所支持的 OpenType 功能进行组织，如替代字、装饰字、花饰字、分子字、分母字、风格组合、定宽数字、序数字等。

14.4.5　上标、下标等特殊字体样式

很多单位刻度、化学式、数学公式，如立方厘米（cm^3）、二氧化碳（CO_2），以及某些符号（™ © ®）会用到特殊字符。通过下面的方法可以创建此类字符。首先用文字工具将其选取，然后单击"字符"面板下面的一排"T"状按钮，如图14-163所示。图14-164所示为原文字，图14-165所示为单击各按钮所创建的效果。

图14-163　　　　　　　　　　　　　　图14-164

仿粗体　　　　　仿斜体　　　　全部大写字母　　小型大写字母

上标　　　　　　下标　　　　　　下划线　　　　　删除线

图14-165

14.4.6　从 Typekit 网站下载字体

对于从事设计工作的人来说，字体当然是越多越好，因为字体越多，创作空间就越大。Adobe提供了大量字体，可

以执行"文字>来自Adobe Fonts的更多字体"命令，链接到Typekit 网站进行选择和购买。启动同步操作后，Creative Cloud桌面应用程序会将字体同步至我们的计算机，并在"字符"面板和选项栏中显示。

14.5 文字编辑命令

除了可以在"字符"和"段落"面板中编辑文本，还可以通过相关命令编辑文字，如匹配字体、进行拼写检查、查找和替换文本等。

14.5.1 管理缺失字体

打开一个文件时，如果其中的文字使用了当前操作系统中没有的字体，Photoshop会在Typekit中搜索缺失字体，找到后便会用其进行替换。如果未找到，则会弹出一条警告信息，告知如果变换文字图层，文件则可能会看起来像素化或出现模糊的情况。

如果想用系统中的字体替换缺少的字体，可以执行"文字>管理缺失字体"命令。

14.5.2 更新文字图层

导入在旧版Photoshop中创建的文字时，执行"文字>更新所有文字图层"命令，可以将其转换为矢量对象。

14.5.3 匹配字体

当我们在杂志、网站、宣传品的文本中发现心仪的字体时，高手凭经验便可知道使用的是哪种字体，或者找到与之类似的字体，而"小白"则只能靠猜。这里介绍一个技巧，可自动识别字体或快速找到相似字体。

打开需要匹配字体的文件，如图14-166所示。执行"文字>匹配字体"命令，画面上会出现一个定界框，拖曳其控制点，使其靠近文本的边界，以便Photoshop减少分析范围，更快地出结果。Photoshop会识别图像上的字体，并打开"匹配字体"对话框将其匹配到本地或是Typekit上相同或是相似的字体，如图14-167所示。

图14-166　　　　　　　图14-167

如果只想列出计算机中的相似字体，可以取消勾选"显示可从Typekit 同步的字体"选项。如果文字扭曲或呈现一定的角度，应先拉直图像或校正图像透视（*240页*），再匹配字体，这样识别的准确度更高。

"匹配文字"命令借助神奇的智能图像分析，只需使用一张拉丁文字体的图像，Photoshop就可以利用机器学习技术来检测字体，并将其与计算机或 Typekit 中经过授权的字体相匹配，进而推荐相似的字体。遗憾的是，该功能目前仅可用于罗马/拉丁字符，还不支持汉字。

14.5.4 拼写检查

执行"编辑>拼写检查"命令，可以检查当前文本中的英文单词拼写是否有误。图14-168所示为"拼写检查"对话框。当发现错误时，Photoshop会将其显示在"不在词典中"列表内，并在"建议"列表中给出修改建议。如果被查找到的单词拼写正确，可单击"添加"按钮，将它添加到Photoshop词典中。以后再查找到该单词时，Photoshop会将其视为正确的拼写形式。

图14-168

14.5.5 查找和替换文本

相对于只能检查英文单词的"拼写检查"命令，"编辑"菜单中的"查找和替换文本"命令更有用。需要修改文字（包括汉字）、单词和标点时，可以通过该命令，让Photoshop来检查和修改。

图14-169所示为"查找和替换文本"对话框。在"查找内容"文本框内输入要替换的内容，在"更改为"文本框内输入用来替换的内容，然后单击"查找下一个"按钮，Photoshop会搜索并突出显示查找到的内容。如果要替换内容，可以单击"更改"按钮；如果要替换所有符合要求的内容，可单击"更改全部"按钮。需要注意的是，已经栅格化的文字不能进行查找和替换操作。

图14-169

14.5.6 无格式粘贴文字

复制文字后，执行"编辑>选择性粘贴>粘贴且不使用任何格式"命令将其粘贴到文本中时，能去除源文本中的样式属性并使其适应目标文字图层的样式。

14.5.7 语言选项

"文字>语言选项"子菜单中包含多种处理东亚语言、中东语言、阿拉伯数字等文字的选项。例如，执行"文字>语言选项>中东语言功能"命令，可以启用中东语言功能，"字符"面板中会显示中东文字选项。

14.5.8 基于文字创建路径

选择一个文字图层，如图14-170所示，执行"文字>创建工作路径"命令，能基于文字生成工作路径，原文字图层保持不变，如图14-171所示。生成的工作路径可以应用填充和描边功能，或者通过调整锚点得到变形文字。

图14-170

图14-171

14.5.9 将文字转换为形状

在进行旋转、缩放和倾斜操作时，无论哪种类型的文字，Photoshop都将其视为完整的对象，而不管其中有多少个文字。因此，不支持对文本中的单个文字（泛指部分文字，非全部文字）进行处理，如图14-172所示。如果想要突破这种限制，可以采取折中办法——将文字转换为矢量图形，再对其中的单个文字图形进行变换。

选择文字图层，执行"文字>转换为形状"命令，将其转换为形状图层，如图14-173所示，之后可调整单个文字，如图14-174所示。文字转换为矢量图形后，原文字图层不会保留，无法修改文字内容、

图14-172

字体、间距等属性。因此，在将文字转换为矢量图形前，最好复制一个文字图层留作备份。

图14-173

图14-174

14.5.10 消除锯齿

文字虽然是矢量对象，但也要转换成像素后才能在计算机的屏幕上显示或打印到纸上。在转换时，文字的边缘容易出现硬边和锯齿。可以在文字工具选项栏、"字符"面板和"文字>消除锯齿"子菜单中选择选项来消除锯齿。

选择"无"选项，表示不对锯齿进行处理，如果文字较小，如创建用于Web的小尺寸文字时，选择该选项，可以避免文字边缘因模糊而看不清楚。选择其他几个选项时，

Photoshop会让文字边缘的像素与图像混合，产生平滑的边缘。其中，"锐利"选项会使文字边缘显得最为锐利；"犀利"选项会使文字边缘以稍微锐利的效果显示；"浑厚"选项会使文字看起来粗一点；"平滑"选项会使文字边缘显得柔和。图14-175所示为具体效果。

无　　　锐利　　　犀利　　　浑厚　　　平滑
图14-175

14.5.11 栅格化文字图层

选择文字图层，如图14-176所示，执行"文字>栅格化文字图层"命令或"图层>栅格化>文字"命令，可以将文字从矢量对象转变为图像，如图14-177所示。

转换后，就能用绘画工具、调色工具和滤镜等编辑文字图像。但文字的属性不能再进行修改，而且旋转和缩放时也容易导致清晰度下降，使文字变得模糊。

图14-176

图14-177

14.6 文字创意海报

文字不仅能展现海报的主题和内容，还是创意的重要手段。让文字与图像产生有趣的联系，能让海报更具创造力和趣味性，如图14-178所示。

扫码看视频

01 打开素材，如图14-179所示。执行"图像>图像旋转>顺时针90度"命令，旋转画布。选择横排文字工具 T 。在"窗口"菜单中打开"字符"面板，选择字体，设置大小、颜色和间距，如图14-180所示。单击工具选项栏中的 ▤ 按钮，这样可以使文字居中排列。

图14-178

图14-179

图14-180

02 在画布上单击，画面中会出现闪烁的"I"形光标，它被称作"插入点"，输入文字"我们的"，如图14-181所示；按Enter键换行，再输入文字"PS"，如图14-182所示；继续换行，输入最后一组文字"世界"，如图14-183所示。

03 将鼠标指针移动到字符外，拖曳鼠标，调一调文字位置和大小，如图14-184所示。

提示

在远离文字处单击，或者单击其他工具按钮、按Enter键、按Ctrl+Enter快捷键都可结束文字操作。如果要放弃输入文字，可以单击工具选项栏中的 ⊘ 按钮，或按Esc键。

05 双击文字图层，打开"图层样式"对话框，添加"渐变叠加"效果，让远处的文字颜色变暗，以表现近实远虚的透视感，如图14-187和图14-188所示。

图14-181

图14-182

图14-183

图14-184

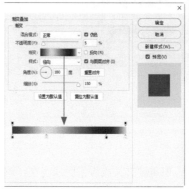

图14-187

图14-188

06 创建一个图层。按Alt+Ctrl+G快捷键，将其与下方的文字图层创建为剪贴蒙版组。选择画笔工具 ✎ 及柔边圆笔尖，为被建筑遮挡的文字涂上浅灰色阴影，让文字与图片完美契合，如图14-189和图14-190所示。

04 单击工具选项栏中的 ✔ 按钮结束编辑。创建点文字，此时还会创建一个文字图层，如图14-185所示。单击 ▣ 按钮，为它添加图层蒙版。选择画笔工具 ✎ 及硬边圆笔尖，将主要建筑物前方的文字涂黑，用蒙版将其遮盖，使文字看上去像被建筑遮挡了一样，如图14-186所示。

图14-185

图14-186

图14-189

图14-190

扫码看视频

14.7 文字面孔特效

本实战使用文字制作特效，即在女孩的脸上贴文字，而文字之外呈现镂空效果，如图14-191所示。

图14-191

01 为了让效果更加真实，文字需要依照脸的结构扭曲，这个效果可以用"置换"滤镜做出来。首先制作用于置换的图像。打开素材，如图14-192所示，执行"图像>复制"命令，复制出一幅图像。执行"图像>调整>黑白"命令，使用默认参数即可，创建黑白效果，如图14-193和图14-194所示。

图14-192

图14-193

图14-194

02 执行"滤镜>模糊>高斯模糊"命令，让图像变得模糊一些，如图14-195和图14-196所示。这样在扭曲文字时，能让效果柔和，否则文字会比较散碎。按Ctrl+S快捷键，将图像保存为PSD格式。

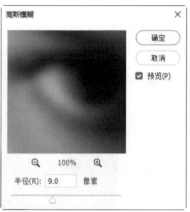

图14-195　　　　　图14-196

03 选择横排文字工具 **T**。在"字符"面板中选择字体，设置大小、颜色和间距，如图14-197所示。单击工具选项栏中的■按钮，如图14-198所示，让文字居中排列。

图14-197　　　　　图14-198

04 拖曳出一个定界框，如图14-199所示，释放鼠标左键，会出现"I"形光标，执行"文字>粘贴Lorem Ipsum"命令，用Lorem Ipsum占位符文本填满文本框，如图14-200所示。单击工具选项栏中的✓按钮，完成段落文本的创建。

05 按Ctrl+G快捷键，将该图层编入图层组中。双击图层组，如图14-201所示，打开"图层样式"对话框，添加"投影"效果，如图14-202和图14-203所示。

图14-199

图14-200

图14-201　　　图14-202　　　图14-203

06 选择移动工具 ⊕，按住Alt键并拖曳文字进行复制，如图14-204所示。再复制出两组文字，之后按Ctrl+T快捷键显示定界框，将一组文字旋转，另一组放大，如图14-205所示。

图14-204　　　　　　　图14-205

07 将图层组关闭，如图14-206所示。单击 ▣ 按钮，为图层组添加图层蒙版，如图14-207所示。使用画笔工具 ✎ 将面孔之外的文字涂黑，通过蒙版将其隐藏，如图14-208所示。

图14-206　　　图14-207　　　　图14-208

08 单击 ▢ 按钮，创建一个图层组，如图14-209所示。在黑色背景上单击，输入文字，如图14-210所示。一定要在远离文字的地方单击，否则会选取段落文本。之后，再将文字拖曳到图14-211所示的位置。

图14-209　　　图14-210　　　图14-211

09 双击该文字图层，添加"描边"和"投影"效果，如图14-212~图14-214所示。

图14-212　　　图14-213　　　图14-214

10 选择移动工具 ⊕，按住Alt键并拖曳文字，进行复制。按Ctrl+T快捷键显示定界框，调整文字大小和角度，将其放在额头、鼻梁、颧骨和锁骨上，文字具体的摆放位置如图14-215所示，当前效果如图14-216所示。

11 单击"背景"图层的眼睛图标 ◉，将该图层隐藏，如图14-217所示。按Shift+Alt+Ctrl+E快捷键，将所有文字盖印到一个新的图层中，如图14-218和图14-219所示。

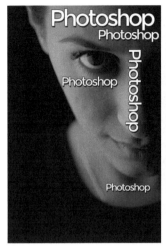

图14-215　　　　　　　　图14-216

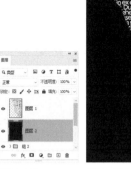

图14-223　　　　图14-224

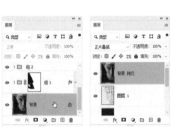
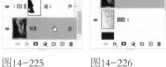

图14-217　　　图14-218　　　图14-219

图14-225　　　图14-226　　　图14-227

12 执行"滤镜>扭曲>置换"命令，打开"置换"对话框设置参数，如图14-220所示，单击"确定"按钮，打开下一个对话框，选择之前保存的黑白图像，如图14-221所示，用它扭曲文字，如图14-222所示。

14 单击"调整"面板中的 按钮创建"曲线"调整图层。单击曲线右上角的控制点并往左侧拖曳，如图14-228所示，将色调调亮，让人物的面孔更清晰，如图14-229所示。

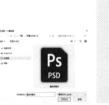

图14-220　　　　图14-221　　　　图14-222

13 按住Ctrl键并单击 按钮，在当前图层下方创建图层，按Alt+Delete快捷键填充前景色（黑色），如图14-223和图14-224所示。选择并显示"背景"图层，如图14-225所示。按Ctrl+J快捷键复制，将其移至最顶层并设置混合模式为"正片叠底"，如图14-226和图14-227所示。

图14-228　　　　　　　图14-229

第15章
综合实例（1）

New Function | 生成式填充 • 移除工具 • 上下文任务栏 • Camera Raw 16.0 | ☞ **Photoshop 2024（版本 25.0）**

本章简介

本书综合实例共33个，本章为其中的部分内容，另一部分在电子文档中。综合实例用到的工具多、技术全面，可以锻炼我们整合不同功能、调动各种资源的能力。在演练过程中，可充分了解视觉效果的实现方法，以及背后的技术要素，在各个功能之间搭建连接点，将它们融会贯通，通过练习，发现规律，总结经验。

学习目标

通过本章综合实例的练习，全面提升Photoshop应用能力，进阶成为PS高手。

学习重点

制作冰手特效
绘制动漫美少女
箱包电商详情页设计
时尚美发网站主页设计

15.1 世界牛奶日海报

本实例使用图层样式制作立体字，再通过滤镜制作黑白奶牛花纹，并将其贴在文字上，创建形象、可爱的牛奶字，如图 15-1 所示。

扫码看视频

图15-1

01 新建一个48厘米×73厘米，分辨率为72像素/英寸的RGB模式文件。单击"图层"面板中的 ◢ 按钮打开下拉列表，选择"渐变"命令，创建渐变填充图层，设置渐变颜色为蓝白色，如图15-2和图15-3所示。

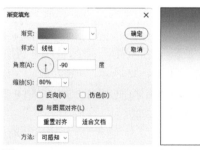

图15-2   图15-3

02 打开牛奶杯素材，使用移动工具 ✛ 拖入新建的文件中，如图15-4所示。单击"图层"面板中的 ▢ 按钮添加蒙版。选择渐变工具 ▤ ，填充黑白线性渐变，如图15-5和图15-6所示。

图15-4   图15-5   图15-6

03 打开"形状"面板菜单，选择"旧版形状及其他"命令，加载形状库，选择"符号"形状组中的图形，如图15-7所示的图形。选择自定形状工具 ✿ 及"形状"选项，设置填充颜色为白色，按住Shift键拖曳鼠标，绘制图形，如图15-8所示。

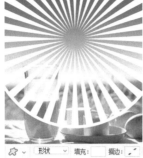

图15-7 图15-8

04 单击 ▢ 按钮添加蒙版。使用渐变工具 ▦ 填充黑白线性渐变，然后设置图层的不透明度为50%，如图15-9和图15-10所示。

图15-9 图15-10

05 选择椭圆工具 ◯ 及"形状"选项，按住Shift键拖曳鼠标创建一个圆形，如图15-11所示。单击"图层"面板中的 *fx* 按钮打开下拉列表，选择"描边"命令，添加"描边"效果，如图15-12所示。

图15-11 图15-12

06 单击该效果右侧的 ➕ 按钮，再添加一个"描边"，如图15-13和图15-14所示。选择横排文字工具 **T**，在远离图形的位置单击并输入文字，然后使用移动工具 ✛ 将文字拖曳到圆形内，如图15-15所示。

图15-13 图15-14 图15-15

07 使用横排文字工具 **T** 输入文字milk，如图15-16和图15-17所示。

图15-16 图15-17

08 双击文字所在的图层，打开"图层样式"对话框，添加"斜面和浮雕"效果，如图15-18和图15-19所示。

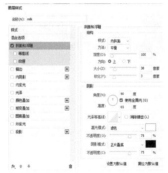

图15-18 图15-19

09 新建一个图层。将前景色设置为黑色，选择椭圆工具 ◯ 及"像素"选项，按住Shift键绘制几个圆形，如图15-20所示。

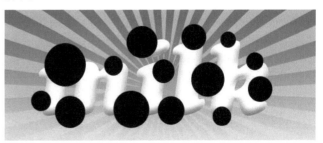

图15-20

10 执行"滤镜>扭曲>波浪"命令，扭曲圆点，如图15-21和图15-22所示。

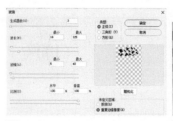

图15-21　　　　　　　　图15-22

11 按Ctrl+Alt+G快捷键创建剪贴蒙版，将花纹的显示范围限定在下面的文字区域内，如图15-23和图15-24所示。

图15-23　　图15-24

12 选择自定形状工具 ✿ 及"形状"选项，在文字上方绘制一片树叶，如图15-25和图15-26所示。

图15-25　　　　　　图15-26

13 将其他素材拖入文件中，效果如图15-27所示。单击牛奶所在的图层，为它添加蒙版，如图15-28所示。

图15-27　　　　　　　　图15-28

14 使用渐变工具 ▣ 填充黑白线性渐变，让图像下方逐渐融入白色背景中，如图15-29和图15-30所示。

图15-29　　　　　　　　图15-30

15 选择矩形工具 ▢ 及"形状"选项，设置填充颜色为黄色，创建一个矩形。调整"属性"面板中的参数，将矩形修改为圆角矩形，如图15-31和图15-32所示。在圆角矩形内输入电话号码，如图15-33所示。加入奶瓶和其他文字素材，如图15-34所示。

图15-31　　　　　　　　图15-32

图15-33　　　　　　图15-34

15.2 制作冰手特效

本实例使用滤镜和图层样式制作冰手特效，如图 15-35 所示。

扫码看视频

图15-35

01 打开素材。单击"路径"面板中的"路径 1"，在画布上显示路径，如图15-36和图15-37所示。

图15-36

图15-37

02 单击"路径"面板中的⊙按钮，从路径中加载选区。连续按4次Ctrl+J快捷键，将选区内的图像复制到新的图层中，依次修改图层名称为"手""质感""轮廓""高光"。选择"质感"图层，将"高光"和"轮廓"图层隐藏，如图15-38所示。执行"滤镜>滤镜库"命令，打开"滤镜库"对话框，在"艺术效果"滤镜组中找到"水彩"滤镜，制作斑驳效果，如图15-39和图15-40所示。

图15-38

图15-39

图15-40

03 双击"质感"图层，打开"图层样式"对话框，按住Alt键并拖曳"本图层"的黑色滑块，将滑块分开并向右侧拖曳，如图15-41所示，隐藏图像中较暗的像素，如图15-42所示。

图15-41

图15-42

04 选择并显示"轮廓"图层，如图15-43所示。执行"滤镜>滤镜库"命令，在"风格化"滤镜组中找到"照亮边缘"滤镜，设置参数如图15-44所示，效果如图15-45所示。按Shift+Ctrl+U快捷键去色，设置该图层的混合模式为"滤色"，效果如图15-46所示。

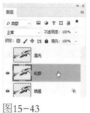
图15-43

图15-44

图15-45

图15-46

05 选择并显示"高光"图层，如图15-47所示。打开"滤镜库"，在"素描"滤镜组中找到"铬黄渐变"滤镜，设置参数如图15-48所示，效果如图15-49所示。设置该图层的混合模式为"滤色"，效果如图15-50所示。

图15-47

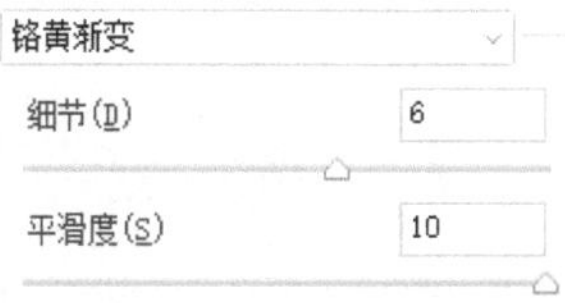

图15-48

图15-49　　　　　图15-50

06 按Ctrl+L快捷键打开"色阶"对话框，向右侧拖曳阴影滑块，将图像调暗，如图15-51和图15-52所示。

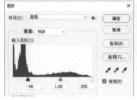

图15-51　　　　　图15-52

07 选择"轮廓"图层。按Ctrl+T快捷键显示定界框，分别拖曳定界框的左边和上边的控制点，增加图像的长度和宽度，使冰雕轮廓大于手的轮廓，如图15-53所示。

08 单击"调整"面板中的 ▦ 按钮，创建"色相/饱和度"调整图层，如图15-54所示。

图15-53　　　　　图15-54

09 使用画笔工具 ✐ 涂抹冰雕以外的图像，将其隐藏。可以降低工具的不透明度，在食指和中指上涂抹灰色（蒙版中的灰色区域为半透明区域），这样就会显示出淡淡的蓝色，如图15-55和图15-56所示。

图15-55　　　　图15-56

10 选择"手"图层，将上方的图层隐藏，锁定该图层的透明区域，如图15-57所示。选择仿制图章工具 ♣，在工具选项栏中设置直径为90像素，在"样本"下拉列表中选择"所有图层"。按住Alt键并在背景上单击进行取样，然后在左手图像上拖曳鼠标，将复制的图像覆盖在左手上，如图15-58所示。继续复制图像，直到将整只手臂填满，如图15-59所示。

图15-57　　　图15-58　　　图15-59

11 将之前隐藏的图层显示出来。选择"质感"图层，设置混合模式为"明度"，如图15-60和图15-61所示。

图15-60　　　　　图15-61

12 按住Ctrl键并单击"图层"面板中的 ⊞ 按钮，在当前图层下方新建一个图层，设置名称为"白色"。按住Ctrl键并单击"手"图层的缩览图，加载选区，填充白色，如图15-62和图15-63所示。按Ctrl+D快捷键取消选择。

图15-62　　　　　图15-63

13 如果左手是透明的，那么被其遮挡的右手手指也应依稀可见。使用画笔工具 ✐ 涂抹右手手指，图15-64所示为单独显示"手"图层的效果，图15-65所示为整体效果。

图15-64　　　　　图15-65

14 设置"手"图层的不透明度为80%。单击"图层"面板中的 ▣ 按钮添加蒙版，使用灰色和黑色涂抹手指，使这部分区域不至于太亮，如图15-66所示。新建一个图层，设置不透明度为40%。按住Ctrl键并单击"手"图层缩览图，加载选区，按Shift+Ctrl+I快捷键反选，使用画笔工具 ✐（柔边圆，200像素，不透明度30%）在冰雕周围绘制发光区域，如图15-67所示。按Ctrl+D快捷键取消选择。

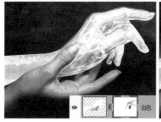

图15-66　　　　　　　　图15-67

15 在"高光"图层上方新建一个图层，设置名称为"裂纹"。执行"滤镜>渲染>云彩"命令，生成云彩效果。再执行"分层云彩"命令，使云彩产生更加丰富的变化，如图15-68所示。按Ctrl+L快捷键打开"色阶"对话框，将高光滑块拖曳到直方图最左侧，如图15-69所示，效果如图15-70所示。

16 设置"高光"图层的混合模式为"颜色加深"，按Alt+Ctrl+G快捷键，将它与下方的图层创建为一个剪贴蒙版组，如图15-71和图15-72所示。

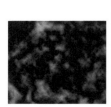
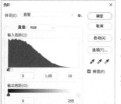

图15-68　　　　图15-69　　　　　图15-70

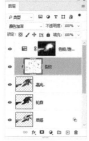

图15-71　　　　图15-72

17 在"质感"图层下方新建一个图层。使用画笔工具 🖊 在冰雕上绘制白色线条。使用涂抹工具 🖐 修改线的形状，让它成为冰雕融化后形成的水滴，如图15-73所示。设置该图层的填充不透明度为50%，如图15-74所示。

图15-73　　　　　图15-74

18 为"质感"图层添加"投影""斜面和浮雕"和"等高线"效果，如图15-75~图15-78所示。图15-79所示为此特效应用于海报的效果。

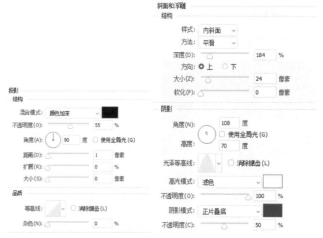

图15-75　　　　　　　　图15-76

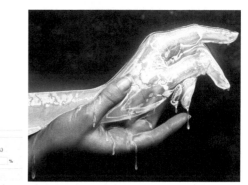

图15-77　　　　　图15-78

图15-79

15.3 制作球面极地特效

扫码看视频

球面极地特效是一种在图像上模拟球形极地投影的效果，能让图像呈现独特的外观，使其看起来像是在一个曲面上展开的，如图15-80所示。

图15-80

01 打开素材，如图15-81所示。执行"图像>图像大小"命令，打开"图像大小"对话框。单击 按钮使其弹起，解除"宽度"和"高度"之间的关联。设置"宽度"为60厘米，使之与"高度"相同，如图15-82和图15-83所示。

图15-81

图15-82

图15-83

02 执行"图像>图像旋转>180度"命令，将图像旋转180°，如图15-84所示。执行"滤镜>扭曲>极坐标"命令，制作成球体全景效果，如图15-85和图15-86所示。

图15-84

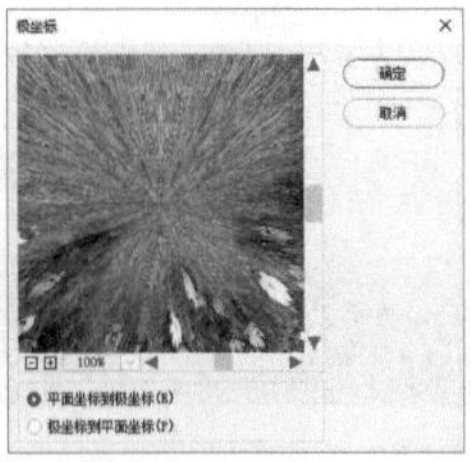

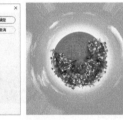
图15-85

图15-86

03 单击"图层"面板中的 按钮添加蒙版，使用画笔工具 在球形边缘涂抹黑色，将背景隐藏，如图15-87所示。打开素材，将极地效果图像拖入素材文件中。按Ctrl+T快捷键显示定界框，单击右键，打开快捷菜单，选择"水平翻转"命令进行翻转，再将图像放大并调整角度，按Enter键确认，如图15-88所示。

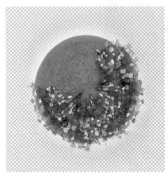
图15-87

图15-88

04 在"组 1"左侧单击，显示该图层组，如图15-89和图15-90所示。

图15-89

图15-90

05 使用横排文字工具 T 输入文字（汉字可以使用新宋体），如图15-91和图15-92所示。使用矩形工具 创建一个白色的边框，如图15-93所示。

图15-91

图15-92

图15-93

15.4 绘制动漫美少女

本实例绘制的是一个美少女，如图15-94所示。美少女轮廓是用路径绘制出来的，再对路径填色，以及将路径转换为选区限定绘画范围并进行上色。对于睫毛、发丝等需要表现出细节和层次感的内容，也是先用钢笔工具绘制，再进行描边处理。

图15-94

图15-98

图15-99

图15-100

图15-101   图15-102

15.4.1 打底稿

01 打开素材。"路径"面板中包含卡通少女外形轮廓素材，这是用钢笔工具 ✍ 绘制的。轮廓绘制并不需要特别的技巧，只要能熟练使用钢笔工具 ✍ 就能完成。下面学习上色技巧。单击"路径1"，如图15-95所示，在画面中显示路径。

02 新建一个图层，修改名称为"皮肤"，如图15-96所示。将前景色设置为淡黄色（R253,G252,B220）。使用路径选择工具 ▶ 在脸部路径上单击，选取路径。单击"路径"面板中的 ● 按钮，用前景色填充路径，如图15-97所示。

04 按住Ctrl键并单击"图层"面板中的 ⊞ 按钮，在当前图层下方创建一个图层，命名为"耳朵"，如图15-103所示。在"路径"面板中选取耳朵路径，填充颜色（比脸部颜色略深一点），如图15-104所示。

图15-103   图15-104

图15-95

图15-96   图15-97

03 选择身体路径，填充皮肤颜色（R254,G223,B177），如图15-98所示。选择脖子下面的路径，如图15-99所示，单击"路径"面板底部的 ⬡ 按钮，将路径转换为选区，如图15-100所示。使用画笔工具 ✏ 在选区内绘制暖褐色，选区中间位置的颜色稍浅，按Ctrl+D快捷键取消选择，如图15-101所示。用浅黄色表现脖子的受光面部分和锁骨，如图15-102所示。

提示

设置前景色时可以先使用吸管工具 ✒ 拾取皮肤颜色，再打开"拾色器"对话框将颜色调暗。调整笔尖大小时，可以按 [键（调小）和] 键（调大）来操作。

15.4.2 绘制眼睛

01 在"皮肤"图层上方新建一个图层，命名为"眼睛"。选择眼睛路径，如图15-105所示，单击"路径"面板中的 ⬡ 按钮，将路径转换为选区，用淡青灰色填充选区，如图15-106所示。使用画笔工具 ✏ 在眼角处涂抹棕色，如图15-107所示。取消选择。

图15-105　　　　　图15-106　　　　　图15-107

02 使用椭圆选框工具 ○ 创建一个选区，如图15-108所示。单击工具选项栏中的从选区减去按钮 ◻，再创建一个与当前选区大部分重叠的选区，如图15-109所示，通过选区相减运算得到月牙状选区，填充褐色，如图15-110所示。

图15-108　　　　　图15-109　　　　　图15-110

03 选择路径选择工具 ▶，按住Shift键并选取眼睛、眼线及睫毛等路径，如图15-111所示，为它们填充栗色，如图15-112所示。在"路径"面板空白处单击，取消路径的显示，如图15-113所示。

图15-111　　　　　图15-112　　　　　图15-113

04 单击 ▦ 按钮锁定图层的透明区域，如图15-114所示。使用画笔工具 ✎（柔边圆笔尖）分别在上、下眼线处涂抹浅棕色，如图15-115所示。适当降低画笔工具 ✎ 的不透明度，可以使绘制的颜色过渡更自然。

图15-114　　　　图15-115

05 按] 键将笔尖调大，在眼珠里面涂抹桃红色，如图15-116所示。选择椭圆选框工具 ○（羽化2像素），按住Shift键并创建一个选区，如图15-117所示，填充栗色。按Ctrl+D快捷键取消选择，如图15-118所示。

图15-116　　　　　图15-117　　　　　图15-118

06 使用加深工具 ⚲ 沿着眼线涂抹，对颜色进行加深处理，如图15-119所示。将前景色设置为淡黄色。选择画笔工具 ✎，设置混合模式为"叠加"，在眼球上单击，制作出闪亮的反光效果，如图15-120所示。

图15-119　　　　　　　　图15-120

07 使用画笔工具 ✎（混合模式为"正常"）在眼球上绘制白色光点，如图15-121所示。设置工具的混合模式为"叠加"，不透明度为66%，将前景色设置为黄色（R255，G241，B0），在眼球上涂抹黄色，如图15-122所示。

图15-121　　　　　　　　图15-122

08 新建一个图层。先用画笔工具 ✎ 画出眼眉的一部分，如图15-123所示；再用涂抹工具 ⤶ 在笔触末端拖曳，涂抹出眼眉形状，如图15-124所示。使用橡皮擦工具 ⟋ 适当擦除眉头与眉梢的颜色，如图15-125所示。

图15-123　　　　　图15-124　　　　　图15-125

09 按住Ctrl键并单击"眼睛"图层，如图15-126所示。按Alt+Ctrl+E快捷键盖印图层，将眼睛和眼眉合并到一个新的图层中。执行"编辑>变换>水平翻转"命令，使用移动工具 ✛ 将图像拖曳到脸部右侧，如图15-127所示。

图15-126　　　　图15-127

15.4.3 绘制鼻子和嘴巴

01 单击"路径"面板中的路径层，显示路径。使用路径选择工具 ▶ 选取鼻子路径，如图15-128所示。在"图层"

面板中新建一个名称为"鼻子"的图层，用浅褐色填充路径区域，如图15-129所示。

图15-128　　　　　　　　　　图15-129

02 新建图层用以绘制嘴部。同样是用选取路径进行填充的方法，如图15-130和图15-131所示。表现牙齿和嘴唇时，需要将路径转换为选区，使用画笔工具 🖌 在选区内绘制出明暗效果，如图15-132~图15-135所示。

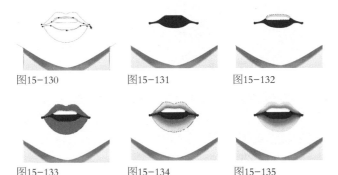

图15-130　　　　　图15-131　　　　　图15-132

图15-133　　　　　图15-134　　　　　图15-135

03 使用吸管工具 💧 拾取皮肤颜色作为前景。在"画笔设置"面板中选择"半湿描油彩笔"笔尖，如图15-136所示，在嘴唇上单击，表现纹理感。绘制时可降低画笔的不透明度，使颜色有深浅变化，并能表现嘴唇的立体感，此外还要根据嘴唇的弧线调整笔尖的角度，如图15-137所示。

图15-136　　　　　　　　图15-137

04 分别选取"皮肤"和"耳朵"图层，绘制出五官的结构，如图15-138和图15-139所示。

图15-138　　　　　图15-139

15.4.4 绘制头发

01 选择头发路径，如图15-140所示。在"图层"面板中新建一个名称为"头发"的图层，用黄色填充路径区域，如图15-141所示。

图15-140　　　　　　　　图15-141

02 单击"路径"面板中的 ⊞ 按钮，新建一个路径层，如图15-142所示。选择钢笔工具 ✒ 及"路径"选项，绘制头发，用以表现层次感，如图15-143所示。

图15-142　　　　　　　　图15-143

03 单击"路径"面板中的 ⬡ 按钮将路径转换为选区。新建一个图层。在选区内填充棕黄色，使用橡皮擦工具 ✏ （柔边圆笔尖，不透明度20%）适当擦除，使颜色产生明暗变化，如图15-144所示。取消选择，效果如图15-145所示。

图15-144　　　　　　　　图15-145

04 分别新建一个路径层和图层，使用钢笔工具 ✒ 绘制发丝，如图15-146所示。将前景色设置为褐色。选择画笔工具 🖌，在画笔下拉面板中选择"硬边圆压力大小"笔尖，设置大小为4像素，如图15-147所示。按住Alt键并单击"路径"面板底部的 ⬡ 按钮，打开"描边路径"对话框，选择"模拟压力"选项,描绘发丝路径,如图15-148和图15-149所示。

图15-146

图15-147

图15-148　　　　　　　　图15-149

05 选择"头发"图层,使用加深工具 ⊘ 涂抹,加强头发的层次感,如图15-150所示。绘制出脖子后面的头发,如图15-151所示。

图15-150

图15-151

15.4.5 添加头饰

01 打开素材并将"花"组拖入人物文件中,按Alt+Ctrl+E快捷键,将"花"组中的图像盖印到一个新的图层中。按住Ctrl键并单击该图层缩览图,加载所有花朵装饰物的选区,如图15-152所示。按住Alt+Shift+Ctrl键并单击"头发"图层缩览图,进行选区运算,得到的选区用来制作花朵在头发上形成的投影,如图15-153所示。

02 将盖印的图层删除,新建一个图层。在选区内填充褐色,按Ctrl+D快捷键取消选择,如图15-154所示。执行"滤镜>模糊>高斯模糊"命令,对图像进行模糊处理,如图15-155所示。

图15-152　　　　　　　　图15-153

图15-154　　　　　　　　图15-155

03 设置图层的混合模式为"正片叠底",不透明度为35%。按Ctrl+[快捷键,将其移动到"花"组的下方。使用移动工具 ✛ 将投影略向下拖曳,如图15-156所示。图15-157所示为此插画在动漫场景中的效果。

图15-156

图15-157

15.5 箱包电商详情页设计

本实例制作电商详情页，如图15-158所示。电商详情页是全方位展示产品的页面，分为PC端和移动端两种，宽度尺寸为750像素，高度不限。浏览PC端详情页时，是通过滚动鼠标滚轮，一层一层阅读的。在这种方式下，消费者更注重画面的结构、可读性和体验感。移动端详情页则通过滑动屏幕进行浏览，浏览轨迹是垂直的，消费者容易忽视文字和部分细节。设计时这些情况都应考虑到。

图15-158

15.5.1 制作主图

01 按Ctrl+N快捷键，打开"新建文档"对话框，创建一个750像素×4300像素、分辨率为72像素/英寸的RGB模式文件。选择矩形工具 □ 及"形状"选项，在画面顶部创建矩形，在工具选项栏中设置填充颜色为渐变，在"属性"面板中修改参数，如图15-159所示，让矩形的下端变为圆角，如图15-160所示。双击矩形所在的图层，打开"图层样式"对话框，添加"投影"效果，如图15-161和图15-162所示。

图15-159　　　　图15-160　　　　图15-161　　　　图15-162

02 选择移动工具 ✥ ，按住Ctrl键单击人物素材，如图15-163所示，通过这种方法将其所在的图层选取。将人物拖入详情页文件中，按Alt+Ctrl+G快捷键创建剪贴蒙版，用矩形图形限定人物的显示范围，如图15-164和图15-165所示。

图15-163　　　　　　　　　　图15-164　　　　图15-165

03 选择矩形工具 □ 及"形状"选项，创建一个矩形，设置描边颜色为白色，粗细为1像素，如图15-166所示。选择移动工具 ✥ ，按住Alt键拖曳图形进行复制，如图15-167所示。设置填充颜色为白色，如图15-168所示。按Ctrl+T快捷键显示定界框，按住Shift键拖曳右侧的控制点，将图形拉宽，如图15-169所示。按Enter键确认。

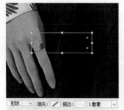

图15-166 图15-167

图15-168 图15-169

04 使用横排文字工具 **T** 在画面中输入文字，如图15-170和图15-171所示。

图15-170 图15-171

05 活动信息文字为白色和黑色，除此之外字体、大小均相同，如图15-172和图15-173所示。

图15-172 图15-173

06 执行"选择>所有图层"命令，将所有图层选取，如图15-174所示，按Ctrl+G快捷键编入图层组中，在组的名称上双击，显示文本框后输入"主图"，如图15-175所示。

图15-174 图15-175

15.5.2 商品详图

01 单击"图层"面板中的 ▭ 按钮，新建一个图层组，修改名称，如图15-176所示。使用横排文字工具 **T** 输入文字，如图15-177~图15-180所示。

图15-176 图15-177 图15-178

图15-179 图15-180

02 使用矩形工具 ▭ 创建一个矩形，填充渐变并将其设置为圆角，如图15-181~图15-183所示。

图15-181 图15-182 图15-183

03 单击"调整"面板中的 ▦ 按钮，创建一个"色相/饱和度"调整图层，按Alt+Ctrl+G快捷键，将其与圆角矩形创建为剪贴蒙版，如图15-184所示。使用横排文字工具 **T** 在圆角矩形下方输入文字，如图15-185所示。

04 按住Ctrl键单击，将图15-186所示的3个图层选取，选择移动工具 ✛，按住Alt键向右拖曳鼠标，进行复制，如图15-187所示。

图15-184　　　　　　　图15-185

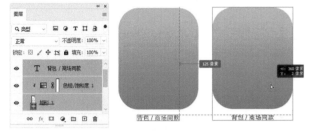

图15-186　　　　　　　图15-187

05 按住Ctrl键单击，将图15-188所示的几个图层选取，按住Alt键向下拖曳鼠标，进行复制，如图15-189和图15-190所示。

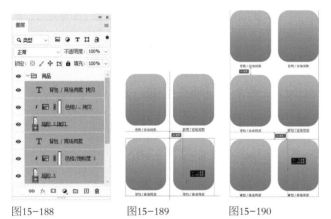

图15-188　　　　　图15-189　　　　　图15-190

06 在图15-191所示的圆角矩形上单击右键，打开快捷菜单并执行其中的命令，将应用于此圆角矩形的调整图层选取，如图15-192所示。

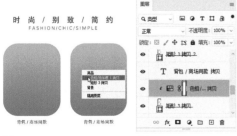

图15-191　　　　　　　图15-192

07 在"属性"面板中修改参数，将图形调整为浅灰色，如图15-193和图15-194所示。

图15-193　　　　　　　图15-194

08 采用同样的方法选择每个调整图层并修改参数，效果如图15-195所示。

09 修改圆角矩形下方的文字，操作时使用横排文字工具 **T** 在文字上拖曳鼠标，将其选取，然后输入新的文字内容。将素材文件中的手包拖入主页文件中，放在各个色块上方，如图15-196所示。

图15-195　　　　　　　图15-196

15.5.3 促销信息

01 单击"图层"面板中的 按钮，新建一个图层组，修改名称为"促销信息"。使用矩形工具 创建矩形，填充渐变并设置为圆角，如图15-197~图15-199所示。

图15-197　　　　　　图15-198　　　　　　图15-199

02 使用横排文字工具 **T** 和直排文字工具 **↓T** 输入文字，如图15-200所示。

图15-200

图15-205

03 使用直线工具 ✒ 按住Shift键拖曳鼠标，绘制一条竖线，如图15-201所示。

图15-201

04 按住Ctrl键单击，将当前图层组中除圆角矩形之外的图层选取，如图15-202所示。选择移动工具 ✛，按住Alt+Shift键拖曳所选对象，进行复制，如图15-203所示。使用横排文字工具 T 选取并修改文字，如图15-204所示。

图15-202   图15-203

图15-204

15.5.4 折扣区

01 新建一个图层组，设置名称为"折扣区"。在促销信息下方输入文字，如图15-205所示。创建一个矩形并设置为圆角，如图15-206和图15-207所示。

图15-206   图15-207

02 将手包素材拖入详情页文件中，放在圆角矩形上方，按Alt+Ctrl+G快捷键创建剪贴蒙版，如图15-208所示。

03 按住Ctrl键单击，将剪贴蒙版组中的两个图层选取，选择移动工具 ✛，按住Alt+Shift键向下拖曳进行复制，如图15-209所示。

图15-208   图15-209

04 将另一个手包素材拖入详情页文件中，如图15-210所示。按Alt+Ctrl+G快捷键，加入剪贴蒙版组，如图15-211所示。

图15-210   图15-211

15.6 家居海报

北欧风格因其简约大方、贴近自然的设计特点深受当代年轻人的喜爱。本实例是为北欧风格家具设计一款海报，以展现理想的家居环境，如图15-212所示。

图15-212

01 新建一个A4大小的文件。选择矩形工具 □ 及"形状"选项，将填充颜色设置为渐变，如图15-213所示，创建一个矩形，如图15-214所示。在其下方创建矩形，然后修改渐变颜色，如图15-215所示。

图15-213

图15-214

图15-215

02 创建一个矩形轮廓，设置描边颜色为白色，修改混合模式和不透明度，如图15-216和图15-217所示。

图15-216

图15-217

03 选择直线工具 ∕，按住Shift键拖曳鼠标创建一条白线，如图15-218所示。选择移动工具 ✛，按住Alt+Shift键进行拖曳，复制直线，如图15-219所示。

图15-218

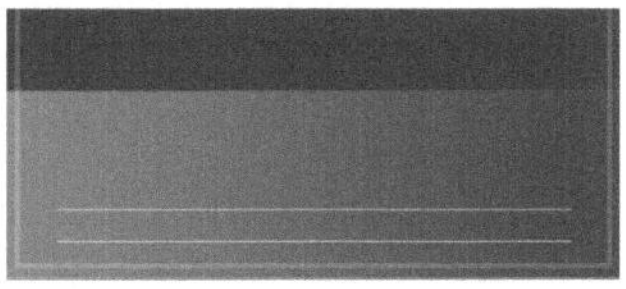

图15-219

04 将素材拖入海报文件中，如图15-220所示。新建一个图层，拖曳到"沙发组合"图层组中，如图15-221所示。

图15-220

图15-221

05 选择画笔工具 ∕ 及柔边圆笔尖，绘制出阴影效果，如图15-222所示。将图层的不透明度设置为35%，效果如图15-223所示。在图15-224所示的位置单击，将图层组关闭。单击"调整"面板中的 ◐ 按钮，创建"色彩平衡"调整图层。在"属性"面板中调整参数，修改沙发及家具物品颜色，单击 ◪ 按钮，创建剪贴蒙版，使调整只对图层组有效，如图15-225和图15-226所示。

图15-222　　　图15-223　　　图15-224

图15-225　　　　　图15-226

06 选择自定形状工具 ✿ 及"形状"选项，设置填充颜色为黄色，打开"形状"下拉面板，选择心形，如图15-227所示。拖曳鼠标绘制该图形，如图15-228所示。

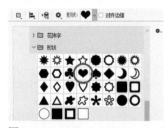
图15-227　　　　　　　图15-228

07 选择椭圆工具 ○ 及"形状"选项，单击工具选项栏中的合并形状按钮 ▣，按住Shift键拖曳鼠标，在心形上方创建圆形，如图15-229所示。释放鼠标左键后，两个图形会合并到一处，如图15-230所示。

图15-229　　　　　　图15-230

08 单击"图层"面板中的 ▭ 按钮创建图层组。使用横排文字工具 T 输入文字，如图15-231所示。输入小字，如图15-232所示。用直排文字工具 ⬇T 输入文字，如图15-233所示。

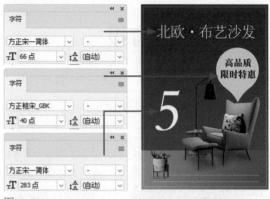
图15-231

图15-232　　　　　　图15-233

09 关闭图层组，如图15-234所示。使用直线工具 ／ 绘制两条直线，如图15-235所示。

图15-234　　　　　　图15-235

10 按住Shift键单击这两个图层，将其选取，如图15-236所示，按Ctrl+J快捷键复制，如图15-237所示。

图15-236　　　　　图15-237

11 执行"编辑>变换路径>垂直翻转"命令，进行翻转，选择移动工具 ✛，按住Shift键（锁定垂直方向）向上拖曳，如图15-238所示。

图15-238

12 使用横排文字工具 **T** 输入其他文字，如图15-239和图15-240所示。

图15-239　　　图15-240

15.7 时尚美发网站主页设计

做设计时，所用素材的色彩、明度一致，可以让作品的整体风格协调，给人舒适、自然的感觉。利用调整图层或填充图层赋予作品统一的色彩基调是一条捷径。本实例介绍相关技巧，如图 15-241 所示。

扫码看视频

图15-241

15.7.1 通过渐变映射为黑白图像上色

01 按Ctrl+N快捷键，打开"新建文档"对话框，使用预设创建一个网页文件，如图15-242所示。

图15-242

02 将图15-243所示的素材拖入文件中。单击"图层"面板中的 ◒ 按钮打开下拉列表，选择"渐变映射"命令，创建"渐变映射"调整图层，颜色如图15-244所示（左侧渐变色标颜色为fde2ff；右侧渐变色标颜色为b8a8ff），效果如图15-245所示。

417

图15-243

图15-244

图15-245

03 单击"图层"面板中的 ⊘ 按钮打开下拉列表,选择"色阶"命令,创建"色阶"调整图层并设置混合模式为颜色加深,如图15-246和图15-247所示,这样在增强色彩感的同时也可以提高图像的清晰度,如图15-248所示。

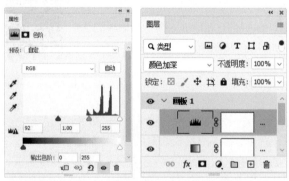

图15-246　　　　图15-247

图15-248

04 单击"图层"面板中的 ⊘ 按钮打开下拉列表,选择"渐变"命令,创建"渐变"填充图层,选择图15-249所示的预设渐变,然后调整渐变角度,如图15-250所示。

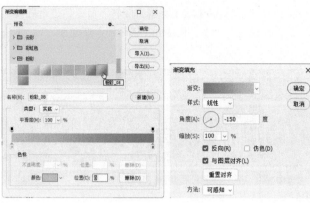

图15-249　　　　　　　　图15-250

05 将鼠标指针移动到画布上,向右拖曳,移动渐变位置,如图15-251所示。单击"确定"按钮关闭"渐变填充"对话框,这样底图就做好了。

图15-251

15.7.2 设计网页版面

01 选择矩形工具 □ 及"形状"选项,选取与填充图层相同的预设渐变,如图15-252所示,按住Shift键拖曳鼠标,在画面左上角创建一个正方形,如图15-253所示。

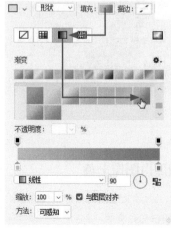

图15-252

图15-253

02 按Ctrl+J快捷键复制形状图层，使用路径选择工具 ▶ 向下移动图形，如图15-254所示。将鼠标指针移动到底部的控制点上，如图15-255所示，向下拖曳，如图15-256所示。

图15-254　　　　图15-255　　　　图15-256

03 按Ctrl+J快捷键复制形状图层。使用路径选择工具 ▶ 拖曳到画面下方，调整图形的位置和大小。打开工具选项栏中的下拉面板，将渐变的角度设置为-180°，如图15-257和图15-258所示。

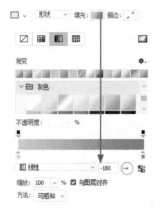 

图15-257　　　　　　　图15-258

04 使用横排文字工具 T 添加"主页"等导航文字。也可以使用本实战的现成素材，效果如图15-259所示。

图15-259

05 在画面右侧输入文字，如图15-260和图15-261所示。在下方输入小字，如图15-262和图15-263所示。

图15-260　　　　　　　图15-261

图15-262　　　　　　　图15-263

06 使用矩形工具 □ 为文字创建边框，如图15-264所示。打开图形素材，将其中的图层组拖入网页文件中并移动到渐变填充图层上方。设置该图层组的混合模式为"正片叠底"，如图15-265和图15-266所示。

图15-264　　　　　　　图15-265

图15-266

注：除上述滤镜外，其他滤镜均在配套资源的"Photoshop 2024滤镜"电子文档中。

注：自Photoshop 22.5版本起Adobe移除了3D功能。虽然Photoshop 2024中保留了3D工具、面板和命令，但不能正常使用。基于此，本书已剔除3D功能，故此索引中无3D类工具和命令。